U0238645

甘肃龙首水电站

新疆山口水电站

新疆喀腊塑克水电站

新疆石门子水电站

西藏果多水电站

贵州东风水电站

贵州洪家渡水电站

贵州构皮滩水电站

贵州董箐水电站

贵州沙阡水电站

贵州马马崖一级水电站

贵州光照水电站

西藏如美水电站效果图

贵州黔中水利枢纽

重庆浩口水电站

贵州沙沱水电站

四川枕头坝一级水电站

云南小湾水电站

四川官地水电站

四川锦屏一级水电站

四川大岗山水电站

水工混凝土材料新技术

主　编　曾正宾
副主编　张细和　杨金娣

中国水利水电出版社
www.waterpub.com.cn
·北京·

内 容 提 要

本书主要阐述和总结了中国电建集团贵阳勘测设计研究院有限公司在水工混凝土材料应用研究方面的新技术和研究应用成果。

本书共11章，内容包括：绪论，高寒地区碾压混凝土筑坝材料技术，常态混凝土防裂技术，超高粉煤灰掺量技术，抗冲耐磨混凝土技术，自密实混凝土技术，四级配碾压混凝土技术，新型硬填料技术，水下不分散浆液技术，高碳铬铁合金炉渣作为混凝土用骨料技术，环氧树脂材料及灌浆技术等。

本书可供从事水电水利工程材料科研及结构设计专业技术人员阅读参考，也可作为大专院校相关专业师生的参考资料。

图书在版编目（CIP）数据

水工混凝土材料新技术 / 曾正宾主编. -- 北京 : 中国水利水电出版社, 2018.9
ISBN 978-7-5170-6826-6

Ⅰ. ①水… Ⅱ. ①曾… Ⅲ. ①水工材料－混凝土－研究 Ⅳ. ①TV431

中国版本图书馆CIP数据核字(2018)第209242号

书　　名	**水工混凝土材料新技术** SHUIGONG HUNNINGTU CAILIAO XIN JISHU
作　　者	主　编　曾正宾 副主编　张细和　杨金娣
出版发行	中国水利水电出版社 (北京市海淀区玉渊潭南路1号D座　100038) 网址：www.waterpub.com.cn E-mail：sales@waterpub.com.cn 电话：(010) 68367658（营销中心）
经　　售	北京科水图书销售中心（零售） 电话：(010) 88383994、63202643、68545874 全国各地新华书店和相关出版物销售网点
排　　版	中国水利水电出版社微机排版中心
印　　刷	北京印匠彩色印刷有限公司
规　　格	184mm×260mm　16开本　21.5印张　516千字　4插页
版　　次	2018年9月第1版　2018年9月第1次印刷
印　　数	0001—2000册
定　　价	**120.00**元

凡购买我社图书，如有缺页、倒页、脱页的，本社营销中心负责调换

《水工混凝土材料新技术》

编　写　人　员

主　编　曾正宾

副主编　张细和　杨金娣

参　编　李　勇　谭建军　田小岩　王建琦　陈光耀

　　　　　刘　鑫　饶承彪　李　倩　方　伟

序　一

水工混凝土涉及水工结构与材料多个专业学科。随着混凝土材料学科研究的不断深入及其在工程应用中的不断开展，混凝土的高性能化和材料与结构的有机结合已成为混凝土材料研究与应用的必然趋势。

中国电建集团贵阳勘测设计研究院有限公司（以下简称贵阳院）在60年的发展历程中，完成了国内外150余座大中型水电站的勘测设计及总承包工程，通过产学研合作、引进、消化、吸收再创新等手段，不断创新勘测设计理念，积极应用新技术、新材料、新工艺，在水电工程勘测、设计、研究中取得了丰硕的成果。其中，在结合工程开展的混凝土材料研究方面，贵阳院开展创新性的特色研究，积累了碾压混凝土筑坝材料、新型硬填料、新型掺合料、裂缝灌浆材料等多项技术优势和领先成果，为促进行业技术进步发挥了积极作用。

本书对贵阳院近年来在水工混凝土材料方面所做的研究和应用进行了较为系统的总结。贵阳院提出的"材料为结构服务"和"用二流的原材料配制一流的混凝土"理念，很好地诠释了混凝土材料应用研究的发展方向。初读之后感到本书有几个特点：

（1）紧密结合工程实际开展研究。结合工程实际的应用型研究是最具生命力的活动，贵阳院给我们呈现的10项混凝土材料新技术都是"从实践中来，到实践中去"的典型代表。每项新技术都附有工程应用实例，为材料研究与应用工作者们提供了很好的范例，具有极高的参考借鉴意义。

（2）勇于突破，创新开展前瞻性研究。混凝土虽然是一种传统建筑材料，但因其组分的多元复杂性，随着混凝土材料技术发展和理论体系的深入，仍有许多前瞻性课题需要创新性地开展研究，如大体积混凝土的防裂、高性能外加剂及新型掺合料的应用等。贵阳院能够把握混凝土材料应用研究前沿，在超高粉煤灰掺量、水下不分散浆液等多项新技术的研究中创新研究思路，并采用宏观和微观相结合的手段进行了系统性的研究和论证，多项成果达国际先进水平。

（3）废渣综合利用研究成果丰硕。习近平总书记在党的十九大报告中指出：必须树立和践行"绿水青山就是金山银山"的理念，推进资源全面节约和循环利用，加强固体废弃物和垃圾处置。贵阳院在粉煤灰、磷矿渣、铬铁合金炉渣等工业固体废弃物的综合利用上开展了深入研究，另外通过新型硬填料、四级配碾压混凝土的研究，进一步降低了混凝土中的水泥用量，具有节能减排效益。

当前国家重大基础工程规模空前，传统混凝土已难于满足现代混凝土结构的多样性与复杂性要求，亟须发展混凝土新技术。要重点开展绿色化、高性能化硅酸盐水泥的研究，鼓励新型胶凝材料的快速发展，大力引导混凝土功能材料的原创性研究，解决混凝土共性问题，深入研究与探讨建筑垃圾的循环再生技术，积极推进混凝土的绿色可持续化。

再次对贵阳院在混凝土材料研究与应用上取得的成就表示祝贺，希望未来持续创新，开展更多的特色研究，为混凝土材料学科的发展作出更大的贡献！

2018年4月25日

（缪昌文：中国工程院院士）

序　二

贵阳院材料专业团队自1986年组建成立以来，曾主持和参与承担了国家、省部级和集团公司多项重点科技攻关项目，经过32年的不断学习发展和提升，已锻炼成为国内材料专业团队的第一集团军，是贵阳院最具优势的专业之一。进入21世纪，随着“西电东送”工程相继开工建设，材料专业团队承担了贵州、四川、云南、西藏、新疆等地区40多个水电水利工程的材料应用研究工作，锻炼出一批有丰富经验的专业技术人才，在碾压混凝土筑坝材料、新型掺合料综合利用等方面形成了12大优势技术，产出了诸如超高粉煤灰掺量、水下不分散浆液等一大批达到国际先进水平的科研成果，并在工程中得到成功应用。例如，在粉煤灰资源丰富的贵州地区，材料专业团队研究了混凝土超高粉煤灰掺量技术；而在粉煤灰资源匮乏的藏区，则开展了采用石粉替代粉煤灰的研究，这种因地制宜的研究为工程带来了可观的经济效益。在贵阳院各大专业中，材料专业在科技进步方面取得了令人瞩目的成绩。

在水电工程勘测设计过程中，材料专业团队依托工程实际开展了深入细致的研究。从混凝土原材料的选择到混凝土配合比的优化，材料专业团队始终以科学严谨的态度认真对待每一个数据，反复推敲每一个结论。通过精益求精的试验研究，在为勘测设计提供准确可靠的各项参数的同时，也带动了结构设计的优化和创新。

本书将材料专业32年来的研究与应用成果进行了系统总结，我认为很有必要，也非常及时。材料学是一个有着强大生命力的应用学科，其生命力来源于研究成果能成功应用于工程实践，产生显著的经济效益和社会效益。特别是在我院正处于转型升级的关键时期，材料研究的成果对不同行业的应用更具有普适性。

本书系统介绍了水工混凝土材料的基础理论和我院材料专业的研究特色，并对10项具有代表性的研究成果进行了详细论述，不仅对材料专业技术人员有指导作用，对水电水利工程设计人员和有关院校相关专业师生也具有极大的借鉴意义。书中亮点纷呈，所有研究均围绕“材料与结构的相辅相成”“尽量采用当地材料和工业废渣”等理念开展，代表了我院材料专业研究的特色和水平。

最后，希望材料专业团队能秉承传统，继续深入开展西部及国际水电水利工程材料应用关键技术和转型业务的基础研究，在材料应用的实体化和成果应用上多做工作，为贵阳院可持续发展和行业技术提升提供更多的创新动力。

2018年4月19日

（潘继录：中国电建集团贵阳勘测设计研究院有限公司董事长）

前言

FOREWORD

混凝土是一个复杂的多元体系，而水工混凝土因其应用部位、设计要求的不同，呈现出与一般混凝土不同的特点，如低热性、抗裂性、耐久性等。近年来，随着我国水电水利事业的快速发展，一大批新材料、新技术、新工艺不断涌现，对水工混凝土材料研究提出了新的要求，同时，也给材料应用研究领域注入了新的活力。

中国电建集团贵阳勘测设计研究院有限公司（以下简称贵阳院）材料团队自1986年成立以来，一直致力于水工混凝土材料的科研试验和应用研究，在主持和参与了国家、省部级和集团公司诸项重点科技攻关项目的基础上，逐步形成了“材料为结构服务”和“用二流的原材料配制一流的混凝土”的特色研究理念。历经32年的发展，贵阳院材料团队在高寒地区碾压混凝土筑坝材料、常态混凝土防裂、工业废渣综合利用、环氧材料技术等方面开展了系统性的研究，取得了丰硕的研究成果，并成功应用于工程实践中。

结合贵阳院在水工混凝土材料研究方面的新技术，本书选取有代表性的10项成果进行系统阐述。全书共分11章，第1章为绪论，第2章至第11章分别论述了10项水工混凝土材料新技术。

第1章“绪论”，介绍了混凝土原材料及配合比的基础知识，对贵阳院在水工混凝土材料研究方面的特色实践进行了阐述，提出了水工混凝土材料未来研究方向和发展趋势。

第2章“高寒地区碾压混凝土筑坝材料技术”，结合甘肃省龙首水电站、新疆地区喀腊塑克水利枢纽、西藏地区果多水电站等工程，分析了高寒地区碾压混凝土筑坝材料技术特点及对应措施，特别对高寒地区抗冻要求及措施进行了详细描述，并结合具体工程实践进行了说明。

第3章“常态混凝土防裂技术”，结合贵州省东风水电站、洪家渡水电站等工程，对大坝常态混凝土、面板混凝土等防裂技术的要求和措施进行了分析总结，并结合工程实例进行了说明。

第4章“超高粉煤灰掺量技术”，结合中国电建集团公司科研项目“超高粉煤灰掺量的水工混凝土关键技术研究”，从混凝土配合比设计理念的创新、试验研究成果，到贵州省董箐水电站、沙阡水电站、马马崖一级水电站等工程的应用，总结出超高粉煤灰掺量混凝土应用技术的系列特点。

第5章“抗冲耐磨混凝土技术”，通过调研分析国内外抗冲耐磨混凝土的研究和应用情况以及高速含砂水流的破坏机理，在抗冲耐磨混凝土配合比设计、材料的选择、抗冲耐磨性能试验方法、评价体系等方面进行了总结研究，并结合西藏地区如美水电站等工程抗冲耐磨混凝土试验研究情况进行了说明。

第6章“自密实混凝土技术”，阐述了自密实混凝土的应用领域、配合比设计及应用要点，结合贵州省光照水电站、黔中水利枢纽等工程实例进行了提炼总结。

第7章“四级配碾压混凝土技术”，结合贵州省沙沱水电站、重庆浩口水电站等四级配碾压混凝土研究及中国电建集团公司科研项目，对四级配碾压混凝土的优势、配合比设计特点、试验研究方法、工程应用要点等进行了分析总结和提炼。

第8章“新型硬填料技术”，结合中国电建集团公司科研项目“新型硬填料碾压坝设计技术研究”，对新型硬填料的原材料及配合比设计、硬填料性能等进行了系统总结。

第9章“水下不分散浆液技术”，对水下不分散水泥净浆及砂浆的配制关键技术进行了试验研究和总结，结合贵州省光照水电站高水头导流洞封堵工程应用实例进行了说明。

第10章“高碳铬铁合金炉渣作为混凝土用骨料技术”，结合四川省枕头坝一级水电站采用高碳铬铁合金炉渣作为混凝土骨料的可行性研究，阐述了高碳铬铁合金炉渣的特性、混凝土的性能特点和有害离子的溶出规律，证明了应用的可行性。

第11章“环氧树脂材料及灌浆技术”，结合在云南省小湾水电站，四川省官地水电站、锦屏一级水电站、大岗山水电站等工程中对环氧树脂灌浆材料检测的经验，总结环氧树脂灌浆材料的性能指标、检测方法、施工工艺等，结合工程实例进行了说明。

本书前言由曾正宾编写，第1章由张细和、李勇、谭建军、李倩、方伟编写，第2章由刘鑫编写，第3章由田小岩编写，第4章由杨金娣编写，第5章由饶承彪编写，第6章由王建琦编写，第7章由谭建军编写，第8章由李勇编写，第9章由王建琦编写，第10章由杨金娣编写，第11章由陈光耀编写。全书由曾正宾、张细和、杨金娣审稿和统稿，曾正宾主持定稿。

在本书编写过程中得到了贵阳院潘继录董事长、范福平副总经理兼总工程师等领导的关心支持和指导；贵阳院工程科研院原总工程师何金荣（现供职于雅砻江流域水电开发有限公司）作为贵阳院材料团队的领军人物之一，为材料专业特色研究理念的形成发挥了重要作用；深圳帕斯卡系统建材有限公司陈小能总工程师为本书的相关技术研究提供了大力支持；中国水利水电出版社王照瑜编审和刘巍编辑为本书的编撰、出版做了大量指导工作。此外，在本书编撰过程中，引用了参与人员和参与单位的成果，参阅了大量与水工混凝土材料新技术有关的文献和资料，未能全部列出，谨此表示衷心的感谢！

由于部分技术和成果受限于当时的认识水平和分析研究，加之作者水平所限，随着技术不断发展创新，书中的片面、遗漏和错误，敬请读者批评指正。

编者

2018年4月20日

目录

CONTENTS

第1章 绪论

1.1 水工混凝土材料基础

1.1.1 国内外研究现状

混凝土是当代建筑用量最大、范围最广、最经济的建筑材料，其发展历史虽然只有100多年，却走过了不平凡的历程。

1824年英国工程师阿斯普丁（Aspdih）调配石灰岩和黏土，首先烧成了人工的硅酸盐水泥，并取得专利，成为水泥工业的开端。这以后，水泥以及混凝土才开始广泛应用到建筑上。19世纪中叶，法国人约瑟夫·莫尼哀制造出钢筋混凝土花盆，并在1867年获得了专利权。在1867年巴黎世博会上，莫尼哀展出钢筋混凝土制作的花盆、枕木。另一名法国人兰特姆展出了钢筋混凝土制造的小瓶、小船。1928年，美国人Freyssinet发明了一种新型钢筋混凝土结构型式：预应力钢筋混凝土，并于第二次世界大战后被广泛地应用于工程实践。钢筋混凝土和预应力钢筋混凝土解决了混凝土抗压强度高，抗折、抗拉强度较低的问题，以及19世纪中叶钢材在建筑业中的应用，使高层建筑与大跨度桥梁的建造成为可能。

水工混凝土是用于水工建筑物的混凝土，常用于水上、水下和水位变动区等部位。根据构筑物的大小，可分为大体积混凝土和一般混凝土。大体积混凝土又分为内部混凝土和外部混凝土。水工混凝土是水电水利工程中最主要的建筑材料，尤其对于大中型水电水利工程来说，混凝土用量更为巨大。中国近30年来建成的大中型混凝土坝有数百座，其中有的混凝土用量多达1000万m^3以上，如长江三峡水利枢纽工程和金沙江溪洛渡水电站等。除此之外，水工混凝土在河港、农田水利及地下防水工程中也都有大量应用。

20世纪30年代，美国着手建设坝高211m的胡佛坝，对水工混凝土进行全面研究，形成了一套完整的水工混凝土材料配制体系和柱状法坝体浇筑技术，实现了创世纪的技术创新。自1936年胡佛坝建成半个多世纪，水工混凝土技术又有了很大发展，其中主要有：①在水工混凝土中掺入掺合料、引气剂和减水剂；②提高混凝土的耐久性；③采用更有效的温控措施；④采用不分纵缝的通仓浇筑法；⑤发展强力高频振动设备。至20世纪70年代，国际上进行了混凝土坝快速施工的讨论，一改过去坝体惯用的柱状法浇筑技术，将土石坝施工大型机械水平摊铺和碾压技术引入混凝土坝施工，而形成碾压混凝土筑坝技术，将混凝土坝建设工期缩短一半，而造价减少1/4～1/5。

水工混凝土作为混凝土的一种，在最近几十年内得到很大的发展。混凝土结构是在19世纪中期开始得到应用的，由于当时水泥和混凝土的质量都很差，同时设计计算理论尚未建立，所以发展比较缓慢。直到19世纪末以后，随着生产的发展，以及试验工作的开展、计算理论的研究、材料及施工技术的改进，这一技术才得到了较快发展。目前已成为现代工程建设中应用最广泛的建筑材料之一。

在19世纪末20世纪初，我国也开始有了钢筋混凝土建筑物，如在上海市的外滩、广州市的沙面等，但工程规模很小，建筑数量也很少。中华人民共和国成立以后，我国在落后的国民经济基础上进行了大规模的社会主义建设。随着工程建设的发展及国家进一步的改革开放，混凝土结构在我国各项工程建设中得到迅速的发展和广泛的应用。用钢筋混凝土建造的水闸、水电站、船坞和码头在我国已是星罗棋布，如黄河上的刘家峡水电站、龙羊峡水电站、小浪底水利枢纽，长江上的葛洲坝水利枢纽、三峡水利枢纽，雅砻江上的锦屏一级水电站，澜沧江上的小湾水电站等工程。而水工混凝土则在这些水电水利工程中起到了至关重要的作用。

从国内外水工混凝土发展过程和今后的发展趋势看，需重点研究的课题是：在保证或改善混凝土质量的前提下，采取各种有效措施，合理降低水泥用量，减少发热量，降低最高温升，提高抗裂性和耐久性，创新改革施工方法和设备，加快施工进度，降低工程造价，以便安全、经济、快速地进行项目建设。归纳起来主要解决混凝土材料和施工工艺两个问题，从而有效降低工程造价。

1.1.2 水工混凝土的特点

水工混凝土因其使用部位和用途不同，技术参数和设计要求也不同。经常与水环境接触时，一般要求具有较好的抗渗性；在寒冷地区特别是在水位变动区应用时，要求具有较高的抗冻性；与侵蚀性的水相接触时，要求具有良好的耐蚀性；在大体积构筑物中应用时，为防止温度裂缝的出现，要求具有低热性和低收缩性；在受高速水流冲刷的部位使用时，要求具有抗冲刷、耐磨及抗气蚀性等。

水工混凝土具有以下特点：

(1) 使用寿命长。水工建筑物投资大，建设周期长，又由于水电站的特殊性，所以水工混凝土的使用寿命都要求比较长。

(2) 耐久性要求高。由于水工混凝土所处的环境恶劣，如水的侵蚀、水的冲刷和严寒地区等，因此对混凝土的耐久性要求高。

(3) 抵抗温度裂缝的能力要求高。水工混凝土为无筋或少筋的大体积混凝土，内外温度差所引起的温度拉应力要靠混凝土自身承受。长期以来，温度裂缝一直威胁着大体积混凝土的整体性和安全性，是混凝土快速连续施工的障碍，也是降低混凝土造价、缩短工期的最大障碍。

(4) 强度等级低。由于水工混凝土承受的结构应力小，因此除一些特殊部位外，水工混凝土的强度等级都低。

(5) 设计龄期长。因为建设周期较长，所以混凝土的设计龄期可取长龄期，一般为90d和180d。

(6) 骨料粒径大。为降低工程造价，水工混凝土一般采用大粒径骨料，骨料的最大粒径可达150mm，而且占的比例较高，可占骨料总量的30%。

(7) 胶凝材料用量少。由于考虑降低水化热，除特殊部位外，水工混凝土的胶凝材料用量一般为200kg/m^{3}左右。

1.1.3 混凝土原材料

1.1.3.1 水泥

随着国民经济的迅速发展，我国已成为水泥制造和使用的大国之一。水泥作为一种重要的无机胶凝材料，与其他常用建筑材料相比，由于具有原材料来源广泛、制备加工方便、生产成本低、应用方便等优点，其增长非常迅速，广泛应用于建筑领域，在工程建设中占有举足轻重的地位。

进入21世纪以来，我国水泥工业发生了突破性的变化。新技术、新装备的集成化生产不断取代落后、分散的小生产方式，新型干法水泥的发展和产业技术进步举世瞩目，从一个侧面衬托出我国的经济建设和社会进步的飞快发展。1900年世界水泥产量仅0.1亿t，2000年增长至15亿t，2006年则增长为25.71亿t。我国2007年水泥产量已达到13.5亿t，占世界水泥年产量的50%以上，到2015年我国的水泥产量达到23.48亿t，产量占世界总产量的60%以上。

近年来，由于水泥科技不断进步以及“绿色化”“耐久性”“节能”理念受到越来越多的关注，使得作为传统建材的水泥，品质不断增加，性能有了较大改善，能耗逐步降低。以水泥的生态化制备、先进水泥基材料、水泥的节能和高性能化、废弃物资源化利用等方面为研究重点，不断涌现了新的水泥品种。我国的水泥工业也朝着高等级、多品种、低能耗和特色化水泥的方向发展。

水泥是一种磨细材料，与水混合形成塑性浆体后，能在空气中水化硬化，并能够在水中继续硬化保持强度和体积稳定性的无机水硬性胶凝材料。

20世纪人们在不断改进波特兰水泥性能的同时，研制成功了一批适用于特殊建筑工程的水泥，如高铝水泥、生态水泥、特种水泥等。全世界的水泥品种已发展到100多种。中国在1952年制定了第一个全国统一标准，确定水泥生产以多品种多等级为原则，并将波特兰水泥按其所含的主要矿物组成改称为矽酸盐水泥，后又改称为硅酸盐水泥至今。

(1) 水泥的发展历程。在灰浆中最早被用作胶结材的钙质材料是石灰和石膏。石灰浆在克里特岛、塞浦路斯、希腊和中东使用很早（公元前12000年至前6000年），是由煅烧石灰石制得的，这一技术后来传入古罗马。古希腊人和古罗马人用煅烧含有泥土夹杂物（黏土质的）的石灰石生产出了水硬性石灰。随着石灰砌筑砂浆的广泛应用，古希腊人和古罗马人意识到火山灰沉积物的可利用性。细磨的火山凝灰岩与石灰和砂子混合不仅可以配制高强度的砂浆，还可以抵抗水的作用。古罗马人使用那不勒斯海湾附近的一种类似的灰，称为普泽兰（Pozzolana），现代英文词汇Pozzolana代表火山灰。由于火山灰材料资源的限制，罗马人开始使用粉磨的砖瓦或陶器，这些材料具有与火山灰相同的作用，拉丁词汇Cement起初被用于指定这些人造火山灰材料。Cement以后引申为石灰、砂子和火山灰材料三组分砂浆，在近代被赋予了新的含义——水泥。1756年，英格兰人约翰·斯米顿（John Smeaton）在建设伦敦港口的灯塔时注意到纯石灰砂浆不能抵抗水的作用，并试图采用不同产地石灰石配制砂浆，发现了含有一定量黏土组成的石灰石经过煅烧后可获得水硬性能。1796年，英国人杰姆斯·帕克（James Parker）将黏土质石灰岩磨制成料球，经过高温煅烧，然后磨细制成水泥，这种水泥被称为“罗马水泥”，并取得了该水泥的专利权。1813年，法国人维卡（Vicat）采用黏土和石灰石的人工合成材料经过高温煅烧制得了人造的水硬性石灰。1822年，英国人詹姆斯·福劳斯特发明了“英国水泥”（British Cement）。该水泥是将白垩和质量黏土按照2∶1掺量混合后加水润湿磨成泥浆，经过料槽沉淀并将沉淀物干燥，然后置于石灰窑中高温煅烧、冷却磨成水泥。1824年，英国泥水匠约瑟夫·阿斯普丁（Joseph Aspdin）通过在磨成细粉的石灰石中加入一定量黏土，掺水后搅拌均匀成泥浆，将该泥浆加热干燥成型成块状，放入石灰窑中煅烧后冷却磨细制得水泥，这一成果获得了英国第5022号专利证书，在专利中用波特兰（Potland）来命名该水泥。这是当代波特兰水泥发展的重大进步，其后经过威廉（Wiliam）、伊沙·约翰逊（Isaac Johnson）等人的改进形成了现代的波特兰水泥。

（2）水泥的标准。中华人民共和国成立初期，我国水泥工业十分落后，没有统一的水泥产品标准和检验方法。1952年我国采用日本软练法，第一次统一了国内水泥标准。1956年，我国废止日本软练法，采用苏联的硬练法检测标准。1977年我国又对水泥标准进行了一次重大修订和完善并于1979年7月1日颁布实施。20世纪80年代，我国立窑水泥工业蓬勃发展，水泥标准修订周期也缩短为5年左右一次。之后，我国在1991年、1999年、2007年发布了标准的修订版，对六大通用硅酸盐水泥标准进行了研究整合修订工作，对水泥质量提出了更高的要求。目前我国水泥标准可以分为四大类：

1）基础标准。主要是对水泥生产原燃材料标准以及水泥名词术语等要求进行规定。其中包括《用于水泥中的粒化高炉矿渣》（GB/T 203）、《水泥的命名原则和术语》（GB/T 4131）、《水泥包装袋》（GB/T 9774）、《通用水泥质量等级》（JC/T 452）等20余项标准。

2）产品标准。主要是对不同品种的水泥产品质量指标进行规定。其中包括《通用硅酸盐水泥》（GB 175）、《中热硅酸盐水泥、低热硅酸盐水泥、低热矿渣硅酸盐水泥》（GB/T 200）、《铝酸盐水泥》（GB/T 201）、《抗硫酸盐硅酸盐水泥》（GB/T 748）、《白色硅酸盐水泥》（GB/T 2015）等40余项标准。

3）检验方法标准。主要是用来评定水泥产品质量的检测方法标准。其中包括《水泥胶砂强度检验方法（ISO法）》（GB/T 17671）、《水泥标准稠度用水量、凝结时间、安定性检验方法》(GB/T 1346)、《水泥胶砂流动度测定方法》(GB/T 2419)、《水泥比表面积测定方法　勃氏法》(GB/T 8074) 等30余项标准。

4) 仪器设备标准。主要是对水泥检验方法标准中所用试验仪器设备提出规范性要求，以保证检验数据的准确性和可比性。其中包括《水泥胶砂强度自动压力机》(JC/T 960)、《水泥胶砂试体成型振实台》(JC/T 682)、《水泥胶砂电动抗折试验机》(JC/T 724) 等20余项标准。

(3) 水泥的分类。水泥按照用途和性能可分为通用水泥、专用水泥和特性水泥。

1) 通用水泥。通用水泥是指一般土木工程通常采用的水泥。根据《通用硅酸盐水泥》(GB 175—2007) 规定按照混合材的品种和掺量分为六大类水泥，即硅酸盐水泥（国外称波特兰水泥，由硅酸盐水泥熟料、0～5%石灰石或者粒化高炉矿渣、适量石膏磨细制成的水硬性胶凝材料，分为P.Ⅰ和P.Ⅱ两类）、普通硅酸盐水泥（由硅酸盐水泥熟料、5%～20%混合材料，适量石膏磨细制成的水硬性胶凝材料，简称普通水泥，代号为P.O)、矿渣硅酸盐水泥（由硅酸盐水泥熟料、20%～70%粒化高炉矿渣和适量石膏磨细制成的水硬性胶凝材料，代号为P.S)、火山灰质硅酸盐水泥（由硅酸盐水泥熟料、20%～40%火山灰质混合材料和适量石膏磨细制成的水硬性胶凝材料，代号为P.P)、粉煤灰硅酸盐水泥（由硅酸盐水泥熟料、20%～40%粉煤灰和适量石膏磨细制成的水硬性胶凝材料，代号为P.F）和复合硅酸盐水泥（由硅酸盐水泥熟料、20%～50%两种或两种以上规定的混合材料和适量石膏磨细制成的水硬性胶凝材料，简称复合水泥，代号为P.C)。以上六种硅酸盐水泥系列，都是以熟料为主要组成，以石膏作缓凝剂。不同品种水泥之间的差别主要在于所掺加混合材料的种类和数量不同。

2) 专用水泥。专用水泥是指用于专门用途的水泥。如G油井水泥（由适当矿物组成的硅酸盐水泥熟料、适量石膏和混合材料等磨细制成的适用于一定井温条件下油、气井固井工程用的水泥，分为中抗硫酸盐型与高抗硫酸盐型两类。能够起到很好的隔绝作用，从而让油、气、水等不会相互串扰)、道路硅酸盐水泥（由道路硅酸盐水泥熟料、0～10%活性混合材料和适量石膏磨细制成的水硬性胶凝材料，有32.5、42.5、52.5三个强度等级)、砌筑水泥（由一种或一种以上活性混合材料或具有水硬性的工业废料为主要原料，加入适量硅酸盐水泥熟料和石膏，经磨细制成的水硬性胶凝材料，代号M）等。

3) 特性水泥。特性水泥是指具有特殊性能和特种功能的水泥。例如，快硬硅酸盐水泥（由硅酸盐水泥熟料加入适量石膏，磨细制成早期强度高的以3d抗压强度表示等级的水泥)、低热矿渣硅酸盐水泥（以适当成分的硅酸盐水泥熟料、加入适量石膏磨细制成的具有低水化热的水硬性胶凝材料)、自应力铝酸盐水泥（以适当成分的生料，经煅烧所得以无水硫铝酸钙和硅酸二钙为主要矿物成分的熟料，加入适量石膏磨细制成的强膨胀性水硬性胶凝材料)、白色硅酸盐水泥（由白色硅酸盐水泥熟料加入适量石膏，磨细制成的水硬性胶凝材料）等。

目前，常用的是通用水泥，在一些特殊工程中，还使用专用水泥和特性水泥。水泥品种虽然很多，但硅酸盐水泥是使用范围最广、最基本的。

(4) 水泥熟料的矿物组成。水泥是由水泥熟料、混合料、石膏按一定比例混合磨细而成。硅酸盐水泥熟料主要矿物为硅酸三钙（C_3S)、硅酸二钙（C_2S)、铝酸三钙（C_3A)

和铁铝酸四钙（C_4AF）。硅酸三钙和硅酸二钙的总含量为70%以上，铝酸三钙和铁铝酸四钙含量为25%左右。此外，还含有少量游离氧化钙（f－CaO）、氧化镁（MgO）、含碱矿物和玻璃体等。

1）硅酸三钙。硅酸三钙（$3CaO \cdot SiO_2$）简写为C_3S。在水泥熟料中的含量一般为50%～64%。抗水性差，是水泥中产生早期强度的矿物。其强度较高，强度增长也快，28d抗压强度可达一年抗压强度的80%。水化速度比C_2S快，比C_3A与C_4AF慢。其放热量较C_3A低，比其他两种矿物高。

2）硅酸二钙。硅酸二钙（$2CaO \cdot SiO_2$）简写为C_2S。在水泥熟料中的含量一般为14%～28%。抗水性较好，在四种矿物成分中水化速度最慢，水化热最小，其早期强度较低，是水泥中产生后期强度的矿物。

3）铝酸三钙。铝酸三钙（$3CaO \cdot Al_2O_3$）简写为C_3A。在水泥熟料中的含量一般为6%～10%。常以玻璃体状态存在，铝酸三钙与水反应迅速，水化放热最大，凝结快，需要加石膏调节其凝结速度，水化产物强度较低，体积收缩大，抗硫酸盐侵蚀性能差。

4）铁铝酸四钙。铁铝酸四钙（$4CaO \cdot Al_2O_3 \cdot Fe_2O_3$）简写为$C_4AF$。在水泥熟料中的含量一般为10%～19%。水化与铝酸三钙极为相似，只是水化热较低。水化速度仅次于C_3A。含量高对提高抗拉强度有利，具有较好的耐化学介质腐蚀、抗冲击性能。

5）其他。熟料中还含有少量游离氧化钙、氧化镁、含碱矿物和玻璃体等，总含量不超过10%，但对水泥的性能有较大影响。游离氧化钙水化后体积膨胀，含量过高会使得水泥安定性不良；氧化镁含量过高，会产生膨胀性破坏；含碱矿物为有害成分，与骨料产生碱骨料反应而膨胀开裂。

水泥熟料中不同熟料矿物水化特性对水泥的强度、凝结硬化速度、水化放热及收缩等性能的影响也各不相同。改变熟料中矿物成分的含量，水泥的性质将发生相应的变化。例如制造水化热较低的水泥如大坝水泥，则应降低铝酸三钙和硅酸三钙含量，提高硅酸二钙含量；提高硅酸三钙的含量，可制得高强度水泥；限制水泥中的铝酸三钙低于5%，可制得抗硫酸盐水泥。

（5）水泥的性能指标。水泥的性能指标一般包括密度、细度、标准稠度用水量、凝结时间、体积安定性、强度及强度等级、水化热。

1）密度。水泥密度是指水泥单位体积的质量，试验方法采用《水泥密度测定方法》（GB/T 208）规定的李氏瓶法，普通水泥密度为3.1～3.2g/cm^3。水泥国家标准中未对水泥密度指标作出规定，但在采用体积法进行配合比设计时需要引用此数据。

2）细度。细度即水泥的粗细程度，通常以比表面积或筛余数表示。《通用硅酸盐水泥》（GB 175—2007）中将细度列为选择性指标，取消了强制性规定。硅酸盐水泥和普通硅酸盐水泥的细度以比表面积表示，其比表面积不小于300m^2/kg；矿渣硅酸盐水泥、火山灰质硅酸盐水泥、粉煤灰硅酸盐水泥和复合硅酸盐水泥的细度以筛余表示，其80μm方孔筛筛余不大于10%或45μm方孔筛筛余不大于30%。

3）标准稠度用水量。水泥标准稠度用水量是达到标准稠度水泥净浆时用水量与水泥质量之比。试验通过水泥净浆对标准试杆的沉入具有一定的阻力，通过试验含有不同水量的水泥净浆对标准试杆阻力的不同，可确定水泥净浆达到标准稠度时所需要的水量。标准稠度用水量不作为水泥质量评价的强制性指标，其目的在于通过试验测定水泥净浆达到标准稠度的需水量，作为水泥凝结时间、安定性试验的用水量标准。

硅酸盐水泥标准稠度用水量一般为24%～30%。水泥熟料成分、水泥细度、混合材种类、掺量等因素对标准稠度用水量会产生影响。一般来说，水泥的标准稠度用水量越小越好。

4）凝结时间。水泥凝结时间是水泥从加水搅拌开始到失去流动性，即从可塑性状态发展到固体状态所需要的时间，分初凝时间和终凝时间两种。初凝时间是指水泥加水拌和到标准稠度净浆开始失去塑性的时间；终凝时间是指水泥加水拌和直至标准稠度净浆完全失去塑性的时间。硅酸盐水泥初凝时间不小于45min，终凝时间不大于390min。普通硅酸盐水泥、矿渣硅酸盐水泥、火山灰质硅酸盐水泥、粉煤灰硅酸盐水泥和复合硅酸盐水泥初凝时间不小于45min，终凝时间不大于600min。

5）安定性。安定性是水泥在硬化过程中体积变化的均匀性能。如果水泥在凝结硬化过程中产生不均匀的体积变化，会致使混凝土产生膨胀开裂甚至结构破坏，因此国家标准规定安定性不良的水泥为不合格品。

体积安定性不良的水泥，主要是由于熟料中所含的游离氧化钙、游离氧化镁过多或掺入的石膏过多。熟料中所含的游离氧化钙或氧化镁都是过烧的，熟化很慢，在水泥硬化后才进行熟化，这是一个体积膨胀的化学反应，会引起不均匀的体积变化，使水泥石开裂。当石膏掺量过多时，在水泥硬化后，它还会继续与固态的水化铝酸钙反应生成高硫型水化硫铝酸钙，体积约增大1.5倍，也会引起水泥石开裂。

国家标准对水泥安定性试验和判定方法作了规定。沸煮法、压蒸法可分别检测游离氧化钙和氧化镁产生的安定性不良。另外，对水泥中的三氧化硫含量也进行了限制性规定。

6）强度。强度是评价和选用水泥的重要质量指标，也是划分强度等级的重要指标。影响水泥强度的因素较多，如水泥的矿物组成、细度、石膏掺量、龄期和养护条件以及试验方法等。水泥强度按照《水泥胶砂强度检验方法（ISO法）》（GB/T 17671—1999）进行测定。水泥强度分为抗压强度和抗折强度，检验龄期分为3d和28d，而中、低热水泥增加了7d的强度指标。各强度等级水泥在不同龄期的强度不得低于表1.1-1中的数值。

7）水化热。水泥在水化过程中放出的热量称为水化热，以kJ/kg表示。水化热速度主要与水泥的矿物组成、水泥细度、水泥中掺入的混合材料及外加剂的品种、数量等有关。水泥矿物中的铝酸三钙水化热最大，放热速度最快，硅酸三钙和铁铝酸四钙居中。水泥细度越细，水化速率越大。混合材及缓凝型外加剂的掺入能降低早期水化热，推迟水化放热高峰时间。例如，硅酸盐水泥在1～3d龄期内水化放热量达总放热量50%，7d达到70%，6个月达到83%～91%。由此可见，水泥的水化热大部分在早期3～7d释放，以后逐渐减少。

《中热硅酸盐水泥、低热硅酸盐水泥、低热矿渣硅酸盐水泥》（GB/T 200—2003）对中、低热硅酸盐水泥的水化热作出了规定。试验采用直接法或溶解法，3d、7d龄期水化热不大于表1.1-2中数值。

表1.1-1 不同水泥的强度指标

品种	执行标准	强度等级	抗压强度/MPa			抗折强度/MPa		
			3d	7d	28d	3d	7d	28d
硅酸盐水泥	GB 175—2007	42.5	17	—	42.5	3.5	—	6.5
		42.5R	22	—	42.5	4.0	—	6.5
		52.5	23	—	52.5	4.0	—	7.0
		52.5R	27	—	52.5	5.0	—	7.0
		62.5	28	—	62.5	5.0	—	8.0
		62.5R	32	—	62.5	5.5	—	8.0
普通硅酸盐水泥	GB 175—2007	42.5	17	—	42.5	3.5	—	6.5
		42.5R	22	—	42.5	4.0	—	6.5
		52.5	23	—	52.5	4.0	—	7.0
		52.5R	27	—	52.5	5.0	—	7.0
矿渣硅酸盐水泥、火山灰质硅酸盐水泥、粉煤灰硅酸盐水泥、复合硅酸盐水泥	GB 175—2007	32.5	10	—	32.5	2.5	—	5.5
		32.5R	15	—	32.5	3.5	—	5.5
		42.5	15	—	42.5	3.5	—	6.5
		42.5R	19	—	42.5	4.0	—	6.5
		52.5	21	—	52.5	4.0	—	7.0
		52.5R	23	—	52.5	4.5	—	7.0
中热硅酸盐水泥	GB/T 200—2003	42.5	12	22	42.5	3.0	4.5	6.5
低热硅酸盐水泥		42.5	—	13	42.5	—	3.5	6.5
低热矿渣硅酸盐水泥		32.5	—	12	32.5	—	3	5.5
白色硅酸盐水泥	GB/T 2015—2005	32.5	12	—	32.5	3.0	—	6.0
		42.5	17	—	42.5	3.5	—	6.5
		52.5	22	—	52.5	4.0	—	7.0

注 R表示早强水泥。

表1.1-2 中热、低热水泥各龄期水化热

品种	强度等级	水化热/(kJ/kg)	
		3d	7d
中热硅酸盐水泥	42.5	251	293
低热硅酸盐水泥	42.5	230	260
低热矿渣硅酸盐水泥	32.5	197	230

(6) 水泥的选择。水泥品种繁多，包括通用水泥、专用水泥和特性水泥。在混凝土工程中一般使用的是通用水泥。水泥品种的选择应当依据其各自的特点，综合考虑工程应用部位要求及工程特点，来选取合理的水泥品种和强度等级。水泥选择主要依据两个原则：

1）结构物设计的强度要求和设计龄期。水电水利工程中不同部位建筑物的设计强度不同，因此需要因地制宜合理选取不同强度等级的水泥。一般配制高强度等级的混凝土选用高强度等级水泥，低强度等级的混凝土选用低强度等级水泥。

2）工程部位的运行条件以及抑制某些有害物质反应（如碱骨料反应）的特殊要求。水泥品种的选取应与工程部位暴露条件、建筑物体积及特殊要求相适应。硅酸盐水泥早期强度较高，凝结硬化较快，抗冻性好。矿渣硅酸盐水泥早期强度低，后期强度增长率高，抗腐蚀性强，耐热性强，水化热低。火山灰质硅酸盐水泥大部分与矿渣硅酸盐水泥相同但保水性好，泌水量低，水泥石结构密实，抗掺性好。粉煤灰硅酸盐水泥的性质与火山灰硅酸盐水泥基本相同，但拌和物需水量较小，硬化过程干缩率较小，抗裂性好。例如，大坝大体积混凝土优先选用火山灰水泥、粉煤灰水泥或中低热水泥；有抗渗要求的混凝土工程宜选用火山灰水泥；水位变化区的混凝土工程优先选用普通硅酸盐水泥；严寒地区受冻融的混凝土工程优先选用硅酸盐水泥等。

1.1.3.2 掺合料

在混凝土拌和物制备时，为了节约水泥、改善混凝土性能、调节混凝土强度等级，而加入的天然的或者人造的矿物材料，统称为混凝土掺合料。混凝土掺合料主要以活性氧化硅、氧化铝和其他有效矿物为主要成分，在混凝土中可以代替部分水泥、改善混凝土综合性能，且掺量一般不小于5%的具有火山灰活性或潜在水硬性的粉体材料。

在《高强高性能混凝土用矿物外加剂》（GB/T 18736—2017）规范中明确规定：用于改善混凝土耐久性能而加入的、磨细的各种矿物掺合料，又称矿物外加剂，其主要特征是磨细矿物材料，细度比水泥颗粒小，主要用于改善混凝土的耐久性和工作性能。

随着混凝土技术的发展，掺合料的研究与应用技术也呈现出较好的势头，就掺合料的使用历史而言不同时期掺入掺合料的目的是不同的，20 世纪 50—60 年代，人们在拌制混凝土时常常用一定量的掺合料来代替部分水泥；到 20 世纪 70—80 年代，由于对掺合料认识水平的提高，在水工、大型建筑物的基础等一些大体积混凝土中掺入矿物掺合料是为了降低混凝土的水化放热量，减少温度裂缝；90 年代以后，人们对掺合料的认识有了很大的转变，不再把一些工业废渣看成是混凝土的掺合料，而把它看成是混凝土中必不可少的改性材料，因此掺合料的品质有了很大的改进，掺合料的应用技术也有较大幅度的提高，特别是制备高性能混凝土时，矿物掺合料更是不可或缺的组分，它在改善混凝土的力学性能和耐久性能方面起着至关重要的作用。

混凝土掺合料按其活性大小可划分为活性材料和非活性材料两种，所谓的活性材料即指在常温常压下有水存在时可与激发剂水化形成水硬性胶凝产物的物质，而非活性材料仅能改善混凝土的和易性。但这两者又不能截然分开，在一定条件下可以相互转化，例如石灰石粉一般不作活性材料使用，但若水泥熟料矿物铝酸三钙较多时，则可与铝酸三钙的水化产物形成水化碳铝酸钙对混凝土的早强有利；石英粉一般也不作为活性材料使用，但混凝土构件养护温度较高时活性则可大幅度增加，当然石英粉体颗粒足够细时也会具有一定活性。活性材料按水化机理又可分为火山灰活性和潜在水硬性活性两类。如粉煤灰、凝灰岩、烧黏土等是火山灰质活性材料，需要有激发剂存在时才能发生水化反应；而钢渣、水淬矿渣等是具有潜在水硬性的活性材料，即自身就具有一定的水化能力。

1. 混凝土采用掺合料的作用

建筑工程技术人员都知道许多特殊性能的混凝土可以通过添加混凝土外加剂来获得，但如能正确运用掺合料技术有时也能达到相应的效果，不仅能降低混凝土生产成本，还能避免外加剂对混凝土性能产生的不良影响。

混凝土掺合料可以起到的作用如下：

（1）掺合料可代替部分水泥，成本低廉，经济效益显著。

（2）提高混凝土的后期强度。矿物细掺料中含有活性的 SiO_2 和 Al_2O_3，与水泥中的石膏及水泥水化生成的 $Ca(OH)_2$ 反应，生成 C－S－H 和 C－A－H、水化硫铝酸钙，提高了混凝土的后期强度。但是值得提出的是除硅灰外的矿物细掺料，混凝土的早期强度随着掺量的增加而降低。

（3）改善新拌混凝土的工作性。混凝土提高流动性后，很容易使混凝土产生离析和泌水，掺入矿物细掺料后，混凝土具有很好的黏聚性。像粉煤灰等需水量小的掺合料还可以降低混凝土的水胶比，提高混凝土的耐久性。

（4）降低混凝土温升。水泥水化产生热量，而混凝土义是热的不良导体，在大体积混凝土施工中，混凝土内部温度可达到 50～70℃，比外部温度高，产生温度应力，混凝土内部体积膨胀，而外部混凝土随着气温降低而收缩。内部膨胀和外部收缩使得混凝土中产生很大的拉应力，导致混凝土产生裂缝。掺合料的加入，减少了水泥的用量，就进一步降低了水泥的水化热，降低混凝土温升。

（5）抑制碱骨料反应。试验证明，矿物掺合料掺量较大时，可以有效地抑制碱骨料反应。内掺 30％的低钙粉煤灰能有效地抑制碱硅反应的有害膨胀，利用矿渣抑制碱骨料反应，其掺量宜超过 40％。

（6）提高混凝土的耐久性。混凝土的耐久性与水泥水化产生的 $Ca(OH)_2$ 密切相关，矿物细掺料和 $Ca(OH)_2$ 发生化学反应，降低了混凝土中的 $Ca(OH)_2$ 含量；同时减少混凝土中大的毛细孔，优化混凝土孔结构，降低混凝土最可几孔径，使混凝土结构更加致密，提高了混凝土的抗冻性、抗渗性、抗硫酸盐侵蚀等耐久性能。

（7）不同矿物细掺料复合使用的“超叠效应”。不同矿物细掺料在混凝土中的作用有各自的特点，例如矿渣火山灰活性较高，有利于提高混凝土强度，但自干燥收缩大；掺优质粉煤灰的混凝土需水量小，且自干燥收缩和干燥收缩都很小，在低水胶比下可保证较好的抗碳化性能。

（8）减水功能。部分掺合料如粉煤灰因有球形的外貌，具有一定减水效果是容易理解的，加了高效减水剂的混凝土再掺入掺合料会具有更好的减水效果，尤其是在化学减水剂无能为力的超低水胶比时矿物掺合料还能具有一定的减水功能。

2. 掺合料品种

（1）粉煤灰。粉煤灰是燃煤电厂磨细煤粉在锅炉中燃烧（1100～1500℃）后由电收尘系统回收聚集的烟道细灰，通常呈灰白到黑色，比重为 1.9～2.8，容重为 530～1260kg/m^3。其化学成分主要为 SiO_2 和 Al_2O_3，两者总含量一般达到 60％以上。

粉煤灰按照收尘方式分为电收尘灰和机械收尘灰，目前由于机械收尘对环境污染严重已基本不使用，都是使用电收尘方式。

粉煤灰按排放方式分为干排灰和湿排灰。水工混凝土使用的都是干排灰。湿排灰由于其含水量难以控制一般不使用。

1）粉煤灰的物理性质如下：

（a）粉煤灰是一种呈微酸性具有潜在活性的粉状体，其化学成分和性质与火山灰相似，主要成分为 SiO_2、Al_2O_3 及 Fe_2O_3，物相组成中有 60%～85%为铝硅酸盐玻璃质微珠，具有水硬性凝胶性能。在水分存在的条件下能与石灰、水泥熟料等碱性物质产生水化反应生成含水硅酸盐和铝酸盐，具有一定强度。含碳量高的粉煤灰，其玻璃体含量减少，活性和强度相对较低。

（b）比重：粉煤灰的比重一般在 1.90～2.40 范围内，主要与颗粒内部的气孔有关。化学成分中 Fe_2O_3 较多时，其比重则较大。粉煤灰颗粒直径与比重也有一定关系，颗粒直径越小比重越大。

（c）容重：粉煤灰的容重一般为 900～1000kg/m^3。颗粒尺寸对容重影响很大，颗粒越细，容重越大，空隙率越小。

（d）细度：是指在 45μm 的筛余百分率。粉煤灰的细度是影响混凝土和易性、强度、耐久性等性能的重要因素。粉煤灰细度越小，其球形颗粒越多，对降低混凝土的用水量及改善混凝土和易性的效果越明显。

（e）需水量比：需水量比反映了粉煤灰需水量的大小，需水量又与细度、含碳量有关，最终将影响到混凝土的强度、施工和易性及耐久性。需水量越小，说明粉煤灰减水效果越好，品质越好。

（f）粉煤灰能与水泥水化产物 $Ca(OH)_2$ 发生二次水化反应，具有一定的火山灰活性。粉煤灰水泥浆体中的粉煤灰与水泥水化产生物 $Ca(OH)_2$ 在早期（28d 以前）二次水化反应速度较为缓慢，但中后期（28d 以后）二次水化反应速度逐渐加快，后期水化物增加显著，粉煤灰颗粒二次水化产物不断填充水泥浆体的孔隙中，减少 $Ca(OH)_2$ 晶体的数量，降低了孔隙液的碱度，提高了水泥石的密实度。

2）粉煤灰在混凝土中的三大效应。粉煤灰的效应包括形态效应、活性效应和微集料效应。

粉煤灰的形态效应是指粉煤灰粉料由其颗粒的外观形貌、内部结构、表面性质和颗粒级配等物理性状所产生的效应。在高温燃烧过程中形成的粉煤灰颗粒，绝大多数为玻璃微珠（图 1.1-1、图 1.1-2），是外表比较光滑的类球形颗粒，由硅铝玻璃体组成。由于球形颗粒表面光滑，故掺入混凝土后能起滚珠润滑作用，能不增加或减少混凝土的拌和用水量，起减水作用，但是粉煤灰在形貌上的另一特点是它的不均匀性，如果内含较粗的、多孔的、形状不规则的颗粒占优势，则不但丧失所有物理效应的优越性，而且还会损害混凝土原来的结构和性能，所得到的是负效应，粉煤灰的这种形态应还经常会影响其他效应的发挥。

粉煤灰的活性效应是指它的活性成分所产生的化学效应。粉煤灰的活性取决于火山灰反应能力，即粉煤灰中具有化学活性的 SiO_2 和 Al_2O_3 与 $Ca(OH)_2$ 反应，生成类似于水泥水化所产生的水化硅酸钙和水化铝酸钙等反应产物，这些水化物可作为胶凝材料的一部分起到增强作用。火山灰反应在水泥水化析出的氢氧化钙吸附到粉煤灰颗粒表面的时候开

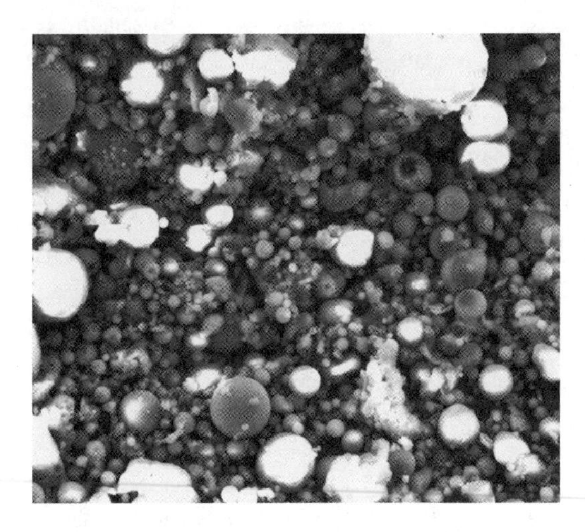

图 1.1-1 粉煤灰基本形貌（放大 1000 倍）

图 1.1-2 粉煤灰玻璃珠（放大 20000 倍）

始（即二次水化反应），一直可延续到 28d 后的相当长时间内。

粉煤灰的微集料效应是指粉煤灰中的微细颗粒均匀分布在水泥浆内，填充孔隙和毛细孔，改善混凝土孔结构和增大密实度的特性。粉煤灰微集料的优越性能体现在如下几点：①玻璃微珠本身强度很高；②微集料效应明显地增强了硬化浆体的结构强度，在粉煤灰和水泥浆体界面处形成的粉煤灰水化凝胶的显微硬度大于水泥凝胶的显微硬度，这就说明粉煤灰对混凝土中浆体与集料间界面这个最薄弱的联结部位有增强作用；③粉煤灰微粒在水泥浆体中分散良好，它有助于混凝土中孔隙和毛细孔的填充和“细化”。

粉煤灰的这三个效应是共存于一体且是相互影响的，不应强调某一效应而忽视其他效应，对混凝土的某一性能，在某种条件下，可能某一效应起主导作用，在另外条件下，对混凝土的另外性能，则可能是另一效应起主导作用，应具体情况具体分析。

3）粉煤灰在混凝土中的作用。粉煤灰在混凝土中的主要作用可以包括以下几方面：

（a）混凝土拌和物和易性得到改善。由于粉煤灰的形态效应，微集料效应，且比重比水泥小，在采用等量代替水泥的情况下，其浆体体积增加，可填充骨料颗粒的空隙并包裹它们形成润滑层，而且粒形好（质量好的粉煤灰含大量玻璃微珠），因此能填充得更密实，在水泥用量较少的混凝土里尤其显著，因此掺加适量的粉煤灰可以改善混凝土拌和物的流动性、黏聚性和保水性，使混凝土拌和物易于泵送、浇筑成型，并可减少坍落度的经时损失。

（b）混凝土成本降低。掺加粉煤灰在等强度等级的条件下，可以减少水泥用量约 10%～15%，因而可降低混凝土的成本。

（c）减少混凝土裂缝。掺加粉煤灰后可减少水泥用量，且粉煤灰水化放热量很少，从而减少了混凝土水化放热量，因此施工时混凝土的温升降低，可明显减少温度裂缝，这对大体积混凝土工程特别有利。

（d）混凝土的耐久性提高。由于粉煤灰的二次水化作用，混凝土的密实度提高，界面结构得到改善，同时由于二次反应使得易受腐蚀的氢氧化钙数量降低，因此掺加粉煤灰后可提高混凝土的抗渗性、抗硫酸盐腐蚀性和抗镁盐腐蚀性等。

（e）混凝土的收缩变形减小。粉煤灰混凝土的徐变低于普通混凝土。粉煤灰的减水效应使得粉煤灰混凝土的干缩及早期塑性干裂与普通混凝土基本一致或略低，但劣质粉煤灰会增加混凝土的干缩。

(f) 具有一定的减水作用。需水量比小于100%的粉煤灰，尤其是需水量比低于95%的粉煤灰具有良好的减水效应，可部分降低混凝土的用水量，从而降低混凝土中的胶凝材料用量。

(g) 粉煤灰可有效抑制骨料的碱活性。粉煤灰中的活性 SiO_2 与 $Ca(OH)_2$ 生成的不溶物可阻止 SiO_2 的溶出，因此粉煤灰的掺入减少了混凝土中的有效碱含量，又将有限的碱吸引到粉煤灰的颗粒表面，使其表面捕获 K^+、Na^+，生成 RCSH 凝胶，从而减少或避免了碱参与碱骨料反应的概率。同时粉煤灰的掺入使 $Ca(OH)_2$ 的含量降低，削弱了 $Ca(OH)_2$ 对碱骨料反应的促进作用，缓解了钙矾石膨胀相的生成，改善了界面的密实性，因而起到了抑制碱骨料反应膨胀的作用。

(2) 磷矿渣。磷矿渣是用电炉法生产黄磷时所排出的水淬磷酸盐类工业废渣，通常每生产 1t 黄磷就能产生 8～10t 的磷矿渣。生产黄磷的主要原料为磷矿石、焦炭、硅石，破碎烘干后，按一定比例配制入炉煅烧（煅烧温度达 1400℃），提炼出 10%的黄磷，排出的废料刚出炉时呈黑色凝胶状态，温度为 1450℃左右，经水淬后，成粒状磷矿渣（粒径为 3～7mm），颜色为青灰色或灰白色。

我国有着丰富的磷矿资源，每年都要产生大量的磷矿渣。由于磷矿渣是一种工业废渣，且其中所含有的磷和氟会造成一定的环境污染，因此综合利用磷矿渣具有一定的经济和环保意义。

1) 磷矿渣的特点如下：

(a) 磷矿渣的化学成分主要以 CaO、SiO_2、P_2O_5、MgO、Al_2O_3、SO_3 等，其中 CaO、SiO_2、Al_2O_3 为活性物质，与水泥水化产物产生二次水化反应，从而提高混凝土的后期强度。

(b) 磷矿渣的比重为 2.9 左右，松散容重为 $1100kg/m^3$ 左右。

(c) 磷矿渣中 P_2O_5 对水泥或混凝土产生危害，在技术规定中用质量系数 $K=(CaO+MgO+Al_2O_3)/(SiO_2+P_2O_5)\geqslant 1.10$ 进行控制。

(d) 掺入磷矿渣部分替代水泥后，胶凝材料的水化热显著降低。

(e) 磷矿渣经水淬后为颗粒状物质，并且含有一定的水分，需进行烘干、磨细后使用，磷矿渣的活性与其细度有关，只有粉磨到一定的程度，磷矿渣的活性才有可能充分发挥，但应考虑增加的加工费用。

2) 磷矿渣在水工混凝土中的反应机理。磷矿渣主要由微晶玻璃体组成（图 1.1-3、图 1.1-4），其内部结构是畸变的硅酸盐网络，是含钙量比较低的熔体在水淬时形成的特殊结构。由于磷矿渣熔体的化学成分的特殊性，在水淬时和其他工业废渣熔体的黏度不同，因而畸变的硅氧链的聚合度不同，使它具有了不同于其他水淬渣的微观结构。

磷矿渣属于活性掺合料，能够与水泥水化产物 $Ca(OH)_2$ 发生反应，生成提高混凝土强度和耐久性的水化产物。从化学组分上来看，磷矿渣中的 CaO、Al_2O_3 和 MgO 对其活性有利，而 SiO_2、P_2O_5 对其活性的发挥不利，国家标准《用于水泥中的粒化电炉磷渣》(GB/T 6645) 中使用质量系数 K 值大小来进行评价，并且规定 $K\geqslant 1$。水泥熟料矿物的

图1.1-3 磷矿渣基本形貌（放大1000倍）

图1.1-4 磷矿渣基本形貌（放大10000倍）

水化所生成的$Ca(OH)_2$和掺入的石膏，分别作为磷矿渣的碱性激发剂和硫酸盐激发剂，并与磷矿渣中的活性组分相互作用，生成水化硅酸钙、水化硫铝酸钙或水化硫铁酸钙。大部分水化产物开始以凝胶状出现，随着龄期的增长，逐步转化成纤维状晶体，数量不断增加，相互交叉，形成连锁结构。

（3）火山灰。火山爆发时，岩石或岩浆被粉碎成细小颗粒，从而形成火山灰。

火山灰由火山活动产生，是细微的火山碎屑物。火山灰由岩石、矿物、火山玻璃碎片组成，直径小于2mm，其中极细微的火山灰称为火山尘。在火山的固态及液态喷出物中，火山灰的量最多，分布最广，它们常呈深灰、黄、白等色，堆积压紧后成为凝灰岩。

1）火山灰的特点。火山灰不同于烟灰，它坚硬、不溶于水。

在一些火山灰质的混合料中，存在着一定数量的活性二氧化硅、活性氧化铝等活性组分。火山灰反应就是指这些活性组分与氢氧化钙反应，生成水化硅酸钙、水化铝酸钙或水化硫铝酸钙等反应产物，其中，氢氧化钙可以来源于外掺的石灰，也可以来源于水泥水化时的产物。在火山灰水泥的水化过程中，火山灰反应是火山灰混合材中的活性组分与水泥熟料水化时放出的氢氧化钙的反应。

火山灰水泥的水化过程是一个二次反应过程。首先是水泥熟料的水化，放出氢氧化钙，然后再是火山灰反应。这两个反应是交替进行的，并且彼此互为条件，互相制约，而不是简单孤立的。

2）火山灰的分类。火山灰分为天然的和人工的两大类。

天然火山灰种类较丰富，主要分布在云南省，其中腾冲县、龙陵县一带的天然火山灰主要有：火山碎屑岩、浮石、玄武岩、玄武安山岩、安山岩、凝灰岩、硅藻土等，以浮石和玄武岩分布最广及储量最大。江腾火山灰原料产地为腾冲县南部沿龙江分布的龙江火山岩，其矿物种类经地质X射线分析为玄武安山岩和浮石质玄武岩，矿石结构主要为细粒至隐晶质结构、斑状结构。矿石构造特征有气孔、杏仁状或致密构造。矿石成分由无定形玻璃质（$SiO_2+Al_2O_3$）所包围的无数微晶体所组成，其成分与火山灰类似。长石、辉石、角闪石、橄榄石等晶体嵌布于玻璃质中，各种结晶矿物主要靠玻璃质黏结形成致密的岩石，其多孔性有似凝胶，具有大量内表面积，含可溶性 SiO_2 和可溶性 Al_2O_3，是玄武安山岩水化活性的主要来源。

3）火山灰的性能。以江腾火山灰为例，其化学成分试验结果见表 1.1-3，品质鉴定结果见表 1.1-4。

表 1.1-3　　江腾火山灰的化学成分　　%

Loss	SiO_2	SO_3	Fe_2O_3	Al_2O_3	CaO	MgO	碱含量
2.00	57.79	0.03	6.08	19.04	5.37	2.23	3.80

表 1.1-4　　江腾火山灰的品质鉴定

检验标准	细度（45μm）/%	需水量比/%	Loss/%	SO_3/%	28d抗压强度比/%	密度/(kg/m³)
江腾火山灰	7.7	96.4	2.0	0.03	74	2700
DL/T 5055—2007 Ⅰ级粉煤灰	≤12	≤95	≤5.0	≤3.0	—	—
DL/T 5055—2007 Ⅱ级粉煤灰	≤20	≤105	≤8.0	≤3.0	—	—

江腾火山灰的试验结果表明，火山灰中酸性氧化物（$SiO_2+Al_2O_3$）含量较高，超过70%，这是火山灰活性的主要来源，表明江腾火山灰有较高的潜在水硬性。烧失量及 SO_3 含量均符合标准要求，其中烧失量有别于其他矿物掺合料，主要来自火山灰中的结晶水。总的来看江腾火山灰可满足Ⅱ级粉煤灰的指标要求，其活性比粉煤灰要高。

4）火山灰在水电工程中的应用。云南省火山灰自开发至今，已在云南龙江干流、瑞丽江、槟榔江等十多个中小型水电站中推广应用，如云南省龙陵县腾龙桥Ⅱ级水电站、龙陵县等壳水电站、缅甸瑞丽江一级水电站、德宏州弄另水电站、龙江水电站枢纽工程等。

在缅甸瑞丽江一级水电站中，$C_{90}15$、$C_{90}20$ 三级配常态混凝土中火山灰掺量达 30%～40%，C20 以上二级配常态混凝土中火山灰掺量 30%。昆明粉煤灰运输到缅甸工地的运费和材料费高达 800 元/t，而火山灰仅 400 元/t，每吨可节约成本 400 元，经济效益较明显。

腊寨水电站 C30 以下三级配、二级配混凝土中火山灰掺量为 30%，C30 以上二级配混凝土中火山灰掺量为 20%。

弄另水电站碾压混凝土中的火山灰掺量为水泥用量的 40%～65%。厂房及导流洞 C30 以下三级配、二级配混凝土中火山灰掺量为水泥的 30%～40%。使用火山灰掺合料后，工程节约资金 1000 万元。弄另水电站碾压混凝土大坝是我国首次使用火山灰掺合料获得成功的工程。

云南省龙江水电站枢纽工程对比试验了火山灰和石灰石粉两种掺合料，其中火山灰混凝土的性能优于石灰石粉混凝土，选定的常态混凝土中火山灰掺合料掺量为 25%～35%，各项指标满足工程设计要求。

火山灰在水电工程中的应用有如下特点：

(a) 火山灰掺合料是云南省西部建设的水电站开发出的一种新型天然火山灰质混凝土

掺合料，利用腾冲、龙陵一带丰富的火山灰资源生产的火山灰矿物掺合料，符合国家产业政策，符合矿物掺合料就近取材、技术可靠、经济合理的原则。

（b）在同等试验条件下的混凝土性能对比结果表明，掺天然火山灰掺合料混凝土早期及后期强度均比掺Ⅱ级粉煤灰混凝土高。

（c）江腾火山灰对混凝土有很好的改性效果，能降低混凝土水化热、减少混凝土用水量、缩短水泥净浆凝结时间的作用；配制的混凝土需水量不高、混凝土后期强度增长率高。

（d）掺火山灰的大坝混凝土干缩值比不掺的混凝土降低5%，绝热温升降低10%左右，有利于提高大坝混凝土的抗裂性；抗渗抗冻耐久性也有一定的提高。

（e）火山灰在滇西多个水电工程中得到成功应用，经济效益明显。在水电工程碾压混凝土中单掺火山灰取代水泥的用量一般为40%～60%，用于常态混凝土火山灰掺量一般为20%～40%。

（4）石粉。石粉主要指石灰岩、凝灰岩、花岗岩、板岩、玄武岩或其他原岩经机械加工后粉磨成小于0.08mm的微细颗粒。

石粉可作为一种掺合料使用，采用细度合适，无碱活性的岩石磨制的石粉部分或全部取代混凝土中的粉煤灰，可以使混凝土的性能不低于掺粉煤灰的混凝土，甚至有些性能比掺加粉煤灰的混凝土性能更优，其中以石灰岩石粉为最优。

1）石粉作为掺合料在国内外研究及应用现状。随着水工混凝土筑坝材料技术的发展，行业内对石粉的研究应用越来越多。目前在水电工程混凝土筑坝材料中，可将石粉直接作为掺合料，成为胶凝体系中的组分，代替水泥后可降低混凝土成本，减少水化放热，简化温控措施。

将石粉作为掺合料使用，国内部分科研设计院、高校及专家对石粉作为碾压混凝土掺合料的可行性进行了室内试验研究，其研究结果主要有：①石粉不完全是一种惰性材料，掺入混凝土中，可改善细骨料的颗粒级配，有填充效应；②掺入一定量石灰石粉后，在复合胶凝材料早期能够加速水泥的水化反应；当石粉粒径小于45μm时，石粉的活性可以较明显地表现出来，石粉粒径越小，其活性越高；③石粉在混凝土中，可部分替代粉煤灰作为掺合料，对混凝土的施工性能影响不大，而抗压强度、劈拉强度和抗渗性能均能得到保证，其性能是可以满足混凝土的力学性能、耐久性能等要求的；④虽然石粉具有较多优点，但也存在一定的缺陷，研究表明石粉取代粉煤灰后会增加混凝土的干缩值和自生体积变形收缩值，降低混凝土的抗裂性能，且耐久性略差于掺粉煤灰的混凝土，因此石粉并不能全部替代粉煤灰作为掺合料使用，宜部分替代，与粉煤灰混合使用。

在粉煤灰资源匮乏地区，石粉的加工处理价格明显低于外购粉煤灰的价格，可大大降低工程造价。室内试验和工程实践表明，石灰石粉用作碾压混凝土掺合料基本上不增加混凝土用水量，能达到良好的和易性和可碾性，并已经在国内若干个碾压混凝土大坝工程中应用，为石粉的推广应用积累了一定的工程经验。

国内研究工程中，一般以灰岩骨料作为石粉开展的研究较多，主要是由于石灰石资源较为丰富，容易获得。灰岩一般纯度较高，易于粉磨加工成石灰石粉，能耗低，且加工、运输成本相对较低，因此国内研究石灰石粉作为掺合料的工程较多。

除灰岩石粉以外，国内研究石粉作为掺合料还有大理岩石粉、凝灰岩石粉等，在四川省锦屏一级水电站、云南省漫湾水电站、景洪水电站、大朝山水电站均有应用，其中漫湾水电站采用凝灰岩粉作为大坝混凝土的掺合料，总使用量约10万t；景洪水电站采用了石灰石粉+磨细矿渣复合掺合料的方案，取出的碾压混凝土芯样长14.13m，且芯样表面光滑、密实、无气孔；大朝山水电站采用凝灰岩粉+磷矿渣复合掺合料的方案（PT掺合料），取得了很好的效果。另外，贵阳院设计的西藏地区果多水电站，位于昌都地区昌都县，大坝为碾压混凝土重力坝，粉煤灰运至工地价格达1700元/t，远高于水泥1000元/t的价格，而果多水电站有灰岩骨料，因此采用了灰岩石粉替代粉煤灰作为掺合料，主要针对大坝内部 C_{90}15W6F50 三级配碾压混凝土进行了试验研究，石粉掺量为30%（约50kg/m^3），具有一定的经济效益，作为技术储备可以在西藏地区其他水电工程推广应用。

在东南亚地区（如柬埔寨、缅甸）等水电工程中，由于当地缺乏粉煤灰资源，中国水利水电第八工程局有限公司承建的柬埔寨甘再水电站，掺加石粉后，碾压混凝土中的水泥+粉煤灰用量仅107kg/m^3，水泥和粉煤灰的用量大大降低，大幅度节约了工程造价。

而国外开展关于石粉对混凝土性能影响的研究较少，仅有日本等少数国家进行过探讨性研究，以石粉等量取代部分细骨料，得出的结论与国内成果基本一致，石粉能在一定程度上改善混凝土性能。

2）石粉的化学成分和物理力学性能。贵阳院在四川省雅砻江中上游水电工程材料优选科研项目研究中，对灰岩石粉、花岗岩石粉、砂板岩石粉、玄武岩石粉共4种石粉进行了研究，4种石粉的化学成分试验结果见表1.1-5，物理性能试验结果见表1.1-6。

表1.1-5　　石粉的化学成分　　%

试验项目	CaO	MgO	Al_2O_3	SiO_2	SO_3	Fe_2O_3	Loss	碱含量
花岗岩石粉	7.65	2.54	14.51	63.63	0.08	4.00	2.01	3.27
玄武岩石粉	15.97	6.84	12.54	45.25	0.02	10.32	7.14	2.54
灰岩石粉	55.73	2.27	0.68	0.48	0.09	0.35	40.88	0.14
砂板岩石粉	2.57	2.33	16.29	65.63	0.11	6.49	3.12	2.35

表1.1-6　　石粉的物理性能

石粉名称	密度/(g/cm^3)	Loss/%	细度(80μm筛余)/%	细度(45μm筛余)/%	比表面积/(m^2/kg)
花岗岩石粉	2.73	2.01	0.52	7.0	432
玄武岩石粉	2.91	7.14	0.04	8.2	605
灰岩石粉	2.75	40.88	0.64	6.9	639
砂板岩石粉	2.79	3.12	0.24	4.5	621

试验结果表明：

(a) 由于岩性的原因，灰岩石粉的烧失量最大，花岗岩石粉烧失量最小。

(b) 从勃氏比表面积仪的试验结果看，花岗岩石粉的比表面积最小，灰岩石粉比表面积最大。

(c) 石粉的细度随球磨时间的增加而增大。

(d) 石粉的掺量越大，胶砂的用水量越大。

(e) 随着石粉的掺量增加，其各龄期的水泥胶砂抗压强度就越低。

(f) 掺入石粉会降低水泥水化热。

(g) 石粉单独作为掺合料均不能有效抑制骨料的碱活性。

4种石粉在单掺的条件下，其抑制活性效果排序为砂板岩>花岗岩>玄武岩>灰岩。在同种石粉不同细度的条件下，单掺4种石粉均表现为细度越细，对碱骨料反应的抑制效果越好。

3）石粉作为掺合料在水工混凝土的试验研究。贵阳院在雅砻江中上游水电工程材料优选科研项目对灰岩石粉、花岗岩石粉、砂板岩石粉、玄武岩石粉进行了配合比试验，分别对 C_{30}W8F150二级配泵送混凝土和 C_{90}25W8F200二级配碾压混凝土进行了研究，试验研究结果表明：

(a) 随着石粉掺量的增加，泵送混凝土的坍落度略有下降；碾压混凝土的 Vc 值略有下降；混凝土各龄期的抗压强度和劈拉强度减小。

(b) 随着石粉掺量的增加，混凝土的引气剂掺量增加，掺入硅粉可以降低引气剂的掺量。

(c) 泵送混凝土的配合比选用水胶比为0.37，硅粉掺量为5%、砂板岩石粉掺量为20%的组合，单价比基准混凝土（掺粉煤灰20%）的组合便宜56.3元/m^3；碾压混凝土的配合比选用水胶比为0.40，硅粉掺量为5%、砂板岩石粉掺量为40%的组合，单价比基准混凝土（掺粉煤灰40%）的组合便宜64.1元/m^3。

(d) 绝热温升试验结果表明，掺石粉后混凝土的早期反应比掺粉煤灰的混凝土要快。

从自生体积变形和干缩来看，单掺石粉、双掺硅粉和砂板岩石粉后需要加强早期混凝土的养护。

4）石粉作为掺合料的应用展望。目前石粉作为掺合料的应用研究不多，研究内容也主要侧重于对混凝土宏观性能的影响，而对微观结构、胶凝材料体系的水化特性及石粉在胶凝材料体系水化中的作用机理等方面的研究工作还未全面开展。

由于石粉可作为将来掺合料的重大现实意义及目前对与掺石粉碾压混凝土复合胶凝材料水化特性研究的严重不足，有必要对其作更为全面深入的研究，这能够极大推动石粉作为掺合料在碾压混凝土中的应用，对减少环境污染、降低工程造价、缓解资源危机和推动我国国民经济建设的可持续发展将起到巨大的促进作用。

在粉煤灰相对匮乏的西藏地区，长距离运输粉煤灰影响碾压混凝土筑坝经济性的情况下，以石粉代替部分粉煤灰应用于碾压混凝土，既可以降低工程造价，又可以保护环境，还可以降低混凝土的温升，提高碾压混凝土和易性和可碾性，具有良好的经济效益和社会效益，且有助于提高大体积碾压混凝土的抗裂性。因此考虑用石粉替代部分细骨料或者作为碾压混凝土掺合料代替部分粉煤灰，设计满足施工要求的碾压混凝土配合比是完全可行的。

(5) 磨细矿渣微粉。矿渣是炼铁过程中排出的工业废料，每炼1t钢铁约有0.3t的矿渣，其主要化学成分是 SiO_2、Al_2O_3、CaO、MgO 等。由于它具有潜在水硬性而被广泛用为水泥混合料或混凝土掺合料。经水淬急冷后的矿渣，其中玻璃体含量多，结构处在高能量不稳定状态，潜在活性大，但须经磨细才能使其潜在活性发挥出来。

磨细矿渣微粉（以下简称矿粉）是将水淬粒化高炉矿渣经过粉磨后达到规定细度的一种粉体材料，它既可用作等量取代熟料生产高掺量矿渣水泥，也可作为混凝土的掺合料取代部分水泥。在大体积混凝土中，掺入此掺合料，可以改善新拌混凝土的流变性能，降低水化热，防止裂缝的出现。

1）矿粉作为掺合料在国内外的研究及应用现状。1862 年德国人发现水淬矿渣具有潜在的活性后，矿渣长期作为水泥混合材使用。1865 年德国开始生产石灰矿渣水泥。随着矿渣硅酸盐水泥良好的耐久性及应用价值不断为人们所认识，20 世纪初在欧洲得到了广泛的应用。

1958 年南非将水淬矿渣烘干磨细，首次将矿粉用于商品混凝土中。进入 20 世纪 60 年代，随着预拌混凝土工业的兴起和发展，矿渣粉作为混凝土的独立组分得到了广泛应用。20 世纪 90 年代在东南亚及我国台湾、香港和北京、上海等地也得到了广泛的应用。

目前，国外一些发达国家已将掺有矿粉的混凝土普遍用于各类建筑工程。西欧掺有矿粉的水泥约占水泥总用量的 20%；荷兰矿粉掺量 65%～70%的水泥约占水泥总销量的 60%，几乎各种混凝土结构都采用此种水泥；英国矿粉的每年销售量已达到 100 多万 t；美国、加拿大现在也将矿粉掺入水泥中应用于各种建筑工程；在日本、新加坡、东南亚地区矿粉普遍地应用于商品混凝土和掺入水泥中。美国 1982 年发布了《混凝土和砂浆用的磨细粒化高炉矿渣》标准（ASTMC 989—82），并于 1989 年进行了修订。澳大利亚、加拿大、英国等在 1980—1986 年期间也相继制定了矿粉的材料标准。日本在 1986 年由土木学会制定了《混凝土用矿渣粉》标准草案，于 1995 年 3 月正式修订为日本的国家工业标准（JISA 6206—1995），1988 年还制定了《掺高炉矿渣粉的混凝土的设计与施工指南（草案）》。这些标准的制定和实施极大地推动了矿粉混凝土技术的研究，并促使矿粉混凝土技术得到了令人瞩目的发展。

在我国，矿渣应用的历史久远，但都是作为活性混合材添加在水泥熟料中，成为硅酸盐水泥、普通硅酸盐水泥或矿渣硅酸盐水泥。随着国际上对矿粉研究的不断深入和大规模开发利用、我国 20 世纪 80 年代改革开放的力度不断加大、预拌混凝土崛起与发展以及政府日益注重环境保护，自 20 世纪 90 年代起，我国开始了矿粉的特性及应用研究工作。1998 年上海市实施地方标准《混凝土和砂浆用粒化高炉矿渣微粉》，1999 年《粒化高炉矿渣微粉在混凝土中应用技术规程》制定颁布。2000 年国家标准《用于水泥和混凝土的粒化高炉矿渣粉》（GB/T 18046—2000）颁布实施，矿渣粉的应用技术逐渐成熟，并被广泛接受和使用。2002 年国家标准《高强高性能混凝土用矿物外加剂》（GB/T 18736—2002）颁布，在该标准中正式将矿渣微粉命名为“矿物外加剂”纳入混凝土第六组分。从此，在世界范围内，矿粉在预拌混凝土中的应用越来越广泛。人们对矿粉在混凝土中的应用研究也逐步深入。应用实践发现：磨细矿粉作为普通混凝土掺合料可取代水泥用量一般为 20%～40%。矿粉混凝土与普通混凝土相比，具有降低水化热峰值、延迟峰值温度发生时间、优化内部孔隙结构的优点。同时矿粉混凝土中由于水泥用量的降低和矿粉本身对碱的吸收，使整个混凝土体系内的 $Ca(OH)_2$ 减少，提高混凝土抗渗性、抗冻性、抗腐蚀能力，抑制碱骨料反应，提高后期强度。

目前，磨细矿渣作为一个独立的产品出现在建筑市场，广泛应用于商品混凝土中。

2）矿粉在混凝土中的作用机理。

a. 火山灰效应。矿粉改变了胶结料与集料的界面黏结强度。普通混凝土的浆体与集料的界面黏结受水化产物 $Ca(OH)_2$ 定向排列的影响而强度降低，而矿粉可吸收水泥水化时形成的 $Ca(OH)_2$，进一步水化生成更多有利的 C－S－H 凝胶，使界面区的 $Ca(OH)_2$ 晶粒变小，改善混凝土的微观结构，使水泥浆体的孔隙率明显下降，强化了集料界面黏结力，从而提高混凝土的耐久性。

b. 微集料效应。混凝土体系可理解为连续级配的颗粒堆积体系，粗集料间隙由细集料填充，细集料间隙间由水泥颗粒填充，水泥颗粒间的间隙则由更细的颗粒填充。矿粉可起到填充水泥颗粒间隙的微集料作用，从而改善了混凝土的孔结构，降低空隙率，并减少最大孔径的尺寸，使混凝土形成了密实充填结构和细观层次的自紧密堆积体系，防止泌水、离析，改善混凝土的耐久性。

矿粉主要成分包括 SiO_2、CaO、Al_2O_3，而矿粉在混凝土中产生胶凝性的反应不完全是火山灰反应，要使矿粉的活性发挥必须具备一定的碱性环境。水泥水化生成的 $Ca(OH)_2$ 可作为碱性激发剂，另外水泥及矿粉中均有部分石膏可形成硫酸盐激发剂。一方面在碱性环境中矿渣分散、溶解，并形成水化硅酸钙和水化铝酸钙；另一方面 $Ca(OH)_2$ 存在的条件下，石膏能与矿渣中的活性 Al_2O_3 化合生成硫铝酸钙，上述两类作用相互促进，使矿粉活性充分激发，由此得到较高的胶凝强度，并使混凝土的结构相当致密。

混凝土在承受荷载之前已存在着微裂缝，这是由水泥石收缩引起的。掺入矿粉后，混凝土对骨料的约束作用比单纯水泥对骨料的约束作用大，它超过水泥石与骨料的黏结强度，所以掺入矿渣微粉及粉煤灰会提高混凝土的抗折强度。

c. 对混凝土坍落度损失的影响。

a）矿渣复合粉煤灰颗粒直径显著小于水泥且圆度较大，它在新拌水泥浆中具有轴承效果，可增大水泥浆的流动性，能够提高混凝土的坍落度；矿渣掺合料可显著降低水泥浆的屈服应力，由于初始屈服应力相对较小，屈服应力值在较长的时间内维持在较低的水平，使水泥浆处于良好的流动状态，并表现为新拌混凝土坍落度增大，还可有效地控制混凝土的坍落度损失。

b）混凝土坍落度损失与水泥水化动力学有关。随着水化时间的推移和水泥水化产物的增长，混凝土体系的固液比例增大，自由水量相对减少，凝聚趋势加快，致使混凝土坍落度值降落较快，在高温及干燥条件下这种现象更甚。矿渣复合粉煤灰掺合料属于活性掺合料，但与水泥熟料相比则为低水化活性胶凝材料。大掺量的矿渣复合掺合料取代水泥后存在于新拌混凝土中，有稀释整个体系中水化产物的体积比例的效果，可以减缓胶凝材料体系的凝聚速率，从而可使新拌混凝土的坍落度损失获得抑制。

3）矿粉在混凝土中的作用。

a. 单掺矿粉，在混凝土用水量一定时，矿粉能增大混凝土的坍落度。混凝土坍落度随着矿粉掺量的增加增大，混凝土的坍落度经时损失也逐渐减小而扩展度经时损失率有所增大。

b. 单掺矿粉可以延缓水泥的凝结时间，防止水化热集中释放，对大体积混凝土非常有利。

c. 单掺矿粉，可以改善砂浆与粗集料间的界面黏结强度，提高胶砂抗折强度。

d. 混凝土中掺入矿粉，可以减少水化热，降低峰值温度，延缓峰值温度出现时间，有利于避免或减少温差裂缝，非常适用于大体积混凝土。

e. 矿粉可以等量取代水泥，大大减少水泥用量，节约成本。

f. 掺矿粉混凝土早期强度随掺量的增多呈下降趋势，但后期强度明显高于基准混凝土。

g. 矿粉能有效提高混凝土的抗渗性能，从而提高混凝土的耐久性。

h. 单掺矿粉，凝结时间有所延长，泌水量有增大迹象，粘聚性也有所提高，可能会对混凝土的泵送带来一定的不利影响。因此，实际应用中应采用矿粉和粉煤灰复掺配制混凝土。

4）矿粉在混凝土中的应用展望。目前大型立磨矿渣技术在我国快速发展，使大量细度为 $400m^2/kg$ 的矿粉得到广泛应用。矿粉的大量应用，改变了以往仅以粉煤灰为主要掺合料的局面。对于商品混凝土搅拌站而言，矿粉的出现给配制混凝土带来了很大的方便，随着矿粉研究和应用的不断深入，混凝土质量会逐步改善。同时，矿粉的应用，可以克服仅掺粉煤灰时取代水泥量有限的弱点，可以进一步降低水泥用量，不仅可以改善混凝土耐久性，还可降低混凝土成本，节约能源，改善环境。因此，应在加大研究力度的同时，积极推广应用，不断总结经验，扬长避短，进一步加大对矿粉的应用。

总而言之，采用矿粉代替部分水泥，在建筑领域是一项有很强生命力的新型材料和工艺。对炼铁厂而言，能解决大量高炉矿渣堆放占地、污染环境的问题。同时，对混凝土搅拌站而言，矿渣性能优越、后期强度高、价格低廉，是提高强度、降低成本的好选择。

1.1.3.3 骨料

骨料是混凝土的主要组成材料之一，作为填充材料起到骨架作用，在混凝土中占总体积的3/4以上。骨料所占的体积越多，水泥的用量就越少，混凝土的经济性就越好。骨料化学成分、矿物组成与结构、强度、密度、热学性能、颗粒大小与形状、表面性状等均对混凝土性能和经济性产生重要影响。因此，在生产优质混凝土时，必须对骨料进行认真选择。

1. 骨料的分类

（1）按骨料粒径分类。在水电水利工程中采用的骨料，按粒径区分为细骨料与粗骨料。粒径在0.15～4.75mm之间的为细骨料，又称砂子；粒径大于4.75mm的为粗骨料，又称石子。石子又分为小石（粒径5～20mm）、中石（粒径20～40mm）、大石（粒径40～80mm）与特大石（粒径80～150mm或80～120mm）。因此骨料按粒径分为砂、小石、中石、大石、特大石等5种。

（2）按岩性分类。混凝土骨料是岩石的粒形材料。作为混凝土骨料的原岩主要有火成岩（岩浆岩）、沉积岩、变质岩三大类。在沉积岩中，经常应用于工程的主要是石灰岩和白云岩，砂岩由于沉积和成岩时间短，工程力学性能较差。花岗岩和玄武岩是混凝土常用的火成岩骨料，它们具有硬度大、力学强度高、密度大等特点。变质岩性质介于火成岩和沉积岩之间，如砂板岩。常见岩石的外观特征及显微结构如图1.1-5～图1.1-9所示。

图1.1-5 灰岩

图1.1-6 花岗岩

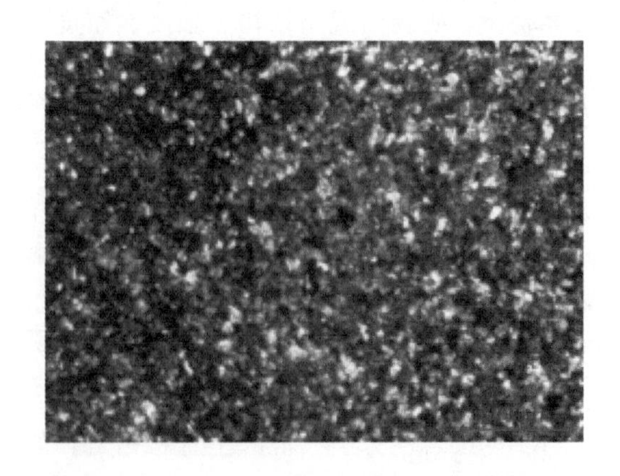

图1.1-7 砂岩

图 1.1-8　玄武岩

图 1.1-9　白云岩

（3）按料源与加工方式分类。按料源与加工方式可将骨料分为天然骨料与人工骨料两大类。

天然骨料是从天然河流中或山上采集的砂、砾石，经过适当的筛分、清洗加工而得。天然骨料因岩石经过长期的风化、搬运、水流冲刷、相互碰撞等作用，一般外形趋于浑圆，表面光滑、质地坚硬，是比较理想的混凝土原材料（图 1.1-10）。如果当地有足够的符合要求的天然砂石料场，一般会优先考虑采用。但天然骨料的原岩种类繁多，成分复杂，级配通常不理想，有时还含有一些针片状和软弱颗粒。此外，有些骨料因沉积年代久远，表面风化，含有或粘附一些不稳定的化学物质和有害成分，这些都将对混凝土性能产生影响。

图 1.1-10　天然骨料

人工骨料是用机械的方法将岩石破碎制成的。人工骨料中细骨料又称人工砂，粗骨料又称为碎石。由于人工骨料可以选

图 1.1-11 人工骨料

择适当的原岩进行加工，岩石品种单一，可以控制级配，开采生产一般都能常年进行，目前越来越多的水电水利工程都采用人工骨料。人工骨料的表面粗糙，多棱角，空隙率和比表面积较大（图 1.1-11），所拌制的混凝土和易性较差，但碎石与水泥石胶结力较强，在水胶比相同的条件下，人工骨料混凝土比卵石混凝土强度高。

另外，按骨料是否具有潜在危害性碱活性，可分为活性骨料与非活性骨料；按密度大小，可分为普通骨料和轻骨料等。

2. 不同骨料的技术性能

目前，大中型水电工程中采用的骨料一般是由料场机械加工的碎石和人工砂，骨料岩性包括灰岩、玄武岩和白云岩等品种，如贵州省沙沱水电站、构皮滩水电站、云南省观音岩水电站等使用的是灰岩骨料，四川省锦屏一级水电站使用的是砂岩骨料，贵州省象鼻岭水电站、四川省溪洛渡水电站、官地水电站等使用的是玄武岩骨料，西藏地区如美水电站使用的是英安岩骨料，而砂板岩骨料在四川省达维水电站、两河口水电站等工程中也得到应用。

（1）物理性能。对于水工混凝土来说，骨料的强度在很大程度上影响到混凝土的强度。骨料的强度取决于其矿物组成、结构致密性、质地均匀性、物化性能稳定性等。优质骨料是配制优质混凝土的重要条件。对于水工混凝土用骨料，表观密度、吸水率、强度均为重要的物理力学参数。表 1.1-7 中列出了工程应用中几种典型骨料品种的物理性能试验结果对比。

表 1.1-7 不同岩性骨料物理性能

骨料品种	饱和面干吸水率/%	表观密度/(kg/m³)	坚固性/%	压碎指标/%	针片状含量/%	
					5~20mm	20~40mm
灰岩	0.25	2710	1.0	7.5	1.5	4.3
白云岩	0.83	2780	1.0	8.4	1.2	2.3
砂板岩	0.76	2760	1.6	13.6	27.2	29.3
玄武岩	0.77	2950	0.6	4.1	2.0	3.8
花岗岩	0.27	2680	3.0	9.6	7.2	11.6
英安岩	0.50	2640	2.8	9.8	8.0	11.7
砂岩	1.25	2690	2.5	8.9	7.7	16.8
DL/T 5144—2015 规范要求	≤2.5	≥2550	≤5.0	≤16	≤15（经试验论证，可以放宽至25%）	

1）密度。在计算水工混凝土配合比时，一般采用饱和面干表观密度。骨料的表观密度取决于组成骨料矿物的密度及其孔隙率。从表 1.1－7 列出的不同岩性骨料的表观密度可以看出，玄武岩的表观密度最大，即同体积的玄武岩骨料混凝土最重。

2）抗压强度。骨料的抗压强度一般都要高于混凝土的设计抗压强度，这是因为骨料在混凝土中主要起骨架作用。在承受荷载时骨料的应力可能会大大超过混凝土的抗压强度。骨料的抗压强度不易通过直接测定单独的骨料抗压强度获得，而是采用间接的方法来评定。一种方法是测定岩石的压碎指标，另一种方法是在作为骨料的岩石上采样经加工成立方体或圆柱体试样，测定其抗压强度。用于混凝土骨料的原岩抗压强度试验结果见表 1.1－8。从表可以看出，玄武岩原岩抗压强度最高。

表 1.1－8　　混凝土骨料原岩的抗压强度

岩石品种	抗压强度/MPa	岩石品种	抗压强度/MPa
灰岩	50～200	白云岩	80～250
花岗岩	100～250	砂岩	20～200
玄武岩	150～300	页岩	10～100
英安岩	100～250	砂板岩	50～200

在气候、环境变化或其他物理因素作用下抵抗破碎的能力即骨料的坚固性，以硫酸钠溶液法 5 次循环后的质量损失率来表示。对于有抗冻、抗疲劳、抗冲耐磨要求或处于水中含有腐蚀介质并经常处于水位变化区的混凝土，环境条件和使用条件较恶劣，坚固性要求较严，细骨料和粗骨料质量损失率应分别不大于 8％和 5％。

3）吸水率。由于骨料中存在孔隙，在遇水的条件下会吸收水分。骨料吸水率是指骨料吸收水量占骨料质量的百分比，它是骨料主要的物理特性。吸水率取决于骨料孔隙结构的大小、颗粒形状和尺寸。测定骨料的吸水率，特别是饱和面干吸水率，不仅能够判断骨料的坚实性，也能控制混凝土用水量，从而保证混凝土的和易性、强度及耐久性。饱和面干状态意味着骨料在混凝土中既不带入水分，也不吸收水分，所以被水电水利工程广泛采用。

4）弹性模量。骨料弹性模量对混凝土弹性模量影响很大。骨料弹性模量高，相应混凝土弹性模量也高。各种原岩弹性模量试验结果列于表 1.1－9 中。

表 1.1－9　　混凝土骨料原岩弹性模量

编号	岩石品种	弹性模量/GPa	编号	岩石品种	弹性模量/GPa
1	灰岩	50～100	5	白云岩	40～80
2	花岗岩	50～100	6	砂岩	10～100
3	玄武岩	60～120	7	页岩	20～80
4	英安岩	50～120	8	砂板岩	20～80

（2）碱骨料反应。骨料活性成分与水泥中的碱发生化学反应而膨胀的现象称碱骨料反应（AAR），反应类型可分为碱硅酸反应（ASR）与碱碳酸盐反应（ACR）两类。一般认为，ASR 膨胀是由存在于骨料—浆体界面和骨料内部的碱—硅酸凝胶吸水膨胀引起的；

而ACR膨胀是由反应生成的方解石和水镁石，在骨料内部受限空间结晶生长形成的结晶压力引起的。

混凝土工程发生碱骨料反应需要具有三个条件：首先是混凝土的原材料水泥、掺合料、外加剂和水中含碱量高，或混凝土处于碱渗入环境中；第二是有一定数量的碱活性骨料存在；第三是潮湿环境，可提供反应物吸水膨胀时所需的水分。

1）常见的碱活性岩石。常见的碱活性岩石列于表1.1-10。从表1.1-10可见，火成岩、沉积岩、变质岩三大类岩石都有碱活性岩石，如火成岩中有安山岩、花岗岩等；沉积岩中有凝灰岩、石英砂岩、硅质石灰岩、硅质白云岩；变质岩中有板岩、石英岩、片麻岩等。骨料中碱活性矿物包括隐晶—微晶石英、磷石英、方石英、应变石英、玉髓、蛋白石等。

表1.1-10　　　常见碱活性岩石

岩石类别	岩石名称	碱活性矿物
火成岩	流纹岩	酸性—中性火山玻璃、隐晶—微晶石英、鳞石英、方石英
	安山岩	
	松脂岩	
	珍珠岩	
	黑耀岩	
	花岗岩	应变石英、微晶石英
	花岗闪长岩	
沉积岩	火山熔岩	火山玻璃
	火山角砾岩	
	凝灰岩	
	石英砂岩	微晶石英、应变石英
	硬砂岩	微晶石英、应变石英、喷出岩及火山碎屑岩屑
	硅藻土	蛋白石
	碧玉	玉髓、微晶石英
	燧石	蛋白石、玉髓、微晶石英
	碳酸盐岩	细粒泥质灰质白云岩或白云质灰岩、硅质灰岩或硅质白云岩
变质岩	板岩	玉髓、微晶石英
	千枚岩	
	片岩	微晶石英、应变石英
	片麻岩	
	石英岩	应变石英

2）骨料碱活性的检测方法。骨料碱活性检验方法主要有岩相法、砂浆棒快速法、砂浆长度法、岩石柱法及混凝土棱柱体法。其中，岩相法检测速度快，可直接观测到骨料中的活性成分，对碱—硅酸与碱—碳酸盐反应岩石均适用，是骨料碱活性检验的首选方法。砂浆长度法适用于碱骨料反应较快的碱—硅酸盐反应和碱—硅酸反应，不适用于碱—碳酸

盐反应。砂浆棒快速法尤其适合于检验碱—硅酸反应缓慢或只在后期才产生膨胀的骨料。而岩石柱法适用于碳酸盐岩石的研究与料场初选，不可用于硅质骨料。混凝土棱柱体法用于评定混凝土试件的碱—硅酸反应与碱—碳酸盐反应，试验周期较长，需要一年。

骨料碱活性检测宜先采用岩相法进行骨料岩石类型和碱活性检测，确定岩石名称及骨料是否具有碱活性。岩相法检测结果为不含碱活性成分的非活性骨料，可不再进行其他项目检测。岩相法检测结果为碱—硅酸盐反应活性或可疑骨料应再采用砂浆棒快速法进行检测，岩相法检测结果为碱—碳酸盐反应活性骨料应再采用岩石柱法进行检测。在时间允许的情况下，可采用混凝土棱柱体法进行碱活性反应检测或验证。

3）抑制骨料碱活性的技术措施。经国内外各方试验研究结果证明，在有碱—硅酸反应活性骨料存在时，可采取以下措施，但对于碱—碳酸盐反应活性骨料，目前尚无抑制技术。

（a）采用低碱水泥。水泥碱含量不大于0.6%，f CaO含量不大于1.0%，MgO含量不大于5.0%（最好控制在2.5%以下），SO_3 含量不大于3.5%，水泥品种为硅酸盐水泥。

（b）控制混凝土中含碱量。由于混凝土中碱的来源不仅是从水泥，而且从掺合料、外加剂、水，甚至有时从骨料（例如海砂）中来，因此控制混凝土各种原材料总碱量比单纯控制水泥含碱量更重要。

（c）掺用掺合料。掺用一定量活性掺合料可缓解、抑制混凝土的碱骨料反应。试验研究表明，掺用25%～35%的Ⅰ、Ⅱ级粉煤灰或掺用10%的硅灰对骨料碱活性反应有显著抑制作用。另外常用的抑制性掺合料还有高炉矿渣，但掺量必须大于50%才能有效抑制碱骨料反应对工程的损害。

近年来研究表明，石粉对骨料碱活性也有一定的抑制作用。在雅砻江中上游水电工程混凝土材料优选及应用研究中表明，单掺砂板岩石粉对碱骨料活性有一定的抑制效果，5%硅粉与20%砂板岩石粉双掺可抑制骨料的碱活性，且抑制效果优于单掺5%硅粉。

另外，掺合料的细度及颗粒分布与抑制ASR有关，比表面积越大，抑制效果越好。

3. 不同骨料对混凝土性能的影响

（1）骨料对混凝土配合比的影响。优良的配合比是保证混凝土快速施工和质量的基础保证。同等的混凝土拌和物性能及强度等级，不同岩性骨料由于性质差别较大，混凝土配合比参数会略有不同。天然骨料河卵石颗粒表面光滑，近似于球形时，其空隙率和表面积较小，拌制混凝土的用水量较少，使混凝土的和易性较好。人工骨料碎石表面粗糙、多棱角，甚至扁平片状，表面积大，拌制混凝土用水量较多。

用石灰岩、花岗岩等岩石加工成的碎石一般粒形较好，而用玄武岩、砂板岩等岩石制成的碎石针片状颗粒多、粒形差。但是在工程建设中，往往出于运输距离及成本的考虑，会选择工程附近的加工粒形较差的岩石作为混凝土骨料。这时可通过掺用减水剂及调整减水剂配方，对混凝土配合比优化，来降低用水量。

几个大型水电工程项目中，不同岩性骨料混凝土配合比见表1.1-11。

由表1.1-11可知，灰岩与白云岩骨料混凝土水胶比及砂率相当，而玄武岩、砂板岩骨料混凝土的水胶比及砂率会略高，这与细骨料的细度模数、石粉含量、吸水率以及粗骨料的颗粒形状、级配及吸水率等品质指标有关。

表 1.1-11　　不同岩性骨料混凝土配合比

骨料类型	白云岩	灰岩	英安岩	玄武岩	砂岩	砂板岩
设计指标	C25	C25	C25	C25	C25	C25
石子级配	二	二	二	二	二	二
用水量/(kg/m^3)	115	120	140	149	147	150
水胶比	0.45	0.47	0.45	0.46	0.47	0.48
水泥/粉煤灰/(kg/m^3)	179/77	204/51	249/62	227/97	250/50	234/78
砂率/%	32	33	38	38	34	38
坍落度/mm	68	62	58	60	61	51

骨料的颗粒形状和表面状态对混凝土用水量影响极大。拌和物的和易性、坍落度均会随针片状颗粒含量增加而降低。当水灰比及坍落度保持相同，随针片状的增加，水泥用量要增加2%～12%（表1.1-12）。这是由于在配合比及水泥用量相同的条件下，当针状、片状颗粒含量过多时，骨料的空隙率及比表面积增大，与水泥浆体的接触面增加，表面吸水量增加，摩擦阻力增大，不易流动，使得混凝土和易性降低。因此，必须适当增加水泥用量以保证混凝土的施工和易性。

表 1.1-12　　针片状含量对混凝土中水泥用量的影响

指 标 参 数	针片状含量/%				
	0	25	50	75	100
水泥用量/(kg/m^3)	442	453	453	458	464
28d 抗压强度/MPa	38.2	37.0	36.6	35.5	31.3
水泥耗用系数/[kg/(m^3·MPa)]	11.6	12.2	12.4	12.9	14.8

此外，骨料中的石粉含量也会对混凝土拌和物和易性产生影响。细骨料中石粉颗粒虽然能够填充混凝土的微小空隙，但石粉含量偏高会导致混凝土单位用水量提高，胶凝材料总量增加以及混凝土干缩值偏大等问题的出现，因此需要通过冲洗人工砂的方式来降低石粉含量，使之达到合理的范围。

（2）骨料对混凝土力学性能的影响。对于水工混凝土来说，骨料的强度很大程度上影响到混凝土的强度。但是，骨料强度高，弹性模量必然也高，会导致混凝土的骨料界面拉应力增大，从而降低界面黏结强度，使混凝土强度有所下降，且变形性能也降低，不利于混凝土的抗裂性。因此，在保证混凝土的强度基本不变的情况下，降低混凝土的弹性模量，可提高混凝土的极限拉伸变形能力，而骨料弹性模量高低是决定混凝土弹性模量的主要因素，且混凝土配合比中所含骨料（特别是粗骨料）比例越大，混凝土的弹性模量就越高。从表1.1-13中可以看出，玄武岩人工骨料原岩弹性模量较高，该骨料混凝土28d弹性模量38.8GPa；而砂岩人工骨料弹性模量相对较低，该骨料混凝土28d弹性模量仅14.1GPa。

骨料的形貌等因素也会对混凝土强度产生影响。若骨料的针片状含量较高会导致混凝土强度降低。这是由于针片状石料本身强度低，混凝土受力后在其内部的薄弱点断裂；另

表 1.1-13　不同岩性骨料混凝土的力学性能

骨料品种	抗压强度/MPa		劈拉强度/MPa		28d 轴拉强度/MPa	28d 极限拉伸值/($\times10^{-6}$)	28d 弹性模量/GPa
	7d	28d	7d	28d			
灰岩	29.1	41.2	2.57	3.47	3.52	99	35.0
白云岩	28.5	40.2	1.99	2.57	3.13	94	35.9
玄武岩	26.1	40.5	2.08	3.21	3.11	100	38.8
砂板岩	23.3	32.8	1.62	2.47	2.45	94	32.3
英安岩	23.2	31.1	1.81	2.52	2.39	97	31.1
砂岩	19.7	32.1	1.60	2.45	2.79	143	14.1

一方面，在混凝土成型过程中，针片状颗粒的排列具有明显的导向性，多数在横向与圆石子形成简支梁的状态，易被折断，个别的针状颗粒又起着尖劈的作用，促使混凝土较早地出现裂缝而提前破坏。

此外，骨料矿物成分对混凝土强度也有影响。资料表明，骨料氧化硅含量高，所配制的混凝土可以明显改善浆体与骨料界面黏结强度。从表 1.1-13 可以看出，虽然砂岩骨料混凝土的强度和弹性模量不及灰岩骨料混凝土，但其极限拉伸值则高于灰岩骨料混凝土。从弹性模量、极限拉伸指标看，砂岩骨料混凝土的抗裂性要优于灰岩骨料混凝土的抗裂性，这一点可以从骨料与基体的界面反应机理得到解释。分析表明，在灰岩骨料与水泥结合过渡层上因生成片状的 $Ca(OH)_2$ 而造成强度的薄弱区，而砂岩骨料与水泥基质结合的过渡层上有较为致密的 C-S-H 凝胶，使得砂岩骨料混凝土有较高的界面强度。同时从物理黏结的角度来看，砂岩骨料表面粗糙，在与水泥浆体接触时，增加了接触摩擦力及实际接触面积，从而增大了黏附力；而灰岩骨料由于表面比较光滑、致密，使得灰岩与基质的机械咬合力较砂岩小，因而砂岩骨料混凝土具有更好的变形能力。

（3）骨料对混凝土干缩变形的影响。混凝土的干缩是由混凝土内水分变化而引起的，当混凝土在空气中硬化时，由于水分蒸发，水泥石凝胶体逐渐干燥收缩，使混凝土产生干缩。玄武岩混凝土的胶凝材料用量多，增加了混凝土的干缩率。同时，骨料的弹性性质确定了其对混凝土的限制作用。灰岩和白云岩均属于典型的沉积岩，结构较致密，自身不会产生收缩。而玄武岩是岩浆岩，属于喷出岩，虽然质地坚硬，但内部具有气孔结构，其自身会产生收缩，且有缓慢持续的吸水过程，使砂浆不断失去水分，从而增大混凝土的干燥收缩。因而，强度等级一定时，玄武岩混凝土的干缩率最大。此外，混凝土的干缩还受石粉含量的影响，随着石粉含量的增加，混凝土的干缩增加。

为保证大坝结构的体积稳定性，混凝土的干缩率不宜过大，因此，在选择骨料品种时，结构致密为好。不同骨料混凝土的干缩变形试验结果见表 1.1-14。

（4）骨料对混凝土热物理性能的影响。混凝土的热物理性能参数值得关注，因为在浇筑后的早期，热物理参数不仅影响混凝土温度梯度、热应变、弯曲和裂缝等的发展，还会影响混凝土绝热温升。不同骨料混凝土的热物理性能参数试验结果见表 1.1-15。

表 1.1-14　　不同骨料混凝土干缩变形

骨料品种	水胶比	各龄期干缩率/($\times10^{-6}$)						
		3d	7d	14d	28d	60d	90d	180d
灰岩	0.40	61	114	181	247	322	342	372
白云岩	0.44	46	89	164	217	291	313	345
玄武岩	0.40	74	124	197	301	371	418	450
砂板岩	0.48	74	120	195	261	308	334	362
英安岩	0.45	38	65	115	218	270	313	328
砂岩	0.45	78	122	191	277	335	374	387

表 1.1-15　　不同骨料混凝土的热物理性能参数

骨料品种	线膨胀系数/($\times10^{-6}$/℃)	导温系数/(m^2/h)	导热系数/[kJ/(m·h·℃)]	比热/[kJ/(kg·℃)]
白云岩	6.47	3.30	7.13	0.87
灰岩	5.71	3.02	6.87	0.94
花岗岩	9.10	3.53	6.69	0.93
玄武岩	7.05	2.88	6.73	0.91

骨料品种不同，混凝土的热学性能参数也不同。混凝土的线膨胀系数越小，温度变形越小，产生的温度应力也越小，抗裂能力越高。混凝土的线膨胀系数主要取决于骨料的线膨胀系数。因此，采用线膨胀系数较小的骨料对降低混凝土的线膨胀系数，从而减小温度变形的作用也是十分显著的。一般而言，水泥净浆的线膨胀系数［($11\times10^{-6}\sim20\times10^{-6}$)/℃］比骨料的线膨胀系数［($5\times10^{-6}\sim13\times10^{-6}$)/℃］大，因此，骨料用量多的混凝土线膨胀系数一般较小。

混凝土的其他热物理参数同样受骨料品质与用量的影响。空气的导温系数及导热系数要低于混凝土本身，当混凝土的含气量相当时，玄武岩骨料内部的气孔稍多，因此玄武岩混凝土的导温系数及导热系数较低，且玄武岩混凝土的比热较大，这均不利于混凝土的热量传导。相反，灰岩等混凝土的热传导性较好，有利于大坝混凝土的体积稳定性。

1.1.3.4　外加剂

自20世纪70年代起，我国混凝土外加剂的科研、生产和应用已取得迅速的进展。2015年我国各品种混凝土外加剂产量见表1.1-16。

表 1.1-16　　2015年我国水工混凝土常用外加剂产量统计　　单位：万 t

减水剂				引气剂	膨胀剂
高性能减水剂	高效减水剂				
聚羧酸系	萘系	氨基磺酸盐	脂肪族		
621.95	180.62	5.09	35.21	1.41	393.43

1. 常见外加剂品种

(1) 高效减水剂。高效减水剂是在混凝土工作性能大致相同时，具有较高减水率的一种外加剂，也是当前广泛使用的一种外加剂。高效减水剂的品种，以原料品种来分，主要分为以下几类：

1）以萘为原料的萘磺酸钠甲醛缩合物。

2）以三聚氰胺为原料的磺化三聚氰胺甲醛树脂。

3）以蒽油为原料的聚亚甲基蒽磺酸钠。

4）以甲基萘为原料的聚亚甲基萘磺酸钠。

5）以苯酚和对氨基苯磺酸钠为原料的氨基磺酸盐系高效减水剂。

6）以丙酮为原料的磺化酮醛缩合物高效减水剂。

高效减水剂2015年产量约为220万t，其中萘系减水剂占据约80%的比例，可见其在高效减水剂中的主导地位。

（2）高性能减水剂。以聚羧酸盐类为主要成分的高性能减水剂，由于它具有一定的引气性、较高效的减水率和良好的坍落度保持性能，生产过程无污染，是环保型的外加剂。国外20世纪90年代开始使用，日本现在的使用量占高效减水剂的60%～70%，欧美约占50%。我国从20世纪末开始研究和应用，目前国内有很多企业可以生产该类产品，且生产能力都比较大。

2015年，聚羧酸盐系减水剂在我国的年产量已达约621.95万t，若以高性能减水剂和高效减水剂两者总产量来说，高性能减水剂约占73%，市场份额占比大，发展非常迅速。

（3）膨胀剂。膨胀剂的主要特性是掺入混凝土后起抗裂、防渗作用，它的膨胀性能可补偿混凝土硬化过程中的收缩，在限制条件下成为自应力混凝土。我国生产的膨胀剂主要品种如下：

1）U形膨胀剂（由生、熟明矾石、硬石膏等组成）。

2）复合膨胀剂（CEA）。

3）铝酸钙膨胀剂（AEA-高强熟料、天然明矾石、石膏）。

4）EA-L膨胀剂（由生明矾石、石膏等组成）。

5）FN-M膨胀剂（硫铝酸盐混凝土膨胀剂）。

6）CSA微膨胀剂（硫铝酸盐等）。

7）脂膜石灰膨胀剂（石灰、硬脂酸等）。

2015年，膨胀剂年产量约为180万t，生产企业有70余家，但多数是小型企业，少数企业年产量能达到10万t以上。

（4）引气剂。引气剂是一种在搅拌时具有在砂浆和混凝土中引入大量均匀分布的封闭微小气泡，而且在硬化后能保留在其中的一种外加剂。引气减水剂是兼有引气和减水两种功能的外加剂，引气剂和引气减水剂主要用来改善塑性砂浆和混凝土和易性，减少泌水和离析，同时大幅度提高砂浆和混凝土耐久性。提高混凝土的安全使用寿命，也是当前土木工程界关注的重点问题之一。随着国内对混凝土耐久性的重视，尤其是当前高海拔地区的水电水利工程大体积混凝土，对抗冻性能要求尤为重视，引气剂应用也日益增加。目前国内应用量较多的引气剂是松香热聚物和皂苷类引气剂，这两种引气剂由于良好的引气性能受到重视，在工程中逐步获得较广泛的应用。

2. 水电工程常用减水剂发展趋势

（1）萘系减水剂。合成萘磺酸和萘磺酸盐缩合物已经建立了稳定的工艺，这种工艺已不再是专利，这样就能广泛地提供制造方法。

就不同应用的广泛适用性（即水泥和混合水泥混凝土工艺的种类）以及与其他外加剂的适应性（引气剂），萘系高效减水剂在各种不同条件下已取得长期成功应用的效益。

在具体工程应用时，特别是超量使用而言，萘系减水剂也显示比目前的聚羧酸盐系减水剂有更多的可预测性能。

在硬化水泥浆体中的高效减水剂，不能对环境有重大的危害，明显的理由：一方面是根据危害性最小的原则选择聚合物；另一方面是注意到制备萘系高效减水剂的大部分化学原料是从工业副产品提取的，萘是从煤焦油或石油蒸馏物制得的，硫酸是由硫铁矿烟气燃烧或加工获得的，因此，大部分萘系产品消耗的是工业副产品，这与目前节约资源、促进混合水泥的发展、减少环境影响的趋势非常一致。

相对于目前有关新合成的聚合物，萘系减水剂显示了某些不足，特别是坍落度保留值和掺量-性能曲线。为了满足其符合更多标准规范应用要求，借助共聚方法，可以使其继续优化，今后可能有部分萘系减水剂被其他相似的化学制品所替代。

（2）聚羧酸系高性能减水剂。聚羧酸系高性能减水剂具有“梳状”的特点，由带游离的羧酸阴离子团的主链和聚氧乙烯基侧链组成，用于改变单体的种类、比例和反应条件，可生产具有各种不同特性和性能的聚羧酸盐超塑化剂。由于其结构的特点，从聚羧酸盐超塑化剂正常掺量为水泥质量的0.2%和坍落度保持性能两方面来说，比第一代超塑化剂更为有效。目前为满足一些特殊工程的要求，已开发一些具有特定功能的聚羧酸盐系超塑化剂。

1）为了保持工作性能而研制的新型聚羧酸盐高性能减水剂：延长混凝土工作性能的超塑化剂、低坍落度损失的聚羧酸盐高性能减水剂、含有坍落度控制的新型聚羧酸盐高性能减水剂。

2）合成具有减缩功能的新型聚羧酸盐高性能减水剂。

3）低黏度型超塑化剂。

由于各种化学外加剂赋予混凝土新的功能，所以化学外加剂对混凝土来说是一种必需的，甚至不可缺少的材料。当考虑降低建设投资和提高经济效益时，就必须使混凝土有好的耐久性。对于这种具有高耐久性的混凝土来说，聚羧酸系高性能减水剂的使用是必需的。另外，在水泥生产方面，由于节能减排的要求，大量利用各种工业副产品和废料，我国复合水泥的产量将会大幅增加，使水泥和外加剂之间的适应性问题更加复杂。可以通过合成多种聚羧酸盐系产品以及对聚羧酸盐的复合技术来应对适应性问题的挑战。

聚羧酸盐系高性能减水剂的出现和推广应用可以说是外加剂发展史上的重要飞跃，也是对其他外加剂生存的挑战。它发展速度很快，性能上又有许多优点，是不是萘系高效减水剂就会很快被取代而不复存在呢？对于此，从我国外加剂的发展史可以明确的回答这一问题。我国外加剂较大规模地应用于20世纪70年代，当时同时出现了萘系高效减水剂和密胺系高效减水剂，这两种高效减水剂在其各自最佳掺量时，在混凝土中的性能基本上是相同的，但是从2015年的产量统计表中可见，两者差距非常大。究其原因，萘系高效减水剂与密胺高效减水剂相比，前者的价格长期低于后者，且性价比高，所以萘系高效减水剂得到较快的增长。纵观各种外加剂的发展，制约因素主要是：性能好坏和性价比高低，这两个因素决定了外加剂的生产规模。因此，在应用上由于萘系高效减水剂和聚羧酸系高性能减水剂都有自己的特点和特性，所以将在相当长的时期共存发展，并在共存发展中不断地完善和提高其性能。

1.1.4 混凝土配合比

1.1.4.1 混凝土性能的影响因素

混凝土主要划分为两个阶段与状态：凝结硬化前的塑性状态，即新拌混凝土或混凝土拌和物；硬化之后的坚硬状态，即硬化混凝土或混凝土。

硬化后的混凝土在未受到外力作用之前，由于水泥水化造成的化学收缩和物理收缩引起砂浆体积的变化，在粗骨料与砂浆界面上产生了分布极不均匀的拉应力，从而导致界面上形成了许多微细的裂缝。另外，还因为混凝土成型后的泌水作用，某些上升的水分为粗骨料颗粒所阻止，因而聚集于粗骨料的下缘，混凝土硬化后就成为界面裂缝。当混凝土受力时，这些预存的界面裂缝会逐渐扩大、延长并汇合连通起来，形成可见的裂缝，致使混凝土结构丧失连续性而遭到完全破坏。强度试验也证实，正常配比的混凝土破坏主要来自骨料与水泥石的界面发生破坏。所以，混凝土的强度主要取决于水泥石强度及其与骨料的黏结强度。而黏结强度又与水泥强度等级、水灰比及骨料的性质有密切关系，此外混凝土的强度还受施工质量、养护条件及龄期的影响。

1. 水泥强度等级与水灰比对混凝土的影响

水泥强度等级和水灰比是决定混凝土强度最主要的因素，也是决定性因素。在水灰比不变时，水泥强度等级愈高，则硬化水泥石的强度愈大，对骨料的胶结力就愈强，配制成的混凝土强度也就愈高。在水泥强度等级相同的条件下，混凝土的强度主要取决于水灰比。因从理论上讲，水泥水化时所需的结合水，一般只占水泥质的23%左右，但在拌制混凝土拌和物时，为了获得施工所需要的流动性，常需多加一些水，如常用的塑性混凝土，其水灰比均为0.4～0.8。当混凝土硬化后，多余的水分就残留在混凝土中或蒸发后形成气孔或通道，大大减小了混凝土抵抗荷载的有效断面，而且可能在孔隙周围引起应力集中。因此，在水泥强度等级相同的情况下，水灰比愈小，水泥石的强度愈高，与骨料黏结力愈大，混凝土强度也愈高。但是，如果水灰比过小，拌和物过于干稠，在一定的施工振捣条件下，混凝土不能被振捣密实，出现较多的蜂窝、孔洞，反将导致混凝土强度严重下降。

2. 骨料对混凝土的影响

当骨料级配良好、砂率适当时，由于组成了坚强密实的骨架，有利于混凝土强度的提高。如果混凝土骨料中有害杂质较多，品质低，级配不好时，会降低混凝土的强度。

由于碎石表面粗糙有棱角，提高了骨料与水泥砂浆之间机械啮合力和黏结力，所以在原材料坍落度相同的条件下，用碎石拌制的混凝土比用卵石的强度要高。

骨料的强度影响混凝土的强度，一般骨料强度越高，所配制的混凝土强度越高，这在低水灰比和配制高强度混凝土时特别明显。骨料粒形以三维长度相等或相近的球形或立方体形为好，若含有较多扁平或细长颗粒，会增加混凝土的空隙率，扩大混凝土中骨料的表面积，增加混凝土的薄弱环节，导致混凝土强度下降。

3. 养护温度及湿度对混凝土的影响

混凝土强度是一个渐进发展的过程，其发展的程度和速度取决于水泥的水化状况，而温度和湿度是影响水泥水化速度和程度的重要因素。因此。混凝土成型后，必须在一定时间内保持适当的温度和湿度，以使水泥充分水化，这就是混凝土的养护。养护温度高，水泥水化速度加快，混凝土强度的发展也快；反之，在低温下混凝土强度发展迟缓。当温度降至冰点以下时，则由于混凝土中的水分大部分结冰，不但水泥停止水化，强度停止发展，而且由于混凝土孔隙中的水结冰，产生体积膨胀（约 9%），而对孔壁产生相当大的压应力（可达 100MPa)，从而使硬化中的混凝土结构遭到破坏，导致混凝土已获得的强度受到损失。同时，混凝土早期强度低，更容易冻坏。

因为水是水泥水化反应的必要条件，只有周围环境湿度适当，水泥水化反应才能不断地顺利进行，使混凝土强度得到充分发展。如果湿度不够，水泥水化反应不能正常进行，甚至停止水化，会严重降低混凝土强度。水泥水化不充分，还会促使混凝土结构疏松，形成干缩裂缝，增大渗水性，从而影响混凝土的耐久性。为此，施工规范规定，在混凝土浇筑完毕后，应在 12h 内进行覆盖，以防止水分蒸发。在夏季施工的混凝土，要特别注意浇水保湿。使用硅酸盐水泥、普通硅酸盐水泥和矿渣水泥时，浇水保湿应不少于 7d；使用火山灰水泥和粉煤灰水泥或在施工中掺用缓凝型外加剂或混凝土有抗渗要求时，保湿养护应不少于 14d。

1.1.4.2 填充包裹理论

混凝土是一种由水泥、砂石骨料、水及其他外加材料按一定比例均匀拌和，经一定时间硬化而形成的人造石材。在混凝土中，砂石起骨架作用称为骨料，水泥与水形成水泥浆，水泥浆包裹在骨料表面并填充其空隙。在硬化前，水泥浆起润滑作用，赋予拌和物一定的和易性，便于施工。水泥浆硬化后，则将骨料胶结成一个坚实的整体。

混凝土配合比是指混凝土的各组成材料数量之间的质量比例关系。确定比例关系的过程叫配合比设计。混凝土配合比应根据原材料性能及对混凝土的技术要求进行计算，并经试验室试配、调整后确定。普通混凝土的组成材料主要包括水泥、粗骨料、细骨料和水，随着混凝土技术的发展，外加剂和掺合料的应用日益普遍，因此，其掺量也是配合比设计时需选定的。

混凝土配合比常用的表示方法有两种：一种以 $1m^3$ 混凝土中各项材料的质量表示，混凝土中的水泥、水、粗集料、细集料的实际用量按顺序表达，如水泥 300kg、水 180kg、砂 750kg、石子 1200kg 等；另一种是以水泥、水、砂、石之间的相对质量比及水灰比表达，如前例可表示为 1：0.6：2.5：4。我国目前采用的是质量比。

混凝土配合比设计方法采用填充包裹理论。这种配合比设计方法主要基于：①砂的孔隙被水泥（及粉煤灰）浆所填裹形成砂浆；②粗骨料的孔隙被砂浆所填裹形成混凝土。由于考虑到水泥浆与砂浆将分别包裹粗、细骨料和施工中碾压混凝土的层面结合及运输、摊铺过程中混凝土抗分离能力，设计的灰浆量和砂浆量都必须留有较大的余度。

1.1.4.3 配合比设计方法

1. 基本要求

混凝土配合比设计的任务，就是根据原材料的技术性能及施工条件，确定出能满足工程所要求的技术经济指标的各项组成材料的用量。其基本要求如下：

（1）达到混凝土结构设计要求的强度等级。

（2）满足混凝土施工所要求的和易性要求。

（3）满足工程所处环境和使用条件对混凝土耐久性的要求。

（4）符合经济原则，节约水泥，降低成本。

2. 设计方法

基于填充包裹理论设计混凝土配合比时，有两种方法：一种是绝对体积法；一种是质量法。水工混凝土上一般以绝对体积法计算混凝土配合比。

（1）绝对体积法。其基本原理是假定刚浇捣完毕的混凝土拌和物的体积，等于其各组成材料的绝对体积及其所含少量空气体积之和。在1m³混凝土中，分别以W、C、F、S、G代表混凝土配合比中的水、水泥、粉煤灰、细骨料、粗骨料，各种材料用量以kg/m³计；以a代表混凝土中的含气量，V_S、V_G代表细骨料、粗骨料的绝对体积（m³）；ρ_C、ρ_F、ρ_S、ρ_G代表水泥、粉煤灰、细骨料、粗骨料密度，以kg/m³计，可以列出：

$$\left.\begin{aligned}&\frac{W}{\rho_W}+\frac{C}{\rho_C}+\frac{F}{\rho_F}+V_{S,G}+a=1\\&G=V_{S,G}(1-S_V)\rho_G\\&S=V_{S,G}S_V\rho_S\end{aligned}\right\}\tag{1.1-1}$$

（2）质量法。质量法又称为假定表观密度法，其基本原理是如果原材料情况比较稳定，假定普通混凝土拌和物表观密度（ρ_{oc}）接近一个恒值。对于1m³混凝土拌和物按下式计算：

$$C_0+W_0+S_0+G_0=\rho_{oc}\tag{1.1-2}$$

ρ_{oc}可根据积累的试验资料确定，在无资料时可根据资料的表观密度、粒径以及混凝土强度等级，在2400～2500kg/m³的范围内选取。

3. 设计步骤

混凝土的配合比设计是一个计算、试配、调整的复杂过程，大致可分为初步计算配合比、基准配合比、试验室配合比、施工配合比设计4个设计阶段。首先按照已选择的原材料性能及对混凝土的技术要求进行初步计算，得出“初步计算配合比”。基准配合比是在初步计算配合比的基础上，通过试配、检测、进行工作性的调整、修正得到。试验室配合比是通过对水灰比的微量调整，在满足设计强度的前提下，进一步调整配合比以确定水泥用量最小的方案。而施工配合比需考虑砂、石的实际含水率对配合比的影响，对配合比做最后的修正，是实际应用的配合比。配合比设计的过程是逐一满足混凝土的强度、工作性、耐久性、节约水泥等要求的过程。

（1）混凝土配合比设计的基本资料。在进行混凝土的配合比设计前，需确定和了解的基本资料。即设计的前提条件，主要有以下几个方面：

1）混凝土设计强度等级和强度的标准差。

2）材料的基本情况：包括水泥品种、强度等级、实际强度、密度；砂的种类、表观密度、细度模数、含水率；石子种类、表观密度、含水率；是否掺外加剂，外加剂种类。

3）混凝土的工作性要求，如坍落度指标。

4）与耐久性有关的环境条件，如冻融状况、地下水情况等。

5）工程特点及施工工艺，如构件几何尺寸、钢筋的疏密、浇筑振捣的方法等。

（2）混凝土配合比参数的确定。混凝土的配合比设计，实质上就是确定单位体积混凝土拌和物中的水、水泥、粗骨料（石子）、细骨料（砂）这4项组成材料之间的3个参数，即水灰比、砂率、单位用水量。在配合比设计中能正确确定这三个基本参数，就能使混凝土满足配合比设计的基本要求。

确定这3个参数的基本原则是；在混凝土的强度和耐久性的基础上，确定水灰比。在满足混凝土施工要求和易性要求的基础上确定混凝土的单位用水量；砂的数量应以填充石子空隙后略有富余为原则。

具体确定水灰比时，从强度角度看，水灰比应小些；从耐久性角度看，水灰比小些，水泥用量多些，混凝土的密度就高，耐久性则优良，这可通过控制最大水灰比和最小水泥用量的来满足。由强度和耐久性分别决定的水灰比往往是不同的，此时应取较小值。但当强度和耐久性都已满足的前提下，水灰比应取较大值，以获得较高的流动性。

确定砂率主要应从满足工作性和节约水泥两个方面考虑。在水灰比和水泥用量（即水泥浆用量）不变的前提下，砂率应取坍落度最大而黏聚性和保水性又好的砂率即合理砂率，可由试验初步决定，经试拌调整而定。在工作性满足的情况下，砂率尽可能取小值以达到节约水泥的目的。

单位用水量是在水灰比和水泥用量不变的情况下，实际反映水泥浆量与骨料间的比例关系。水泥浆量要满足包裹粗、细骨料表面并保持足够流动性的要求，但用水量过大，会降低混凝土的耐久性。用水量根据粗骨料的品种、粒径、单位用水量通过试验确定。

在确定配合比各参数时，必须分析以下几个重要的参数，然后按绝对体积法计算各种材料用量。

1）确定 $F/(C+F)$（粉煤灰掺量）。在常态或碾压混凝土中，掺用大量的粉煤灰不仅可以节约水泥，降低成本，改善混凝土的某些性能，而且可以大幅度地降低水化热温升，简化温控措施，优点较多，但需根据水泥品种、强度等级、粉煤灰的品质、工程使用部位及要求等选用适当值。

2）确定 $W/(C+F)$（水胶比）。混凝土的 $W/(C+F)$ 直接影响混凝土施工性能和力学性能。在胶凝材料总量一定的情况下，用水量增加，$W/(C+F)$ 增大，拌和物的 Vc 值减少，而强度及耐久性降低。若固定水泥用量不变，采用较大的 $F/(C+F)$，使 $W/(C+F)$ 降低，则有利于混凝土中粉煤灰活性的发挥，混凝土强度和耐久性提高。在达到相同的耐久性要求的条件下，可获得较好的经济效益。

3）确定 W（用水量）。W 的大小是影响混凝土拌和物坍落度或 Vc 值的重要因素，也是影响混凝土密实度的重要因素。随着 W 的增大，坍落度增大或 Vc 值减小，在一定的振动能量条件下，混凝土的密实度提高。但 W 过分增大，不仅会造成坍落度过大或 Vc 值过小，无法振捣或碾压施工，而且会造成胶凝材料用量的增加。因此，确定 W 的原则是：坍落度或 Vc 值既能保证混凝土振捣或碾压密实，又能满足施工要求的条件下取最小值。

用水量 W 与外加剂品种及掺量关系密切，同时用水量还与骨料的品种、级配及砂率的大小有关，必须通过试拌确定。

4）确定 $S/(S+G)$（砂率）。$S/(S+G)$ 的大小直接影响混凝土的施工性能、强度及耐久性。以碾压混凝土为例，砂率过大会导致灰浆不足、拌和物干涩，因而 Vc 值大，混凝土难于碾压密实，相应强度低，耐久性差；砂率过小，则砂浆不足以填充粗骨料的空隙，也不能包裹粗骨料颗粒，其拌和物 Vc 值也大，混凝土密实度低，强度及耐久性降低。因此，在确定混凝土配合比时，必须选用最优砂率。也就是在混凝土拌和物具有良好的抗离析性并达到施工要求的 Vc 值时，胶凝材料用量较小、混凝土密度较大的砂率。最优砂率由骨料最大粒径、砂子级配、细度模数等综合因素决定。

1.2 贵阳院水工混凝土材料研究特点

1.2.1 技术优势

贵阳院材料团队自 1986 年成立以来，一直致力于水工混凝土材料的应用研究，在主持和参与了国家及省部级多项重点科技攻关的基础上，特别是自国家西电东送系列工程开工以来，研究出了一批高水平的科研成果，获各级科技奖励 30 余项，其中国家级奖励 3 项，省部级奖励 16 项。经过 32 年的发展，贵阳院材料团队形成了 12 大技术优势：

（1）碾压混凝土筑坝材料的试验研究及应用。

（2）碾压混凝土材料层间结合试验研究。

（3）高寒地区碾压混凝土筑坝材料技术。

（4）混凝土超高粉煤灰掺量技术。

（5）混凝土新型掺合料的综合利用技术。

（6）不同岩性骨料在混凝土中的应用研究。

（7）抗冲耐磨混凝土的应用研究。

（8）自密实混凝土的应用研究。

（9）膨胀剂的应用研究。

（10）面板堆石坝筑坝材料的试验研究。

（11）四级配混凝土原材料及配合比试验研究。

（12）环氧树脂灌浆材料性能检测研究。

1.2.2 研究特点

贵阳院在材料研究方面具有以下特点：

（1）密切结合工程应用开展材料研究，在推行“材料为结构服务”理念的同时，注重材料创新对结构设计创新的引导。

材料与结构是相辅相成、相互促进的关系。一方面，材料研究要服务于结构设计。设计是工程建设的龙头，出于工程安全角度考虑，结构设计一般基于应用较为成熟的常规材料，提出对材料的性能参数，所以材料研究首先要满足设计提出的性能要求。另一方面，材料研究也为结构设计的创新提供可能。特别是当某种材料匮乏，并且通过材料研究发现更为廉价的替代材料时，出于工程技术经济性角度考虑，促使结构设计采用新材料的性能参数重新计算，从而推动结构设计的创新。

（2）在混凝土原材料的选择上，因地制宜，尽量采用当地材料，“用二流的原材料配制一流的混凝土”。

随着现代工业的飞速发展，原材料制备技术不断提高，水泥、粉煤灰、砂石骨料、外加剂等原材料的品质也得到了较大提升。在原材料品质提升的同时，多数设计者倾向于采用相对优质的原材料制备优质的混凝土，从而对原材料提出较为苛刻的技术要求。例如：在大坝混凝土设计时，为降低大体积混凝土水化温升，要求采用中热水泥甚至低热水泥；为进一步降低混凝土用水量，放弃使用Ⅱ级粉煤灰而要求使用Ⅰ级粉煤灰。其实，这是一个很大的误区。

混凝土是一个复杂的多元体系，任何一种原材料都不能孤立的将其品质定为优或劣，而应通过配合比的设计和试验研究，找到最适合的配比和使用方法。另外，从工程经济性考虑，片面要求使用优质的原材料也将大大增加工程造价。

贵阳院在材料研究中，重视工程技术经济效益，倡导结合工程实际的因地制宜原则，尽量采用当地材料，并且充分利用工业废渣，实现与环境协调的绿色可持续发展。例如：在粉煤灰资源丰富的贵州，贵阳院研究开发超高粉煤灰掺量应用技术；而在粉煤灰资源匮乏的西藏地区，则选择不同岩性石粉作为掺合料进行应用研究。

1.2.3 新技术应用简介

混凝土原材料的创新是实现混凝土具有不同性能的基础。贵阳院紧密结合工程特点，在混凝土原材料选择方面大胆创新，通过大量系统性试验研究，积累了丰富的应用研究经验。以下简要介绍部分混凝土原材料的应用实例，有关混凝土新技术研究与应用的内容将在后续章节详细介绍。

1.2.3.1 水泥应用实例

贵阳院自1958年建院以来，先后完成了乌江、南盘江、北盘江、清水江、赤水河、澜沧江（西藏境内河段）等30余条大中型河流的水能开发规划和150余座大中型水电站的勘测设计，特别是碾压混凝土筑坝技术上积累了许多宝贵的经验。结合贵阳院材料专业技术优势，总结了水泥在水电项目上的应用实例。

1. 硅酸盐水泥

硅酸盐水泥应用可追溯到20世纪90年代初期贵阳院设计建成的普定水电站碾压混凝土拱坝。它是我国第一座坝体高度超过70m的碾压混凝土拱坝。电站大坝建设中通过对碾压混凝土重力坝结构材料、施工、设计研究，提出了普定拱坝采用碾压混凝土筑坝新技术的大胆建议。在筑坝材料方面选用MgO含量较高的纯硅酸盐水泥，水泥厂家不需要掺用混合材，而是在混凝土配合比设计中提高掺合料掺量来降低混凝土的水化温升。考虑到混凝土自身收缩性能，首次通过掺入MgO和选用MgO含量较高的纯硅酸盐水泥使碾压混凝土自生体积变形呈微膨胀型，以补偿混凝土温降收缩，从而提高碾压混凝土抗裂能力，介于当时研究时间仓促，该成果只应用到了坝体强约束区垫层混凝土中。

2. 普通硅酸盐水泥

我国西部水资源丰富，水利水电开发基本处于西部地区，而西部工业发达程度普遍不高。从原材料水泥的选择上，如果大量采用适宜大体积浇筑的中低热水泥则需要从中、东部地区采购，运距太远，加之西部地区交通条件复杂，对工程的经济性将造成影响。同时，通过调研贵州境内几家主要水泥厂生产的中热硅酸盐水泥与普通硅酸盐水泥，对比发现，普通硅酸盐水泥比中热硅酸盐水泥的强度一般要高出 6～10MPa，普通硅酸盐水泥的水化热也不高，中热硅酸盐水泥的热强比比普通硅酸盐水泥还要略高一些。从水化热、强度和经济性分析，贵阳院本着尽量采用当地材料筑坝的理念，在实际的工程设计中主要考虑使用普通硅酸盐水泥，并不刻意追求采用中低热水泥。

采用普通硅酸盐水泥时，可以对生产厂家提出技术要求，对水泥的强度、水化热、MgO、碱含量、比表面积和熟料矿物组成等指标要求要高于现行国家标准，并利用驻厂监造的方式对水泥生产质量进行控制，保证水泥的高品质和质量稳定。此方法使得普通硅酸盐水泥符合碾压混凝土的应用特点，节约了成本。表 1.2-1 为部分普通硅酸盐水泥的工程应用实例。

表 1.2-1　普通硅酸盐水泥工程应用实例

工程名称	工程地点	大坝坝型	水泥技术指标
达维水电站	四川省	碾压混凝土重力坝	MgO 含量 2.0%～3.0%；28d 抗压强度≥48MPa；细度不宜偏细
立洲水电站	四川省	碾压混凝土双曲拱坝	MgO 含量≥2.0%，比表面积<360m²/kg，尽量控制水泥的早期发热量
喀腊塑克水利枢纽	新疆地区	碾压混凝土重力坝	MgO 含量达到 3%，比表面积<360m²/kg
石门子水库	新疆地区	碾压混凝土拱坝	MgO 含量 2.0%～2.6%
果多水电站	西藏地区	碾压混凝土重力坝	MgO 含量 2.5%～3.0%；28d 抗压强度≥48MPa；细度不宜偏细
光照水电站	贵州省	碾压混凝土重力坝	C_3S<60%，C_3A<6%，C_4AF>14%，MgO 含量≥2.0%，3d 水化热≤251kJ/kg，7d 水化热≤293kJ/kg
石垭子水电站	贵州省	碾压混凝土拱坝	细度宜控制在 5%左右
毛家河水电站	贵州省	碾压混凝土重力坝	C_3A<7.0%，C_4AF>13%，C_3S 指标应尽量控制低，MgO 含量≥2.5%，比表面积<360m²/kg，控制水泥的早期发热量
沙沱水电站	贵州省	碾压混凝土重力坝	C_3A<7.0%，C_4AF>13%，C_3S 指标应尽量控制低，MgO 含量>2.5%，比表面积<320m²/kg
索风营水电站	贵州省	碾压混凝土重力坝	适当提高 MgO 的含量，熟料的 MgO 含量宜在 3%～4%，fCaO宜在 1.6%，以安定性合格为准
沙阡水电站	贵州省	碾压混凝土重力坝	28d 抗压强度≥48MPa，MgO 含量 2.0%～3.0%，水泥的碱含量≤0.60%
格里桥水电站	贵州省	碾压混凝土重力坝	C_3A<7.0%，C_4AF>13%，C_3S 指标应尽量控制低，MgO 含量≥2.5%，比表面积<360m²/kg，控制水泥早期发热量
大花水水电站	贵州省	碾压混凝土双曲拱坝	C_3A<7.0%，C_4AF>13%，C_3S 指标应尽量控制低，MgO 含量>3.5%，比表面积<300m²/kg

3. 中、低热硅酸盐水泥

水泥的水化热和强度是一对互相关联又互相矛盾的性能，即水化热愈低则强度也愈低。中、低热水泥中 C_3A 和 C_3S 含量较低，比表面积、早期水化活性相对也较低，7d 强度为 28d 强度的 40%～60%。在贵州省构皮滩水电站、四川省官地水电站、重庆市江口水电站和藤子沟水电站都应用了中热硅酸盐水泥。在四川省枕头坝一级水电站应用了低热硅酸盐水泥。表 1.2－2～表 1.2－4 分别列举了构皮滩水电站使用的中热硅酸盐水泥（P. MH42.5）的矿物组成、化学成分及水泥物理力学性能试验结果，水泥各项性能指标均符合《中热硅酸盐水泥、低热硅酸盐水泥、低热矿渣硅酸盐水泥》（GB/T 200—2003）的要求。

表 1.2－2　　中热硅酸盐水泥熟料的矿物成分　　%

水泥熟料品种	C_3S	C_2S	C_3A	C_4AF
P. MH 42.5 水泥	50.16	23.27	3.10	15.90

表 1.2－3　　中热硅酸盐水泥的化学成分　　%

Loss	SiO_2	Fe_2O_3	CaO	Al_2O_3	MgO	fCaO	SO_3	K_2O	Na_2O	R_2O	合计
0.84	20.15	5.02	61.19	5.21	1.92	1.38	2.06	0.17	0.20	0.30	97.77

注　$R_2O = Na_2O + 0.658K_2O$。

表 1.2－4　　中热硅酸盐水泥的物理力学性能

水泥品种	比表面积/(m^2/kg)	标准稠度/%	凝结时间/min		抗折强度/MPa			抗压强度/MPa			安定性	密度/(g/cm^3)	水化热/(kJ/kg)	
			初凝	终凝	3d	7d	28d	3d	7d	28d			3d	7d
P. MH 42.5 水泥	304	25.0	162	263	3.5	5.3	7.9	14.4	24.4	46.8	合格	3.15	228	279
GB/T 200—2003 要求	≥250	—	≥60	≤720	≥3.0	≥4.5	≥6.5	≥12.0	≥22.0	≥42.5	合格	—	≤251	≤293

1.2.3.2　掺合料应用实例

1. 粉煤灰

粉煤灰作为混凝土的掺合料，在贵阳院设计的水工混凝土工程中推广应用始于 1989 年，主要应用在贵州省东风水电站常态混凝土拱坝、普定水电站全断面碾压混凝土拱坝、红枫水库堆石坝坝体防渗灌浆等工程。在今天，粉煤灰作为主要掺合料已广泛应用于水工混凝土中。

1989 年贵州省清镇火电厂建成了装机 200MW 火电机组，采用了静电除尘系统，但其一、二、三电场混排粉煤灰的质量只是Ⅲ级粉煤灰或等外粉煤灰，由排灰系统加水后用浆泵送至粉煤灰库，未能加以利用。当时的贵阳院科研所正在进行东风水电站常态混凝土拱坝的混凝土配合比科研工作，混凝土配合比中需掺用粉煤灰，而当时贵州省尚无商品粉煤灰供应，只能到广西壮族自治区田东火电厂和云南省普坪村火电厂取粉煤灰进行混凝土配合比科研工作。在贵州省电力局的大力支持下，在清镇火电厂建成了一个临时粉煤灰干灰回收系统，利用铰笼取粉煤灰设施，通过对该火电厂粉煤灰进行的系列试验表明，其粉煤灰品质差，烧失量高，细度粗，只能达到Ⅲ级粉煤灰或等外粉煤灰水平。后经多方共同努力，清镇火电厂建成了贵州省第一条商品粉煤灰加工回收系统——风选粉煤灰加工储存系统，其风选粉煤灰的细度可达到Ⅰ级粉煤灰，烧失量只能是Ⅱ级或Ⅲ级粉煤灰，该粉煤灰先后应用在贵州省东风水电站大坝常态混凝土和普定水电站碾压混凝土中。20世纪90年代后期，贵州省火力发电厂装机越来越大，环保要求越来越高，几乎所有电厂都建成电收尘系统，在总结清镇火电厂风选粉煤灰加工回收商品粉煤灰供应系统的经验后，推广了商品粉煤灰加工储存经验，随着加工工艺水平的提高，特别是火电厂煤炭燃烧工艺的提高，贵州省内已有火电厂的商品粉煤灰达到Ⅰ级粉煤灰水平，结束了贵州省没有Ⅰ级粉煤灰的历史。

东风水电站是当时亚太地区最高最薄的常态混凝土拱坝，厚高比为0.163，在坝体混凝土42.56万m^3中，掺用了清镇火电厂风选粉煤灰，每方混凝土用粉煤灰量达到胶凝材料总掺量的35%（60kg/m^3），完全满足设计的各项性能指标要求，该工程粉煤灰总用量达3万t。

普定水电站是当时世界最高的全断面碾压混凝土拱坝，其迎水面为二级配防渗碾压混凝土，背水面为三级配碾压混凝土，混凝土总方量为23.1万m^3，在坝体碾压混凝土中，采用了纯硅酸盐水泥，掺用了清镇火电厂粉煤灰达55%或65%，三级配碾压混凝土用粉煤灰达99kg/m^3，二级配碾压混凝土用粉煤灰达103kg/m^3，碾压混凝土配合比的各项性能指标满足设计要求，该工程粉煤灰量总用量3万t。

粉煤灰在两个水电工程的应用中，改善了混凝土的和易性和工作性，保证了混凝土的质量，降低了坝体混凝土绝热温升，东风水电站掺用35%的粉煤灰后，绝热温升下降了4.5℃，普定水电站掺用55%和65%的粉煤灰后，绝热温升分别下降了6.5℃和8.0℃，防止和有效减少了混凝土的温度裂缝，提高了工程质量，降低了工程造价，为贵州省成功建设高薄常态混凝土拱坝和第一座全断面不分缝自防渗的碾压混凝土拱坝创造了条件。

进入21世纪以后，贵阳院设计了贵州、四川、重庆、新疆、西藏等30多个水电工程，使粉煤灰在水工混凝土中的应用进入了一个新的高峰期。

贵阳院水电工程筑坝混凝土的粉煤灰掺量，以1989年最初设计的贵州省东风水电站大坝常态混凝土掺用Ⅱ级粉煤灰30%～35%，和普定水电站坝体内部碾压混凝土掺用Ⅱ级粉煤灰65%（采用纯硅酸盐水泥）、外部碾压混凝土掺用Ⅱ级粉煤灰55%为标志，将我国水工混凝土材料技术提升到了一个新的水平。

进入21世纪以后，贵阳院设计的水电工程如贵州省洪家渡水电站、引子渡水电站、索风营水电站、大花水水电站、思林水电站、沙沱水电站、光照水电站、格里桥水电站、董箐水电站、毛家河水电站、石垭子水电站、沙阡水电站、善泥坡水电站、马马崖一级水电站、象鼻岭水电站、四川省枕头坝一级水电站、立洲水电站、固滴水电站、达维水电站、西藏地区果多水电站、新疆地区石门水库等，各工程均采用了粉煤灰作为掺合料。不同工程根据其设计的坝型结构特点，采用的粉煤灰掺量也不相同。2000年至2010年期间，粉煤灰的应用技术水平和国内同类工程相当，常态混凝土坝中粉煤灰掺量一般为20%～35%，碾压混凝土坝中粉煤灰掺量一般为40%～60%。

2010年以后，贵阳院创造性地开展科研工作，研究发明了超高粉煤灰掺量技术，针对碾压混凝土重力坝工程，大坝内部$C_{90}15$三级配碾压混凝土中的粉煤灰掺量达到70%～75%，突破了碾压混凝土设计规范中65%的上限要求，在国内外尚属首创，从而提高了碾压混凝土的应用技术水平。

2. 磷矿渣

磷矿渣作为水工混凝土掺合料，在美国20世纪80年代已开始试验研究，在国内研究不多，过去应用磷矿渣都是掺入水泥原材料中，作为水泥熟料制成磷矿渣水泥。

磷矿渣作为水泥混合材和混凝土掺合料使用的效果不低于粉煤灰和矿渣，但是磷矿渣在水泥和混凝土中的利用率却远不及粉煤灰和矿渣，主要是其料源偏少，磷矿渣在使用时要磨制成粉末，磨制成本偏高，作为掺合料使用存在早期强度低、凝结时间略长的问题。

云南省水利水电勘测设计研究院于20世纪80年代开始进行磷矿渣作为混凝土掺合料的试验研究，90年代初开始将研究成果应用于小型水利工程甲甸水库（砌石拱坝），并于1994年正式应用于鱼洞水库大坝混凝土工程。云南大朝山水电站采用磷矿渣和凝灰岩混掺作为混凝土的掺合料。

2004年至2007年贵阳院在贵州索风营水电站和四川官地水电站分别开展了磷矿渣作为混凝土掺合料的试验研究。2010年贵州沙沱水电站开展了大坝碾压混凝土磷矿渣和粉煤灰混掺的试验研究，并在大坝碾压混凝土进行了部分应用，效果较好。

从以上几个工程进行的磷矿渣作为掺合料的研究成果看，磷矿渣不宜单独作为掺合料使用，主要是由于磷矿渣的比重比粉煤灰大，并且电镜分析显示，磷矿渣微粒主要为棱角状，单掺磷矿渣混凝土泌水较大，和易性不好，因此磷矿渣宜与粉煤灰混掺使用。当磷矿渣和粉煤灰混掺时，两种掺合料的火山灰效应、形态效应和微集料效应相互叠加，形成工作性能互补效应和强度互补效应，可明显提高混凝土的和易性或可碾性和强度。

磷矿渣作为掺合料，以索风营水电站进行的$C_{90}30W8F100$二级配闸墩混凝土和$C_{90}15W4F50$三级配大坝内部碾压混凝土的试验研究成果为例，其混凝土有以下特点：

（1）磷矿渣和粉煤灰混掺的效果比单掺好，二级配闸墩混凝土磷矿渣和粉煤灰掺量各占15%，三级配大坝坝体内部碾压混凝土磷矿渣和粉煤灰掺量各占30%。

（2）掺入磷矿渣后混凝土的7d抗压强度比单掺粉煤灰的略低，28d抗压强度和90d抗压强度增长较高，尤其是碾压混凝土90d抗压强度最高增长30%，说明掺入磷矿渣后对混凝土的早期强度略有降低，但混凝土的后期强度增长较快，其充分利用了磷矿渣后期强度增长效应。

（3）混凝土的28d及90d的劈拉强度、抗拉强度、极限拉伸值、抗折强度均有一定提高，说明掺入磷矿渣后对混凝土的抗裂性能有一定提高，混凝土的拉伸变形要好于单掺粉煤灰的混凝土。

（4）磷矿渣混凝土随着磷矿渣掺量的增加其后期强度增长率更高，说明磷矿渣的掺量越高，其后期活性越好。

（5）掺磷矿渣能降低混凝土的弹性模量，特别是早期弹性模量。

（6）磷矿渣掺入混凝土能提高混凝土的抗渗性能和抗冻性能，从而提高了混凝土的耐久性能。

磷矿渣虽然是一种较好的掺合料，但由于其磨制成本相对于粉煤灰高，料源没有粉煤灰丰富，因此其使用没有粉煤灰广泛，但是若在磷矿渣料源丰富的地方使用，亦具有独特的优势。

磷矿渣的缓凝机理及其中的有害物质对混凝土的影响和与其他掺合料复掺改善混凝土的性能都有待进一步研究。新的高效矿物掺合料的研究和开发应用工作应加强，有关矿物掺合料的标准和规范也需要尽快修订和制定。

1.2.3.3 外加剂应用实例

1. 萘系高效减水剂及膨胀剂在光照水电站的应用

光照水电站最大坝高200.5m，是当时世界最高碾压混凝土重力坝。当时，虽然国内外已建成多座碾压混凝土重力坝，但仍缺乏200m级碾压混凝土重力坝的建设经验，且该水电站地处夏季高温地区，给碾压混凝土重力坝的坝体结构、温度控制、筑坝材料、施工工艺等提出了新课题，要建设好高质量的世界最高碾压混凝土重力坝，必须解决好三个方面的主要问题：防裂、防渗、碾压混凝土的层面结合，同时还须解决碾压混凝土的抗冻耐久性问题。

（1）碾压混凝土减水剂应用。光照水电站大坝主体为碾压混凝土，碾压混凝土由于成型工艺特殊，为分层摊铺碾压成型，与普通混凝土有本质区别，正是由于这种独特的成型工艺，对碾压混凝土的凝结时间提出了要求，即凝结时间应满足施工要求，保证上层浇筑碾压时下层没有凝结硬化，否则上层碾压时会破坏下层混凝土结构，同时缓凝减水剂应能够有效控制混凝土的水化放热速率，避免集中放热形成温度裂缝。与普通混凝土有所不同，碾压混凝土由于流动性差、体系内自由水含量低、露天施工等条件限制，延长其凝结时间难度较大。尤其高温季节，使其凝结时间超过10h，是比较困难的，原因在于这种干硬性混凝土中富裕水分很少，固相组分充分接触，只要小部分水泥水化即可形成凝胶网络达到凝结硬化状态，而普通塑性混凝土掺加减水剂以后胶凝材料可以被充分分散在液相体系中，水化凝胶不易形成网络从而易延长凝结时间。

由于在夏季施工，最高温度超过40℃，环境气候干燥，碾压混凝土失水较快，凝结时间较短，为克服现场高温和干燥的条件，减小碾压混凝土 Vc 值的损失，并且有效延缓碾压混凝土凝结时间，这就要求混凝土外加剂厂家的减水剂必须适应现场气候条件的变化。在施工过程中，采用高温型缓凝剂配制的HLC－NAF缓凝高效减水剂，不仅满足碾压混凝土对凝结时间的要求，同时可以很好地控制水化热释放，有利于大体积混凝土温控，经过工程的实际应用，满足了光照水电站大坝碾压混凝土的施工要求，保证了层间结合质量。

针对各种碾压及常态混凝土配合比，在具体的使用过程中，HJAE－A混凝土引气剂能显著改善混凝土的和易性，减少拌和物的离析、泌水，气泡稳定性能优异，极大地提高了混凝土耐久性能。在与HLC－NAF缓凝高效减水剂复合使用时，相容性好，不影响相互间的性能，满足了现场施工的要求。

（2）坝基垫层混凝土MgO应用。为了防止坝体混凝土裂缝，坝基垫层混凝土中掺入了辽宁海城生产的轻烧MgO膨胀剂，其化学成分试验结果见表1.2－5，品质鉴定试验成果见表1.2－6。

表 1.2-5　　轻烧 MgO 的化学成分分析　　%

SiO_2	Al_2O_3	Fe_2O_3	CaO	MgO	Loss	SO_3
4.35	0.23	1.05	1.22	90.42	1.45	0.14

表 1.2-6　　轻烧 MgO 的品质鉴定

项目 类型	掺量/%	膨胀率/%			抗压强度/MPa		抗折强度/MPa		养护温度/℃
		水中 7d	水中 28d	空气中 21d	7d	28d	7d	28d	
规范要求	—	≥0.025	≤0.10	≥-0.020	≥20	≥40	—	—	20±2
轻烧 MgO	3%	0.030	—	0.029	36.0	48.0	5.3	8.2	20±2

本工程坝基垫层三级配混凝土设计强度等级为 C_{90}25W10F100，其混凝土配合比见表 1.2-7，设计要求混凝土龄期为 90d，水灰比为 0.55，粉煤灰掺量为 30%，自生体积变形 60×10^{-6}，工程采用了外掺轻烧 MgO 膨胀剂 4.0%，再加上水泥中含的 MgO，虽然 MgO 总量大于 5%，但经蒸压安定性试验检验合格。混凝土自生体积变形性能试验成果见表 1.2-8。

表 1.2-7　　C_{90}25W10F100 坝基垫层混凝土配合比

水灰比	砂率/%	石子级配/(大:中:小)	材料用量/(kg/m^3)					减水剂/%	MgO 外掺 4.0%	HJAE-A 引气剂	坍落度/cm
			水	水泥	粉煤灰	砂	石				
0.55	34	35:35:30	105	137.5	59	709	1407	0.7	7.254kg/m^3	1/万	5.3

注　采用贵州畅达水泥公司生产的 P.O 42.5 水泥，安顺火电厂生产的Ⅱ级粉煤灰，掺量为 30%。

表 1.2-8　　C_{90}25W10F100 坝基垫层混凝土配合比自生体积变形

自生体积变形/($\times10^{-6}$)							
1d	3d	7d	14d	21d	28d	60d	90d
8.4	11.8	18.5	28.9	38.4	47.3	56.8	65.8

注　采用贵州畅达水泥公司生产的 P.O 42.5 水泥，安顺火电厂生产的Ⅱ级粉煤灰，掺量为 30%。

2. 聚羧酸高效减水剂在沙阡水电站的应用

沙阡水电站位于贵州省正安县芙蓉江干流河段上，是芙蓉江梯级规划中的第七级，为碾压混凝土重力坝，最大坝高 58.5m，装机容量 50MW。

20 世纪 90 年代，由于萘系高效减水剂的运用，继贵阳院承担的普定水电站工程碾压混凝土的粉煤灰掺量提高到 60%～65%，东风水电站工程常态混凝土提高到 30%～35%之后，截止到 2009 年，粉煤灰掺量都没有新的突破。从 2009 年开始，“高掺粉煤灰”技术陆续在贵阳院设计的董箐水电站、光照水电站、石垭子水电站得到了部分应用，还在贵州省台江县台雄水库也到了部分应用，均取得较好的试验研究成果。主要应用情况如下：

贵州省光照水电站：碾压混凝土重力坝，最大坝高 200.5m，应用在坝顶 C_{90}20 二级配防渗碾压混凝土粉煤灰掺量 65%；在坝顶 C_{90}15 三级配内部碾压混凝土粉煤灰掺量 70%。

贵州省董箐水电站：面板混凝土堆石坝，最大坝高 150m，应用在溢洪道泄槽边墙 C30 常态混凝土粉煤灰掺量 50%。

贵州台雄水库：常态混凝土拱坝，应用在坝体 $C_{90}20$ 三级配外部常态混凝土粉煤灰掺量 50%；$C_{90}20$ 四级配内部常态混凝土粉煤灰掺量 50%。

贵州石垭子水电站：碾压混凝土重力坝，最大坝高 134.5m，应用在坝体上部 $C_{90}15$ 三级配内部碾压混凝土粉煤灰掺量 70%。

贵州沙阡水电站：碾压混凝土，最大坝高 58.5m，该工程全坝段采用高掺粉煤灰技术，采用重庆嘉南水泥公司生产的 P.O 42.5 水泥，遵义鸭溪火电厂生产的Ⅱ级粉煤灰，贵州特普科技有限公司生产的 GTA 聚羧酸减水剂，砂石骨料为灰岩骨料。GTA 聚羧酸减水剂性能试验结果见表 1.2-9，三级配碾压混凝土配合比、绝热温升、自生体积变形、干缩变形等试验结果分别见表 1.2-10～表 1.2-13。

表 1.2-9　GTA 聚羧酸减水剂性能

减水剂名称	掺量/%	减水率/%	含气量/%	泌水率比/%	凝结时间差/min		抗压强度比/%			28d 收缩率比/%
					初凝	终凝	3d	7d	28d	
GTA	1.0	25.5	2.5	15	+220	+330	162	144	130	106
GB 8076—2008 要求	—	≥25	≤6.0	≤70	>+90	—	—	≥140	≥130	≤110

表 1.2-10　沙阡水电站 $C_{90}15W6F50$ 碾压混凝土配合比

混凝土部位	水胶比	砂率/%	材料用量						减水剂/%	引气剂/(1/万)	Vc 值/s	含气量/%
			水/(kg/m³)	水泥/(kg/m³)	粉煤灰		砂/(kg/m³)	石子/(kg/m³)				
					用量/(kg/m³)	掺量/%						
三级配碾压混凝土	0.50	34	80	48	112	70	748	1479	0.8	2	4.5	3.0

表 1.2-11　沙阡水电站 $C_{90}15$ W6F50 碾压混凝土绝热温升

混凝土部位	绝热温升/℃								拟合公式
	1d	3d	5d	7d	10d	14d	21d	28d	
三级配碾压混凝土	3.9	7.5	10.1	12.2	14.3	15.8	16.8	17.0	$T=20.1d/(d+4.4)$

注　拟合公式中，T 为混凝土温升，d 为混凝土的龄期（d）。

表 1.2-12　沙阡水电站 $C_{90}15W6F50$ 碾压混凝土自生体积变形　单位：$\times10^{-6}$

混凝土部位	1d	3d	7d	14d	21d	28d	42d	60d	90d	120d	150d	180d
三级配碾压混凝土	−0.2	−1.8	−3.8	−5.2	−7.1	−7.9	−8.6	−9.2	−9.9	−10.1	−10.2	−9.6

表 1.2-13　沙阡水电站 $C_{90}15W6F50$ 碾压混凝土干缩变形　单位：$\times10^{-6}$

混凝土部位	3d	7d	14d	28d	60d	90d	180d
三级配碾压混凝土	−20	−40	−65	−142	−212	−238	−269

采用的贵州特普科技有限公司生产的GTA聚羧酸减水剂相对于萘系减水剂，其减水率较高、保坍性好，有效地降低了大坝碾压混凝土的用水量及胶凝材料用量。结果表明：碾压混凝土的层面泛浆效果良好，各项性能指标均满足设计要求。

高掺粉煤灰技术的成功应用，减少了混凝土的水泥用量，降低了单方混凝土综合造价，降低了温控措施费用，节约了工程投资，同时也降低了资源消耗、减少了废气、废物排放，节能环保、经济效益和社会效益显著。

1.3 水工混凝土材料新技术发展与展望

水工混凝土材料应用技术发展至今取得了丰硕的成果，随着新材料的应用和科研研究的不断深入，仍有许多尚待解决的技术难题，未来水工混凝土材料技术的发展趋势可总结为“三化一全”，即原材料绿色化、混凝土高性能化、研究手段精细化、混凝土全生命周期研究。

1. 原材料绿色化

人类历史进入20世纪90年代以后，世界各国先后实行工业可持续发展战略，《中国21世纪议程》也明确指出：产业可持续发展的总目标是根据国家社会、经济可持续发展战略的要求，调整和优化产业结构和布局；运用科学技术特别是以电子信息、自动化技术改造传统产业，使传统产业生产技术和装备现代化有重点地发展高技术，实现产业化；推动清洁生产的发展；提高产品质量，使工业产业尽快步入可持续发展的轨道。绿色工业是指的是实现清洁生产、生产绿色产品的工业，即在生产满足人的需要的产品时，能够合理使用自然资源和能源，自觉保护环境和实现生态平衡。其实质是减少物料消耗，同时实现废物减量化、资源化和无害化。因为一切工业污染都是因为工业生产过程中对资源利用不当或利用不足所导致。

混凝土原材料包括水泥、掺合料、骨料、外加剂和水，原材料的绿色化应尽量减少水泥的用量、多使用工业废渣和易获得的新型掺合料、考虑多种骨料的应用可能性、使用无毒环保高性能的外加剂等。实现混凝土原材料的绿色化，需进一步研究解决以下关键技术：

（1）水泥最低极限用量研究。

（2）各种工业废渣和不同岩性石粉做混凝土掺合料的研究。

（3）工业废渣做混凝土骨料的可行性研究。

（4）新型无毒高性能外加剂的研究开发。

2. 混凝土高性能化

水工混凝土高性能化需研究的关键技术如下：

（1）耐久性研究。

（2）碱骨料反应抑制措施研究。

（3）多级配骨料混凝土的研究。

（4）高强低弹模混凝土的研究。

3. 研究手段精细化

因尺寸效应的存在，混凝土的室内研究成果在工程实际应用时往往有较大偏差，甚至出现规律相左的现象。在未来的混凝土材料研究中，将注重更契合混凝土服役环境的研究手段开发。目前的混凝土力学性能、热学性能、变形性能、抗冻抗渗耐久性能试验多数采用无约束条件下的测试，应开发出充分考虑混凝土温度场、受力情况等服役条件的测试手段，以拟合实际工况的混凝土性能，减少结构设计的复杂性。

4. 混凝土全生命周期研究

随着水电及水利工程建设的发展，越来越多的水工建筑物服役期限达到30年以上，进入混凝土的老化阶段。混凝土材料研究的重心将逐步转向全生命周期的性能研究，需解决的关键技术如下：

（1）混凝土加固处理及缺陷修补技术。

（2）裂缝自愈合技术。

（3）混凝土服役寿命研究。

（4）混凝土性能后评价体系研究。

第2章 高寒地区碾压混凝土筑坝材料技术

2.1 概述

贵阳院自1986年开展广西壮族自治区天生桥二级（坝索）水电站碾压混凝土筑坝材料技术研究以来，先后承担了广西壮族自治区天生桥二级（坝索）水电站、新疆地区石门子水库、喀腊塑克水利枢纽、甘肃省龙首水电站、贵州省普定水电站、索风营水电站、光照水电站、大花水水电站、西藏地区果多水电站等工程的碾压混凝土筑坝材料研究项目，它们分别代表了我国碾压混凝土筑坝材料技术从引进、消化、吸收至全面发展的不同阶段的技术水平。其中，依托贵州省普定水电站开展的“碾压混凝土拱坝筑坝新技术研究”被列入国家“八五”科技攻关项目，“普定水电站碾压混凝土拱坝筑坝新技术研究”科研成果荣获1996年度电力工业部科技进步一等奖、1998年度国家科技进步一等奖；依托甘肃省龙首水电站开展的“高寒地区碾压混凝土拱坝筑坝技术研究”被列入国家电力公司重点科技攻关课题（SPKJ00614），该项目科研成果荣获2003年度中国水电顾问集团科技进步一等奖、2004年度中国电力科学技术二等奖。

随着西电东送工程建设的结束，国内水电发展市场主要集中在雅砻江、金沙江上游、澜沧江、怒江及雅鲁藏布江等流域，国家先后规划了13个大水电基地，其中有8个就分布在这些流域，而且这些流域大都处在高海拔寒冷地区，特殊地理和气候条件给碾压混凝土筑坝材料技术提出了新的挑战。

2.2 高寒地区碾压混凝土性能

高寒地区主要气候条件特点是：日照时间长，昼夜温差大，空气较干燥，相对湿度较低，流域所处地区地势较高，重峦叠嶂，降水量少，降雨集中，且多为阵雨、暴雨，冬季寒冷，且持续时间较长，降雨稀少，水边有结冰现象，河面有时封冻。针对高寒地区的气候特点，高寒地区碾压混凝土需要满足高抗冻、高抗裂和较好的凝结特性等特殊性能要求。

2.2.1 抗冻性能

碾压混凝土的抗冻性是指混凝土在饱和水的状态下，能够经受多次冻融循环而不破坏，同时强度也不严重降低的性能。高寒地区昼夜温差大，年最高气温为30～40℃，最低气温为－30～－40℃，这就对碾压混凝土抗冻性能提出了很高的要求。

混凝土是由各种物理特性不同的材料组合在一起的物质，一般等级的混凝土，其中的水分比水泥水化所需水分多一倍左右，多余的水分在混凝土中形成错综复杂的网状毛细孔，孔中的水分会随着温度的变化、砂石骨料和水泥结石的体积变化、环境中温度的变化而不停的迁移，寒冷时冻结成冰，体积增大，破坏混凝土的完整性，高用水量、大水胶比的混凝土这种现象就更为严重，为此应尽可能地降低混凝土的单位用水量，降低混凝土的水胶比。降低水胶比，提高混凝土的含气量，是提高混凝土抗冻性简单易行的途径，其中特别是提高含气量是目前国内外普遍采用的方法。日本就明确规定：混凝土含气量应不小于4%；在欧美各国也都明确规定：混凝土应掺用引气剂，以提高含气量，提高混凝土的耐久性；我国对此也高度重视，新的混凝土抗冻性规范对不同气候地区的抗冻性都提出了明确的要求。

不掺外加剂、引气剂的混凝土，其含气量只有1.2%～1.7%，是在混凝土搅拌过程中带入的，气泡结构不好，对改善抗冻性不起作用。掺有引气性的减水剂，可引气2.5%～3.5%，对改善混凝土的抗冻性有一定的作用，但在严寒地区则必需掺用专用的引气剂以较大幅度的提高混凝土含气量，提高其抗冻耐久性。经研究可知，影响混凝土含气量的主要因素是：

（1）原材料品质。如戈壁滩上的砂石料，砂中小于0.15mm的颗粒多为极细的黄土，会大幅度的提高混凝土的用水量，并严重降低混凝土的含气量，为达到含气量4%～6%，要大幅度的提高引气剂掺量（达到0.4%，而一般的天然砂只需0.015%～0.06%掺量）。

（2）引气剂的品种与掺量。凡是在水溶液中能降低溶液的表面张力的物质，均能在混凝土中引气，且随着该物质溶液浓度的增加，表面张力继续下降，最终达到某一稳定值，此值越低其引气性及气泡的稳定性越好。经国内众多单位试验研究比较以松脂皂及松香热聚合物最好，也是我国多年广泛采用的引气剂。引气剂可分为两大类：一类为非离子性表面活性剂，在水溶液中不会电离为阳离子及阴离子，其缺点是气泡直径较大，易破灭；另一类为阴离子性表面活性剂，像松脂皂及松香热聚合物以及木钙中的某些成分。在混凝土原材料、水胶比一定的条件下，引气剂掺量增加，混凝土含气量也增加，工程上以调整引气剂掺量来控制混凝土含气量。

（3）粉煤灰的品质与掺量。粉煤灰的烧失量增加，在引气剂掺量一定的条件下，混凝土含气量降低。烧失量实质是未燃尽的碳，因其低燃点的挥发份已燃烧，未燃碳呈多孔状，对外加剂、引气剂有强烈的吸附作用，降低混凝土拌和水中引气剂的有效浓度及降低混凝土的含气量。粉煤灰掺量增加，被其吸附的引气剂也增加，混凝土含气量也降低，故混凝土的粉煤灰掺量与引气剂的掺量应由室内试拌调整确定，保证混凝土的含气量。

(4) 在引气剂掺量一定的条件下，随着水胶比的增加，混凝土含气量增加。

根据已有的工程实例，迎水面碾压混凝土抗冻要求为F200～F300，背水面抗冻要求为F50～F100。结合工程实际需求，选取最佳的抗冻指标。

2.2.2 抗裂性能

在高寒地区，日气温变幅及年气温变幅都比南方温暖地区大的多，混凝土产生裂缝的可能性就更大，其混凝土抗裂性显得更为突出，加之寒潮经常袭击，混凝土表面保护略有疏忽，极易产生表面裂缝，随之有可能发展成深层裂缝或贯穿性裂缝，影响坝体的抗渗性、耐久性和完整性。

提高混凝土抗裂性的主要措施有：

(1) 选用热膨胀系数小的骨料，骨料重量占混凝土重量的80%以上，骨料的热膨胀系数决定了混凝土的热膨胀系数。骨料的岩性及矿物成分不同，其热膨胀系数差别很大，如灰岩拌制的混凝土热膨胀系数仅 $(5.2\sim5.5)\times10^{-6}/℃$，而石英岩或石英砂岩拌制的混凝土热膨胀系数可达 $(10\sim11)\times10^{-6}/℃$。在相同温度变幅的条件下，灰岩混凝土的温度应力将比石英岩或石英砂岩混凝土的小50%，也就是说在料场选择上应比较不同岩石混凝土的热膨胀系数。

(2) 尽可能降低混凝土的用水量及水泥用量，降低混凝土的水化热温升。

(3) 当混凝土的单位水泥用量在 $200kg/m^3$ 时，有资料表明，用硅酸盐水泥拌制的混凝土其收缩变形可达1.6%（指从加水拌制开始），也就是说水泥水化热本身是收缩性的。虽然水泥中的游离氧化钙及由 C_3A、石膏等各自水化反应后，也可在3～5d内迅速生成比原来体积更大而膨胀的 $Ca(OH)_2$ 及 $3CaO\cdot Al_2O_3\cdot 3CaSO_4\cdot 31H_2O$，但因其膨胀产生在大体积混凝土水化初期的升温期，补偿混凝土温降收缩作用不大。但如果水泥熟料中含有1.8%～2.0%的MgO时，由于MgO发生水化反应后，其水化产物 $Mg(OH)_2$ 的体积将比原来的大数倍，从而使混凝土体积缓慢膨胀，因此实际应用中，尽可能选用熟料中MgO的含量大于2%的水泥品种，通过利用水泥熟料中MgO的膨胀性能，达到补偿部分温降收缩，现在许多工程都采用外掺轻烧MgO的方法来达到补偿温降收缩的目的。

(4) 由于混凝土的表面水分蒸发，产生干燥收缩，再加上混凝土结构内外温差大，极易产生表面裂缝，特别是在干燥的西北地区，故应设法加强表面养护或调整施工工艺，防止因混凝土表面失水严重而导致混凝土干缩较大。如甘肃省龙首水电站工地，有试验表明，混凝土用水量占混凝土重量的3.6%。通过监测资料显示：7月时，混凝土未在太阳下暴晒，5h后经振实紧密的混凝土失水为0.49%，占总用水量的13.6%，且绝大部分是表面水分；而未经振动密实的松散混凝土，失水达1.5%，占总用水量的41.7%，由此可见在西北干旱地区混凝土的保湿及出机后尽快压碾密实是很重要的。

(5) 降低混凝土弹性模量、提高混凝土的抗拉强度及极限拉伸值、提高混凝土的徐变都可提高混凝土的抗裂性，但这些措施在实施上都较困难。

在上述各种提高混凝土抗裂性的措施中，都是成熟而有效并已运用多年的方法。近几年来，在工业与民用建筑及水工混凝土中普遍采用的是外掺膨胀剂的方法，工民建的大体积混凝土及要求防裂的剪力墙等，多数是掺钙矾石类或过烧石灰类膨胀剂，而水工混凝土多数是外掺轻烧 MgO 或 MgO 复合膨胀剂，都收到了较好的效果。

2.2.3 拌和物凝结特性

环境性能主要是混凝土周围空气的温度、相对湿度及混凝土表面附近的风速等，它们均对混凝土的凝结过程有明显的影响。

环境温度是影响混凝土初凝时间的主要因素之一，环境温度的变化改变了混凝土的温度，从而影响胶凝材料的水化速度，也影响混凝土与空气的温度变换，试验表明当其他环境条件不变时，拌和物的初凝时间随环境温度的提高而缩短。

环境的相对湿度也是影响混凝土初凝时间的主要因素之一。相对湿度较大时，混凝土拌和物中的水分蒸发损失量较小，试验表明此时混凝土拌和物的初凝时间较长。相反，当拌和物周围相对湿度较低时，拌和物中所含水分蒸发较快，拌和物的初凝时间明显缩短。

混凝土拌和物表面附近的风速也是对拌和物初凝时间影响的因素之一，试验表明其影响主要在于风改变了混凝土拌和物表面附近的相对湿度和水分交换。当环境相对湿度较大（如大于 90%）时，风速对拌和物初凝时间影响不大；当相对湿度较小时，风速对拌和物初凝时间的影响显著，这主要是因为环境相对湿度与混凝土孔隙中空气的相对湿度相差不大时，风速大小对水分交换影响较小。但当环境相对湿度较小与混凝土孔隙中空气相对湿度相差较大时（即空气较干燥），风速大小可明显影响水分的交换速度，进而影响拌和物的初凝时间。

上述的影响因素说明在高严寒干燥地区（冬季严寒：极端最低气温可达－32℃，夏季最高气温又在 30℃以上，温差极大；空气干燥，相对湿度一般在 40%左右），气候条件恶劣，容易对碾压混凝土凝结性态产生显著影响。因此，在低气温、空气干燥条件下，保证碾压混凝土施工所需的时间——即碾压混凝土初凝时间尤为重要。

2.3 原材料选择

2.3.1 水泥

高寒地区碾压混凝土的特点之一就是低水灰比，为了确保混凝土的流动性能，必须选择宜于低水灰比特性的水泥，这种水泥关键是细度及粒子的组成，再者是加水后的早期水化。

水泥粒子群的比表面积、粒子形状、密度及粒子之间的级配等，对浆体的流动性能影响很大。比表面积小，粒子形状接近球状，比重大，填充性越好，流动性也随之提高。优化这些因素，就可以获得最适宜的流动性能。

对于加水后的早期水化来说，水泥中的铝酸三钙含量越少流动性的经时降低越小。从水化方面考虑，含有适当的游离 CaO 是比较有效的。

2.3.2 粉煤灰

粉煤灰是燃煤发电的火力发电厂排出的一种工业废渣，是由磨成一定细度的煤粉，在煤粉锅炉中燃烧（1100～1500℃）后由收尘器收集的细灰。我国电力工业是以燃煤为主，每年排出的粉煤灰量达数千万吨，粉煤灰资源十分丰富。

粉煤灰在水泥混凝土中的作用机理及其对混凝土基本性能影响，可用粉煤灰效应论述。粉煤灰效应是形态效应、活性效应、微集料效应三方面内容，粉煤灰中的玻璃球形颗粒完整，表面光滑，粒度较细，质地致密，这形态上的特点可降低水泥浆体的需水量，改善浆体的初始结构，这就是所谓的形态效应。酸性氧化物为主要成分的玻璃相，在潮湿环境中可与 C_3S 及 C_2S 的水化物 $Ca(OH)_2$ 起作用，生成 C－S－H 及 C－A－H 凝胶体，对硬化的水泥浆体起增强作用，特别是在 28d 后的增强作用，这就是活性效应。粉煤灰的活性效应不仅与龄期有关，而且与温度有关，高温养护的粉煤灰混凝土的增强效应比低温养护的好，粒径在 30μm 以下的粉煤灰微粒在水泥中可以起相当于未水化熟料微粒作用，填充毛细孔隙，使水泥结石更为致密，产生微集料效应。

影响粉煤灰质量的主要因素是玻璃体含量、细度及烧失量。细度实质上反映了球形玻璃体含量，粉煤灰中小于 45μm 的颗粒冷却快，易形成球形玻璃体，细度越细，球形玻璃体含量越高，由其拌制的混凝土单位用水量低；烧失量实为含碳量，碳在常温下化学稳定性好，不会与水泥中的成分及其水化产物发生化学反应，无活性且结构松软，对混凝土强度不利，但因含碳量在胶凝材料总量中所占比例很小，对强度影响较小；经高温燃烧过的碳内部多孔，会增加混凝土用水量，且对外加剂包括引气剂有强烈的吸附作用，含碳量高的粉煤灰用水量高，外加剂减水效应降低，引气效果降低，为达到同样的减水、引气效果，必须提高减水剂和引气剂的掺量。

按照《水工混凝土掺用粉煤灰技术规范》（DL/T 5055—2007）标准，粉煤灰按其品质分为Ⅰ、Ⅱ、Ⅲ三个等级，技术指标见表 2.3－1。

表 2.3－1　　粉煤灰技术指标

编号	指　标	等　级		
		Ⅰ级	Ⅱ级	Ⅲ级
1	细度（45μm 方孔筛余）/%	≤12.0	≤25.0	≤45.0
2	烧失量/%	≤5.0	≤8.0	≤15.0
3	需水量/%	≤95	≤105	≤115
4	三氧化硫/%	≤3.0	≤3.0	≤3.0

注　根据现场实际条件选择粉煤灰，但粉煤灰品质一般不宜低于Ⅱ级。

2.3.3 外加剂

1. 减水剂

高寒地区碾压混凝土本身具有的特点就是低水灰比，这就意味着其流变性能较差，且白天温度高日晒蒸发量大，这对碾压混凝土的流变性能更是一项巨大的挑战，所以一般都会在高寒地区碾压混凝土中采用掺加减水剂的方案。

减水剂是一种在维持混凝土坍落度不变的条件下，能减少拌和用水量的混凝土外加剂，大多属于阴离子表面活性剂，有木质素磺酸盐、萘磺酸盐甲醛聚合物及聚羧酸等。减水剂主要作用如下：

(1) 分散作用。水泥加水拌和后，由于水泥颗粒分子引力的作用，使水泥浆形成絮凝结构，使10%～30%的拌和水被包裹在水泥颗粒之中，不能参与自由流动和润滑作用，从而影响了混凝土拌和物的流动性。当加入减水剂后，由于减水剂分子能定向吸附于水泥颗粒表面，使水泥颗粒表面带有同一种电荷（通常为负电荷），形成静电排斥作用，促使水泥颗粒相互分散，絮凝结构破坏，释放出被包裹部分水，参与流动，从而有效地增加混凝土拌和物的流动性。

(2) 润滑作用。减水剂中的亲水基极性很强，因此水泥颗粒表面的减水剂吸附膜能与水分子形成一层稳定的溶剂化水膜，这层水膜具有很好的润滑作用，能有效降低水泥颗粒间的滑动阻力，从而使混凝土流动性进一步提高。

(3) 空间位阻作用。减水剂结构中具有亲水性的支链，伸展于水溶液中，从而在所吸附的水泥颗粒表面形成有一定厚度的亲水性立体吸附层。当水泥颗粒靠近时，吸附层开始重叠，即在水泥颗粒间产生空间位阻作用，重叠越多，空间位阻斥力越大，对水泥颗粒间凝聚作用的阻碍也越大，使得混凝土的坍落度保持良好。

(4) 接枝共聚支链的缓释作用。新型的减水剂如聚羧酸减水剂在制备的过程中，在减水剂的分子上接枝一些支链，该支链不仅可提供空间位阻效应，而且，在水泥水化的高碱度环境中，该支链还可慢慢被切断，从而释放出具有分散作用的多羧酸，这样就可提高水泥粒子的分散效果，并控制坍落度损失。

2. 引气剂

高寒地区碾压混凝土的抗冻耐久性问题特别突出。不掺引气剂的混凝土，虽有1%～2%的含气量，但因含气量太低，对混凝土的抗冻耐久性提高不大。只有掺用适量的引气剂（或引气减水剂）后，使混凝土中含气量达到4%～6%，在硬化混凝土中形成均匀稳定的小气泡（直径为20～1000μm），其中大多是200μm以下的溶胶性气泡，这些溶胶性小气泡存在，才能提高混凝土的抗冻性和抗渗性。

引气剂的种类大致有3类：第一类是高级直接链表面活性剂，如十二烷基磺酸钠和十二烷基苯磺酸钠，其具有很好的起泡能力，但泡沫稳定性差，形态极不规则（大泡多呈多面体状）。第二类是非离子型表面活性剂，其气泡的稳定性较差，引气效果不好。第三类是皂类表面活性剂，其起泡能力和稳定性都很好，特别是松香皂类表面活性剂，能产生均匀稳定的微气泡，因此，是我们首选的类型。

3. 膨胀剂

膨胀剂是在混凝土和砂浆中引起体积膨胀的外加剂。它依靠本身的化学反应式与水泥中其他成分反应，在水泥水化、硬化过程中产生一定的膨胀，以补偿混凝土温降收缩，可有效地提高坝体混凝土的抗裂性和防渗能力。

混凝土膨胀剂可分为3大类：硫铝酸盐系（CSA）、石灰系、铁粉系膨胀剂。在三类膨胀剂中，第一类硫铝酸盐系（CSA）是$C_4A_3S \cdot CaO$和$CaSO_4$在水泥水化过程中局部水化生成钙矾石晶体产生膨胀，其膨胀量较大，试验表明其膨胀量随掺量的增加而增大，属早期膨胀型。第二类石灰系膨胀剂，主要由过烧的游离 CaO 和 MgO 在水泥水化初期，水泥颗粒骨架间隙中生成凝胶状的 $Ca(OH)_2$ 和 $Mg(OH)_2$ 产生先期膨胀，接着生成硬化的 $Ca(OH)_2$ 和 $Mg(OH)_2$ 发生重结晶，开始后期膨胀，直到 $Ca(OH)_2$ 和 $Mg(OH)_2$ 结晶全部转化成大的异方形，六角形板状结晶才结束，其膨胀量较第一类小，但多为后期延迟性膨胀。第三类铁粉系是以高纯度的铁离子或以铁粉为主掺入离子型催化剂、氧化剂助剂配制而成的，主要是利用铁粉分散在水泥中，在水化过程中铁粉氧化使体积产生膨胀从而使混凝土膨胀，在水工混凝土中基本未用。

2.3.4 其他掺合料

1. *石粉*

在我国西部地区，粉煤灰产量较低，而可开发水电资源丰富，水利枢纽工程建设比较集中，对粉煤灰的需求量很大。因此，往往会出现粉煤灰紧缺，甚至工程附近根本没有粉煤灰的情况，为了满足碾压混凝土技术上的要求，不得不从很远的地区进行运输，经济成本太高，所以有些工程考虑用石粉代替部分粉煤灰。

石灰岩在我国分布广泛，并且只需要机械破碎，一些人工骨料的破碎过程中会产生大量的石粉，价格低廉，是目前应用较多的一种石粉。

石粉单独作为掺合料不仅可以填充混凝土孔隙，还可能对水泥水化、水化产物、孔结构和集料与浆体间界面过渡区等造成影响，进而影响混凝土工作性、强度、耐久性和体积稳定性。在复合掺合料中，石灰石粉作为惰性组分充分发挥其填充效应，另外一种或几种活性组分，通过石粉的分散作用，充分发挥其活性效应，保证掺合料具有足够的活性。

2. *硅粉*

硅粉又称硅灰，是铁合金厂在冶炼硅铁合金或者金属硅时，从烟尘中收集的一种飞灰。硅粉组成中，86%～96%是一种球状体，粒径 1μm 以下，平均粒径 0.1μm 左右，部分粒子凝聚成片状或者球状的粒子丛。硅灰的密度虽然为 $2.2g/cm^3$，但松散堆积密度却只有 $0.18～0.23g/cm^3$，其空隙率高达 90%以上，这是因为在粒子丛中粒子与粒子或者粒子丛与粒子丛之间，也是非紧密接触的堆积，而是被吸附的空气层所填充。

硅粉独有的特征是其细度、高度的无定形性质以及高 SiO_2 含量，使其适宜作为掺合料，代替一部分胶凝材料，而较小的球状硅粉则可以填充于水泥颗粒之间，使胶凝材料具有更好的级配，降低其标准稠度下的用水量。

2.4 工程应用

贵阳院在“十二五”期间深化改革，加快转型，深入实施“主业西移、多元经营、国际发展”三大战略，期间参与了多个高寒地区的水电水利工程，高寒地区碾压混凝土筑坝材料研究得到了较好的应用。主要工程情况见表 2.4-1。

从表 2.4-1 中可以看出，上述工程均处于西部地区，其自然环境都具有高寒地区的特点，即昼夜温差大，年降雨量少，风速较高，日蒸发量大，空气相对湿度较小，寒冷季

表 2.4-1 贵阳院参与高寒地区水电水利工程概况表

工程名称	工程地点	坝型	装机/MW	工程完工时间
龙首水电站	甘肃省	碾压混凝土拱坝	52	2002年
特克斯河山口水电站	新疆地区	碾压混凝土重力坝	141	2011年
喀腊塑克水利枢纽	新疆地区	碾压混凝土重力坝	140	2010年
石门子水库	新疆地区	碾压混凝土拱坝	64	2001年
果多水电站	西藏地区	碾压混凝土重力坝	160	2017年

节持续时间较长。所以上述工程筑坝所用材料及其混凝土配合比均需要满足高寒地区的特殊自然条件，才能保证工程质量的安全。

2.4.1 甘肃龙首水电站

龙首水电站工程位于甘肃黑河干流出山口的莺落峡峡口处，坝址距张掖市约30km，有公路直通坝址，交通便利。龙首水电站是黑河上游最后一个梯级电站，该工程以发电为主。黑河是甘肃省河西地区最大的一条内陆河，发源于祁连山与大通山之间，河流总长800km，流域面积为69000km²，坝址以上流域面积10009km²，占黑河总流域面积14.5%。径流主要由祁连山降水和融冰化雪补给，多年平均年径流量15.89亿m³，多年平均年流量50.4m³/s，多年平均年输沙量246万t（其中推移质为25万t），多年平均年含沙量1.4kg/m³，汛期输沙量占年输沙量的94.50%。该流域地处西北内陆腹地，属大陆性气候，夏季酷热，雨量稀少，蒸发强盛，冬季严寒，冰期长达4个月之久，最大冻土深度1.5m。多年平均年降水量为171.6mm，多年平均年水面蒸发量为1378.7mm，平均气温为8.5℃，极端最高气温37.2℃（1961年6月），极端最低气温−33.0℃。每年11月中旬河流开始流冰，2月底封冻，春季流冰3月底结束，最大河冰厚度0.8m。

1. 水泥

经技术经济比较试验，该工程碾压混凝土选用永登水泥厂生产的“祁连”牌525号硅酸盐水泥（原国标标准）。经室内试验，永登水泥厂生产的“祁连”牌525号硅酸盐水泥化学成分见表2.4-2，物理性能见表2.4-3。

表 2.4-2 水泥化学成分 %

检测项目	SiO_2	Al_2O_3	Fe_2O_3	CaO	SO_3	MgO	Loss
试验结果	21.92	4.8	4.22	64.74	2.33	2.16	0.5

表 2.4-3 水泥物理性能

检测项目	细度/%	标准稠度/%	密度/(g/cm³)	安定性	凝结时间/min		抗折强度/MPa		抗压强度/MPa	
					初凝	终凝	3d	28d	3d	28d
试验结果	3.1	25.5	3.19	合格	130	200	3.0	8.9	30.0	59.3

2. 粉煤灰

该工程选用永昌火电厂生产的粉煤灰，该火电厂生产的原状粉煤灰品质较差，主要是粉煤灰太粗，需水量比达105%以上，因此未直接使用原粉煤灰，选用了该家通过技术改造的风选粉煤灰，其风选粉煤灰的化学成分分析见表2.4-4，品质鉴定试验结果见表2.4-5。

表2.4-4　粉煤灰化学成分　%

粉煤灰取样地点	附着水	Loss	SiO_2	Fe_2O_3	Al_2O_3	CaO	MgO	fCaO	K_2O	Na_2O	SO_3
6号一电场	0.13	4.50	50.86	6.78	33.63	2.33	0.94	0.08	0.55	0.14	0.38
6号二电场	0.14	7.80	47.72	8.15	31.60	2.52	1.15	0.09	0.55	0.18	0.62
7号一电场	0.00	3.15	52.10	7.30	32.60	2.57	0.94	0.21	0.64	0.20	0.62
7号二电场	0.03	5.10	49.12	7.81	31.69	3.05	1.11	0.23	0.64	0.20	0.89

表2.4-5　粉煤灰品质鉴定

检测项目	细度/%	SO_3/%	需水量比/%	Loss/%	粉煤灰品质
试验结果	15.8	0.6	98.6	5.3	Ⅱ级粉煤灰

3. 骨料

龙首水电站附近有大量的古河床冲积层，天然砂砾石骨料可作为混凝土骨料使用，根据地质勘察结果，适合工程混凝土骨料开采的砂砾石料产地有三处。龙首水电站工程开工后，经过充分调查、补充勘察比较后，选取开采条件优越、储备丰富、质量较好的Ⅲ1、Ⅲ2料场作为混凝土骨料料场。

由于砂中极细颗粒对混凝土单位用水量影响很大，在砂的生产过程中，需尽可能减少极细颗粒含量，降低混凝土单位用水量。实际工程中砂料筛分加工工艺分别采用了水冲洗法和风吹除灰法以降低砂中极细颗粒含量。两种方法生产砂子的颗粒级配物理性能试验结果见表2.4-6。

表2.4-6　两种工艺生产成品砂的物理性能

加工工艺	粒径/mm	5	2.5	1.25	0.63	0.315	0.16	0.08	≤0.08	细度模数
湿法	分级筛余/%	3.0	11.0	14.0	17.0	24.0	16.0	4.8	0.2	2.54
	累计筛余/%	3.0	14.0	28.0	45.0	79.0	95.0	99.8	100	
干法	分级筛余/%	5.0	11.0	16.0	10.0	23.0	21.0	10.9	3.1	2.27
	累计筛余/%	5.0	16.0	32.0	42.0	65.0	96.9	96.9	100	

4. 外加剂

该工程碾压混凝土外加剂应具有强缓凝、减水和引气等综合性能，以满足高抗冻、高蒸发的要求。由于碾压混凝土中液相含量少，粉煤灰掺量大，粉煤灰中的碳对外加剂又有强力吸附作用，因此对碾压混凝土的含气量有较大的影响。经室内试验研究，该工程选用了贵州高峡科技开发有限公司生产的具有高减水和强缓凝的碾压混凝土专用外加剂NF-A和引气能力强、气泡结构优良的NF-C引气剂，其对碾压混凝土用水量、抗压强度比、凝结时间的影响见表2.4-7。

表 2.4-7　外加剂性能

产品名称及型号	减水率/%	泌水率/%	含气量/%	凝结时间/min		抗压强度比/%			pH值
				初凝	终凝	3d	7d	28d	
NF-A减水剂	≥20	80～85	4.0	1000～1100	—	128	125	125	8
NF-C引气剂	9	70	4.5	—	+90	95	95	90	9

5. 碾压混凝土配合比特性

龙首水电站工程二级配碾压混凝土和三级配碾压混凝土设计指标具体见表 2.4-8，碾压配合比见表 2.4-9。

表 2.4-8　碾压混凝土设计指标

编号	使用部位及级配	设计标号	容重/(kg/m³)
1	迎水面二级配	C_{90}20W8F300	≥2400
2	内部三级配	C_{90}20W6F100	≥2400

表 2.4-9　碾压混凝土配合比

使用部位及级配	水胶比	用水量/(kg/m³)	水泥/(kg/m³)	粉煤灰/(kg/m³)	砂率/%	MgO/%	NF-C/%	NF-A/%	V_c值/s	含气量/%
迎水面二级配	0.43	88	96	109	32	4.3	0.45	0.9	5～7	4.5～5.5
内部三级配	0.43	82	58	113	30	4.3	0.05	0.9	5～7	2.5～3.5

经大量的室内和现场试验，其各项性能见表 2.4-10～表 2.4-13。

表 2.4-10　碾压混凝土力学性能

使用部位及级配	抗压强度/MPa			抗拉强度/MPa			极限拉伸值/($\times10^{-6}$)			抗压弹性模量/GPa		
	7d	28d	90d	7d	28d	90d	7d	28d	90d	7d	28d	90d
迎水面二级配	14.8	25.8	34.4	1.12	2.10	3.01	53	66	87	21.0	27.8	34.2
内部三级配	11.5	20.8	27.5	0.99	1.65	2.30	46	65	78	18.5	24.7	29.6

表 2.4-11　碾压混凝土热学性能

使用部位及级配	热膨胀系数/($\times10^{-6}$/℃)	导温系数/(m²/h)			导热系数/[J/(m·h·℃)]	比热/[J/(kg·℃)]		
		20℃	30℃	40℃		20℃	30℃	40℃
迎水面二级配	10.2	0.0036	0.0035	0.0035	8088	924	941	958
内部三级配	10.5	0.0047	0.0039	0.0037	8292	849	887	925

表 2.4-12　碾压混凝土绝热温升　单位：℃

使用部位及级配	1d	3d	5d	7d	10d	14d	16d	17d	20d	21d	拟合公式
迎水面二级配	2.5	14.1	16.8	18.0	18.8	19.4	19.6	19.8	20.3	20.3	$T=25.2d/(d+4.32)$
内部三级配	2.0	8.3	11.0	13.6	14.9	16.0	16.8	17.0	17.5	17.8	$T=24.5d/(d+7.32)$

注　式中 T 为混凝土温升，d 为混凝土的龄期（d）。

表 2.4-13　碾压混凝土抗冻性能

使用部位及级配	相对动弹性模量/%							质量损失率/%						
	0	50	100	150	200	250	300	0	50	100	150	200	250	300
迎水面二级配	100	91	87	86	82	80	79	0	0.3	0.7	1.2	1.5	2.0	2.3
内部三级配	100	82	76	69	57	—	—	0	0.9	1.8	3.4	4.2	—	—

从各个相关性能表中可以看出，该工程的碾压混凝土力学性能、热学性能和抗冻性能均满足设计要求，其绝热温升值也较低。

且经大量的室内试验以及现场调试，各项性能指标均满足设计要求，*Vc* 值较低，有利于抗高蒸发；浆体较富裕，有利于碾压混凝土层面结合。外掺轻烧 MgO 延迟膨胀剂，其自生体积呈膨胀型，经施工实践证明，对温控和防止碾压混凝土裂缝产生十分有利。

2.4.2　新疆山口水电站

新疆伊犁特克斯河山口水电站是特克斯河下游流域梯级开发的最末一级，工程位于恰甫其海水利枢纽下游 16.2km，距巩留县县城 27km，距伊宁市 125km，距乌鲁木齐市 818km。任务以发电为主，并承担上游恰甫其海水电站的发电反调节。

特克斯河山口水电站工程由拦河坝、泄水建筑物和发电引水系统及电站厂房等主要建筑物组成。工程规模属大（2）型，工程等别为Ⅱ等，大坝、泄水建筑物、引水建筑物的进水口采用 2 级。最大坝高 51.0m，水库总库容为 1.06 亿 m^3。拦水坝体为混合坝，坝 0+000～坝 0+507.758 为碾压混凝土重力坝段，在碾压混凝土重力坝段上布置发电引水系统进水口、表孔、底孔。底孔位于左岸阶地，厂房坝段布置在右岸阶地，采用坝后式，坝 0+507.758～坝 0+963.10 为黏土心墙坝坝段，坝 0+425.708～坝 0+526.900 为重力坝和上游坝连接段，碾压混凝土重力坝坝段最大坝高 51m，黏土心墙砂砾石坝坝段最大坝高 38.26m。

该区域呈大陆性气候，表现为温和湿润、雨量充沛，昼夜温差大、夏热少酷暑、冬冷少严寒、春温回升迅速，秋温下降快等特征，工程所在地区多年平均气温 8.8℃，极端最高气温 39℃，极端最低气温－32℃。

贵阳院进行了该工程碾压混凝土配合比设计试验研究工作。

1. 水泥

该工程使用南岗水泥厂生产的 P.O 42.5 硅酸盐水泥，其化学成分见表 2.4-14，水泥的碱含量见表 2.4-15，物理力学性能见表 2.4-16。

表 2.4-14　水泥化学成分　%

检测项目	SiO_2	Al_2O_3	Fe_2O_3	CaO	fCaO	MgO	SO_3	Loss
试验结果	20.78	5.40	6.75	62.13	1.24	0.92	2.42	1.18

表 2.4-15　水泥碱含量　%

检测项目	Na_2O	K_2O	R_2O
试验结果	0.14	0.58	0.52

表 2.4-16　　水泥物理力学性能

检测项目	细度/%	标准稠度/%	凝结时间/min		抗折强度/MPa		抗压强度/MPa		安定性	密度/(g/cm³)
			初凝	终凝	3d	28d	3d	28d		
试验结果	2.0	26.6	184	234	5.6	9.5	25.7	52.1	合格	3.16

2. 粉煤灰

该工程选用玛纳斯火电厂生产的Ⅰ级粉煤灰为主，以独山子火电厂生产的Ⅱ级粉煤灰为辅。两个火电厂取样的粉煤灰化学成分试验结果见表 2.4-17，粉煤灰的品质鉴定试验结果见表 2.4-18。

表 2.4-17　　粉煤灰化学成分　　%

粉煤灰厂家	SiO_2	Al_2O_3	Fe_2O_3	CaO	SO_3	K_2O	Na_2O	R_2O	MgO	Loss
玛纳斯火电厂	54.61	20.09	7.59	7.09	1.05	2.28	0.83	2.33	3.27	1.69
独山子火电厂	47.80	21.43	7.55	7.90	1.30	1.69	0.92	2.03	2.97	6.13

表 2.4-18　　粉煤灰品质鉴定

粉煤灰厂家	细度（45μm）/%	需水量比/%	Loss/%	含水率/%	抗压强度比/%			密度/(g/cm³)	检测结果
					7d	28d	90d		
玛纳斯火电厂	4.4	91.2	1.69	0.2	58.8	71.6	94.6	2.34	Ⅰ级粉煤灰
独山子火电厂	4.8	97.8	6.13	0.4	60.0	73.3	95.9	2.31	Ⅱ级粉煤灰

3. 砂石骨料

该工程采用 C2 砂砾料场筛分的天然砂和天然粗骨料，C2 砂砾料场天然砂颗粒级配试验结果见表 2.4-19，品质鉴定试验结果见 2.4-20。天然粗骨料品质鉴定见表 2.4-21。

表 2.4-19　　天然砂颗粒级配

项　目	筛孔尺寸/mm							细度模数
	>5	2.5	1.25	0.63	0.315	0.16	<0.16	
分计筛余/%	1.82	9.3	3.9	11.76	34.65	20.3	18.27	1.90
累计筛余/%	1.82	11.12	15.02	26.78	61.43	81.73	100	

表 2.4-20　　天然砂品质鉴定

饱和面干视密度/(kg/m³)	饱和面干吸水率/%	含泥量/%	有机质含量	堆积密度/(kg/m³)	孔隙率/%	坚固性/%	云母含量/%
2670	1.1	2.2	浅于标准色	1530	42.7	1.0	0.2

4. 外加剂

该工程混凝土外加剂采用山西凯迪建材公司生产的 KDNOF-2 缓凝高效减水剂和 KDSF 引气剂，其性能检测结果见表 2.4-22。

表2.4-21　天然粗骨料品质鉴定

粒径/mm	饱和面干密度/(kg/m³)	饱和面干吸水率/%	含泥量/%	有机质含量	振实密度/(kg/m³)	孔隙率/%	超径/%	逊径/%	坚固性/%	压碎指标/%
5～20	2640	0.63	0		1870	29.2	0.5	1.2	0.1	
20～40	2650	0.53	0	浅于标准色	1800	32.0	0.4	0.4	0	3.3
40～80	2640	0.50	0		1730	34.5	0	0	0.1	

表2.4-22　外加剂性能检测

外加剂品种/掺量	减水率/%	凝结时间差/min		含气量/%	泌水率比/%	抗压强度比/%			28d收缩率比/%	相对耐久性指数(200次)/%
		初凝	终凝			3d	7d	28d		
KDNOF-2/0.6%	17.8	+190	+293	1.7	57.6	153	151	129	118	—
KDSF/(0.4/万)	7.6	+72	+103	5.0	55.0	99	98	96	119	86

5. 碾压混凝土配合比特性

山口水电站碾压混凝土配合比试验结果见表2.4-23，其各项性能试验结果见表2.4-24。

表2.4-23　碾压混凝土配合比

部位及强度等级	水胶比	砂率/%	各种材料用量/(kg/m³)								减水剂/%	引气剂/(1/万)	Vc值/s	含气量/%
			水	水泥	粉煤灰		砂	大石	中石	小石				
					用量	掺量								
C_{180}200W6F300二级配上下游防渗	0.45	32	89	118.7	79.1	40%	679	—	866	577	0.75	10	4.0	5.4
C_{180}200W6F200二级配上下游防渗	0.45	32	88	97.8	97.8	50%	679	—	865	577	0.75	10	3.5	5.3
C_{180}150W4F50三级配内部	0.53	29	79	59.6	89.4	60%	646	634	475	475	0.75	3	3.7	3.5

注　1. 碾压混凝土配合比采用山西凯迪建材有限公司KDNOF-2减水剂和KDSF引气剂。
　　2. 石子级配为二级配中石：小石=60：40，三级配大石：中石：小石=40：30：30。

表2.4-24　碾压混凝土力学性能

种类及部位	抗压强度/MPa						抗拉强度/MPa			极限拉伸值/(×10⁻⁴)			抗压弹性模量/GPa			初凝时间	密度/(kg/m³)
	7d	14d	28d	60d	90d	180d	28d	90d	180d	28d	90d	180d	28d	90d	180d		
C_{180}200W6F300二级配上下游防渗	14.9	19.6	24.9	28.2	32.3	36.4	1.95	2.48	2.95	0.72	0.83	0.90	27.3	34.8	38.3	12h42min	2412
C_{180}200W6F200二级配上下游防渗	13.5	17.5	23.3	26.9	30.8	35.1	1.81	2.34	2.80	0.70	0.81	0.88	25.4	31.6	37.5	13h24min	2408
C_{180}150W4F50三级配内部	7.5	10.4	15.4	19.3	23.8	28.2	1.23	1.88	2.30	0.59	0.70	0.80	20.2	24.6	31.2	13h46min	2448

2.4.3 新疆喀腊塑克水利枢纽

新疆地区喀腊塑克水利枢纽工程自 216 国道到乌鲁木齐市 528.5km，向西距已建的“635”水利枢纽直线距离 35km，河道距离 41.5km。枢纽以上集水面积 15107km^2，多年平均年径流量 33.27 亿 m^3，坝址处多年平均年流量 105m^3/s。

本工程主要任务是在保证和改善额尔齐斯河流域社会经济发展及生态环境用水的条件下，向乌鲁木齐经济区供水，并兼顾发电和防洪。水库正常蓄水位 739.00m，总库容 24.19 亿 m^3，正常蓄水位下库容 20.45 亿 m^3，调节库容 19.18 亿 m^3，死水位 680.00m，死库容 1.27 亿 m^3，电站装机容量 140MW，保证出力 12.3MW，有效发电量 4.82 亿 kW·h。工程等级为Ⅰ等工程，工程规模为大（1）型。

坝址区分布的地层主要以上石炭统喀喇额尔齐斯组的变质砂岩、变质砂岩夹石英片岩为主，均属中—厚层状结构。坝基微风化层—新鲜基岩岩体完整，属中坚硬岩。

坝址处多年平均气温为 2.7℃，极端最高气温 40.1℃，极端最低气温－49.8℃，多年平均降水量 183.9mm，多年平均蒸发量 1915.1mm，多年平均风速 1.8m/s，最大风速 25m/s，最大积雪深 75cm，最大冻土深 175cm。5—10 月平均水温为 13.1℃，最高水温为 25℃。

1. 水泥

该工程使用天山水泥厂生产的 P.O 42.5 水泥，水泥的物理力学性能试验结果见表 2.4-25。

表 2.4-25　水泥试验结果

水泥品种	细度/%	标准稠度/%	凝结时间/min		抗折强度/MPa			抗压强度/MPa			安定性	密度
			初凝	终凝	3d	7d	28d	3d	7d	28d		
P.O 42.5 水泥	0.8	29.8	175	259	6.8	—	9.6	28.5	—	51.6	合格	3.09

2. 粉煤灰

粉煤灰选用玛纳斯火电厂生产的Ⅰ级粉煤灰，粉煤灰的化学成分及品质鉴定分别见表 2.4-26 及表 2.4-27。

表 2.4-26　粉煤灰化学成分　%

粉煤灰厂家	SiO_2	Al_2O_3	Fe_2O_3	CaO	SO_3	K_2O	Na_2O	R_2O	MgO	Loss
玛纳斯火电厂	55.86	19.92	7.42	7.29	1.08	2.16	0.87	2.29	3.16	2.3

表 2.4-27　粉煤灰品质鉴定

粉煤灰厂家	细度（45μm）/%	需水量比/%	Loss/%	含水量/%	抗压强度比/%			比重	检测结果
					7d	28d	90d		
玛纳斯火电厂	2.8	92.6	2.3	0.2	68.6	72.8	94.3	2.33	Ⅰ级粉煤灰

3. 砂石骨料

本次试验采用的砂子为天然砂，粗骨料为片麻花岗岩加工的人工骨料。天然砂的颗粒级配试验结果见表 2.4-28。

表 2.4-28　　天然砂的颗粒级配

项　目	筛孔尺寸/mm							细度模数	<0.16mm含量/%
	>5	2.5	1.25	0.63	0.315	0.16	<0.16		
分计筛余/%	1.66	10.98	16.28	14.88	46.52	7.86	1.82	2.70	1.82
累计筛余/%	1.66	12.64	28.92	43.80	90.32	98.18	100		

表 2.4-28 的试验表明，现场用天然砂的细度模数为 2.70，为中砂，小于 0.16mm 的含量为 1.82%。

该工程所用石粉是天山水泥厂将工地现场的石屑利用小磨加工而成，其 0.08mm 筛余量为 10%。

天然砂的品质鉴定试验结果见表 2.4-29，人工粗骨料的品质鉴定试验结果见表 2.4-30。

表 2.4-29　　天然砂品质鉴定

饱和面干密度/(kg/m^3)	饱和面干吸水率/%	堆积密度/(kg/m^3)	堆积密度空隙率/%	紧密密度/(kg/m^3)	紧密密度空隙率/%
2620	1.1	1380	47.3	1650	37.0

表 2.4-30　　人工粗骨料品质鉴定

粗骨料类别	试　验　项　目	
	饱和面干表观密度/(kg/m^3)	饱和面干吸水率/%
小石	2660	1.2
中石	2660	1.0
大石	2680	0.8

4. 外加剂

该工程碾压混凝土中减水剂选用的是新疆五杰化工有限公司生产的 PMS-3 缓凝高效减水剂和 PMS-NEA3 引气剂，其性能检测结果见表 2.4-31。

表 2.4-31　　外加剂性能

外加剂品种及掺量	减水率/%	凝结时间差/min		含气量/%	泌水率比/%	抗压强度比/%			28d 收缩率比/%
		初凝	终凝			3d	7d	28d	
PMS-3/(0.6%)	17.1	+337	+244	1.5	35	163	160	149	117
PMS-NEA3/(0.7/万)	6.7	+38	+26	5.1	52	98	97	96	116

5. 碾压混凝土设计配合比特性

喀腊塑克水利枢纽工程主要的二级配碾压混凝土和三级配碾压混凝土配合比，见表 2.4-32。主要碾压混凝土力学性能见表 2.4-33。

表 2.4-32　　碾压混凝土配合比

部位及强度等级	水胶比	砂率/%	材料用量/(kg/m³)						减水剂/%	引气剂/(1/万)	理论容重/(kg/m³)
			水	水泥	粉煤灰	天然砂	石粉(8%)	石子			
C_{180}200W10F300 二级配外部	0.45	35	98	130.7	87.1	706	—	1332	1.0	12	2354
C_{180}200W4F50 三级配内部	0.54	33	90	66.7	98.2	648	56.3	1453	1.0	6	2414

注　1. 碾压混凝土配合比石子级配为二级配中石：小石=60：40；
　　2. 三级配为大石：中石：小石=40：30：30。

表 2.4-33　　碾压混凝土力学性能

混凝土种类	抗压强度/MPa				抗拉强度/MPa			极限拉伸值/($\times10^{-4}$)			抗压弹性模量/GPa		
	7d	28d	90d	180d	28d	90d	180d	28d	90d	180d	28d	90d	180d
C_{180}200W10F300	17.7	26.8	32.6	38.5	1.91	2.57	3.02	0.72	0.84	0.92	30.6	34.5	40.1
C_{180}200W4F50	13.0	21.4	26.1	30.9	1.72	2.05	2.39	0.66	0.76	0.84	25.6	31.6	36.6

2.4.4 新疆石门子水库

石门子水库水利枢纽位于天山北麓塔西河中游U形峡谷地段，工程以灌溉为主，兼顾发电、防洪和旅游，是一座综合利用的中型水利枢纽工程。大坝为碾压混凝土拱坝，最大坝高109m。各主要建筑物为三级建筑物，大坝为二级建筑物。大坝坝顶高程1394.00m，建基面高程1285.00m。坝顶最大弧线长为176.5m。坝体混凝土总量21.1万m³，其中碾压混凝土18.8万m³，占混凝土总量的89%；坝址地区月平均气温在零度以下的时间长达5个月，极端最高气温33.2℃，极端最低气温−31.5℃；多年平均年降水量430mm，多年平均年蒸发量1410.8mm。

1. 水泥

根据石门子水库所处的地理位置，以及项目合同中建议使用的水泥品种，工程选用了昌吉州屯河水泥厂生产的硅酸盐525号水泥（原国标标准），其化学成分和水泥的物理力学性能见表2.4-34、表2.4-35。

表 2.4-34　　水泥化学成分　　%

水泥厂家	水泥品种	SiO_2	Al_2O_3	Fe_2O_3	CaO	MgO	SO_3	Loss
屯河水泥厂	硅酸盐525号	22.69	12.63	5.95	54.08	1.78	1.90	1.04

表 2.4-35　　水泥物理力学性能

水泥厂家	水泥品种	细度(80μm)/%	比重	安定性	标准稠度/%	凝结时间/min		抗折强度/MPa			抗压强度/MPa		
						初凝	终凝	3d	7d	28d	3d	7d	28d
屯河水泥厂	硅酸盐525号	6.75	3.2	合格	25.5	200	348	7.3	8.4	9.6	32.4	47.5	56.6

2. 粉煤灰

根据石门子水库工程附近火电厂粉煤灰灰源的实际情况和项目合同的建议，本工程选用了玛纳斯火电厂生产的磨细粉煤灰，其化学成分及品质鉴定见表2.4-36及表2.4-37。

表2.4-36 粉煤灰化学成分 %

粉煤灰品种	SiO_2	Al_2O_3	Fe_2O_3	CaO	MgO	SO_3	Loss
磨细粉煤灰	52.20	19.26	8.63	8.37	1.95	0.93	7.30

表2.4-37 粉煤灰品质鉴定

粉煤灰品种	细度（45μm）/%	比重	需水量比/%	28d强度比/%		品质等级
				抗折强度比	抗压强度比	
磨细粉煤灰	13.2	2.34	96.7	85.0	76.4	Ⅱ级

3. 砂石骨料

石门子水库工程选取的料场在坝址下游1km处，储量丰富。现场所取砂石骨料进行试验的砂石骨料性能详见表2.4-38。

表2.4-38 砂石骨料物理性能

试验项目	砂	5～20mm	20～40mm	40～80mm
饱和面干密度/(kg/m³)	2610	2620	2630	2630
饱和面干吸水率/%	1.41	0.45	0.18	0.14
超径/%	—	1.75	11.67	8.12
逊径/%	—	2.25	15.50	7.75
松散容重/(kg/m³)	1510	1560	1510	1570
振实容重/(kg/m³)	1850	1830	1810	1850
SO_3含量	合格	合格	合格	合格
空隙率/%	29.12	30.15	31.18	29.66
含泥量/%	6.50	1.01	0.85	0.43
针片状/%	—	3.75	3.50	4.30

4. 外加剂

根据该工程实际和试验结果，建议使用原北京焦化厂（后改名为北京赛迪四洋有机化工厂）生产的FE-C型缓凝高效减水剂，其性能见表2.4-39。

表2.4-39 减水剂性能

外加剂品种	掺量/%	水泥/(kg/m³)	粉煤灰/(kg/m³/%)	用水量/(kg/m³)	Vc值/s	减水率/%	28d抗压强度/MPa	凝结时间	
								初凝	终凝
FE-C	0.95	120	64/35	92	6	23.3	32.0	18h30min	23h50min

5. 碾压混凝土设计配合比特性

该工程坝体混凝土按照设计要求分为3种：一是坝体内部三级配碾压混凝土；二是坝

体上游面死水位以上及下游面（表层1m范围）二级配碾压混凝土；三是坝体上游面（表层1m范围）死水位以下碾压二级配混凝土。各部位碾压混凝土配合比性能技术指标要求详见表2.4-40，碾压混凝土配合比参数见表2.4-41，碾压混凝土性能见表2.4-42。

表2.4-40　碾压混凝土配合比技术要求

编号	混凝土使用部位、级配	混凝土等级	强度保证率/%	工作度/s	抗渗强度/MPa	抗冻等级	极限拉伸值/($\mu\varepsilon\times10^{-4}$)
1	内部三级配碾压混凝土（R_{I}）	$C_{90}15$	85	8	0.6	100	>0.80
2	上游面死水位以下二级配碾压混凝土（R_{II}）	$C_{90}20$	85	8	1.0	100	>0.80
3	上游面死水位以上及下游面二级配碾压混凝土（R_{III}）	$C_{90}25$	85	8	0.8	300	>0.80

表2.4-41　碾压混凝土配合比

混凝土使用部位、级配	混凝土等级	水灰比	用水量/(kg/m³)	砂率/%	单位材料用量/(kg/m³)				外加剂/%	引气剂/%
					水泥	粉煤灰	砂	石		
内部三级配碾压混凝土（R_{I}）	$C_{90}15$	0.55	88	31	56	104	680	1499	0.95	0.1
上游面死水位以下二级配碾压混凝土（R_{II}）	$C_{90}20$	0.50	95	31	86	104	671	1478	0.95	0.1
上游面死水位以上及下游面二级配碾压混凝土（R_{III}）	$C_{90}25$	0.50	90	32	117	63	681	1424	0.95	0.5

表2.4-42　碾压混凝土性能

编号	V_c值/s	含气量/%	抗压强度/MPa			抗拉强度/MPa			极限拉伸值/($\times10^{-4}$)			抗压弹性模量/GPa			容重/(kg/m³)	抗渗等级
			3d	28d	90d	3d	28d	90d	7d	28d	90d	7d	28d	90d		
1	6.5	3.5～4.0	8.5	16.2	22.5	0.68	1.45	1.98	0.34	0.53	0.72	19.7	22.0	29.6	2478	>W6
2	7.0	3.5～4.0	12.8	19.7	27.7	1.15	1.83	2.33	0.43	0.58	0.77	19.8	24.0	29.5	2465	>W10
3	6.0	4.5～5.0	17.0	25.1	33.3	1.58	2.22	3.06	0.53	0.62	0.76	23.2	30.0	35.3	2460	>W8

注　抗冻等级分别满足R_{I}、R_{II}为F100要求，R_{III}为F300要求。

2.4.5　西藏果多水电站

果多水电站位于西藏地区昌都县境内，为扎曲水电规划“两库五级”中第二个梯级电站，坝址以上控制流域面积33470km²，坝址多年平均年流量303m³/s，多年平均年径流量95.7亿m³。该电站以发电为主，水库正常蓄水位为3418.00m，死水位3413.00m。正常蓄水位以下库容7959万m³，调节库容1746万m³，具有周调节性能，电站装机容量160MW（4×40MW），保证出力33.54MW，年发电量8.319亿kW·h。工程等别为三等工程，工程规模为中型。

扎曲河段地处澜沧江上游，属高原寒温带半湿润气候，平均气温较同纬度其他地区低，日照时间长，昼夜温差大，空气较为干燥，相对湿度在39%～59%，流域所处地区地势较高，重峦叠嶂，呈西北东南或南北走向，阻挡着孟加拉湾水汽的输入，降水量很少，多年平均降水量499.5mm。降雨多集中在5—9月，占全年降雨量的83%，且多为阵雨、暴雨。冬季寒冷，降雨稀少，水边有结冰现象，河面有时封冻，春季3月气候转暖，水面有上游解冻的浮冰顺流而下。

该流域气候主要受印度洋暖湿气流和西风南支急流控制，每年11月至次年4月，受西风气候影响，整个澜沧江流域降水稀少，空气干燥；5—10月印度洋暖湿气流带来大量水汽，区域空气湿润降水量增加，降水集中，为汛期。但由于深切割地形影响，不同海拔高度对水热状况产生的重新分配，使气候呈现明显的垂直差异，海拔3000～4000m地带，气候温凉；海拔4000m以上地区，气候寒冷。

1. 水泥

该工程所用水泥为云南华新（迪庆）水泥有限公司生产的“堡垒”牌P.O 42.5普通硅酸盐水泥，其化学分析及物理性能见表2.4-43。

表2.4-43 水泥化学及物理性能

项目	比表面积/(m^2/kg)	安定性	MgO/%	氯离子/%	SO_3/%	Loss/%	凝结时间/min		抗压强度/MPa			抗折强度/MPa		
							初凝	终凝	3d	7d	28d	3d	7d	28d
试验结果	330	合格	2.94	0.004	2.75	4.06	164	247	21.8	—	45.4	4.3	—	7.2

2. 粉煤灰

该工程使用的粉煤灰由业主统一采购供应，为攀枝花利源粉煤灰制品有限公司生产的Ⅱ级F类粉煤灰，其化学分析及物理性能见表2.4-44。

表2.4-44 粉煤灰化学分析及物理性能

项　目	细度/%	需水比/%	Loss/%	含水量/%	SO_3/%	游离氧化钙/%	品质等级
试验结果	17.9	99	3.90	0.3	0.3	0	Ⅱ级

3. 骨料

根据设计文件的要求，热曲料场天然细骨料所占比例为12.71%，且有部分属于水下开挖，导致天然细骨料在开挖过程中流失严重，同时，作为辅助补充料源的坝基开挖料，为人工爆破毛料，其中不含细骨料。因此在砂石加工系统生产的混合砂中，所含天然砂比例较小，大部分成分为机制砂。该工程砂石加工系统投入运行至2014年12月31日，混凝土生产系统细骨料仓抽检按人工砂（碾压砂）标准要求控制其质量。细骨料（碾压砂）物理性能见表2.4-45，粗骨料物理性能见表2.4-46。

表2.4-45 细骨料（碾压砂）物理性能

项　目	细度模数	含水率/%	石粉含量/%	表观密度/(kg/m^3)	$d<0.08$mm微粒含量/%
试验结果	2.75	5.3	16.7	2690	6.6

表 2.4-46 粗骨料物理性能

骨料粒径/mm	超径/%	逊径/%	含泥量/%	针片状含量/%	表观密度/(kg/m³)	泥块含量/%
小石（5～20）	2.5	6.3	0.6	7.0	2700	0
中石（20～40）	3.1	5.4	0.6	6.4	2710	0
大石（40～80）	3.0	4.8	0.3	6.0	2720	0

4. 外加剂

该工程所用外加剂为石家庄长安育才有限公司生产的 GK-4A 缓凝高效减水剂和江苏博特新型材料有限公司生产引气剂，减水剂及引气剂性能检测结果见表 2.4-47。

表 2.4-47 外加剂性能

外加剂品种	减水率/%	含气量/%	泌水率比/%	初凝时间差/min	终凝时间差/min	抗压强度比/%		
						3d	7d	28d
GK-4A	21.5	2.5	25	+235	+395	135	139	136
引气剂	6.5	4.7	34	+12.5	+37	98	97	93

5. 碾压混凝土设计配合比特性

果多水电站工程主要的二级配碾压混凝土和三级配碾压混凝土，其设计指标具体见表 2.4-48，碾压混凝土配合比见表 2.4-49，各项性能见表 2.4-50 及表 2.4-51。

表 2.4-48 碾压混凝土设计指标

碾压混凝土部位、级配	设计强度等级	抗冻等级	抗渗等级	极限拉伸值/(×10⁻⁴)		劈拉强度/MPa		抗压弹性模量/GPa	
				28d	90d	28d	90d	28d	90d
大坝迎水面二级配	$C_{90}20$	F200	W8	—	≥0.75	—	≥2.0	—	<40
坝体内部三级配	$C_{90}15$	F50	W6	—	≥0.70	—	≥1.6	—	<38

表 2.4-49 碾压混凝土配合比

碾压混凝土级配	水胶比	用水量/(kg/m³)	水泥/(kg/m³)	粉煤灰/(kg/m³)	砂率/%	小石/(kg/m³)	中石/(kg/m³)	大石/(kg/m³)	减水剂/(kg/m³)	引气剂/(kg/m³)
二级配	0.43	98	137	91	31	705	705	—	2.28	0.2280
三级配	0.53	88	83	83	30	455	455	606	1.66	0.0996

表 2.4-50 碾压混凝土性能

碾压混凝土等级、级配	抗压强度/MPa		劈裂抗拉强度/MPa	极限拉伸值/(×10⁻⁴)	抗压弹性模量/GPa
	28d	90d	90d	90d	90d
$C_{90}15W6F50$	13.6	20.9	1.89	0.78	34.3
$C_{90}20W8F200$	17.9	26.1	2.35	0.84	35.8

表 2.4-51　　碾压混凝土抗冻性能

碾压混凝土抗冻等级	相对动弹性模量/%					质量损失率/%				
	0	50	100	150	200	0	50	100	150	200
C_{90}20W8F200	100	96	92	89	85	0	0.4	0.9	1.5	2.1
C_{90}15W6F50	100	80	—	—	—	0	1.7	—	—	—

从上述相关性能表中可以看出，该工程的碾压混凝土的力学性能和抗冻性能均满足设计要求。

2.5 小结

从以上工程的实际应用可以看出，贵阳院根据不同工程在高海拔、寒冷地区、昼夜温差大等的特点，因地制宜选择了混凝土原材料来配制适应不同地区的碾压混凝土，通过不断地试验和工程应用，形成了贵阳院独特的高寒地区碾压混凝土筑坝材料技术，在原材料选取、配合比研究设计及施工工艺方面归纳小结如下：

（1）水泥。水泥28d强度等级不宜低于42.5MPa，水泥品种宜选用普通硅酸盐水泥、硅酸盐水泥或中热硅酸盐水泥，MgO含量在2.5%～3.0%；水泥的细度不宜太细，以免发生团聚造成水化反应不充分，同时太细的水泥颗粒也会对外加剂产生吸附，从而使外加剂的减水作用明显下降。

（2）粉煤灰。应根据工程实际情况，选取优质粉煤灰，但品质不宜低于Ⅱ级粉煤灰，且粉煤灰中的烧失量需要严格控制，这主要因为：①增加含碳量就减少了粉煤灰的有效成分，即减少了能起胶凝作用的活性化合物数量；②较粗的碳粒具有较大的比表面积，因而其需水量比要高；③碳具有表面活性，能吸附引气剂，使引气剂用量增加；④细的碳粒还会对水泥的水化过程起阻凝作用。

（3）砂石骨料。砂的细度模数应控制在中砂范围，若为天然砂其含泥量需严格控制在3%以下，若为机制砂，其0.16以下颗粒含量宜控制在13%～18%区间内，适当的细颗粒含量可改善碾压混凝土的和易性，但含量过高会对碾压混凝土干缩造成不良影响；粗骨料应选择质地较为细腻、表面较为光滑的岩石骨料；优先选取碱活性较低的骨料，若使用骨料存在碱活性，必须通过试验论证，并开展抑制碱活性试验研究。

（4）外加剂。选择优质高效的外加剂，可降低工程造价，提高碾压混凝土耐久性；在高寒地区，夏季日照长，蒸发量高，冬季气温低等条件下，需根据施工季节，及时调整外加剂组分，以保证施工进度和碾压混凝土浇筑质量。

（5）其他掺合料。可根据工程实际情况选取其他掺合料，如石粉、硅粉、钢渣、磷渣等，来改善碾压混凝土相关性能，以节约工程成本，但在使用前必须经过试验论证，满足设计要求才能使用。

（6）混凝土配合比设计。从碾压混凝土耐久性考虑，水灰比不宜高于0.55，粉煤灰掺量宜控制在不大于40%范围内；对于高抗冻性能指标要求的碾压混凝土（抗冻指标不小于 F200)，其水灰比不宜高于 0.45，含气量应控制在 4%～6%；为保证施工过程中的可碾性 Vc 值应控制在 3～5s；在强约束区可考虑外掺轻烧 MgO 或复合膨胀剂来补偿碾压混凝土的收缩，防止或减少碾压混凝土裂缝。

（7）施工工艺。在高寒地区碾压混凝土施工中，由于夏季气候干燥，昼夜温差大，必须加强碾压混凝土的保护，采取适宜的温控措施，能够有效地减少和控制碾压混凝土裂缝的发生和发展，措施包括仓面喷雾、对已碾压好的层面用塑料布和保温被覆盖、埋设冷却水管等；在冬季施工时，碾压混凝土温度散失较快，主要集中于表面部位，及时碾压便于保持混凝土温度，可以考虑骨料预热、热水拌和，使碾压混凝土出机口温度保持在 8～12℃，碾压完成后上层料覆盖时混凝土内部温度保证在 3℃以上。

本章所述工程均已投产发电，并且运行良好，其中龙首水电站经受住了 6.3 级地震的考验。由此可见，贵阳院通过对高寒地区碾压混凝土筑坝材料技术积极探索、科学研究、总结归纳，将该技术在各个工程中均得到了较好应用，该项筑坝技术已处于国内领先水平。相信在“十三五”期间，贵阳院高寒地区碾压混凝土筑坝材料技术将不断提炼升华，并在今后的工程中得到更好的发展应用。

第3章 常态混凝土防裂技术

3.1 概述

贵阳院在20世纪80年代开展了大坝常态混凝土防裂技术的系统研究，并取得了丰硕的成果。依托贵州省乌江流域东风水电站开展的“高混凝土拱坝防裂技术研究”被列入国家“七五”科技攻关项目，“高混凝土拱坝防裂技术及其在东风工程中的应用”科技成果荣获1992年度国家科技进步二等奖；依托贵州省乌江流域洪家渡水电站开展的“峡谷地区高混凝土面板堆石坝关键技术应用研究”科技成果荣获2005年度中国电力科学技术二等奖、2007年度国家科技进步二等奖；“一种高性能面板混凝土及其制备方法”获国家发明专利授权（ZL200710201930.3），为贵阳院获国家授权的首件发明专利；另外，依托防裂技术研究开展了断裂评价方法的试验探索，并参编电力行业标准《水工混凝土断裂试验规程》（DL/T 5332—2005）。

混凝土是当今工程中用量最大的建筑材料，随着混凝土科学研究的不断进步，尤其是各种化学外加剂和矿物掺合料的广泛应用，使得混凝土的性能得到了极大提高。但是，不论是普通混凝土，还是高性能混凝土，混凝土的开裂始终是困扰工程界的一大难题。裂缝一旦产生，一方面，降低混凝土结构的承载力；另一方面，大大加速各种侵蚀介质进入混凝土内部，最终导致混凝土开裂破坏，极大降低了混凝土结构的耐久性。现代混凝土研究证实：在尚未受荷的混凝土中存在着肉眼看不见的微观裂缝，据此并考虑混凝土的实际结构，建立了混凝土的合理构造模型，如骨料和水泥石组成的“层构模型”“壳核模型”和“组合盘体模型”，并通过弹性模型理论计算，从理论上证明变形约束应力可以引起微裂缝。

图 3.1-1 所示为混凝土的微裂缝。微裂缝主要有 3 种：①黏着裂缝，是指骨料与水泥石的黏结面上的裂缝，主要沿骨料周围出现；②水泥石裂缝，是指水泥浆中的裂缝，出现在骨料与骨料之间；③骨料裂缝，是指骨料本身的裂缝。在这 3 种裂缝中，前两种较多，骨料裂缝较少。混凝土的微裂缝主要是指黏着裂缝和水泥石裂缝。混凝土中微裂缝的存在，对于混凝土的基本物理力学性质：如弹塑性、徐变、强度、变形、泊松比、结构刚度等有重要的影响。

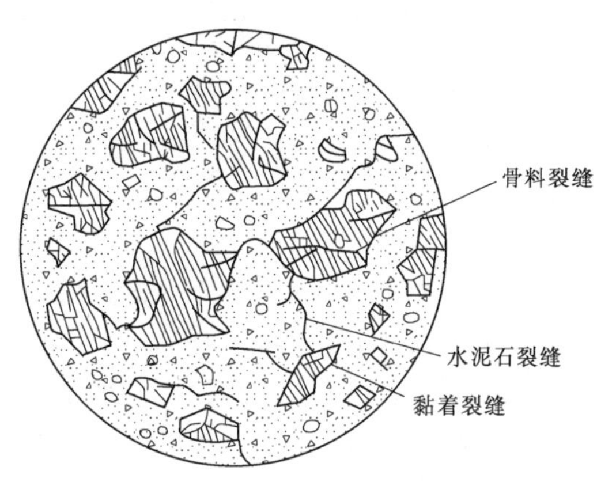

图 3.1-1　裂缝模型示意图

因为微裂缝的分布是不规则的，沿截面是非贯穿的，所以具有微裂缝的混凝土可以承受一定拉力。但是，在结构的某些受拉力较大的薄弱环节，微裂缝在拉力作用下很容易扩展到整个截面，从而较早地导致断裂。另一方面，混凝土材料的非均匀性使混凝土对抗拉甚为敏感，即抗拉强度的离散程度远较抗压强度大。实际工程结构的裂缝，绝大多数由于抗拉强度和抗拉变形不足而引起。在混凝土微裂缝扩展串联之前，混凝土截面有良好的抗剪能力，即使微裂缝扩展并串联横贯全截面，仍可靠摩擦力及交错面的咬合而维持工作。但进一步扩展将会使混凝土失去抗剪能力，这时欲维持其继续工作必须依靠配置钢筋。实际上混凝土结构纯剪破坏是很少的，而剪拉破坏则是常见的。

微裂缝的原因可按混凝土的构造理论加以解释，即认为混凝土为集料、水泥石、气体、水分等组成的非均质材料。混凝土水化和硬化的同时，产生不均匀的体积变形：水泥石收缩较大，集料收缩小；水泥石的热膨胀系数大，集料较小。它们之间的非自由变形产生了相互约束应力。按照构造理论简单的计算模型，假定圆形集料不变形且均匀地分布于均质弹性水泥石中，水泥石产生收缩变形引起内应力就会导致黏着微裂缝出现。

混凝土微裂缝是肉眼不可见的。肉眼可见裂缝范围一般以 0.05mm 为界，大于或等于 0.05mm 的裂缝称为宏观裂缝，宏观裂缝是微观裂缝扩展的结果。一般工业及民用建筑中，宽度小于 0.05mm 的裂缝对使用功能不影响，因此可以假定小于 0.05mm 裂缝的结构为无裂缝结构。总的来说，混凝土有裂缝是绝对的，无裂缝是相对的，裂缝控制的目的就是将混凝土控制在无大于 0.05mm 裂缝的状态。近代混凝土亚微观结构的研究也充分证明了微裂缝的存在是材料本身固有的物理性质。

如何提高混凝土结构的抗裂能力，是亟须解决的问题之一。裂缝是混凝土结构中容易产生且难以防止的一种病害现象。其类型众多，形成的因素复杂，尤其是在温差较大的季节和地区，很容易使混凝土结构产生裂缝。混凝土裂缝主要有塑性收缩裂缝、自收缩裂缝、干燥收缩裂缝、温度收缩裂缝、沉降裂缝、冻胀裂缝、施工裂缝等。有统计资料表明，由外部荷载引起的裂缝约占 20%，而由收缩变形荷载引起的裂缝约占 80%，以研究和解决由收缩变形荷载引起的裂缝问题是解决混凝土开裂的主要手段。抑制混凝土收缩开裂的途径主要有两类：一是减少收缩，如减少水泥用量降低水化热温升从而降低温度收缩或使用膨胀剂来补偿收缩；二是提高混凝土的极限拉伸值，从而提高混凝土的抗裂能力，如在混凝土中掺入纤维或各种外加剂等。

3.1.1 裂缝产生的原因

1. 化学收缩

化学收缩又称水化收缩。硅酸盐水泥与水发生反应，会产生明显的体积变化，这种由水泥水化和凝结硬化而产生的自身体积缩减，称为化学收缩。其收缩值随混凝土龄期的增加而增大，大致与时间的对数成正比，早期收缩大，后期收缩小。收缩量与水泥用量和水泥品种有关，水泥用量越大，化学收缩值越大。初凝以前化学收缩表现为宏观的体积缩减，初凝以后则表现为内部孔隙和自收缩。严吴南教授等人沿用了英国 Gessner 的方法，研究了不同品种水泥及不同硅灰取代量的水泥净浆的化学缩减。具体方法为把胶凝材料和水装入长颈玻璃瓶中，置于恒温恒湿（20℃，相对湿度 60%）条件下，按预定水化龄期测读玻璃瓶中的流体高度，获得体积缩减值，即水泥浆体的化学收缩。

2. 塑性收缩

混凝土塑性收缩发生在硬化前的塑性阶段，即在终凝前比较明显。塑性收缩是造成早期裂缝的重要原因之一，当混凝土中的水分蒸发速度超过其泌水速度时，新拌混凝土迅速干燥。如果近表面的混凝土已经稠硬，不能流动，但其强度又不足以抵抗因收缩受到限制所引起的应力时，就会产生开裂。其产生的裂缝一般杂乱、细小，并布满整个表面。目前已经有许多学者对塑性收缩产生裂缝的情况进行了试验研究，总体上可以认为塑性收缩的过程受自身的性质和环境因素的影响。塑性收缩最早的测试方法是机械仪表（千分表）法，目前通常用平板法测量，平板法试验方法操作比较简单，能迅速有效地研究混凝土的塑性变形，但是它也存在缺陷和不足，即只能部分不均匀地约束混凝土的塑性收缩变形。因此研究一种测量准确且易于操作的塑性收缩试验方法对混凝土的收缩研究具有重要意义。

3. 自收缩

自收缩主要是由自干燥作用引起的宏观体积收缩，一般在初凝以后开始产生，随着水化的进行，毛细孔中的水逐渐减少，形成弯月面，引起毛细压力，导致收缩。混凝土自收缩的原因主要有 2 个，即低的水胶比和掺加较大量的活性细掺合料。自收缩裂缝也是早期裂缝之一，以前人们通常忽略自收缩引起的变形，但是现在随着越来越多的使用高强混凝土，水胶比越来越低，自收缩引起的变形也越来越大。有文献指出，当 $W/C>0.4$ 时，可不考虑自收缩，但当 $W/C<0.3$ 时，自收缩很大，几乎占总收缩的一半。自收缩的测量，目前尚无统一的标准可依，各国的研究者根据实际条件采用不同的研究方法。所选取的基准长度有的是从初凝（或终凝）时开始测量，而国内大多数研究者是从混凝土成型后 1d 时开始测量。但是养护 1d 后测量初长会忽略水泥浆体早期很大一部分的自收缩，因此有人研究了用波纹管法测量自收缩，该法在初凝后 10min 开始测初长，能直接反映自收缩的早期变化。

4. 干燥收缩

干燥收缩指的是混凝土停止养护后，在不饱和的空气中失去内部毛细孔水、凝胶水及吸附水而发生的长度或体积的减少，是一种不可逆收缩，它不同于干湿交替引起的可逆收缩。干燥收缩主要是由于半径小于 100nm 的毛细孔失去水分而产生毛细孔压力产生的收缩。影响干燥收缩的主要因素有：水灰比、骨料、构件的尺寸以及外部的温湿度环境等。对于普通混凝土，由于水灰比比较高，混凝土初凝后内部还有大量的水分，当环境相对湿度低于 100%时，内部水分就会向周围环境散发而引起混凝土的收缩。一直以来，国内外对干燥收缩的研究比较多，对于一般强度的混凝土水灰比都大于 0.45，一般认为，混凝土的水灰比越高，干燥收缩就会越大，因为这意味着会有更多的自由水。但对于高性能混凝土，水灰比很小，随着水泥水化反应不断进行，可蒸发水量减少，从而在一定程度上抑制了干燥收缩的发展，而且高性能混凝土比普通混凝土更致密，这在一定程度上也减少了干燥收缩所占的比例。

5. 温度收缩

温度收缩又称冷缩。主要是指混凝土内部温度由于水泥水化反应而升高，最后又冷却到环境温度时产生的收缩。其大小与混凝土的热膨胀系数、混凝土内部最高温度和降温速率等因素有关。混凝土硬化初期，水泥水化释放出热量，致使混凝土中心温度高，表面温度低，内外形成温度梯度，造成温度变形和温度应力，内部膨胀和外部收缩相互制约，在外表混凝土中将产生很大拉应力导致混凝土出现裂缝。混凝土的温度收缩是产生早期裂缝的主要原因，采取措施降低水泥水化热，控制混凝土温度变形，是保证早期不产生裂缝的关键所在。混凝土的温度膨胀系数大约为 10×10^{-6} m/(m·℃)，即温度每升高或降低 1℃，长 1m 的混凝土将产生 0.01mm 的膨胀或收缩变形。如纵长 100m 的混凝土，温度升高或降低 30℃，则将产生 30mm 的膨胀或收缩量，在完全约束条件下，混凝土内部将产生 7.5MPa 的拉应力，足以导致混凝土开裂。

3.1.2 防裂措施

混凝土在各种不同情况下的开裂有着多方面的原因，并且通常是多方面共同作用的结果。目前，工程界在防止和控制裂缝方面主要从材料、温控、施工方法与工艺、养护等方面考虑，常用控制裂缝的措施如下。

1. 防裂混凝土配合比设计

混凝土内部的温度上升是由于水泥水化反应释放热量造成的，由于混凝土的导热性差，使得热量蓄积。因此，在防裂混凝土配合比设计时可以从以下几个方面入手控制混凝土内部的温度上升：

(1) 选用中低热水泥。

(2) 降低水泥用量。经验认为，单方混凝土水泥用量每减少 10kg，混凝土温升值就会降低 1℃。根据不同部位温度场的实际计算结果也可以看出：水化热温升与水泥用量确实具有一定的线性关系，降低水泥用量可以作为控制温度应力的另一种主要手段，且越是厚大体积混凝土其效果越明显。

(3) 采用掺加粉煤灰和减水剂来降低水泥用量。

1) 掺加粉煤灰。粉煤灰作为胶凝材料，采用内掺法可以取代部分水泥，显著降低水泥用量。虽然粉煤灰作为活性材料也释放水化热，但水化热较低，且升温历时长，最终能起到降低水化热温升和削减温升峰值的作用。

2）使用高性能减水剂，降低水灰比，以达到减少水泥用量，降低水化热的目的，并考虑适当的缓凝。膨胀剂可以产生预压应力，补偿混凝土的自生收缩；优化混凝土配合比，在满足施工性能的情况下尽可能采用大级配骨料及更低的坍落度，以减少混凝土胶凝材料的用量。添加聚丙烯纤维，依靠纤维与水泥浆之间的界面黏结力、机械齿合力等，提高混凝土的极限拉伸值，增强混凝土的抗裂能力。

2. 选择合理的结构型式

经验表明，结构型式对温度应力及裂缝的出现具有重要影响。在设计阶段应该充分重视结构型式，如在寒冷地区，应尽量少用容易出现裂缝的薄壁结构；应充分重视宽缝重力坝比实体重力坝暴露面积大、易出现裂缝的特点；应尽量选用能避免或减缓应力集中的结构型式等。

3. 温度控制

首先要降低混凝土的入仓温度，通过冷却拌和水、加冰拌和、预冷骨料等办法降低混凝土出机口温度，采用加大浇筑强度、仓面保冷等办法减少浇筑过程中的温度回升；其次要降低内外温差，可以在混凝土内部埋设冷却水管，用地下水或人工冷却水进行人工导热，对于外部混凝土要进行隔热保护以调节表面温度下降的速度，达到降低温度梯度的目的。

4. 施工方法和工艺

提高混凝土施工质量，在混凝土浇筑进度安排上，尽量做到薄层、短间隙（5～10d）、均匀上升、分层浇筑，避免突击浇筑后长期停歇；避免相邻坝块间过大的高差及侧面的长期暴露；尤其应该避免薄块、长间隙。尽量利用低温季节浇筑基础部分混凝土，或者设置后浇带，分段浇筑完成后，在后浇带中浇筑膨胀型混凝土，起到缓冲作用。

5. 养护

当温度高的时候，混凝土水化反应快，强度发展迅速，导致变形速度也快；空气湿度小时，水分蒸发快，变形速度也快。对混凝土进行养护是为了减慢其变形速度。早期养护可以在模板未拆时，尽可能减小环境风速；拆模后浇水养护，保证混凝土表面湿润；模板起隔热和保湿的作用，可推迟拆除；拆模后立即在混凝土表面涂防裂剂，也能起到保湿效果。

3.2 防裂技术研究

从前面叙述的混凝土开裂原因可知，防止混凝土的收缩裂缝，需要从混凝土材料、施工工艺和结构设计等方面进行系统研究。其中，混凝土材料是基础，材料性能指标不仅决定其使用性能，也是设计和施工的基本参数，目前比较成熟的混凝土防裂技术主要有3项，即补偿收缩混凝土防裂技术、纤维混凝土防裂技术和低胶低热混凝土防裂技术，这3项技术已经在国内得到不同程度的推广应用，取得了预期的使用效果。现分述如下。

3.2.1 补偿收缩混凝土

补偿收缩混凝土是在水泥中掺入膨胀剂或直接用膨胀水泥拌制而成的一种特种混凝土，当膨胀受到约束产生0.2～0.7MPa预压应力，能大致地抵消混凝土中出现的拉应力。研究表明，水泥与水拌和后产生的化学减缩约为7～9mL/100g水泥，当混凝土中水泥用量为380kg/m^{3}时，其化学减缩达26.6～34.2L/m^3，内部形成了许多孔缝，每100g水泥浆可蒸发水达6mL，故水泥砂浆一般干缩值为0.1%～0.2%，混凝土为0.04%～0.06%，当混凝土内外温差为10℃时，其冷缩值约为0.01%。构筑物产生裂缝的原因是十分复杂的，就材料而言，混凝土的收缩和徐变是主要原因，水泥化学工作者的任务之一就是如何使水泥产生适度膨胀，补偿混凝土的各种收缩，使其不裂或少裂，经过几十年的研究，这一难题已得到逐步解决。膨胀混凝土补偿收缩机理是许多研究者感兴趣的问题之一，围绕这个问题各国学者提出了不同的看法。传统的补偿收缩模式认为只要混凝土的收缩不超过S_k（混凝土的极限延伸率），混凝土便不会开裂。从这个观点出发，限制膨胀时，膨胀率大，收缩后达不到S_k，因此混凝土不会出现开裂。

我们认为，单纯地把膨胀值作为衡量补偿收缩混凝土抗裂性能好坏的标准是不全面的。除膨胀值外，混凝土本身的某些性能（包括强度、徐变等）也是防止混凝土开裂的重要因素。大量试验已经证明，对补偿收缩混凝土施加限制后，强度有不同程度的增加，从而提高了混凝土的抗裂性能。日本学者指出，膨胀大并不一定是抗裂性能好，更重要的是膨胀后收缩落差小，抗裂性能才好。P.E.Halstead指出“要想充分利用自应力水泥，确定出最后应力是非常必要的，因而要考虑到一些应力的余量，以克服徐变造成的应力损失；同时还应将自应力混凝土强度的增加同样考虑在计算当中”。还有的文献指出“仅仅用膨胀量与收缩相互抵消的解释是不完全的。由于补偿收缩混凝土的硬化过程推迟了收缩的产生过程，所以抗拉强度在此期间获得较大幅度的增长，当混凝土收缩开始时，其抗拉强度已经增长到足以抵抗收缩应力的程度，从而减少了收缩裂缝的出现”。从应力角度看，由于补偿收缩混凝土在养护期间产生0.2～0.7MPa的自应力值，可大致抵抗由于干缩、冷缩等引起的拉应力，并由于在膨胀过程中推迟了混凝土收缩发生的时间，混凝土抗拉强度得以进一步增长，当混凝土开始收缩时，其抗拉强度已可以或基本可以抵抗收缩应力，从而使混凝土不裂。从变形角度讲，结构中混凝土主要变形有：冷缩（S_t）、干缩（S_d）和受拉徐变（C_T），采用补偿收缩混凝土后，引入限制膨胀变形（ε_2），这些变形中S_t、S_d是有害变形，而C_T和ε_2是有益变形。当$\varepsilon_2-(S_t+S_d-C_T)\leqslant S_k$时，混凝土不开裂。若采用普通混凝土，则总收缩为$C_T-S_t-S_d$，这个量比较大，所以，规范要求约30m设伸缩缝或后浇带，用以释放收缩变形产生的拉应力，采用补偿收缩混凝土后，设伸缩缝或后浇带一般可延长至60m。

补偿收缩混凝土另一特点是抗渗能力强，这是由于水泥水化过程中形成了膨胀结晶体水化硫铝酸钙，它具有填充、堵塞毛细孔缝的作用。例如，掺入U形膨胀剂（UEA）的水泥，用高压水银测孔仪测定，其总孔隙减少40%以上。从孔分布来看，由于UEA混凝土中的大孔减少，总孔隙率下降，故抗渗能力高于普通混凝土。补偿收缩混凝土与普通混凝土主要区别在于：①由于限制膨胀的作用，改善了混凝土的应力状态；②由于钙矾石填孔的作用使水泥石中的大孔变小，总孔隙率减小，改善了混凝土的孔结构，从而提高了混凝土的抗渗性。补偿收缩混凝土与一般掺氯化铁，三乙醇胺、FS、JP-1等防水剂的混凝土有本质区别，尽管两者都可提高抗渗性，但一般防水混凝土没有补偿收缩能力，不能产生0.2～0.7MPa的自应力值，抗裂性差。我们认为抗渗的前提是抗裂，补偿收缩混凝土同时具有抗裂和防渗双重功能，这也是它适用于结构自防水工程的原因。目前，在我国混凝土防裂技术领域，补偿收缩混凝土是主要技术手段，尽管在应用过程中也存在一些问题，但是瑕不掩瑜，从技术原理看，它也是未来混凝土防裂技术的主流。2009年，颁布的国家标准《混凝土膨胀剂》（GB 23439—2009）和建设部行业标准《补偿收缩混凝土应用技术规程》（JGJ/T 178—2009），对提高我国混凝土膨胀剂产品的技术水平，规范补偿收缩混凝土的使用具有重要作用，也是补偿收缩混凝土发展的新契机。

3.2.2 纤维混凝土

纤维混凝土属于纤维复合材料，只是与玻璃钢等材料相比，纤维用量较少，且混凝土基体的破坏应变比纤维小很多，所以其中的纤维不是用来增强基体的刚度和强度，而是提高基体开裂后的韧性。所以纤维混凝土研究的重点在于水泥混凝土基体开裂后纤维的承载能力。研究表明，当纤维的掺加量达到临界纤维体积时，纤维将承担全部合作，有可能产生多缝开裂状态，这是人们希望的情况，因为它基本上改变了混凝土材料的单缝开裂、断裂性能低的情况，而成为一种假延性材料。这种材料能吸收暂时的、较小的过载荷重及冲击荷重，很少看得出损坏。因此材料工程师的目的往往是想让材料开裂时的裂缝间距尽量密，裂缝数量多而裂缝宽度极细（譬如说小于0.1mm），在粗糙的混凝土表面，与一般钢筋混凝土最大允许裂缝宽度0.3mm相比，这些裂缝肉眼几乎看不见，亦即通过在混凝土中掺加纤维，将裂缝控制在无害的范围。

已经用于水泥混凝土中的纤维有许多种，如钢纤维、玻璃纤维、碳纤维和聚丙烯纤维（杜拉纤维）等，其中碳纤维由于价格高昂，目前仅在加固修补中少量使用；玻璃纤维因为在普通混凝土中的腐蚀问题，也没有使用在承重结构方面，仅作为维护结构和装饰制品，如GRC制品；在混凝土结构工程中使用较多的还是钢纤维和聚丙烯纤维，钢纤维混凝土中乱向分布的短纤维主要作用在于阻碍混凝土内部微裂缝的扩展和阻滞宏观裂缝的发生和发展，因此对于其抗拉强度和主要由主拉应力控制的抗弯、抗剪、抗扭强度等有明显的改善作用，当纤维体积率在1%～2%范围内，抗拉强度提高40%～80%，抗弯强度提高60%～120%，用直接双面剪试验所测定的抗剪强度提高50%～100%，抗压强度提高幅度较小，一般为0～25%。钢纤维混凝土中，纤维体积率、长径比、几何形状、分布和取向以及纤维与混凝土之间的黏结强度都是影响钢纤维混凝土力学性能的主要因素。当纤维含量较小时，对混凝土起不到增强作用，钢纤维混凝土仍然呈现普通混凝土的破坏特性，因此钢纤维体积率不应小于0.5%，但是，纤维体积率也不能过大，纤维过多将使施工拌和更加困难，纤维不可能均匀分布，同时，包裹在每根纤维周围的水泥胶体少，钢纤维就会因纤维与基体间黏结不足而过早破坏。长径比越大，其对混凝土的增强效果就越好，但过长过细的钢纤维在与混凝土拌和过程中容易结团弯折，使纤维难以均匀分布和配向良好。只有在适当的纤维体积率和纤维长径比内，钢纤维混凝土的力学性能才会随纤维体积率和长径比的增大而明显改善。钢纤维混凝土弹性阶段的变形性能与其他条件相同的普通混凝土没有显著差别，受压弹性模量和泊松比与普通混凝土基本相同，受拉弹性模量随纤维掺量增加有 0～20%的小幅度提高，在设计中可以忽略这种差别。在通常的纤维掺量下，抗压韧性可提高 2～7 倍，抗弯韧性可提高几十倍到上百倍，弯曲冲击韧性可提高 2～4 倍。国内使用较多的聚丙烯纤维也称 PP 纤维，掺量约 0.8～1.0kg/m^3，短切乱向分布于混凝土中，与钢纤维相比具有价格低、施工性好的特点，但因弹性模量比混凝土低，且掺量太少，故对混凝土物理力学性能没有贡献，仅在混凝土凝结硬化初期对塑性裂缝有一定的抑制作用，混凝土凝结硬化之后，强度和弹性模量增加，聚丙烯纤维即不起作用。

3.2.3 低胶低热混凝土

多年来，国内外的水泥混凝土专业科技人员做了很多研究及开发工作，使混凝土技术从普通强度混凝土发展到高强度混凝土与高性能混凝土，取得了很大的发展。近年来国外已有研究人员在研究低水泥用量的混凝土；国内吴中伟院士也提出“环保高效水泥基材料”的命题。低水泥用量混凝土，就是以较大幅度节约自然矿产资源、节约能源、控制和减少污染、控制环境负荷为目的，拟通过试验研究，使大宗混凝土中的水泥用量降低 30%以上。目前我国水泥混凝土配制中，普通强度混凝土每立方消耗水泥 300～400kg，占拌和物总重量的 12.5%～16.7%；较高强度的混凝土每立方消耗水泥 500～550kg，占拌和物总重量的 20.8%～23%；在低水泥用量混凝土中，水泥用量占拌和物总重量的比例应努力降低至 6%～12%，争取实现在水泥熟料年产量与目前相比基本不增加的前提下，满足混凝土用量翻一番的社会需求。

近百年来，混凝土的发展趋势是强度不断提高。20 世纪 30 年代平均为 10MPa，50 年代约为 20MPa，60 年代约为 30MPa，70 年代已上升到 40MPa，发达国家越来越多地使用 50MPa 以上的高强混凝土，这是由于使用部门不断提高强度的要求所致。片面提高强度尤其是早期强度而忽视其他性能的倾向，造成水泥生产向大幅度提高磨细程度和增加硅酸三钙、铝酸三钙的含量发展，水泥 28d 胶砂抗压强度从 30MPa 猛增到 60MPa，增加了水化热，降低了抗化学侵蚀的能力，流变性能变差。提高混凝土强度的方法除采用高标号水泥外，更多的是增加单方水泥用量，降低水灰比与单方用水量。因此混凝土的和易性随之下降，施工时振捣不足，易引起质量事故。直到 80 年代，混凝土耐久性问题愈显尖锐，因混凝土材质劣化和环境等因素的侵蚀，出现混凝土建筑物破坏失效甚至崩塌等事故，造成巨大损失，加上施工能耗、环境保护等问题，传统的水泥混凝土已显示出不可持续发展的缺陷。

水工混凝土防裂问题是当今水电工程建设中面临的主要技术难题，解决水工混凝土的裂缝，首先应优化水工混凝土配合比，解决水工混凝土绝热温升和温控问题。贵阳院依托贵州省光照水电站、董箐水电站、石垭子水电站等工程，采用“三低一高”的混凝土配合比设计方法，通过大量的室内外试验研究，配制低热高性能混凝土（LHHPC)，并成功应用在水电工程常态、碾压混凝土中。经应用研究表明：采用普通硅酸盐水泥、Ⅱ级粉煤灰等无特殊要求的混凝土原材料，辅以高性能减水剂配制的低热高性能混凝土，粉煤灰掺量在碾压混凝土中达 70%～80%，在常态混凝土中可提高到 40%～60%。混凝土的工作性能以及热学、耐久性能均有较大幅度的改善，混凝土的抗裂性能得到提高，同时具有较为明显的经济效益、环保效益和社会效益，在水电工程中具有很好的推广价值。

低热混凝土具有常规混凝土所不具备的早期低热、后期强度发展快等优点。除了经济因素外，目前制约着低热混凝土广泛使用的主要因素是其早龄期的低强度，但是低强度并不一定意味着低的抗裂性能。水工大体积混凝土开裂的主要原因是温度应力，其产生与温度梯度和混凝土的自身性质均有关，而温度断裂试验是一个可以综合考虑混凝土自身性质和外界温度条件的试验手段，值得深入进行研究探讨。

3.3 工程应用

3.3.1 贵州东风水电站

东风水电站是乌江水电基地流域干流梯级开发第2级。1995年12月建成投产。原装机容量为51MW（3×17MW），多年平均发电量24.2亿kW·h。2004年2月至2005年5月，对该电厂实施了增容工程，机组装机容量增至57MW（3×19MW）。水库正常蓄水位970m，相应库容8.64亿m^3，总库容10.16亿m^3，具有不完全年调节性能。坝址控制流域面积18161km^2，占乌江流域面积的21%，多年平均流量343m^3/s，平均年径流量108.9亿m^3。东风水电站为抛物线双曲薄拱坝，坝体应力大，`有严格的抗裂要求，坝体混凝土性能不仅应满足设计提出的技术要求，而且应具有优良的抗裂性、耐久性、施工和易性及工程经济性（坝体混凝土的技术要求见表3.3-1）。因此在混凝土设计中必须对原材料性能及配合比参数进行深入细致的研究。

表3.3-1 混凝土技术要求

混凝土部位	抗压强度/MPa	抗拉强度/MPa	极限拉伸值/(×10⁻⁴)	抗渗等级	最大水胶比	抗冻等级	强度保证率/%	离差系数C_v
深槽混凝土	30	2.5	0.85	W8	≤0.5	F50	85	<0.15
坝体混凝土	30	2.5	0.85	W6	≤0.5	F50	85	<0.15

注 混凝土极限拉伸值设计为28d，其余指标设计为90d。

1. 水泥

东风水电站附近有水城、贵州两个大型水泥厂可选择，水城水泥厂的硅酸盐水泥标号比贵州水泥厂的高，热强比低，特别是C_3A的含量低，有利于降低混凝土的绝热温升、提高抗裂性。贵州水泥厂水泥熟料中MgO的含量为2.3%左右，大于1.8%，部分MgO呈方镁石晶体存在，能缓慢水化生成水镁石［$Mg(OH)_2$］晶体而体积膨胀，具有延迟膨胀性能。贵州水泥厂的水泥掺30%粉煤灰后，混凝土的自生体积变形$G(t)$180d的膨胀量为47×10^{-6}。水城水泥厂水泥熟料中MgO的含量为1.3%左右，小于1.8%，其MgO以固溶体存在于熟料中，不能水化形成水镁石，掺30%粉煤灰后，180d的$G(t)$收缩38×10^{-6}。在受约束的条件下，贵州水泥厂水泥拌制的混凝土可产生0.1～0.7MPa的压应力，而水城水泥厂水泥拌制的混凝土可产生0.1～0.7MPa的拉应力。

经技术经济综合性价比，坝体混凝土采用水城水泥厂硅酸盐525号（原国标标准，下同）水泥；坝基深槽混凝土因要求微膨胀，采用贵州水泥厂生产的硅酸盐525号水泥。

2. *砂石骨料*

经过大量的室内外无应力计的实测资料证明，灰岩混凝土热膨胀系数为（5.1～5.6）$\times10^{-6}$/℃；天然砂石料混凝土的热膨胀系数为（10.0～11.0）$\times10^{-6}$/℃。另根据混凝土温控计算的一般公式可知：温度应力与混凝土热膨胀系数成正比。在相同温降及约束条件下，东风水电站灰岩骨料混凝土的温度应力仅有天然砂石料混凝土的50%，故东风水电站混凝土的温控措施可大为简化。东风水电站工程使用灰岩骨料，采用旋回破碎机初碎，反击式破碎机中碎及细碎，粒形完整，少棱角，表面光洁，针片状含量5%左右。在不同岩性的人工砂石料混凝土中，东风水电站灰岩混凝土的砂率及用水量最小。在相同的抗压强度下，东风水电站灰岩混凝土的抗拉强度比天然砂石料的高出0.1～0.3MPa，灰岩骨料表面与水泥结石间有微弱的化学亲和力。由棒磨机轧制的东风水电站人工砂性能优越，细度模数为2.8～3.1，石粉含量为7%～11%。

3. *粉煤灰*

东风水电站采用清镇火电厂三期工程静电收尘干灰，电场原状粉煤灰的细度为30%～40%（0.08mm筛余），烧失量达9%～12%。为改善粉煤灰的品质，安装了一台风选粉煤灰设备，采用通过风选系统，获得较细可控的粉煤灰，风选后细度为5%（0.08mm筛余），小于0.045mm筛余的占89.5%，小于0.012mm的49.8%，烧失量变化不大。风选细粉煤灰玻璃体含量可由风选前的70%提高到75%～80%，风选粉煤灰的球形颗粒含量为75%～80%，而磨细粉煤灰仅为15%～20%，所以风选粉煤灰可富集细颗粒球形玻璃体，提高粉煤灰的品质。由表3.3-2可以看出，风选粉煤灰的品质优于原状粉煤灰。

表3.3-2　　粉煤灰性能

名称	Loss /%	细度0.08mm /%	比重	需水比 /%	抗折强度比/%		抗压强度比/%	
					28d	90d	28d	90d
原状粉煤灰	4.1	21.7	2.27	111	74	83	65	77
风选粉煤灰1	4.2	4.3	2.25	97.8	80	89	74	86
风选粉煤灰2	12.2	3.7	2.30	101	86	96	79	89

由于粉煤灰与$Ca(OH)_2$反应的发热量低于水泥水化的发热量，所以掺粉煤灰后可显著降低混凝土绝热温升，且风选细粉煤灰对混凝土早期强度的不利影响比原状粉煤灰小。掺粉煤灰混凝土的干缩率小于不掺粉煤灰的，如掺30%～40%粉煤灰后，90d干缩率降低6%～14%，自身的体积变形$G(t)$降低（15～25）$\times10^{-6}$。

4. *外加剂*

东风水电站工程首次采用萘系加木钙加引气剂并掺有少量糖蜜的复合外加剂，减水率达20%～23%，含气量3%～5%。且外加剂可降低浆体的塑性黏度与有效屈服应力，提高混凝土的流动性，掺外加剂的混凝土也更容易振捣密实，有利于提高密实性。缓凝性复合外加剂，能延缓混凝土升温速度，可充分利用混凝土表面散热，从而降低温升1～2℃。另外，缓凝还可减少混凝土坍落度损失，延长浇筑层面的允许间隔时间，防止冷缝。

5. 混凝土配合比设计及其力学性能

(1) 深槽混凝土。深槽混凝土具有五向约束条件，采用贵州水泥厂生产的硅酸盐525号水泥，外掺轻烧MgO，经压蒸试验后，确定掺量为3.5%。经现场9支无应力计监测结果表明，7d平均膨胀25.5×10⁻⁶，14d膨胀32.7×10⁻⁶，180d膨胀95.6×10⁻⁶，240d膨胀103.6×10⁻⁶，已趋于稳定。混凝土施工过程中没有采用加冰拌和、水管冷却，没有进行横缝灌浆，混凝土未发现任何裂缝，达到了设计的预期效果。

(2) 坝体混凝土。坝体混凝土采用水城水泥厂生产的硅酸盐525号水泥，掺30%风选粉煤灰，其烧失量达9%～11%，施工时的混凝土配合比及力学性能见表3.3-3。施工实践证明上述混凝土配合比各项物理力学性能满足设计要求，施工和易性好，抗裂性优良。经计算后可知：灰岩人工砂石料混凝土抗裂性比天然砂石料混凝土抗裂性高1～1.5倍。

表3.3-3　坝体混凝土力学性能

水胶比	坍落度/cm	含气量/%	抗压强度/MPa				抗拉强度/MPa	极限拉伸值/(×10⁻⁴)	抗渗等级	弹性模量/GPa
			3d	7d	28d	90d				
0.50	6.7	3.4	6.0	17.9	29.0	40.9	2.81	0.95	W12	30.6

注　混凝土力学性能未注明龄期的均为28d。

6. 监测结果

(1) 施工期坝体基岩温度受大坝混凝土水化热影响，温度在18.5～19.0℃，在2000年后，坝体基岩温度在16.2～16.5℃，较为稳定，变幅在0.2℃左右，坝体基岩温度稳定在16.5℃左右。

(2) 坝体1/4拱梁处的左侧5号坝段和右侧11号坝段，坝体温度分布情况基本相同。高温和低温季节各高程温度基本相同，高温季节温度随高程增加，同高程上游面温度略低于下游面温度；低温季节温度随高程减小，幅度较高温季节小，同高程上游面温度略高于下游面温度；拱冠8号坝段高温季节温度场分布情况基本与5号、11号坝段相同，低温季节该坝段温度基本恒定在15℃左右。

(3) 实测温度荷载与设计荷载基本一致，温升荷载的均匀温度变化T_m均在设计范围内，温降荷载的均匀温度变化T_m，除高程945.00m、高程915.00m外，其余高程均在设计范围，几次定检复核结果基本一致。

(4) 大坝的11条横缝中，各条横缝仪器均能有效监测其各自开合情况，除6号缝部分仪器出现开合度持续增大外，其余各条横缝测值大部分均无明显的突变状况，呈较稳定状态。

大坝内埋设各类温度计近350支（含深槽部位），其中大部分为施工期监测仪器，收集到105支混凝土温度计监测数据。表3.3-4为坝体温度计特征值统计表，图3.3-1为坝段温度场分布图，由此可见：

(1) 各坝段温度计目前尚有105支能正常监测，各测点最高温度在6.5～32.5℃，一般发生在高温季节；最低温度在-5.0～24.5℃，绝大多数发生在12月至次年3月的低温季节；最大年变幅在0.4～25.9℃，基本均发生在2010—2013年；平均值在-0.4～24.9℃；

表 3.3-4 坝体温度特征值统计表

编号	高程/m	最大值		最小值		最大年变幅		多年平均值/℃
		测值/℃	日期/(年-月-日)	测值/℃	日期/(年-月-日)	变幅/℃	年份	
T1-6-676	968.00	23.0	2013-9-27	16.0	2011-3-10	6.5	2011	19.8
T1-8-217	976.00	25.8	2014-9-10	11.2	2012-2-22	14.0	2012	17.5
T2-1-105	928.00	18.0	2011-2-9	16.5	2011-7-8	1.5	2011	17.1
T2-11-156	955.50	21.0	2013-10-17	14.0	2012-3-29	6.0	2011	17.7
T2-2-115	931.00	19.0	2011-1-1	17.0	2010-6-29	2.0	2011	17.6
T2-7-160	944.00	21.5	2010-9-7	18.5	2011-4-16	2.5	2010	19.6
T2-9-162	949.50	21.3	2011-9-20	15.3	2012-4-17	5.9	2011	17.8
T3-13-1-056	914.00	17.5	2013-9-25	14.5	2012-3-11	2.5	2012	16.1
T3-15-091	919.50	17.8	2013-9-14	15.7	2011-4-7	1.9	2011	16.7
T3-17-061	925.50	17.6	2014-1-15	16.3	2011-6-27	1.2	2011	17.0
T3-23-140	881.50	22.9	2013-11-13	15.8	2012-5-14	6.2	2013	18.8
T3-26-143	952.50	21.8	2013-10-9	13.5	2012-4-24	6.8	2011	18.0
T3-29-148	960.50	24.3	2013-10-9	12.2	2012-3-28	10.7	2011	18.5
T3-3-2-580	885.50	16.7	2011-1-24	15.1	2010-9-7	1.6	2010	16.3
T3-7-004	896.50	15.6	2011-2-11	15.0	2014-4-16	0.4	2011	15.3
T4-15-314	890.50	16.4	2010-9-27	14.7	2013-8-5	1.4	2013	15.8
T4-23-024	916.50	19.3	2010-9-27	12.0	2014-4-16	6.1	2014	16.1
T4-25-013	922.50	20.2	2010-9-27	13.6	2011-5-5	5.8	2011	16.7
T4-28-074	931.50	20.2	2011-12-14	12.0	2012-4-24	7.1	2012	17.2
T4-31-141	940.50	20.9	2014-11-11	14.7	2012-4-24	5.2	2011	17.7
T4-34-138	949.50	21.6	2013-11-13	14.5	2012-4-24	6.0	2011	18.0
T4-37-149	959.50	25.2	2011-9-7	11.0	2012-2-22	13.7	2011	18.2
T5-1-1-543	831.50	16.0	2010-10-9	15.5	2010-9-7	0.6	2010	15.8
T5-13-679	870.50	22.0	2016-7-3	15.5	2015-6-16	6.5	2016	17.0
T5-1-770	834.50	16.0	2014-2-12	13.5	2010-6-29	2.5	2013	13.6
T5-22-006	896.50	17.0	2011-1-6	16.5	2010-6-29	0.5	2011	16.5
T5-25-397	905.50	32.5	2011-10-3	4.5	2011-1-20	28	2011	18.7
T5-28-2-014	914.00	21.5	2010-9-1	15.0	2015-3-4	4.5	2010	16.1
T5-28-2-596	914.00	17.5	2016-9-28	13.0	2012-3-5	3.5	2011	15.4
T5-30-055	919.50	17.5	2010-9-7	15.5	2010-6-29	2.0	2010	16.5
T5-33-083	928.50	19.5	2010-11-11	15.5	2011-5-4	4.0	2011	17.6
T5-41-137	952.50	23.0	2013-10-13	13.5	2012-4-10	8.5	2011	18.5
T6-4-325	827.40	16.5	2012-11-20	8.4	2010-10-26	6.0	2015	11.1
T6-45-031	931.50	21.2	2010-9-27	15.3	2011-4-26	5.6	2010	17.4
T6-49-114	943.50	24.9	2014-11-11	15.0	2012-4-24	7.7	2014	18.4

续表

编号	高程/m	最大值		最小值		最大年变幅		多年平均值/℃
		测值/℃	日期/(年-月-日)	测值/℃	日期/(年-月-日)	变幅/℃	年份	
T6-51-042	946.50	22.4	2013-10-9	13.5	2012-4-24	6.8	2011	18.3
T6-54-310	958.50	23.8	2014-11-11	11.0	2012-4-24	10.5	2014	17.1
T7-19-625	876.50	17.5	2015-11-24	15.0	2012-5-14	2.2	2013	16.3
T7-2-436	827.40	16.1	2010-2-5	15.4	2011-6-9	0.7	2011	15.7
T7-34-060	919.50	20.2	2013-12-12	15.5	2011-5-25	4.6	2011	17.8
T7-3-646	840.50	16.5	2011-1-18	15.5	2011-6-22	1.0	2011	15.9
T7-37-047	928.50	20.2	2011-12-14	15.4	2011-5-25	4.8	2011	17.8
T7-40-071	937.50	21.5	2011-11-22	15.1	2011-5-5	6.4	2011	18.3
T7-43-078	946.50	22.9	2013-10-9	13.9	2012-4-17	8.2	2011	18.4
T7-45-136	952.50	22.9	2013-10-9	13.6	2012-3-28	8.4	2011	18.2
T7-8-1-297	842.80	16.5	2011-1-24	15.5	2010-8-25	0.9	2010	16.0
T7-8-2-407	844.30	16.8	2011-12-27	15.6	2011-7-27	1.2	2011	16.1
T8-1-448	825.80	17.0	2012-1-17	16.0	2011-4-27	1.0	2011	16.3
T8-34-1-058	914.00	24.0	2013-10-6	12.5	2012-3-4	10.5	2014	18.0
T8-36-281	905.50	17.7	2010-9-27	14.8	2012-5-14	2.3	2011	16.1
T8-42-36	922.50	19.5	2013-12-2	15.0	2011-5-30	4.0	2011	17.3
T8-45-082	931.50	20.3	2013-11-13	15.7	2011-5-25	4.5	2011	18.0
T8-5-396	839.80	16.0	2010-6-29	15.5	2013-6-20	0.5	2011	15.9
T8-54-129	958.50	23.5	2013-9-24	12.5	2012-3-23	9.5	2011	18.4
T8-60-153	976.00	28.0	2011-9-7	9.0	2012-3-5	18.0	2011	19.1
T8-6-760	839.80	19.5	2015-6-25	15.5	2011-4-29	4.0	2015	15.8
T8-7-2-96	841.30	16.8	2011-3-22	15.8	2011-10-8	1.0	2011	16.2
T8-8-452	859.50	17.5	2015-7-26	15.0	2011-1-30	1.5	2011	16.3
T9-1-785	826.00	16.3	2013-5-28	15.6	2011-5-25	0.6	2011	15.9
T9-32-1-010	914.00	29.0	2011-8-17	4.5	2011-1-20	24.5	2011	18.4
T9-32-2-012	914.00	27.5	2011-8-18	8.0	2011-2-1	19.5	2011	19.0
T9-32-3-022	914.00	23.5	2011-9-20	12.0	2012-3-4	10.5	2011	18.3
T9-32-4-027	914.00	20.0	2013-10-14	14.0	2012-3-23	5.0	2011	17.2
T9-34-002	919.50	19.7	2010-9-27	15.4	2011-5-5	4.3	2013	17.5
T9-36-089	925.50	19.6	2011-12-14	15.0	2012-5-14	4.5	2011	17.3
T9-39-048	934.50	20.5	2011-11-1	14.9	2012-4-17	5.6	2011	17.7
T9-42-037	934.50	22.0	2011-11-1	14.4	2012-4-17	7.2	2011	18.2
T9-8-444	843.50	17.1	2011-2-11	15.9	2013-8-5	0.9	2011	16.5
T9-9-340	846.50	17.0	2011-3-8	16.1	2013-7-9	0.8	2011	16.5
T10-0-5-98	846.50	16.1	2010-2-5	15.2	2012-7-23	0.8	2011	15.6

续表

编　号	高程/m	最大值		最小值		最大年变幅		多年平均值/℃
		测值/℃	日期/(年-月-日)	测值/℃	日期/(年-月-日)	变幅/℃	年份	
T10-0-6-621	850.00	16.1	2010-1-5	14.5	2013-8-5	1.1	2010	15.2
T10-0-7-701	856.50	15.9	2010-12-28	14.2	2012-5-14	1.5	2011	15.0
T10-1-640	826.00	16.4	2012-11-20	14.9	2010-9-7	1.4	2012	15.4
T10-19-282	876.50	15.3	2010-9-27	13.7	2012-8-6	1.1	2012	14.4
T10-2-650	827.40	15.5	2010-10-28	13.5	2012-3-1	1.5	2010	14.4
T10-41-053	919.50	18.8	2010-9-27	13.4	2014-1-15	5.1	2014	16.8
T10-4-703	849.50	16.1	2015-12-29	14.7	2012-8-22	1.1	2015	15.1
T10-50-084	946.50	21.6	2013-11-13	14.6	2012-4-17	5.7	2011	18.2
T10-54-125	958.50	23.1	2013-10-9	13.3	2012-3-28	8.5	2012	18.6
T10-57-163	967.50	31.6	2012-9-25	4.2	2011-1-11	25.9	2012	17.6
T11-0-4-383	843.50	16.1	2010-1-25	15.4	2011-8-9	0.5	2011	15.7
T11-0-5-003	846.50	15.8	2011-1-11	15.3	2011-12-14	0.6	2011	15.5
T11-20-278	879.50	27.5	2010-1-1	24.5	2010-3-9	3	2010	26.1
T11-2-2-479	827.40	16.6	2011-12-14	15.0	2011-4-26	1.6	2011	15.8
T11-28-026	902.50	17.5	2015-12-27	14.5	2012-4-27	2.0	2011	16.0
T11-32-1-020	914.00	17.0	2010-9-14	13.0	2011-3-31	3.5	2011	15.4
T11-32-2-025	914.00	20.0	2015-9-19	12.5	2012-3-16	6.5	2012	16.6
T11-38-005	931.50	37.0	2014-1-13	16.5	2011-5-23	19.5	2011	26.9
T11-40-049	937.50	21.9	2014-10-11	15.5	2011-5-5	5.6	2011	18.5
T11-42-095	944.00	23.5	2013-9-9	14.0	2012-3-20	8.0	2011	19.3
T11-5-93	852.40	15.5	2010-7-8	14.5	2015-9-5	1.0	2015	15.3
T11-6-773	837.50	17.1	2010-1-5	15.3	2011-7-5	1.8	2011	16.0
T11-7-1-648	840.50	16.2	2015-12-29	14.1	2012-9-5	1.5	2015	15.0
T11-7-2-385	840.50	18.1	2011-5-25	15.5	2011-6-27	2.7	2011	16.1
T12-20-009	890.50	15.6	2015-12-29	12.3	2012-7-5	2.8	2012	13.7
T12-9-2-721	859.40	15.0	2015-10-12	13.4	2012-3-28	1.4	2012	14.2
T13-11-1-023	914.00	6.5	2013-5-1	−5.0	2010-4-21	9.5	2010	−0.4
T13-14-033	966.00	27.0	2011-12-19	14.5	2012-5-20	12.0	2011	19.1
T13-9-019	908.50	17.1	2011-12-14	14.6	2012-6-7	2.1	2011	15.7
T14-4-151	976.00	24.6	2015-6-24	14.5	2012-3-28	8.9	2015	17.3
TY14-076		21.0	2010-10-6	13.5	2011-3-30	7.5	2011	17.0
TY23-099		19.5	2011-9-17	14.5	2011-3-31	5.0	2011	17.0
TY17-109		21.0	2011-9-22	13.0	2012-3-10	7.5	2011	16.9
TY20-104		18.0	2010-12-29	16.5	2011-5-27	1.5	2011	17.0
TY4-041		17.5	2010-1-1	16.5	2011-7-22	1.0	2011	17.1

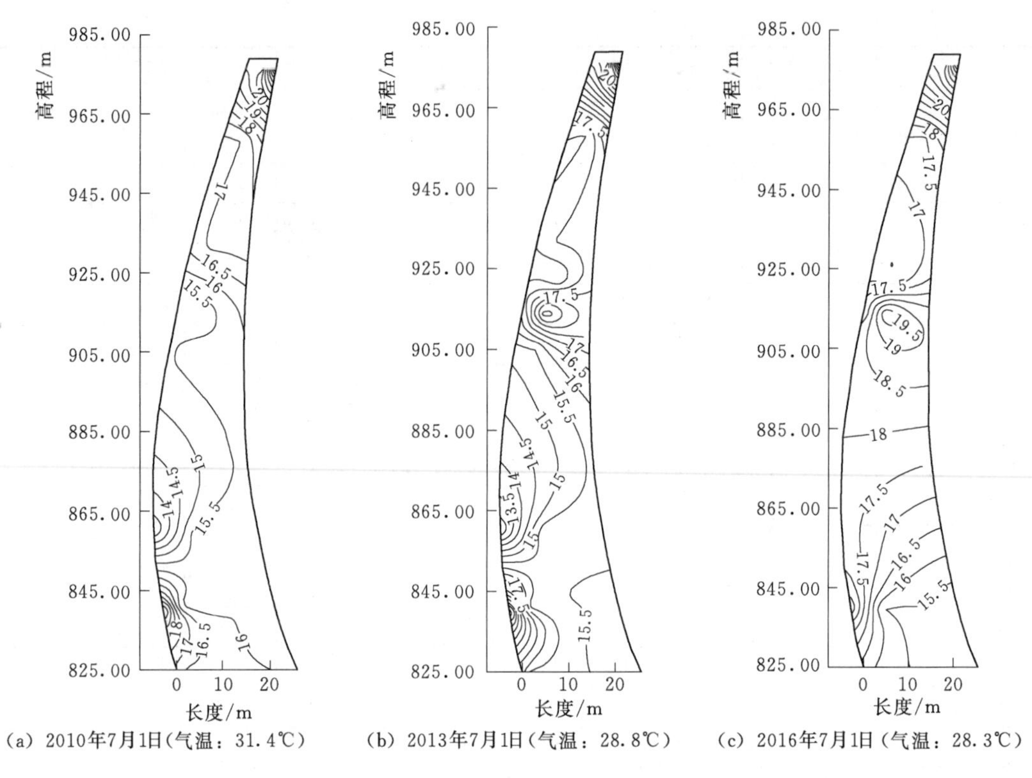

图3.3-1　8号坝段温度场分布

各测点温度测值整体偏低，没有明显的高温区域；测值一般呈周期性变化，且基本收敛，温度较为稳定。

(2) 针对8号坝段，分别取2010年、2013年和2016年的高温季节（每年7月1日）绘制坝体温度场（图3.3-1）；由图3.3-1可以看出：坝体上游侧温度相对低于下游侧温度；坝体内无明显高温区域；坝体内温度整体小于气温；坝体上游侧低高程局部部位温度相对大于周边温度，该区域温度受基岩影响较大；坝顶下游侧局部温度相对大于周边温度，该区域受气温与光照的影响大。坝体温度整体较稳定，高温季节整体稳定在17℃左右，无明显增大趋势。

3.3.2　贵州洪家渡水电站

洪家渡水电站位于贵州西北部黔西、织金两县交界处的乌江干流上，是乌江水电基地11个梯级电站中唯一对水量具有多年调节能力的“龙头”电站。该电站最大坝高179.5m，坝址以上控制流域面积9900km^2，多年平均径流量48.9亿m^3，水库总库容49.47亿m^3，调节库容33.61亿m^3。电站安装3台立轴混流式水轮发电机组，装机总容量60MW。工程总投资49.27亿元，于2000年11月8日正式开工建设，坝型为混凝土面板堆石坝，最大坝高179.5m、坝顶长428m、坝顶宽11m，是当时世界上最高的面板堆石坝之一。

面板混凝土裂缝主要分为混凝土自身裂缝和结构性裂缝两大类，结构性裂缝主要是由大坝变形、沉降及其在运行中的其他荷载引起的，这类裂缝防止主要通过提高大坝堆石体密实度，减小大坝堆石体的沉降、变形，以及结构设计上要有足够的承载能力来实现。

在没有外荷载的作用下，混凝土裂缝的产生主要是由于在约束条件下混凝土自身收缩引起的，因此面板混凝土的抗裂性研究主要是围绕减小混凝土自身收缩，提高拉伸强度和减小对混凝土的约束进行的。

1. 原材料及配合比

面板混凝土对原材料的要求要高于普通混凝土，要求水泥的稳定性好，水化热低；要求粉煤灰的品质好，烧失量及需水量比低；要求砂石骨料的线膨胀系数小，骨料粒形好，砂的级配好，单位用水量低；要求减水剂的减水率高，稳定性好，略有缓凝，以便有足够的缓凝时间满足施工要求；要求引气剂的引气能力强，气泡小，以保证抗冻耐久性能满足要求。

（1）水泥。经充分比较选择了贵州水泥厂 P.O 42.5 水泥，其物理性能见表 3.3-5 其 MgO 含量为 2.2%，自生体积变形试验表明其收缩性很小，28d 为收缩 20×10^{-6}左右较其他水泥收缩小。

表 3.3-5　水泥物理性能

水泥品种	细度（0.08mm）/%	标准稠度/%	安定性	凝结时间/min		抗折强度/MPa		抗压强度/MPa	
				初凝	终凝	7d	28d	7d	28d
贵州水泥厂 P.O 42.5	5.3	25.2	合格	272	465	5.3	8.3	30.8	50.7

（2）粉煤灰。选用遵义火电厂粉煤灰，属Ⅱ级粉煤灰，其需水量比为 94.2%，细度为 3.5%（0.045mm 筛余），烧失量为 6.3%。

（3）外加剂。根据减水率高、稳定性好、略有缓凝的原则选择使用了 SK-3 和 NF-550，引气剂选用 NF-C，均满足高效减水剂和引气剂的国标要求。

（4）砂石骨料。选用粒形好、线膨胀系数低的纯灰岩人工砂石料，砂的细度模数为 2.75，其中小于 0.15mm 的颗粒为 14%左右，是品质较高的人工砂料。粗骨料为二级配，石子级配比例为 60∶40 时容重最大，因此选用该级配。

（5）补偿收缩材料。由于水泥的自生体积变形为收缩型，对混凝土的抗裂性不利，因此在混凝土中考虑掺用补偿收缩材料，经多种材料比较，最后选用的是海城 MgO，试验研究的掺量为胶凝材料总量的 3.4%。

（6）纤维。为了降低面板混凝土早期干燥收缩裂缝，提高混凝土的初裂韧度，增加混凝土的抗裂性，在混凝土中掺化学纤维，经比较研究，选用好亦特聚丙烯纤维，掺量为 $0.9kg/m^3$。

面板混凝土设计指标为 C30，抗冻耐久性为 F100，抗渗为 W12，二级配，汽车运输溜槽入仓，坍落度控制在 4～8cm。

经多组配合比比较研究，面板混凝土使用配合比见表 3.3-6；其混凝土力学性能见表 3.3-7；干缩变形性能见表 3.3-8；自生体积变形性能见表 3.3-9。

面板混凝土的绝热温升为 35.7℃（28d），线膨胀系数为 5.93×10^{-6}/℃，其抗渗性能及抗冻性能均满足设计要求。

掺用化学纤维和补偿收缩材料 MgO 的面板混凝土具有以下特点：

表3.3-6　面板混凝土配合比

编号	强度等级	水灰比	粉煤灰掺量/%	纤维掺量/(kg/m³)	MgO膨胀剂/%	外加剂品种及掺量		砂率/%	每方混凝土材料用量/(kg/m³)						坍落度/cm	含气量/%
						减水剂/%	引气剂/(1/万)		水	水泥	粉煤灰	砂	中石	小石		
HT-1	C_{30}	0.40	25	0.90	3.4	1	1	36	123	231	77	730	758	506	8.5	4.3

表3.3-7　面板混凝土力学性能

编号	抗压强度/MPa			抗压弹性模量/GPa			抗拉强度/MPa			极限拉伸值/(×10⁻⁴)			抗渗等级/28d	抗冻等级
	7d	28d	90d	7d	28d	90d	7d	28d	90d	7d	28d	90d		
HT-1	26.1	39.4	51.8	33.6	39.5	43.7	2.67	3.89	4.75	81	101	1.18	>W12	>F100

表3.3-8　面板混凝土干缩变形性能　单位：$\times10^{-6}$

编号	试验龄期									
	1d	3d	7d	10d	21d	28d	45d	60d	90d	120d
HT-1	21.5	54.3	106.2	120.8	149.5	190.6	213.6	218.6	230.6	232.5

表3.3-9　面板混凝土自生体积变形性能　单位：$\times10^{-6}$

编号	试验龄期							
	1d	3d	7d	14d	28d	90d	120d	180d
HT-1	18.9	24.3	29.7	37.6	44.3	52.4	63.6	66.9

（1）混凝土和易性好，无离析、泌水，施工性能好。

（2）灰岩人工砂石料、骨料粒形好，线膨胀系数小，对防裂有利。

（3）选用Ⅱ级灰，掺量25%，略高，有利于提高混凝土的和易性。干缩值小，120d为233×10^{-6}，混凝土后期（28d以后）强度储备大（达到50MPa），并且掺用粉煤灰有利于降低混凝土绝热温升。

（4）外掺补偿收缩材料和化学纤维后，用水量相对于不掺的要提高8～10kg/m³，因此，选用高效减水剂并提高掺量，使用水量相应降低，以降低水泥用量，降低绝热温升。

（5）通过掺用纤维及MgO后，混凝土极限拉伸值有所提高，抗拉强度略有增加，自身体积变形由收缩型变为微膨胀型，干缩值又有所降低，使混凝土性能更加符合面板混凝土结构对混凝土性能的要求，使其更具有高抗裂、低收缩性能。

2. 结构措施及施工工艺

由于坝高179.5m，斜面板很长，结构上采取分三期浇筑混凝土，其分期高程为1025m、1100m、1142.7m，一、二、三期面板长度分别为98.5m、129m、73m，各期面板又分为Ⅰ、Ⅱ序浇筑块（跳块浇筑），面板按双层配筋，纵向配筋率为0.4%，横向配筋率为0.3%，面板厚度为0.3～0.9cm，面板横向分缝宽度为15m。

为了降低坝面对面板混凝土的约束，坝面垫层料选用斜坡碾压密实平整，为防止坝面被雨水冲刷破坏，影响表面平整度，增大对混凝土面板的约束，采用喷改性乳化沥青护面，以保证垫层料与面板混凝土接触面规整平顺，减小对混凝土面板底面的约束，同时，Ⅰ序块浇筑之后，对Ⅰ序块与Ⅱ序块接触的侧面采取了规整模板，并在混凝土上涂刷沥青，降低对Ⅰ、Ⅱ序块的侧面摩擦约束。

施工工艺采用混凝土罐车运输，溜漕入仓，无轨滑模整体浇筑，采用跳块方式浇筑，先浇Ⅰ序块，待Ⅰ序块浇筑完后，再浇Ⅱ序块。加强面板混凝土的养护，浇筑完之后喷养护剂。封闭混凝土表面，再用不透水塑料薄膜和麻袋覆盖，使混凝土表面保持湿润，防止混凝土失水干缩太快，并减少混凝土内外温差，防止混凝土冷却。

3. 原型监测和裂缝调查

在2003年3月底进行的第Ⅰ期面板裂缝调查，其Ⅰ期面板裂缝示意如图3.3-2所示，裂缝统计及温度监测资料见表3.3-10。

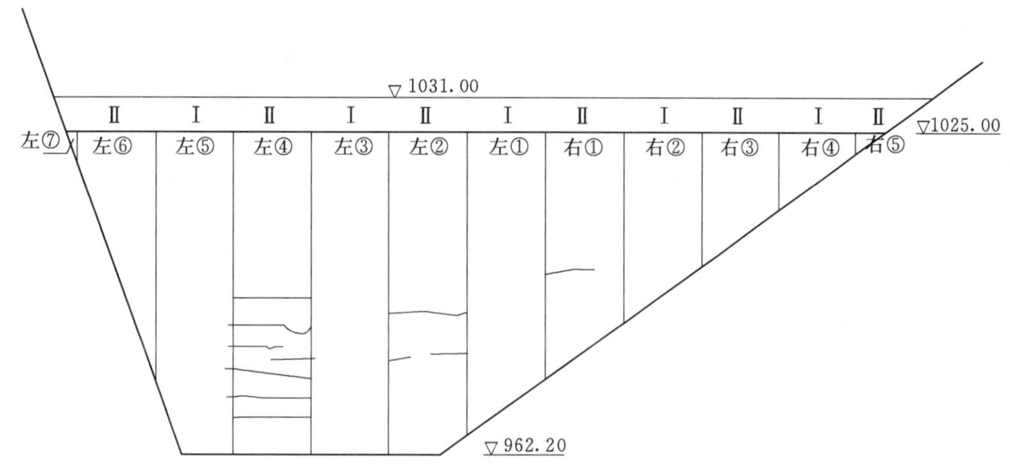

图3.3-2 Ⅰ期面板混凝土裂缝示意图

表3.3-10 **裂缝统计及温度监测资料**

块号	Ⅰ序块（5块）	Ⅱ序块左4	Ⅱ序块左2	Ⅱ序块右1
裂缝数	0	7	3	1
横向贯穿条数	0	5	1	0
浇筑时间	1月5—27日	2月21日	2月10日	2月26日
入仓温度/℃	5～10	16～17	6～11	15～17
最高温度/℃	31.9 （左3块）中部	—	27.0 （表面）	—

洪家渡面板裂缝特点：

（1）数量少，一期面板为10424m²，共计裂缝11条，平均1000m²一条，裂缝率很小，后来统计的二期面板有9条，全部为小于0.2mm的，三期面板没有裂缝。在全国面板坝中，面板面积3万多m²，共计20条裂缝，其裂缝数是最少的。

（2）裂缝分布有规律性，Ⅰ序块无论长短，均未开裂，Ⅱ序块中，入仓温度越高，裂缝越多（如左4块16～17℃，与左2块6～10℃相比），入仓温度相同，面板长度越长裂缝越多（左4块94.5m与右1块70m比较）。

(3) 左4块在约23m这段内，集中开裂7条，是极不正常的，估计是由于养护不当或养护措施不到位引起的表面干缩性裂缝。

原型监测资料分析：

(1) 温度监测：左3块为第一块浇筑的面板混凝土，在高程1003m处埋设3支温度计，分别在面板距表面10cm、40cm（中部）和70cm（底部）。其3d温度分别为27.8℃、31.9℃、29.3℃，三支温度计显示其最大温差小于5℃。温度变化过程线表明3d达到最高温度，然后逐渐散热，温度下降，20d左右趋于稳定，稳定温度为15℃左右，本块温度监测表明，最高温升在3d，$\Delta T_{max}=21.4$℃。混凝土表面以下10cm外温度与气温差值到达20℃左右。因此，在低温期浇筑混凝土必须加强保温措施，避免内外温差过大，引起温度裂缝。温度监测表明，现场采取的保温措施是很有效的。

(2) 无应力计。在左1块面板高程990.3m、1026.0m处埋有应变计和无应力计，应变计于无应力计量值监测资料显示，混凝土在温度下降阶段产生了30$\mu\varepsilon$的自生体积增长，时间在28d前后，说明在温度下降过程中，混凝土获得了自生体积膨胀的补偿。

从洪家渡面板堆石坝一、二、三期面板混凝土的裂缝调查，3万多m^2的面板混凝土，仅有20余条裂缝，并且，大于0.2mm的仅有10条，充分证明了通过原材料及配合比研究，采用外掺MgO和化学纤维的混凝土配合比，结构及施工工艺采取相应措施，精心设计、精心施工，对面板混凝土的裂缝是可以有效防止的，并能使面板混凝土少裂，甚至不裂。

3.3.3 贵州构皮滩水电站

构皮滩水电站位于贵州余庆县构皮滩口上游1.5km的乌江，上游距乌江渡水电站137km，下游距河口涪陵455km，控制流域面积43251km^2，多年平均年径流量226亿m^3。工程的主要任务是发电，兼顾防洪、航运及其他综合利用。水库正常蓄水位630.00m，相应库容55.64亿m^3，装机容量300MW，是贵州省和乌江干流最大的水电电源点。

构皮滩水电站属Ⅰ等工程，大坝、泄洪建筑物、电站厂房等主要建筑物为1级建筑物，次要建筑物为3级建筑物。枢纽由大坝、泄洪消能建筑物、电站厂房、通航及导流建筑物等组成。

构皮滩水电站的主要建筑物包括混凝土双曲拱坝、水垫塘和二道坝、引水发电系统、泄洪洞以及导流隧洞、碾压混凝土围堰组成。大坝常态混凝土约300万m^3，用于混凝土拱坝，对混凝土的力学性能和温控防裂具有较高的要求。

1. 大坝坝体混凝土主要设计指标

构皮滩水电站工程大坝坝体混凝土强度等级和主要设计指标见表3.3-11。

表3.3-11 混凝土强度等级及主要设计指标

编号	混凝土强度等级	级配	抗渗等级	抗冻等级	限制最大水胶比	最大粉煤灰掺量/%	极限拉伸值/($\times10^{-4}$)		使用部位
							28d	90d	
1	$C_{180}25$	三、四	W12	F200	0.50	30	≥0.82	≥0.88	拱坝坝体
2	$C_{180}30$	三、四	W12	F200	0.50	30	≥0.85	≥0.9	拱坝坝体
3	$C_{180}35$	二、三	W12	F200	0.45	20	≥0.88	≥0.9	拱坝坝体、孔口周边
4	$C_{180}35$	三、四	W12	F200	0.45	30	≥0.88	≥0.9	拱坝坝体

构皮滩水电站所选用的砂石料为三叠系较纯的灰岩，岩石的湿抗压强度大于70MPa。

2. 混凝土配合比设计

混凝土配合比设计应遵循经济合理地选择水泥品种，采用优质经济的掺合料与外加剂、最小的单位用水量、最优砂率、最大石子粒径和最优石子级配等原则。

坝体混凝土配合比及其力学性能试验结果见表3.3-12～表3.3-19。

3. 坝体混凝土热学性能

混凝土的热学性能主要指的是在温控计算时需用的混凝土比热、导温系数、导热系数及热膨胀系数。根据多个工地的实测结果，混凝土的比热、导温系数、导热系数变化不大，特别是当骨料的岩性、混凝土用水量差别不大的情况下，相差更小，但与混凝土的温度应力呈线性关系的热膨胀系数，随骨料的岩性不同而在（5～11）$\times10^{-6}$/℃范围内变化，试验结果证明越纯的灰岩其热膨胀系数越低，在相同的温度变化条件下，产生的温度应力越小，抗裂性越好。大坝坝体混凝土配合比的热学性能见表3.3-20。

4. 坝体混凝土绝热温升

混凝土的绝热温升是指在绝热条件下，测定混凝土胶凝材料（包括水泥、掺合料等）在水化过程中的温度变化及最高温升值。本次试验大坝坝体混凝土配合比的绝热温升试验结果见表3.3-21。

由表3.3-21可见，坝体混凝土配合比的绝热温升值在25～40℃，四级配混凝土的绝热温升值较低，二级配混凝土配合比的绝热温升值最高。这与混凝土的水灰比、水泥用量、粉煤灰用量等有很大的关系。

5. 坝体混凝土干缩变形性能

混凝土的干缩是测定混凝土在无外荷载和恒温条件下由于干缩引起的轴向长度变形，以比较不同混凝土的干缩性能。

构皮滩水电站大坝坝体混凝土配合比的干缩试验结果见表3.3-22。

6. 坝体混凝土的自生体积变形试验结果

混凝土自生体积变形试验是测定混凝土在恒温绝湿无外力作用的条件下，仅仅由于胶凝材料的水化作用引起的体积变形，它不包括混凝土受外荷载、温度、湿度影响所引起的体积变形。自生体积变形主要是测定混凝土自身的体积膨胀（或收缩）变形，是检测混凝土抗裂性的重要指标。混凝土的自生体积变形对大坝混凝土的抗裂性有着不可忽视的影响。如果混凝土的自生体积变形为较大的收缩，对其抗裂性是极为不利的，它与混凝土的干缩变形和温降变形相叠加，导致大体积混凝土开裂的可能性就较大。如果混凝土的收缩小或具有延迟微膨胀性能，对混凝土的抗裂性相对较为有利。

坝体混凝土配合比的自生体积变形试验结果见表3.3-23及图3.3-3。

由表3.3-23及各个配合比的自生体积变形曲线图中可以看出，混凝土的自生体积变形在7d以前大多呈膨胀趋势，但在7d以后呈收缩趋势，我们认为是水泥中的C3A和石膏以及$Ca(OH)_2$作用形成硫铝酸钙而使混凝土发生体积膨胀，但是这个反应速度比较快，一般在7d以内反应基本完成，最多混凝土的变形可达到10×10^{-6}，但在7d以后混凝土的自生体积变形呈收缩趋势，最大变形为-5×10^{-6}，这是因为水泥中的C_2S及C_3S的水化反应是收缩性的，而水泥熟料中的MgO是经过1450℃煅烧的过烧MgO，其活性

表 3.3-12　　坝体 $C_{180}25$、$C_{180}30$ 混凝土配合比

编号	混凝土强度等级	水胶比	砂率/%	石子级配（特大石：大石：中石：小石）	胶凝材料用量					减水剂/%	AIR202引气剂/(1/万)	坍落度/cm	含气量/%	备注
					水/(kg/m³)	水泥/(kg/m³)	粉煤灰/掺量/%	砂/(kg/m³)	特大石/大石/中石/小石					
1-1 2-1	$C_{180}25$ $C_{180}30$	0.50	31	0：40：30：30	104	145.6	62.4/30	653	0/586/439/439	ZB-1A 0.6	1.8	5.5	4.5	江电水泥公司 P. MH 42.5 水泥 遵义电厂粉煤灰
1-2 2-2	$C_{180}25$ $C_{180}30$	0.50	31	0：40：30：30	100	140	60/30	659	0/591/443/443	ZB-1A 0.6	1.8	5.6	5.0	贵州水泥厂 P. MH 42.5 水泥 遵义电厂粉煤灰
1-3 2-3	$C_{180}25$ $C_{180}30$	0.50	22	30：30：20：20	83	116.2	49.8/30	485	519/519/346/346	JG-3 0.6	1.8	5.1	4.4	江电水泥公司 P. MH 42.5 水泥 遵义电厂粉煤灰
1-4 2-4	$C_{180}25$ $C_{180}30$	0.50	22	30：30：20：20	82	114.8	49.2/30	486	520/520/347/347	JG-3 0.6	1.8	6.0	4.5	贵州水泥厂 P. MH 42.5 水泥 遵义电厂粉煤灰

表 3.3-13　　坝体 $C_{180}25$、$C_{180}30$ 混凝土力学性能

编号	混凝土强度等级	抗压强度/MPa				劈拉强度/MPa				抗折强度/MPa			抗压弹性模量/GPa			极限拉伸值/($\times10^{-4}$)			轴拉强度/MPa		
		7d	28d	90d	180d	7d	28d	90d	180d	28d	90d	180d	28d	90d	180d	28d	90d	180d	28d	90d	180d
1-1 2-1	$C_{180}25$ $C_{180}30$	19.2	30.7	39.8	48.8	1.65	2.68	3.38	3.85	4.30	5.37	6.67	32.2	37.8	42.2	0.91	1.00	1.12	2.24	3.02	3.77
1-2 2-2	$C_{180}25$ $C_{180}30$	20.6	31.2	40.1	49.4	1.73	2.71	3.41	3.92	4.40	5.45	6.80	32.4	33.0	42.4	0.91	1.00	1.13	2.26	3.14	3.79
1-3 2-3	$C_{180}25$ $C_{180}30$	21.2	32.0	41.9	50.5	1.84	2.84	3.65	4.15	4.61	5.72	6.90	32.6	38.1	43.0	0.93	1.03	1.14	2.30	3.12	3.82
1-4 2-4	$C_{180}25$ $C_{180}30$	21.0	32.5	43.3	50.8	1.80	2.86	3.72	4.16	4.65	5.96	6.99	32.9	38.5	43.4	0.94	1.05	1.16	2.35	3.18	3.85

表 3.3-14 坝体 $C_{180}35$ 混凝土配合比

编号	混凝土强度等级	水胶比	砂率/%	石子级配（大石：中石：小石）	胶凝材料用量					减水剂/%	AIR202引气剂/(1/万)	坍落度/cm	含气量/%	备注
					水/(kg/m³)	水泥/(kg/m³)	粉煤灰/掺量/%	砂/(kg/m³)	大石/中石/小石					
3-1	$C_{180}35$	0.45	37	0：60：40	122	216.9	54.2/20	742	0/764/509	ZB-1A 0.6	1.5	5.2	4.7	江电水泥公司 P.MH 42.5 水泥 遵义电厂粉煤灰
3-2	$C_{180}35$	0.45	37	0：60：40	119	211.6	52.9/20	748	0/769/513	ZB-1A 0.6	1.5	5.5	4.9	贵州水泥厂 P.MH 42.5 水泥 遵义电厂粉煤灰
3-3	$C_{180}35$	0.45	30	40：30：30	105	186.7	46.7/20	626	589/441/441	JG-3 0.6	1.8	5.4	4.5	江电水泥公司 P.MH 42.5 水泥 遵义电厂粉煤灰
3-3	$C_{180}35$	0.45	30	40：30：30	102	181.3	45.3/20	630	593/444/444	JG-3 0.6	1.8	5.7	4.6	贵州水泥厂 P.MH 42.5 水泥 遵义电厂粉煤灰

表 3.3-15 坝体 $C_{180}35$ 混凝土力学性能

编号	混凝土强度等级	抗压强度/MPa				劈拉强度/MPa				抗折强度/MPa			抗压弹性模量/GPa			极限拉伸值/($\times 10^{-4}$)			轴拉强度/MPa		
		7d	28d	90d	180d	7d	28d	90d	180d	28d	90d	180d	28d	90d	180d	28d	90d	180d	28d	90d	180d
3-1	$C_{180}35$	22.0	36.5	44.8	55.0	1.54	2.56	3.32	4.04	5.38	6.27	7.48	35.5	40.8	45.3	0.95	1.08	1.22	2.81	3.45	4.20
3-2	$C_{180}35$	22.5	37.2	45.0	55.4	1.58	2.61	3.34	4.08	5.45	6.35	7.52	35.1	41.5	45.5	0.96	1.10	1.23	2.84	3.46	4.22
3-3	$C_{180}35$	23.4	37.3	46.7	57.1	1.63	2.60	3.45	4.25	5.41	6.51	7.96	35.9	42.0	46.2	0.98	1.12	1.26	2.85	3.53	4.35
3-3	$C_{180}35$	26.8	37.5	45.5	56.4	1.75	2.71	3.42	4.18	5.55	6.47	7.80	34.9	41.2	45.9	0.98	1.11	1.25	2.86	3.48	4.28

表 3.3-16　　坝体 $C_{180}35$ 混凝土配合比

编号	混凝土强度等级	水胶比	砂率/%	石子级配（特大石：大石：中石：小石）	胶凝材料用量					减水剂/%	AIR202引气剂/(1/万)	坍落度/cm	含气量/%	备注
					水/(kg/m³)	水泥/(kg/m³)	粉煤灰/掺量/%	砂/(kg/m³)	特大石/大石/中石/小石					
4-1	$C_{180}35$	0.45	30	0：40：30：30	105	163.3	70/30	624	0/587/440/440	ZB-1A 0.6	1.8	5.1	4.4	江电水泥公司 P.MH 42.5 水泥 遵义电厂粉煤灰
4-2	$C_{180}35$	0.45	30	0：40：30：30	102	158.7	68/30	628	0/591/443/443	ZB-1A 0.6	1.8	5.3	4.6	贵州水泥厂 P.MH 42.5 水泥 遵义电厂粉煤灰
4-3	$C_{180}35$	0.45	22	30：30：20：20	83	129.1	55.3/30	481	515/515/343/343	JG-3 0.6	1.8	5.0	4.4	江电水泥公司 P.MH 42.5 水泥 遵义电厂粉煤灰
4-4	$C_{180}35$	0.45	22	30：30：20：20	82	127.6	54.7/30	482	516/516/344/344	JG-3 0.6	1.8	5.6	4.5	贵州水泥厂 P.MH 42.5 水泥 遵义电厂粉煤灰

表 3.3-17　　坝体 $C_{180}35$ 混凝土力学性能

编号	混凝土强度等级	抗压强度/MPa				劈拉强度/MPa				抗折强度/MPa			抗压弹性模量/GPa			极限拉伸值/($\times10^{-4}$)			轴拉强度/MPa		
		7d	28d	90d	180d	7d	28d	90d	180d	28d	90d	180d	28d	90d	180d	28d	90d	180d	28d	90d	180d
4-1	$C_{180}35$	20.1	32.1	43.0	52.5	1.31	2.24	3.13	3.82	5.05	6.01	7.20	33.1	38.8	43.5	0.92	1.04	1.18	2.58	3.25	3.92
4-2	$C_{180}35$	22.0	33.2	43.4	52.8	1.42	2.30	3.15	3.83	5.12	6.08	7.26	33.5	39.1	43.0	0.93	1.05	1.19	2.60	3.28	3.95
4-3	$C_{180}35$	20.7	33.2	45.2	54.6	1.35	2.31	3.25	4.01	5.08	6.10	7.52	33.2	39.5	44.2	0.92	1.05	1.22	2.62	3.40	4.14
4-3	$C_{180}35$	23.6	35.0	45.7	54.8	1.51	2.42	3.28	4.08	5.20	6.21	7.55	32.9	39.8	44.4	0.95	1.07	1.22	2.70	3.42	4.16

表 3.3-18　　坝体 $C_{90}35$ 混凝土配合比

编号	混凝土强度等级	水胶比	砂率/%	石子级配（中石：小石）	胶凝材料用量					减水剂/%	AIR202引气剂/(1/万)	坍落度/cm	含气量/%	备注
					水/(kg/m³)	水泥/(kg/m³)	粉煤灰/掺量/%	砂/(kg/m³)	中石/小石					
5-1	$C_{90}35$	0.45	37	60：40	122	189.8	81.3/30	739	761/507	JG-3 0.6	1.5	4.8	4.1	江电水泥公司 P.MH 42.5 水泥 遵义电厂粉煤灰
5-2	$C_{90}35$	0.45	37	60：40	119	185.1	79.3/30	745	766/511	JG-3 0.6	1.5	5.1	5.4	贵州水泥厂 P.MH 42.5 水泥 遵义电厂粉煤灰

表 3.3-19　　坝体 $C_{90}35$ 混凝土力学性能

编号	混凝土强度等级	抗压强度/MPa			劈拉强度/MPa			抗折强度/MPa		抗压弹性模/GPa		极限拉伸值/($\times10^{-4}$)		轴拉强度/MPa	
		7d	28d	90d	7d	28d	90d	28d	90d	28d	90d	28d	90d	28d	90d
5-1	$C_{90}35$	20.1	31.6	45.0	1.35	2.30	3.22	4.90	5.95	32.5	39.8	0.90	1.02	2.65	3.38
5-2	$C_{90}35$	21.5	33.8	45.9	1.41	2.40	3.26	5.10	6.02	32.9	39.5	0.92	1.03	2.72	3.43

表 3.3-20　　坝体混凝土热学性能

编号	混凝土强度等级	水胶比	石子级配（特大石：大石：中石：小石）	水泥用量/(kg/m³)	粉煤灰用量/掺量/[(kg/m³)/%]	比热/[kJ/(kg·℃)]	导热系数/[kJ/(m·h·℃)]	导温系数/(m²/h)	线膨胀系数/($\times10^{-6}$/℃)	泊松比	备注
1-1 2-1	$C_{180}25$ $C_{180}30$	0.50	0：40：30：30	145.6	62.4/30	0.953	8.86	0.0039	5.54	0.172	江电水泥公司 P.MH 42.5 水泥 遵义电厂粉煤灰
1-2 2-2	$C_{180}25$ $C_{180}30$	0.50	0：40：30：30	140	60/30	0.962	8.92	0.0039	5.49	0.168	贵州水泥厂 P.MH 42.5 水泥 遵义电厂粉煤灰
1-3 2-3	$C_{180}25$ $C_{180}30$	0.50	30：30：20：20	116.2	49.8/30	0.946	9.11	0.0040	5.40	0.165	江电水泥公司 P.MH 42.5 水泥 遵义电厂粉煤灰
1-4 2-4	$C_{180}25$ $C_{180}30$	0.50	30：30：20：20	114.8	49.2/30	0.973	9.06	0.0038	5.41	0.175	贵州水泥厂 P.MH 42.5 水泥 遵义电厂粉煤灰
3-1	$C_{180}35$	0.45	0：0：60：40	216.9	54.2/20	0.955	9.03	0.0038	5.72	0.172	江电水泥公司 P.MH 42.5 水泥 遵义电厂粉煤灰
4-3	$C_{180}35$	0.45	30：30：20：20	129.1	55.3/30	0.973	9.10	0.0039	5.58	0.166	江电水泥公司 P.MH 42.5 水泥 遵义电厂粉煤灰
5-1	$C_{90}35$	0.45	0：0：60：40	189.8	81.3/30	0.942	9.24	0.0040	5.70	0.171	江电水泥公司 P.MH 42.5 水泥 遵义电厂粉煤灰

表 3.3-21　坝体混凝土绝热温升

编号	混凝土强度等级	水胶比	石子级配（特大石：大石：中石：小石）	水泥用量/(kg/m³)	粉煤灰用量/掺量/[(kg/m³)/%]	温升/℃							最终温升/℃	备　注
						1d	2d	3d	7d	14d	21d	28d		
1-1 2-1	$C_{180}25$ $C_{180}30$	0.50	0:40:30:30	145.6	62.4/30	8.1	14.8	18.9	25.4	27.2	29.0	30.8	$T=\frac{32.1d}{d+1.52}$	江电水泥公司 P. MH 42.5 水泥
1-2 2-2	$C_{180}25$ $C_{180}30$	0.50	0:40:30:30	140	60/30	7.5	14.1	18.4	25.1	26.7	28.6	30.6	$T=\frac{31.8d}{d+2.11}$	贵州水泥厂 P. MH 42.5 水泥
1-3 2-3	$C_{180}25$ $C_{180}30$	0.50	30:30:20:20	116.2	49.8/30	6.5	12.9	15.6	19.6	20.8	22.0	23.4	$T=\frac{25.0d}{d+2.04}$	江电水泥公司 P. MH 42.5 水泥
1-4 2-4	$C_{180}25$ $C_{180}30$	0.50	30:30:20:20	114.8	49.2/30	6.3	12.1	14.6	18.1	19.5	20.9	22.8	$T=\frac{24.5d}{d+1.69}$	贵州水泥厂 P. MH 42.5 水泥
3-3	$C_{180}35$	0.45	0:40:30:30	186.7	46.7/20	10.2	17.1	22.5	28.5	31.3	33.5	34.9	$T=\frac{36.7d}{d+2.19}$	江电水泥公司 P. MH 42.5 水泥
4-3	$C_{180}35$	0.45	30:30:20:20	129.1	55.3/30	6.9	12.5	17.1	22.8	23.5	24.6	26.2	$T=\frac{27.9d}{d+1.95}$	江电水泥公司 P. MH 42.5 水泥
5-1	$C_{90}35$	0.45	0:0:60:40	185.1	79.3/30	12.5	18.6	25.6	30.3	33.0	35.0	37.1	$T=\frac{39.2d}{d+2.76}$	江电水泥公司 P. MH 42.5 水泥

注　1. T 为混凝土最终温升值（℃），d 为混凝土的龄期（d）。
2. 水泥采用贵州江电葛洲坝水泥有限责任公司和贵州水泥厂生产的 P. MH 42.5 水泥，粉煤灰为遵义电厂生产的Ⅱ级粉煤灰。
3. 砂石骨料采用构皮滩水电站人工砂石骨料。

表 3.3-22　坝体混凝土干缩性能

编号	混凝土强度等级	水胶比	石子级配（特大石：大石：中石：小石）	水泥/(kg/m³)	粉煤灰/掺量/[(kg/m³)/%]	干缩/(×10⁻⁶)									备　注
						3d	7d	14d	28d	60d	90d	120d	150d	180d	
2-1	$C_{180}30$	0.50	0:40:30:30	145.6	62.4/30	57	101	179	282	325	362	381	392	404	江电水泥公司 P. MH 42.5 水泥 遵义电厂粉煤灰

续表

编号	混凝土强度等级	水胶比	石子级配（特大石：大石：中石：小石）	水泥/(kg/m³)	粉煤灰/掺量/[(kg/m³)/%]	干缩/(×10⁻⁶)									备注
						3d	7d	14d	28d	60d	90d	120d	150d	180d	
2-2	$C_{180}30$	0.50	0：40：30：30	140	60/30	57	99	177	284	321	358	379	386	398	贵州水泥厂 P. MH 42.5 水泥 遵义电厂粉煤灰
2-3	$C_{180}30$	0.50	30：30：20：20	116.2	49.8/30	56	100	168	279	319	356	372	382	396	江电水泥公司 P. MH 42.5 水泥 遵义电厂粉煤灰
2-4	$C_{180}30$	0.50	30：30：20：20	114.8	49.2/30	54	90	159	278	322	354	371	380	393	贵州水泥厂 P. MH 42.5 水泥 遵义电厂粉煤灰
3-1	$C_{180}35$	0.45	0：0：60：40	216.9	54.2/20	62	104	182	284	330	369	389	397	410	江电水泥公司 P. MH 42.5 水泥 遵义电厂粉煤灰
3-2	$C_{180}35$	0.45	0：0：60：40	211.6	52.9/20	59	102	179	289	329	365	386	393	404	贵州水泥厂 P. MH 42.5 水泥 遵义电厂粉煤灰
3-3	$C_{180}35$	0.45	0：40：30：30	186.7	46.7/20	60	97	175	286	323	359	382	395	406	江电水泥公司 P. MH 42.5 水泥 遵义电厂粉煤灰
3-4	$C_{180}35$	0.45	0：40：30：30	181.3	45.3/20	58	99	180	282	328	362	384	391	402	贵州水泥厂 P. MH 42.5 水泥 遵义电厂粉煤灰
4-1	$C_{180}35$	0.45	0：40：30：30	163.3	70/30	52	97	182	279	309	343	365	378	390	江电水泥公司 P. MH 42.5 水泥 遵义电厂粉煤灰
4-2	$C_{180}35$	0.45	0：40：30：30	158.7	68/30	50	96	170	281	311	340	363	376	385	贵州水泥厂 P. MH 42.5 水泥 遵义电厂粉煤灰

续表

编号	混凝土强度等级	水胶比	石子级配（特大石：大石：中石：小石）	水泥/(kg/m³)	粉煤灰/掺量/[(kg/m³)/%]	干缩/(×10⁻⁶)									备注
						3d	7d	14d	28d	60d	90d	120d	150d	180d	
4-3	$C_{180}35$	0.45	30：30：20：20	129.1	55.3/30	49	94	176	275	306	346	365	370	388	江电水泥公司P.MH 42.5水泥 遵义电厂粉煤灰
4-4	$C_{180}35$	0.45	30：30：20：20	127.6	54.7/30	48	92	167	273	302	342	358	376	386	贵州水泥厂P.MH 42.5水泥 遵义电厂粉煤灰
5-1	$C_{90}35$	0.45	0：0：60：40	189.8	81.3/30	49	96	178	270	315	348	369	383	394	江电水泥公司P.MH 42.5水泥 遵义电厂粉煤灰
5-2	$C_{90}35$	0.45	0：0：60：40	185.1	79.3/30	52	99	162	269	307	351	372	379	396	贵州水泥厂P.MH 42.5水泥 遵义电厂粉煤灰

表3.3-23　坝体混凝土自生体积变形

编号	混凝土强度等级	水胶比	石子级配（特大石：大石：中石：小石）	水泥/(kg/m³)	粉煤灰/掺量/[(kg/m³)/%]	自生体积变形/(×10⁻⁶)										备注
						1d	3d	7d	14d	28d	60d	90d	120d	150d	180d	
2-3	$C_{180}30$	0.50	30：30：20：20	116.2	49.8/30	2.5	4.8	7.2	5.6	3.1	0.2	−0.5	2.0	2.5	3.1	江电水泥公司P.MH 42.5水泥
2-4	$C_{180}30$	0.50	30：30：20：20	114.8	49.2/30	1.3	2.6	4.6	3.0	1.6	−0.6	−3.6	−2.6	−0.5	0.3	贵州水泥厂P.MH 42.5水泥
3-3	$C_{180}35$	0.45	0：40：30：30	186.7	46.7/20	3.1	5.9	8.0	6.7	5.6	3.2	1.6	2.6	3.1	3.8	江电水泥公司P.MH 42.5水泥
3-4	$C_{180}35$	0.45	0：40：30：30	181.3	45.3/20	3	5.9	8.6	10.6	6.5	−3.6	−6	−4.2	−3.3	−2.9	贵州水泥厂P.MH 42.5水泥
4-3	$C_{180}35$	0.45	30：30：20：20	129.1	55.3/30	3.1	5.2	7.6	6.9	4.2	1.3	0.3	1.9	2.6	3.7	江电水泥公司P.MH 42.5水泥
5-1	$C_{90}35$	0.45	0：0：60：40	189.8	81.3/30	3.9	7.7	10.3	9.1	6.5	2.9	0.9	3.2	3.6	4.3	江电水泥公司P.MH 42.5水泥

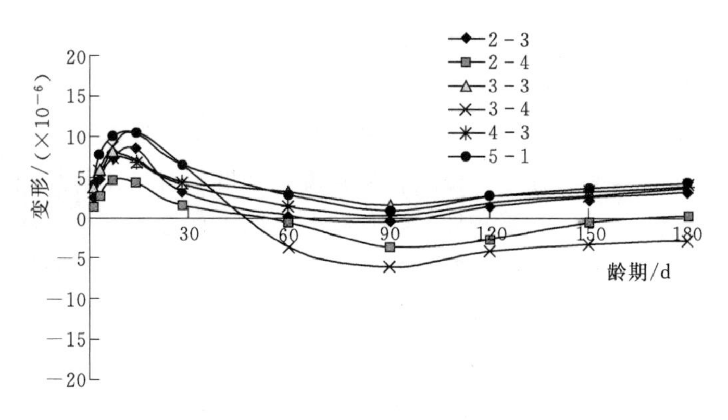

图 3.3-3 坝体混凝土自生体积变形曲线

比较低，水化反应速度比较慢，MgO 开始水化反应的开始时间比较靠后，而水泥熟料中真正能起反应的 MgO 是不同于混凝土配合比中外掺的 MgO，混凝土 7d 以后到 90d 前后基本上是呈收缩性的。到 90d 以后，水泥熟料中的 MgO 开始缓慢的发生化学反应形成 $Mg(OH)_2$ 而使混凝土又有些微膨胀。

从坝体混凝土的配合比试验结果来看，混凝土配合比单位用水量适中，水化热不高，大坝坝体混凝土后期强度较高，其余力学性能各项指标均满足设计要求；混凝土的极限拉伸值较高，徐变值不高，线膨胀系数较低，这些都对混凝土的抗裂性有利。

3.3.4 贵州董箐水电站

董箐水电站是西电东送第二批重点电源建设项目之一，工程规模为大（2）型。位于贵州北盘江下游贞丰县与镇宁县交界处。混凝土面板堆石坝最大坝高 150m，坝顶高程 494.5m，坝顶全长 678.63m，坝体总填筑方量约 890 万 m^3。工程总投资约 60 亿元，总装机容量为 88MW，安装 4 台 22MW 水轮发电机组，保证出力 17.2MW，年平均发电量为 31 亿 kW·h，水库正常蓄水位 490m，总库容 9.55 亿 m^3，调节库容 1.438 亿 m^3，以发电为主，兼有防洪、供水、养殖和改善生态环境等综合效益。

工程于 2005 年 3 月 28 日正式开工，2006 年 11 月 15 日实现截流，2009 年 8 月 20 日下闸蓄水，12 月 1 日首台机组发电，12 月 18 日第二台机组发电，2010 年 6 月 1 日，第三、第四台机组发电，2010 年 6 月工程基本完工。

为提高面板混凝土抗裂能力，试验研究中采用高掺粉煤灰技术配制低热高性能面板混凝土。

1. 高掺粉煤灰混凝土技术的基本原则

（1）必须具有较高的工作性以满足施工要求。

（2）必须具有良好的强度和强度发展，尤其是良好的强度发展，以满足设计和使用要求。

（3）必须具有优异的耐久性能，如低的水化温升、高的抗裂性能、高的体积稳定性能、高的抗渗性能、高的抗冻性能和高的抗蚀性能。

（4）必须环境友好，有效地利用电厂粉煤灰。

（5）必须充分考虑降低混凝土成本，提高水工混凝土的综合技术经济效益。

2. 高掺粉煤灰混凝土的技术路线

（1）协调混凝土各方面性能的关系，如新拌混凝土的流动度、黏聚性、保水性与用水量的关系，混凝土的强度与胶凝材料用量以及粉煤灰掺量的关系，混凝土耐久性与胶凝材料用量、粉煤灰掺量、用水量的关系。

（2）技术难点是既要确保在混凝土中大掺量粉煤灰以提高混凝土的体积稳定性和抗裂性，又要确保低水胶比以使混凝土获得适宜的强度和强度发展，尤其是确保混凝土的抗冻性等耐久性能，同时，还要使混凝土拌和物具有较高的工作性，三个方面必须兼顾。

（3）根据上述分析，需要采用高性能的减水剂，利用其超高减水率的特点，协调混凝土各方面性能的关系，通过大幅度降低水胶比，在混凝土中大掺量粉煤灰，进而实现混凝土高性能化的目的。

3. 面板混凝土的技术关键

面板混凝土结构是大坝防渗体系，是面板堆石坝最重要的结构之一。该工程坝高150m，为较高的面板堆石坝，坝顶长度678m，面板混凝土约5.4万m^3，最长面板达141m，对面板混凝土的抗裂要求较高。由于面板的厚度大约为0.30～1.00m，属长宽比较大的混凝土薄板结构，如何保证面板混凝土施工质量，如何防止面板混凝土裂缝，确保面板防渗体系完整是本次混凝土配合比设计研究的主要任务。

针对面板混凝土的受力特点，特别是面板混凝土对温度变形及干缩变形非常敏感的特点，对混凝土面板的防裂措施研究中除工艺上采取相应的防裂措施之外，要尽可能选择使混凝土具有低收缩性，使其自生体积变形尽可能少收缩或具有微膨胀，尽可能减少混凝土干缩变形，减小其线膨胀系数。高抗裂性——在满足强度保证率的条件下，提高其极限拉伸值，使其具有较高的拉压比，并且使其弹性模量相对较低，适应变形的能力增强，同时在混凝土初裂以后，需要有较高的止裂能力——提高混凝土的断裂韧度。使面板混凝土具有不裂、少裂和止裂的特性。

对混凝土性能的各项要求中，它们有的是统一的，有的是对立的。如何在面板混凝土的原材料选择及配合比设计中对混凝土性能进行综合考虑，使其对立能够协调统一，以求得混凝土的最佳性能，是面板混凝土高性能化的技术关键。

混凝土面板是面板堆石坝的主体防渗结构，又是水、大气和堆石体的分界面，工作环境复杂，对混凝土材料的要求如下：

（1）必须具有良好的抗渗性，以满足挡水防渗的要求。

（2）应具有足够的抗冻性、抗侵蚀性能和抗碳化能力，以满足耐久性要求。

（3）具有一定的强度和抗裂能力，以确保大坝安全运行，并能承受局部的不均匀变形所产生的少量拉应力。

工程实践表明，在已建的面板堆石坝工程中，面板混凝土普遍存在的问题是体积稳定性和耐久性问题，其中最为重要的是抗裂性问题。

面板混凝土技术要求及研究内容见表3.3-24。

表3.3-24　　面板混凝土配合比设计技术指标

强度等级	28d抗渗等级	28d抗冻等级	28d极限拉伸值/(×10⁻⁴)	28d干缩变形值/(×10⁻⁴)	强度保证率/%
C30二级配	W12	F100	>1.00	<2.20	95

研究内容：

(1) 混凝土拌和物的工作性能。坍落度、扩展度、流动性经时性变化、凝结时间、容重、含气量，并观察混凝土拌和物的黏聚性、保水性。

(2) 混凝土的力学性能。抗压强度、劈拉强度、抗拉强度等。

(3) 混凝土的变形性能。极限拉伸值、弹性模量、自生体积变形、干燥收缩、线膨胀系数、绝热温升。

(4) 混凝土的耐久性能。抗渗性能、抗冻性能、抗碳化性能。

4. 推荐配合比及其性能

对低热高性能面板混凝土，室内进行了不同水胶比、不同粉煤灰掺量条件下的新拌混凝土及其性能研究，对技术性能和经济性进行综合分析比较后，提出了室内推荐配合比，进行了低热高性能面板混凝土性能复核试验。并与现有技术配制的面板混凝土（工地目前使用的配合比）性能进行了对比，其各项性能对比成果如下。

由表 3.3-25 可以看出，低热高性能面板混凝土配合比的特点是：

(1) 水胶比大幅度降低，水胶比由 0.42 降低至 0.30～0.33，用水量由 139kg/m^3 降至 95～104kg/m^3。

(2) 由于大幅度降低水胶比，使高掺粉煤灰成为可能，粉煤灰的掺量由 25%提高至 50%～60%，粉煤灰掺量由 82.7kg/m^3 提高到 157.6～190kg/m^3，水泥用量由 248.2kg/m^3 降低至 126.7～157.6kg/m^3。

(3) 由于黏聚性好，在无振动情况下其流动性要差，在配合比设计时考虑到溜槽施工的性能要求，放大了坍落度，达到 190mm，在实际施工时可根据具体需要适当调整，确保其施工性能。

(4) 减水剂中已考虑适度引气，混凝土含气量控制为 2.5%～3.5%，无需另外掺入引气剂。

(5) 由于用水量的大幅下降和水泥用量的减少，低热高性能混凝土的抗裂性能较好，推荐混凝土配合比没有考虑外掺 MgO。

表 3.3-25 中的面板混凝土配合比、表 3.3-26 新拌混凝土性能及表 3.3-27 中的混凝土力学性能结果表明：

(1) 低热高性能面板混凝土的工作性优于普通面板混凝土，尤其是具有较大的流动性，新拌混凝土不离析、不泌水，2h 坍落度损失不大于 12%，便于混凝土施工。

(2) 普通面板混凝土，胶凝材料为 330.9kg/m^3，粉煤灰掺量为 25%，W/B 为 0.42，满足设计指标要求；低热高性能面板混凝土，胶凝材料为 315.2～316.7kg/m^3，粉煤灰掺量为 50%～60%，W/B 为 0.30～0.33，亦满足设计指标要求，强度保证率大于 95%；而且后期强度发展较好，28d 后强度及其耐久性能富裕度大，根据室内试验结果可知，90d 甚至 180d 后强度仍在增长，涨幅高于普通面板混凝土。

(3) 普通面板混凝土与低热高性能面板混凝土，其 28d 极限拉伸值均达到设计要求（大于 1.00×10^{-4}）。

5. 面板混凝土的干缩性能

混凝土干缩试验采用规格为 100mm×100mm×515mm 的棱状体金属试模，两端埋设

表 3.3-25　　面板混凝土配合比（C30W12F100）

编号	水胶比	用水量/(kg/m³)	砂率/%	石子级配（中：小）	单位材料用量							纤维用量/(kg/m³)	引气剂/(1/万)	减水剂/%	坍落度/cm	含气量/%
					水泥/(kg/m³)	粉煤灰		MgO		砂子/(kg/m³)	石子/(kg/m³)					
						用量/(kg/m³)	掺量/%	用量/(kg/m³)	掺量/%							
M-4	0.42	139	36	55：45	248.2	82.7	25	9.9	3	686	1229	0.9	0.5	萘系 0.9	6.8	4.0
M-6	0.33	104	39	55：45	157.6	157.6	50	—	—	784	1235	0.9	—	GTA 2.0	19.0	2.8
M-7	0.30	95	39	55：45	126.7	190.0	60	—	—	770	1265	0.9	—	GTA 2.1	19.3	2.6

注　1. 水泥为贵州明达水泥厂生产的P.O 42.5水泥，粉煤灰为安顺电厂生产的Ⅱ级粉煤灰。
2. 砂石骨料采用工地现场用砂石骨料。石子二级配为中石：小石=55：45，最大粒径为40mm。
3. 辽宁海城生产的轻烧MgO，掺量为外掺3%（按胶凝材料用量计）。
4. 纤维为“路威”聚丙烯腈纤维。

表 3.3-26　　新拌混凝土性能

编号	水胶比	用水量/(kg/m³)	砂率/%	粉煤灰掺量/%	胶材总量/(kg/m³)	容重/(kg/m³)	坍落度/cm	坍落度损失		含气量/%	凝结时间		外观评价
								2h/cm	损失率/%		初凝	终凝	
M-4	0.42	139	36	25	330.9	2412	6.8	3.5	48	4.0	12h45min	16h30min	没有流动性，黏聚性一般，不泌水
M-6	0.33	104	39	50	315.2	2450	19.0	17.0	10	2.8	15h15min	18h30min	流动性、黏聚性及保塑性均较好，不泌水
M-7	0.30	95	39	60	316.7	2446	19.3	17.0	12	2.6	15h50min	19h00min	流动性、黏聚性及保塑性均较好，不泌水

表 3.3-27　　面板混凝土力学性能

编号	抗压强度/MPa					劈拉强度/MPa		轴心抗拉强度/MPa		极限拉伸值/(×10⁻⁴)		抗压弹性模量/GPa		抗折强度/MPa		线膨胀系数/(×10⁻⁶/℃)
	7d	28d	90d	180d	360d	7d	28d	7d	28d	7d	28d	7d	28d	7d	28d	
M-4	28.0	37.8	47.5	50.8	52.6	2.38	3.25	2.50	3.22	0.85	1.06	31.1	37.6	4.39	6.54	6.05
M-6	25.6	37.8	49.9	53.4	57.1	2.12	3.15	1.79	2.91	0.78	1.10	29.5	36.8	3.85	6.72	5.87
M-7	22.2	38.1	50.2	54.7	58.3	2.08	3.12	1.60	2.86	0.72	1.05	27.8	36.6	3.79	6.63	5.85

不锈的金属测头，试模放置在室内温度控制在20℃±2℃、相对湿度60%±5%的恒温干缩室内，采用测量精度为0.01mm的弓形螺旋测微计进行测量，测定基准长度后，试件的干缩龄期以测定基准长度后算起，干缩龄期为1d、3d、7d、14d、28d、60d、90d、180d或指定的干缩龄期。每个龄期测长1次。

面板混凝土的干燥收缩试验结果见表3.3-28。

表 3.3-28　　面板混凝土的干缩变形

编号	干缩变形/($\times10^{-6}$)										备　注
	1d	3d	7d	14d	28d	60d	90d	120d	150d	180d	
M-4	32	55	93	138	196	228	277	301	322	333	MgO+腈纤维
M-6	22	40	67	97	137	164	197	217	235	236	腈纤维
M-7	15	38	63	94	131	155	188	211	225	230	腈纤维

表 3.3-28 中面板混凝土的干缩试验结果表明：

(1) 普通面板混凝土与低热高性能面板混凝土，其 28d 干缩值满足设计（小于 220×10^{-6}）的要求。

(2) 高掺粉煤灰后，混凝土的用水量及其水泥用量大幅度降低，从而使混凝土的干缩值的降幅达到 25%～35%，而且随着粉煤灰掺量的增加，干缩值降幅增大，有利于提高混凝土抗裂性能。

3.4 小结

从上述的工程实例分析，防止混凝土的收缩裂缝，需要从混凝土材料、施工工艺和结构设计等方面进行系统研究。其中，混凝土材料是基础，材料性能指标不仅决定其使用性能，也是设计和施工的基本参数，目前比较成熟的混凝土防裂技术主要有 3 项，即补偿收缩混凝土防裂技术、纤维混凝土防裂技术和低胶低热混凝土防裂技术。

综合所述：

(1) 混凝土的抗裂性能首先从配合比上进行优化，良好的配合比离不开优选的混凝土原材料，如水泥、粉煤灰、砂石骨料、外加剂等。水泥宜优先采用中热或低热硅酸盐水泥；粉煤灰宜选用需水量比低的Ⅰ级粉煤灰或准Ⅰ级粉煤灰，其在混凝土中具有较好的减水效应；砂石骨料尽量选择表面黏结良好、弹性模量低、级配良好的骨料，例如灰岩、白云岩等碳酸盐骨料，其混凝土线膨胀系数明显低于板岩、砂岩、花岗岩、天然骨料等硅质岩骨料的混凝土线膨胀系数，从而提高混凝土抗裂性能；外加剂宜选用减水率高、一定含气量的优质减水剂，如聚羧酸系高性能减水剂，并和优质引气剂复合使用，可以最大限度地减少混凝土中的用水量，从而降低混凝土中的胶凝材料用量及温升值，达到提高混凝土抗裂性能的目的。

另外混凝土的抗裂性能与混凝土的极限拉伸值、轴心抗拉强度成正比；与混凝土的线膨胀系数、抗拉弹性模量成反比。

(2) 补偿收缩混凝土是在混凝土中掺入膨胀剂或直接用膨胀水泥拌制而成的一种特种混凝土，产生适度膨胀，膨胀受到约束产生的预压应力，能大致地抵消混凝土自身中出现的拉应力，补偿混凝土的各种收缩，使其不裂或少裂。

(3) 纤维混凝土属于纤维复合材料，混凝土中的纤维不是用来增强基体的刚度和强度，而是提高基体开裂后的韧性。所以纤维混凝土的重点在于水泥混凝土基体开裂后纤维的承载能力，将裂缝控制在无害的范围。

(4) 对低热高性能水工混凝土采用高掺Ⅰ级或Ⅱ级粉煤灰的思路，将常态混凝土中的粉煤灰掺量提高到40%～60%，突破了现行规程、规范的技术标准要求。粉煤灰掺量大幅度提高后，使得混凝土的水胶比、用水量大幅度降低，水胶比的降低和粉煤灰的微集料填充作用、二次水化作用，使得混凝土微结构中的有害孔隙（毛细孔）大幅度减少，干燥收缩明显小于普通混凝土，抗渗性能明显优于普通混凝土，有利于降低混凝土的抗裂风险，有效改善了混凝土的抗裂性能，简化了温控措施，降低了混凝土的综合造价，加快了施工进度，取得了显著的经济社会效益，推动了行业的技术进步。

第 4 章 超高粉煤灰掺量技术

4.1 概述

贵阳院自 2007 年以来，利用混凝土外加剂技术发展的成果，在现有的高掺粉煤灰水工混凝土技术基础上及完全满足水工混凝土现有技术性能指标的前提下，研究进一步提高粉煤灰掺量的关键技术，实现了目前相关规程规范对不同水工混凝土粉煤灰极限掺量的突破，为水工混凝土结构的温控和防裂提供更有利的条件。通过对粉煤灰利用量和利用水平的大幅提高，促进水电水利工程建设技术发展，实现节能减排、健康环保的可持续发展目标。贵阳院于 2008 年申请了中国水电工程顾问集团公司（现隶属于中国电力建设集团有限公司）的科技项目《超高粉煤灰掺量的水工混凝土关键技术研究》（CHC-KJ-2008-13）。

中国电建集团公司科研项目通过宏观性能和微观结构的系统试验研究，为超高粉煤灰掺量技术在贵州省董箐水电站、光照水电站、石垭子水电站、马马崖一级水电站等工程中的成功应用奠定基础，项目研究成果荣获 2014 年度中国电建集团科学技术一等奖、中国电力科学技术二等奖、水力发电科学技术三等奖、贵州省科技进步三等奖以及 2015 年度中国施工企业管理协会科学技术二等奖。同时，依托该项目成果，贵阳院主编贵州省地方标准《超高粉煤灰掺量水工混凝土应用技术规范》（DB52/T 1247—2017）于 2017 年 12 月 8 日正式发布。

4.1.1 研究背景

人类能源消费的剧增、化石燃料的匮乏乃至枯竭，以及生态环境的日趋恶化，迫使人们不得不思考人类社会的能源问题。国民经济的可持续发展，依仗能源的可持续供给，这就必须研究开发新能源和可再生能源。然而，由于种种原因，包括太阳能、风能、水能在内的巨大数量的能源，可以利用的仅占微乎其微的比例，因而，继续发展的潜力是巨大的。水电能源作为可再生、清洁能源之一，越来越受到各国的高度重视，近年来，许多发展中国家相继制定了一系列发展水电能源的政策。我国鼓励合理开发和利用水电资源的总体方针是确定的，而且于2003年开始，特大水电投资项目也开始向民资开放，近年以及未来数年，我国的水利水电工程建设将处于重要发展时期，一批高坝巨库（高度超过200m）的特大型大坝已经开工建设或者即将兴建。

水泥混凝土已经成为当今筑坝工程建设的最大宗和最主要的结构材料。据不完全统计，世界水泥年产量已超过15亿t，折合成混凝土应不少于60亿m^3。与其他常用建筑材料（如钢筋、木材、塑料等）相比，水泥混凝土具有生产能耗相对低，原料来源广，工艺简便，同时它还具有耐久、防火、适应性强、应用方便等特点，因此在今后相当长的时间内，水泥混凝土仍将是应用最广、用量最大的建筑材料。

大坝建设中大量使用的水泥，是能源和资源消耗大户，在水泥的生产过程中会产生大量的CO_2，一般生产1t水泥熟料将排放1t CO_2气体，给全球造成环境污染、温室效应和全球气候变暖等一系列不利影响。而且我国水泥行业已经进入低速发展期，不得不直面产能过剩在加剧、能源和环境的约束力在加强等问题，在全球可持续发展的进程中，迫切需要用其他辅助胶凝材料来大比例替代水泥，减少水泥用量，降低水泥带来的不利影响。

我国水电工程筑坝混凝土材料自20世纪80年代末期至90年代初期，开始在工程中使用粉煤灰作为掺合料代替水泥的研究，以贵州省东风水电站大坝常态混凝土使用30%～35%Ⅱ级粉煤灰，以贵州省普定水电站坝体内部碾压混凝土使用60%左右Ⅱ级粉煤灰、外部碾压混凝土粉煤灰掺量达到50%为标志性成果，将我国水工混凝土材料技术提升到了一个新的水平。我国是煤炭资源丰富的国家，是世界最大的煤炭生产国和消费国，至2013年底，全国粉煤灰产生量为5.8亿t，按一亩地堆放约1500t粉煤灰计算，估计占用40万亩农田，而且大量存储的粉煤灰会造成空气、水环境的污染，破坏生态平衡，是严重的环境和社会问题。因此，如何充分发挥我国水电资源优势，全面提升混凝土筑坝材料的性能，通过混凝土筑坝材料的科学技术创新，将造成二次污染的大量粉煤灰建筑材料资源化，实现在混凝土筑坝材料中高值化综合利用并借此全面提升混凝土筑坝材料的性能，尤其是提高混凝土筑坝材料的可施工性能、适宜的强度和强度发展、满足设计要求的力学性能、特别是耐久性能，建设安全、高效、耐久的水电工程，并节约资源和能源，保护环境，走可持续发展的水电建设道路，这便是该项目研究的技术背景。

4.1.2 超高粉煤灰掺量定义

经过对已公开的有关文献的检索查新，目前针对水电工程建设的特点，未见“超高粉煤灰掺量的水工混凝土材料”的概念、研究和相关报道，更未见相关技术知识产权的报道。

从排斥粉煤灰到如今“Ⅰ级”粉煤灰供不应求，是我国混凝土技术的一大进步，许多人认为掺粉煤灰混凝土就是“高性能混凝土”，但是大部分掺量不超过20%，有规范还规定掺量不大于15%，尽管许多人接受粉煤灰对混凝土的耐久性作用、降低混凝土温升的作用、减小收缩和抗裂的作用等观点，但潜意识里仍然持怀疑态度，这种现状实际上仍然是几十年前对掺入掺合料混凝土的思想认识的延续，而且这么多年来，全国的水工常态及碾压混凝土，以粉煤灰掺量为重要指标的水工混凝土技术水平仍然停留在原有规范要求的基础上，几乎没有大的突破和创新，到目前为止，在大坝内部碾压混凝土中粉煤灰的掺量也只有不超过60%～65%的水平，而在常态混凝土，粉煤灰的掺量更低，因此为控制混凝土的温升和温差，不得不采取一系列的降温手段，以达到减少结构混凝土因温升太迅速、散热不及时而导致出现温度裂缝的目的。然而，由于混凝土材料与生俱来的热学性能和收缩变形性能，导致仍有很多水工混凝土结构从大坝建设的一开始便出现了不同程度的开裂现象，几乎没有一个工程能够幸免产生裂缝缺陷，对大坝结构的耐久性造成了较大的影响。另外，火力发电不仅消耗大量资源，而且所排放的大量粉煤灰（渣）和有害烟气对环境造成二次污染，因此综合利用粉煤灰资源，全面提升超高粉煤灰掺量的水工混凝土材料在现代筑坝技术中的适用性，保证大坝安全运行及提升混凝土结构的性能，并实现节约投资，节约资源，保护环境，使现代筑坝技术可持续发展是值得深入研究的重大课题。

"超高粉煤灰掺量"的提出，主要以《水工混凝土掺用粉煤灰技术规范》（DL/T 5055—2007）中规定掺量为基础，采用普通硅酸盐水泥的条件下，突破规范规定的粉煤灰掺量即为本技术的研究范围。

4.2 配合比设计理念

4.2.1 "三低一高"设计理念

水工混凝土配合比的设计方法主要采用填充包裹理论。这种配合比设计方法主要基于：①砂的孔隙被水泥（及粉煤灰）浆所填裹形成砂浆；②粗骨料的孔隙被砂浆所填裹形成混凝土，以α值、β值两指标作为配合比选择的依据。α值系指灰浆体积与砂的孔隙体积之比；β值系指砂浆体积与粗骨料孔隙之比。由于考虑到水泥浆与砂浆将分别包裹粗、细骨料和施工中碾压混凝土的层面结合及运输、摊铺过程中混凝土抗分离能力，其灰浆量和砂浆量都必须留有较大的裕度。

在水电工程中寻求的是建筑结构的稳定性和耐久性，高强混凝土不是它的最终目标，而大量使用粉煤灰代替水泥作为掺合料来保证混凝土和易性、减少温度裂缝的产生、确保大体积混凝土的耐久性、改善混凝土的孔结构便成为水工混凝土的研究方向，因此，本技术仍然以填充包裹理论为指导，采用"三低一高"的配合比设计思路来实现超高粉煤灰掺量混凝土结构的高性能化，即低水胶比、低用水量、低水泥用量、超高粉煤灰掺量。

（1）低水胶比。水胶比是混凝土配合比设计的首要考虑参数之一。在掺合料等其他因素固定条件下，水胶比与混凝土强度之间存在较强的相关关系，一般来说，水胶比越低，混凝土强度越高。较低的水胶比使胶凝材料体系的水化产物更加致密，在提高混凝土强度的同时，赋予了混凝土更高的抗渗性及耐久性。根据 Kjellsen 的研究《Physical and mathematical modeling of hydration and hardening of portland cement concrete as a function of time and curing temperature》中表明水泥完全水化的理论水灰比（只考虑结晶水）为 0.25。通过吴建华、孙建全等人对《高强高性能大掺量粉煤灰混凝土研究》《采用聚羧酸系减水剂配制大掺量粉煤灰混凝土的试验研究》中表明，在现代混凝土技术水平下，粉煤灰和高效减水剂双掺作用可以使水胶比降低到这一水平甚至更低，所以低水胶比的使用已在工程中成为一种可能，这也是本技术中配合比设计原则的基础。

（2）低用水量。水是混凝土中不可或缺的组成部分，一方面水泥水化必须要有水的参与，另一方面为满足混凝土的施工性能需要水来提供帮助。但是，除参与水化反应外，混凝土中的大部分水以自由水形式存在，当混凝土硬化后，这些游离水逐渐挥发从而在混凝土中形成孔隙，对混凝土的抗冻抗渗等耐久性能极为不利。因此，在满足施工性能的前提下，尽可能减少用水量将对混凝土耐久性能的提升起促进作用。

（3）低水泥用量。水泥是混凝土最主要的胶凝材料，它与水发生水化反应生成水化硅酸钙等矿物，使混凝土骨料胶结在一起形成一定强度。但水泥水化会产生热量，在大体积混凝土中其水化热积聚使混凝土内部温度升高，内外温差导致的应力变化会引发混凝土裂缝的产生。因此，从有效地降低由于塑性收缩、自收缩、化学收缩、热收缩和干燥收缩导致混凝土的开裂风险角度来说，应尽量减少水泥用量。

（4）超高粉煤灰掺量。粉煤灰作为工业废弃物，其大量的堆放会造成环境污染和占地浪费，从节约资源能源、环境保护和可持续发展的角度讲，现代混凝土技术应多利用粉煤灰等废渣，推广“绿色”技术。

4.2.2 实现手段

众所周知，随着粉煤灰等掺合料掺量的增加，在不改变配合比水胶比的条件下，混凝土的强度值随着下降。该技术的应用初衷就是要在保证混凝土结构的工作性、耐久性和稳定性的前提下，尽可能提高粉煤灰的应用量，因此提出了“三低一高”的配合比设计理念，而实现这一技术的关键环节在于降低水胶比和减少单位用水量。理论和实践不断告诫我们，“任何一项设计理念的更新和施工技术的变革，首先是材料领域的一场革命”。例如，没有化学外加剂的出现，便没有混凝土材料的今天；没有大流态混凝土材料的出现，便不会带动泵送混凝土施工技术的革新，也就不会有泵送设备的出现、崛起和发展。因此，该技术从混凝土材料自身寻找突破口，选择具有减水率高、兼容性与保塑性好、环保无污染等特点，尤其适宜制备高性能混凝土的聚羧酸系高性能减水剂来保证该技术得以实现。

碾压混凝土以干硬性为主要特点，且掺合料用量较高，虽然采用高减水效果的减水剂后仍有可提高粉煤灰掺量的空间（该技术在碾压混凝土中的应用将在工程应用实例进行阐述），但是常态混凝土因其设计龄期短、强度要求高等原因，在配合比设计中出现胶凝材料用量高，单位用水量大，掺合料用量少等特点，采用聚羧酸性能减水剂作为媒介后，使粉煤灰的利用量大大增加，实施效果较为明显，所以常态混凝土是该技术研究的重点，下文以此为例进行分析。

4.3 混凝土性能

该技术室内试验从出机拌和物和硬化混凝土为主要对象，研究了在相同胶凝材料总量、相同水胶比的条件下，粉煤灰掺量从30%～80%的常态混凝土性能。研究中采用了贵州明达水泥有限公司生产的“明鹰”牌P.O 42.5水泥、安顺火电厂生产的Ⅱ级粉煤灰、贵州北盘江董箐水电站砂石骨料系统生产的灰岩人工骨料、武汉奥维邦公司生产的GTA聚羧酸系高性能减水剂、山西黄河新型化工有限公司生产的HJAE－A引气剂。

4.3.1 配合比及抗压强度

强度是衡量胶凝材料宏观性能的一个重要力学指标，本次试验研究的粉煤灰混凝土选取了水胶比为0.40条件下，粉煤灰掺量为30%、40%、50%、60%、70%、80%六种，二级配（中石：小石＝50：50）常态混凝土配合比进行研究，其粉煤灰混凝土配合比见表4.3－1。经过试验得到不同粉煤灰掺量的混凝土抗压强度特性见表4.3－2，不同粉煤灰掺量及不同龄期下的混凝土抗压强度变化规律如图4.3－1所示。

表4.3－1 粉煤灰混凝土配合比

编号	水胶比	用水量/(kg/m³)	砂率/%	单位材料用量					引气剂/(1/万)	减水剂/%
				水泥/(kg/m³)	粉煤灰		砂子/(kg/m³)	石子/(kg/m³)		
					用量/(kg/m³)	掺量/%				
1	0.40	125	47	218.8	93.7	30	913.5	1053.5	0.2	1.0
2	0.40	125	47	187.5	125.0	40	910.1	1049.6	0.2	1.0
3	0.40	125	46	156.3	156.3	50	887.5	1065.5	0.2	1.0
4	0.40	125	46	125	187.5	60	884.2	1061.6	0.2	1.0
5	0.40	125	45	93.8	218.7	70	861.9	1077.4	0.6	0.9
6	0.40	125	45	62.5	250.0	80	858.7	1073.4	0.9	0.6

表4.3－2 粉煤灰混凝土抗压强度

编号	容重/(kg/m³)	坍落度/cm	含气量/%	抗压强度/MPa									
				3d	7d	14d	28d	60d	90d	120d	180d	270d	360d
1	2397	14.5	4.7	20.9	27.3	32.8	40.2	44.9	47.2	49.0	51.8	53.4	55.2
2	2404	17.0	4.5	15.7	23.3	27.9	34.3	39.8	43.2	44.4	46.1	48.7	50.2
3	2406	19.3	4.2	11.2	17.2	22.2	27.6	34.1	37.2	39.4	41.0	42.5	44.0
4	2417	17.6	3.3	8.7	13.7	19.8	26.0	32.6	35.3	36.5	37.9	39.0	39.2
5	2411	18.1	3.5	7.0	9.4	13.8	20.0	25.3	27.9	29.4	30.2	31.5	31.8
6	2431	19.0	2.55	3.6	4.6	8.0	12.6	16.5	17.7	18.5	19.8	20.2	20.4

从不同粉煤灰掺量在不同龄期内的混凝土试件抗压强度试验结果可以看出：

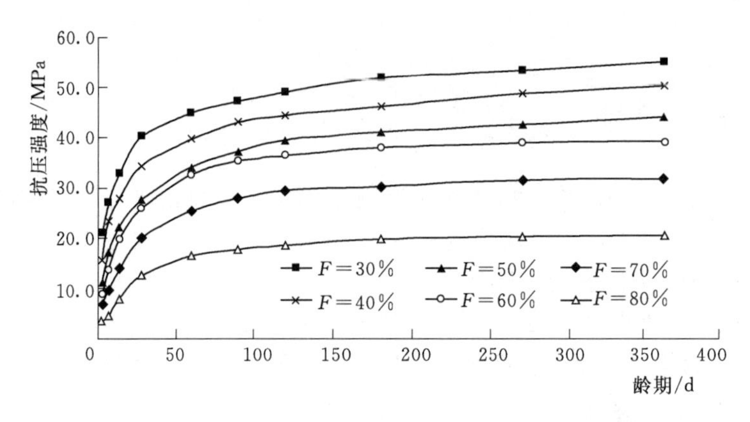

图 4.3-1 粉煤灰混凝土抗压强度与试验龄期曲线

（1）各种配合比中不论粉煤灰掺量大小，相同掺量粉煤灰混凝土抗压强度值均随着龄期的增长而增大，而且粉煤灰掺量低的配合比强度增长幅度大，粉煤灰掺量高的配合比强度增长幅度较小。

（2）从不同龄期抗压强度曲线上可见，30%～80%这6种粉煤灰掺量的混凝土从3d～90d强度涨幅大，90d龄期以后强度趋于平缓，这是由于水泥水化主要在7d之前，而粉煤灰的潜在活性作用可在28d后发挥出增强的作用，但是随着时间的延长，其粉煤灰的潜在活性作用越来越小。

（3）由于粉煤灰在胶凝体系中的二次水化活性作用，不同粉煤灰掺量的混凝土在养护龄期延长后，强度均有不同程度的增长，因此，在超高粉煤灰掺量的水工混凝土技术应用中，可将设计龄期延长至60d以上。

（4）相同水胶比情况下，粉煤灰掺量越大，对早期抗压强度和最终稳定抗压强度均有较大的削弱作用。

（5）粉煤灰掺量达到80%后，混凝土早期强度低，后期强度发展也不是很理想，考虑工程应用中的强度等级及胶凝材料总量的控制要求，初步给定70%掺量的粉煤灰等量代替水泥已达到混凝土中粉煤灰掺量极限值的参考范围。

4.3.2 抗冻性能

混凝土由于其内部结构的多孔性，在低温时内部细孔中的水分由于受到冻结影响产生膨胀压力，而剩余的未冻结水分被挤压到附近的孔隙和毛细管中，在此过程中产生液体压力，并与结冰水的膨胀压力双重作用使混凝土受到破坏，即使温度回升这种破坏也是不可恢复的，该现象称为混凝土的冻害，也就是我们通常称之为的冻融破坏，冻融破坏导致混凝土膨胀、表层剥落、崩裂等劣化现象的发生。抗冻性是指混凝土在水饱和的状态下能经受多次冻融循环作用而不发生破坏的性能，可间接反映混凝土抵抗环境水浸入及抵抗冰压力的能力，因此抗冻性是混凝土耐久性的一项重要指标，本次试验进行了详细研究及分析。

影响混凝土抗冻性的因素有水胶比、含气量、强度和掺合料种类。本次研究中水胶比和掺合料种类相同，虽然引气剂的掺量随着粉煤灰掺量的增加而增加，但是保证了各个配合比中含气量相当，排除因混凝土含气量的不同导致抗冻性能的差异，所以仅考虑由于不同粉煤灰掺量和不同龄期下条件影响下的粉煤灰混凝土抗冻性能及其损伤规律，其试验结果见表 4.3-3。

表 4.3-3　粉煤灰混凝土抗冻性能

编号	龄期/d	相对动弹性模量/%				质量损失/%				抗冻等级
		25 次	50 次	75 次	100 次	25 次	50 次	75 次	100 次	
1	28	94.2	91.3	85.9	82.2	0.58	0.82	0.94	1.08	≥F100
	90	95.0	93.3	90.6	87.7	0.41	0.61	0.72	0.88	≥F100
	180	95.4	94.0	93.4	90.8	0.40	0.50	0.55	0.62	≥F100
	360	96.6	96.1	94.5	93.2	0.27	0.27	0.33	0.57	≥F100
2	28	93.0	91.1	85.3	82.5	0.66	0.90	1.01	1.08	≥F100
	90	95.2	92.7	89.0	86.6	0.46	0.72	0.85	0.94	≥F100
	180	96.4	94.0	91.5	89.1	0.33	0.58	0.65	0.77	≥F100
	360	96.5	94.3	93.0	90.8	0.33	0.45	0.52	0.65	≥F100
3	28	93.8	91.7	87.8	82.9	0.61	0.75	0.81	1.06	≥F100
	90	94.4	92.2	88.5	84.3	0.20	0.40	0.61	0.82	≥F100
	180	95.5	93.0	89.9	86.4	0.15	0.20	0.33	0.47	≥F100
	360	96.1	93.7	90.3	88.4	0.13	0.18	0.27	0.33	≥F100
4	28	92.7	86.9	82.8	78.4	0.72	0.99	1.14	1.26	≥F100
	90	93.6	91.2	88.0	85.2	0.35	0.52	0.76	0.94	≥F100
	180	94.3	92.0	89.5	87.1	0.22	0.46	0.53	0.56	≥F100
	360	96.0	93.8	92.1	89.9	0.15	0.22	0.32	0.50	≥F100
5	28	86.5	74.2	70.2	67.1	1.00	1.80	2.21	2.54	≥F100
	90	91.2	90.5	86.8	80.4	0.55	0.76	0.98	1.23	≥F100
	180	94.5	91.0	88.2	84.1	0.29	0.54	0.79	0.92	≥F100
	360	95.4	93.7	94.2	88.4	0.20	0.24	0.38	0.73	≥F100
6	28	73.9	70.8	67.9	64.2	1.99	2.24	2.67	3.05	≥F100
	90	77.0	73.2	69.6	65.9	1.52	1.87	2.25	2.85	≥F100
	180	83.5	76.0	74.2	69.0	1.28	1.64	1.96	2.47	≥F100
	360	90.8	84.6	76.7	72.8	0.89	1.23	1.58	1.90	≥F100

1. 龄期、粉煤灰掺量与动弹性模量、循环次数的关系

（1）相同龄期情况下，不同掺量粉煤灰混凝土的动弹性模量与循环次数试验结果如图 4.3-2～图 4.3-5 所示。

（2）相同粉煤灰掺量混凝土在各种不同龄期情况下的动弹性模量与循环次数试验结果如图 4.3-6～图 4.3-11 所示。

2. 龄期、粉煤灰掺量与质量损失率、循环次数的关系

（1）相同龄期情况下，不同掺量粉煤灰混凝土的质量损失率与循环次数试验结果如图

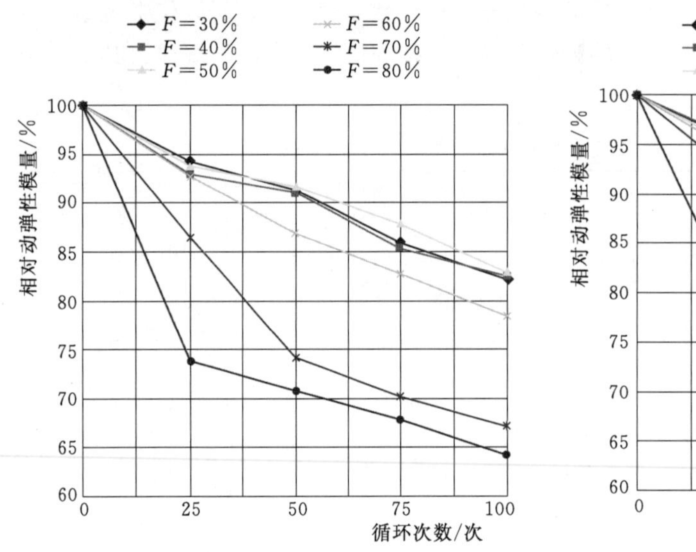

图 4.3－2　28d 龄期混凝土动弹性模量对比

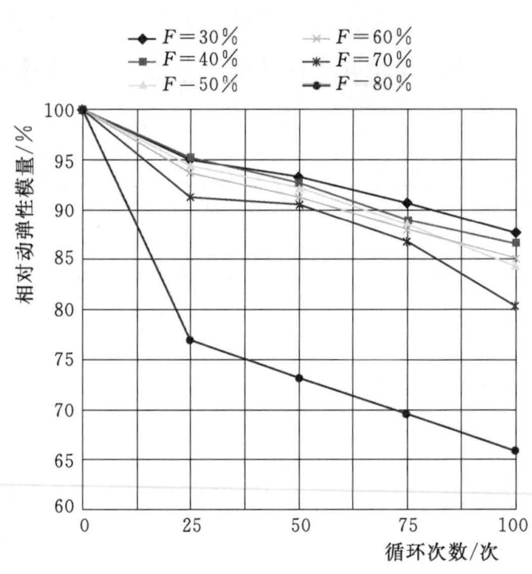

图 4.3－3　90d 龄期混凝土动弹性模量对比

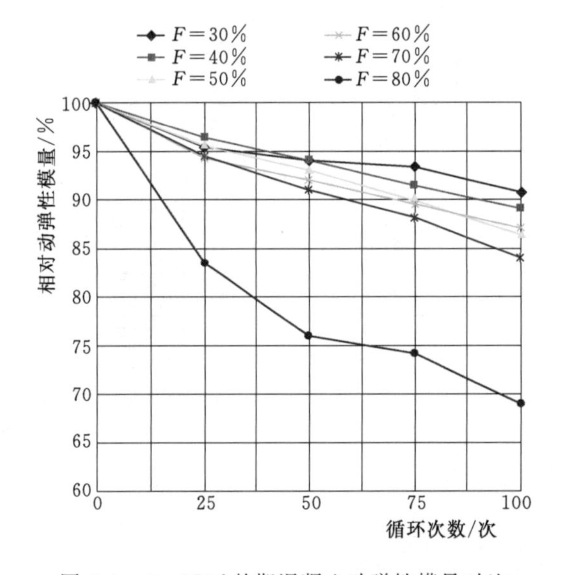

图 4.3－4　180d 龄期混凝土动弹性模量对比

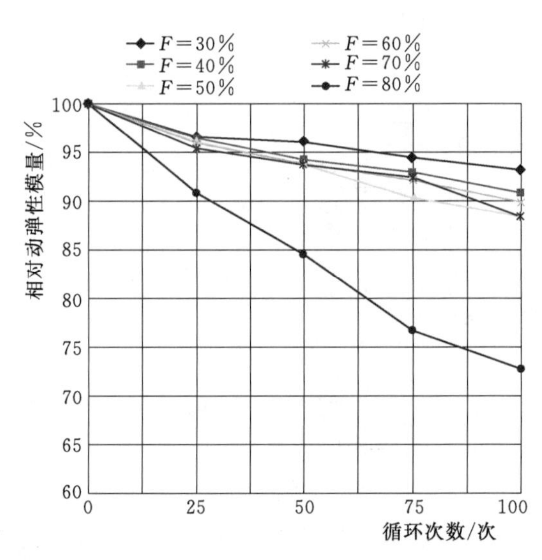

图 4.3－5　360d 龄期混凝土动弹性模量对比

4.3－12～图 4.3－15 所示。

（2）相同粉煤灰掺量混凝土在各种不同龄期情况下的质量损失率与循环次数试验结果如图 4.3－16～图 4.3－21 所示。

对不同粉煤灰掺量和不同龄期下的抗冻性能及其损伤规律进行分析，结论如下：

1）粉煤灰掺量从 30%～80%、试验龄期从 28～360d 的混凝土抗冻性能均满足 F100 要求。

2）冻融循环作用下相对弹性模量的损伤演化规律：在相同试验龄期中，粉煤灰掺量越大其相对动弹性模量越小，但是在 28d 试验龄期时，混凝土相对动弹性模量随着粉煤灰

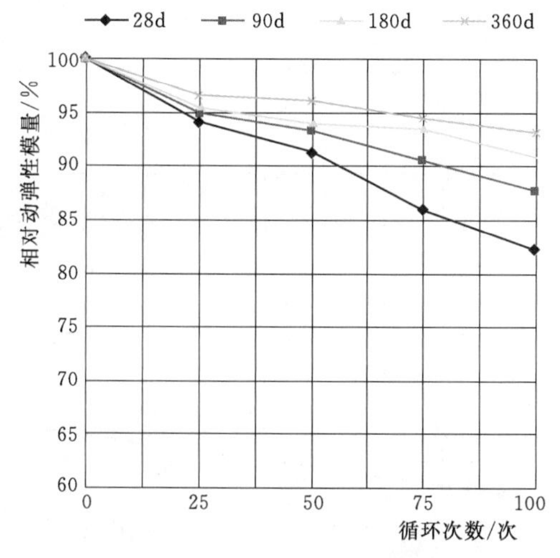

图 4.3-6　$F=30\%$混凝土动弹性模量对比

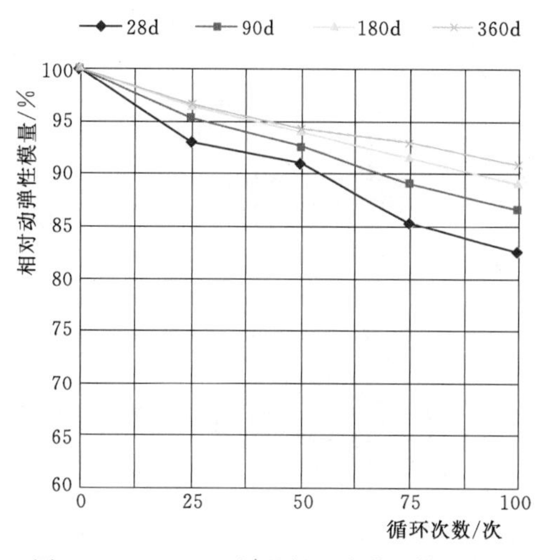

图 4.3-7　$F=40\%$混凝土动弹性模量对比

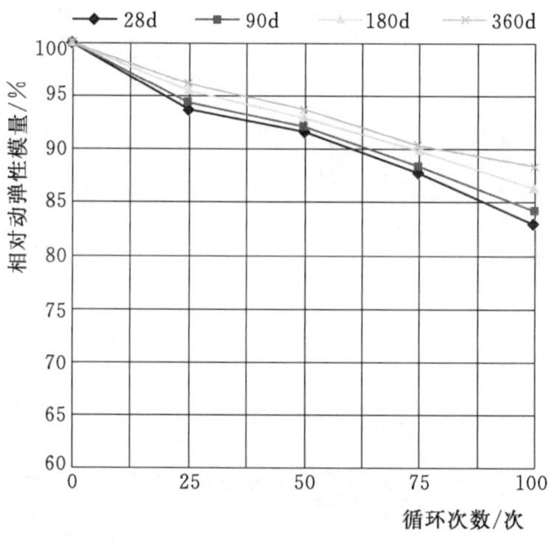

图 4.3-8　$F=50\%$混凝土动弹性模量对比

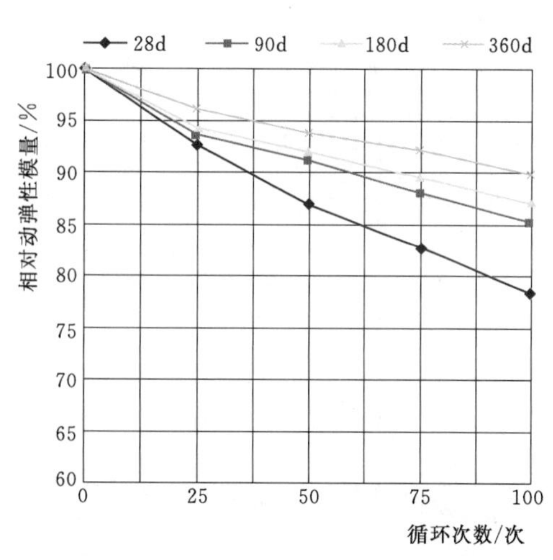

图 4.3-9　$F=60\%$混凝土动弹性模量对比

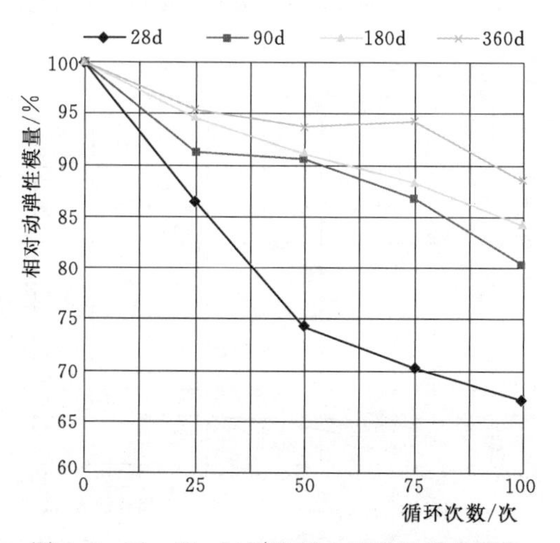

图 4.3-10　$F=70\%$混凝土动弹性模量对比

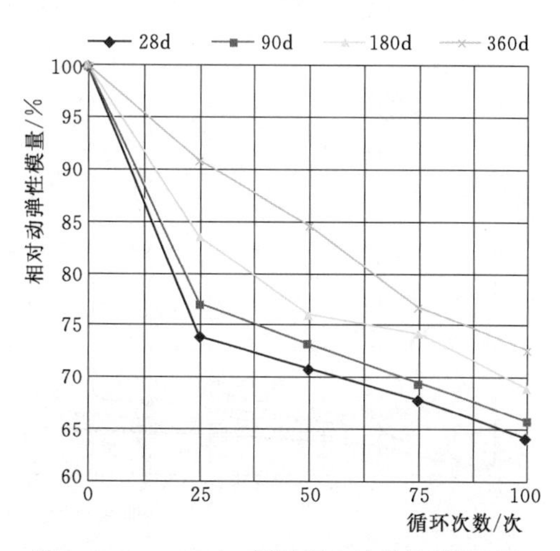

图 4.3-11　$F=80\%$混凝土动弹性模量对比

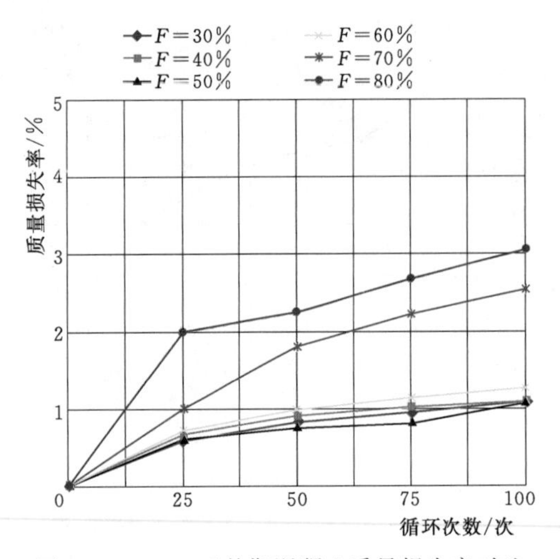

图 4.3-12 28d 龄期混凝土质量损失率对比

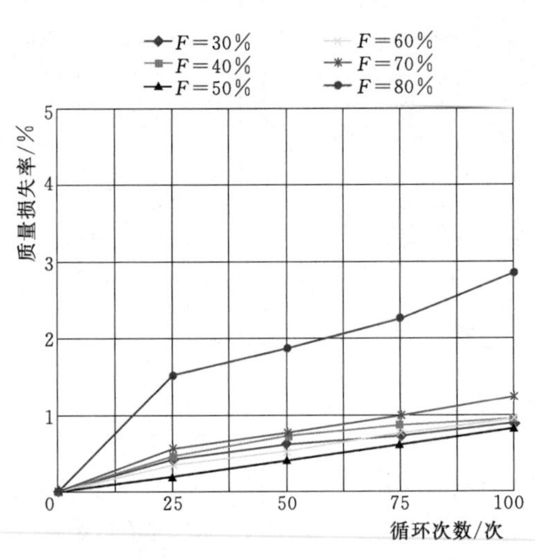

图 4.3-13 90d 龄期混凝土质量损失率对比

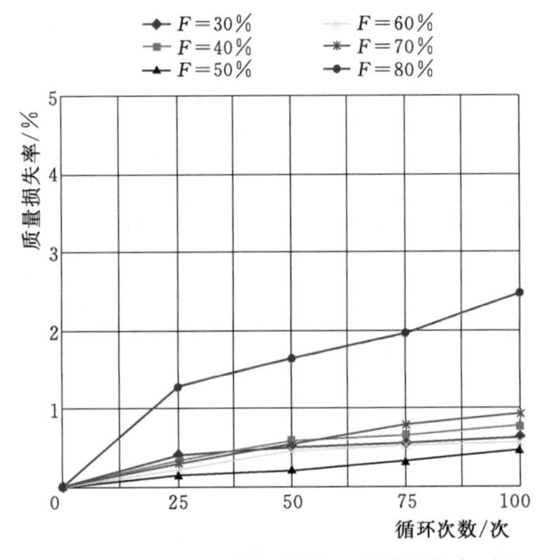

图 4.3-14 180d 龄期混凝土质量损失率对比

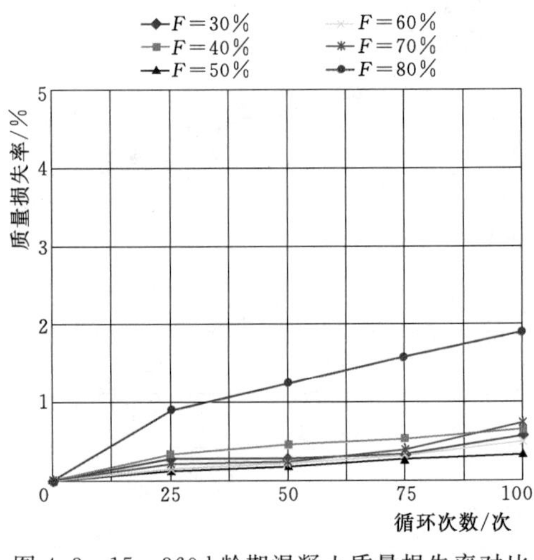

图 4.3-15 360d 龄期混凝土质量损失率对比

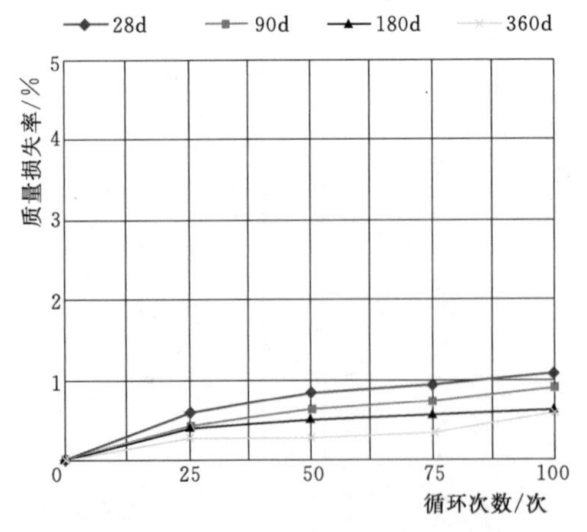

图 4.3-16 $F=30\%$混凝土质量损失率对比

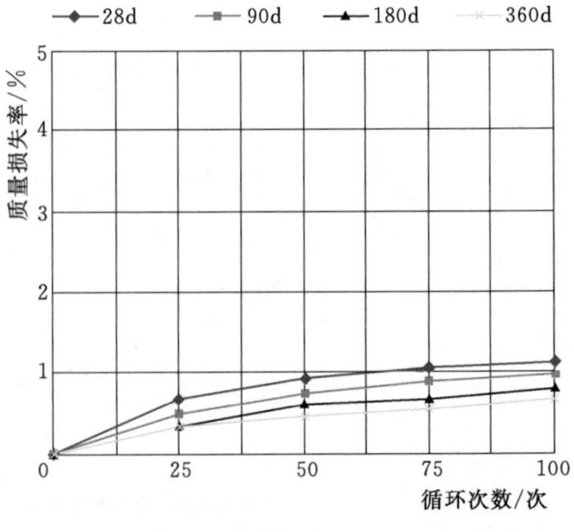

图 4.3-17 $F=40\%$混凝土质量损失率对比

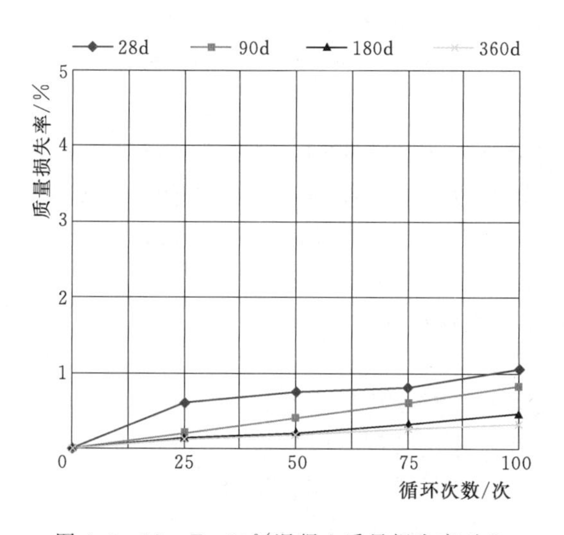

图 4.3-18 F=50%混凝土质量损失率对比

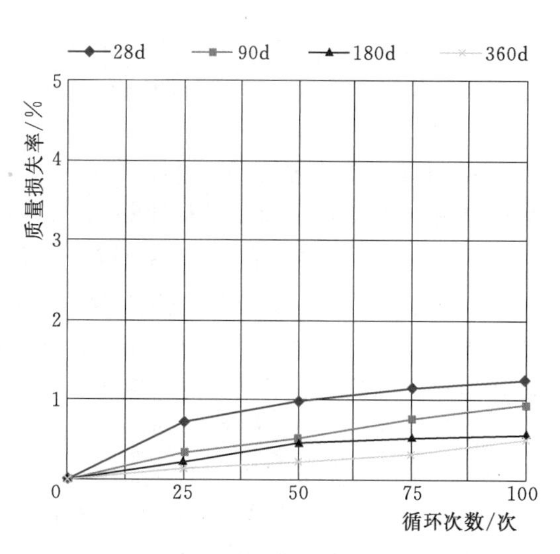

图 4.3-19 F=60%混凝土质量损失率对比

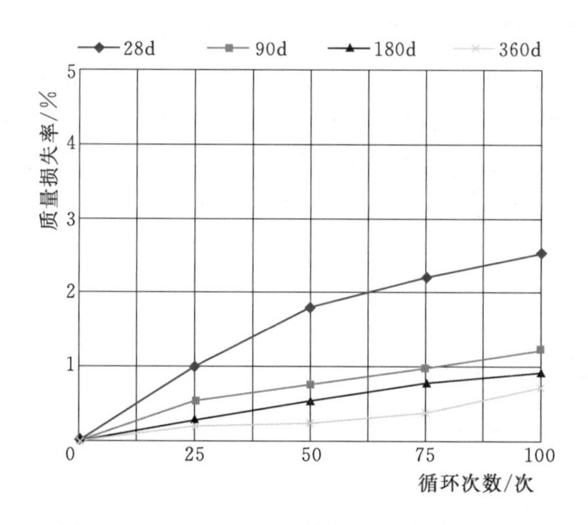

图 4.3-20 F=70%混凝土质量损失率对比

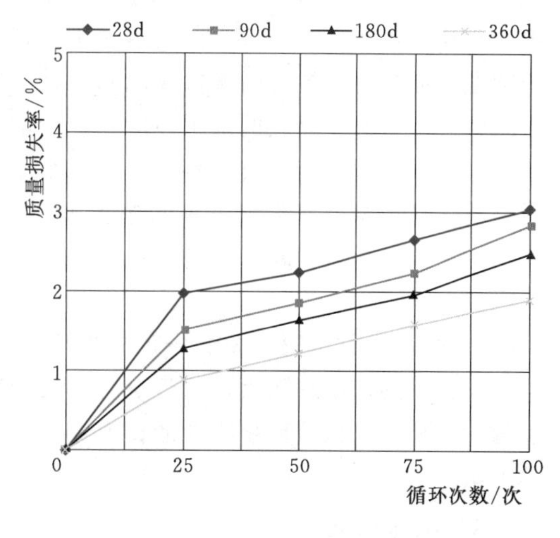

图 4.3-21 F=80%混凝土质量损失率对比

掺量的增大先降低后增大再降低，即相对动弹性模量指标随着粉煤灰掺量的变化存在峰值，该值点对应为50%粉煤灰掺量。

在相同的粉煤灰掺量条件下，随着试验龄期的延长其相对弹性模量逐渐增大。比较30%～80%粉煤灰掺量混凝土抗冻性能的相对动弹性模量指标曲线发现，50%粉煤灰掺量时，28d、90d、180d、360d四个龄期曲线之间的差距最小，70%粉煤灰掺量时，四根曲线之间的差距最大，而80%粉煤灰掺量时，由于各个龄期混凝土劣化均较为严重。

3）冻融循环作用下质量损失率的损伤演化规律：在相同试验龄期中，不论龄期长短，粉煤灰掺量越大其质量损失率都存在相同的规律，即先减小后增大再减小，其峰值点在50%粉煤灰掺量处。

在相同的粉煤灰掺量条件下，随着试验龄期的延长其质量损失率逐渐减小。比较30%～80%粉煤灰掺量混凝土抗冻性能的质量损失率指标曲线发现，30%～60%粉煤灰掺量时，28d、90d、180d、360d四个龄期曲线之间的差距相差不大；70%粉煤灰掺量时，因28d质量损失率较大，而后期随着时间的延长，质量损失率变小，导致四个龄期曲线之间的差距最大。

4）不同粉煤灰掺量（$F=30\%\sim80\%$）的混凝土28d龄期时，50%粉煤灰掺量的混凝土抗冻性能最优，但是总体来讲30%～60%粉煤灰掺量的混凝土抗冻性能相差不大，表现为随着粉煤灰掺量的增加略有降低；但是当掺量增至70%及以上时，混凝土的抗冻性能下降幅度较大。说明在60%粉煤灰掺量以下，混凝土短龄期中的粉煤灰形态效应主要表现为改善浆体的填充结构，减少胶凝体系中毛细管数量，从而降低了在冻融循环中的破坏通道，改善了混凝土的抗冻性能。

5）不同粉煤灰掺量（$F=30\%\sim80\%$）的混凝土90d甚至更长龄期时，粉煤灰掺量在30%～70%时混凝土抗冻性能相差不大，随着粉煤灰掺量的增加略有降低；当粉煤灰掺量增至80%时，混凝土360d龄期的抗冻性能降幅都较大。说明在长龄期中粉煤灰主要表现为活性效应和微集料效应，活性效应表现为随着龄期的增长，粉煤灰中的酸性氧化物（如SiO_2及Al_2O_3）为主要成分的玻璃相，在潮湿环境中可与C_3S及C_2S的水化物氢氧化钙起作用，生成C-S-H及C-A-H凝胶体，对硬化水泥浆体起增强作用，宏观表现为长龄期中混凝土的抗压强度持续增长，而80%粉煤灰掺量时，总体上对混凝土抗压强度削减较大，虽然混凝土的抗压强度处于微增长趋势，但即使到360d龄期时都无法弥补削减的强度，所以混凝土抗冻性能下降很快。微集料效应表现为后期粉煤灰活性效应发生后，粉煤灰很多微珠玻璃体表面遭到破坏，表面覆盖了一层水化产物，增加了微集料界面，增强了粉煤灰颗粒作为微集料与水化浆体之间的黏结力，从而提高了混凝土的强度和抗冻性。

6）分析总结本阶段30%～80%粉煤灰掺量的混凝土抗冻性能研究，70%以上掺量的混凝土抗压强度削减较大，而且混凝土长龄期强度发展较慢，其不同龄期的抗冻性能降幅也较为明显，所以按照抗冻性能试验结果判定70%粉煤灰掺量应作为混凝土高掺粉煤灰的上限。

4.3.3 绝热温升

混凝土的绝热温升是指在绝热条件下，混凝土胶凝材料（包括水泥、掺合料等）在水化过程中的温度变化及最高温升值。

本次粉煤灰混凝土的绝热温升试验结果见表4.3-4，绝热温升曲线如图4.3-22所示。

粉煤灰混凝土绝热温升试验结果及曲线图表明：在保持胶凝材料总量和水胶比不变条件下，随着粉煤灰掺量的提高，混凝土绝热温升值逐步下降，在混凝土水化早期，其下降趋势更为明显，对施工初期温控防裂提供了便捷条件。

4.3.4 变形性能

1. 干缩变形

混凝土的干缩变形是测定混凝土在无外荷载和恒温条件下由于干缩引起的轴向长度变形。粉煤灰混凝土的干缩变形试验结果见表4.3-5和图4.3-23。

表 4.3-4　　粉煤灰混凝土的绝热温升　　单位：℃

编号	绝热温升													
	1d	2d	3d	4d	5d	6d	7d	10d	14d	18d	21d	24d	28d	最终	拟合公式
1	17.9	24.5	27.8	29.7	31.2	32.1	32.8	34.3	35.3	35.9	36.2	36.4	36.6	38.1	$T=38.1d/(d+1.12)$
2	13.4	19.8	23.4	25.6	27.3	28.4	29.4	31.2	32.4	33.3	33.7	34.0	34.3	36.4	$T=36.4d/(d+1.68)$
3	9.8	15.3	18.8	21.3	23.1	24.5	25.5	27.7	29.4	30.4	31.0	31.3	31.7	34.6	$T=34.6d/(d+2.51)$
4	8.7	13.8	17.0	19.5	21.1	22.5	23.7	25.8	27.5	28.8	29.3	29.7	30.2	33.2	$T=33.2d/(d+2.84)$
5	7.6	12.3	15.5	17.9	19.5	21.0	22.1	24.4	26.3	27.1	27.7	28.2	28.8	32.0	$T=32.0d/(d+3.18)$
6	7.2	11.7	14.6	17.0	18.6	19.9	21.1	23.4	25.3	26.3	27.0	27.5	28.0	31.4	$T=31.4d/(d+3.41)$

注　式中 T 为混凝土的温升，d 为混凝土的龄期（d）。

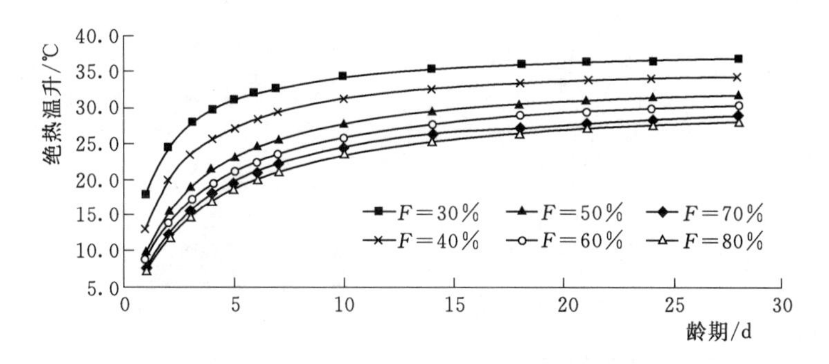

图 4.3-22　粉煤灰混凝土的绝热温升曲线

表 4.3-5　　粉煤灰混凝土的干缩变形　　单位：$\times10^{-6}$

编号	1d	3d	7d	14d	28d	60d	90d	120d	150d	180d
1	13.2	33.1	66.3	96.6	136.2	191.0	215.5	228.0	237.0	241.0
2	11.5	18.4	59.8	91.2	126.8	176.4	199.6	213.4	225.5	230.8
3	9.0	23.0	54.6	83.1	118.9	162.2	185.5	203.5	214.4	218.6
4	7.3	18.2	45.0	73.5	110.5	151.0	172.8	191.7	204.6	210.3
5	5.8	13.3	35.8	63.5	101.9	139.3	160.4	180.2	194.8	202.0
6	5.5	11.5	32.2	59.6	92.3	128.0	152.7	174.5	190.4	201.4

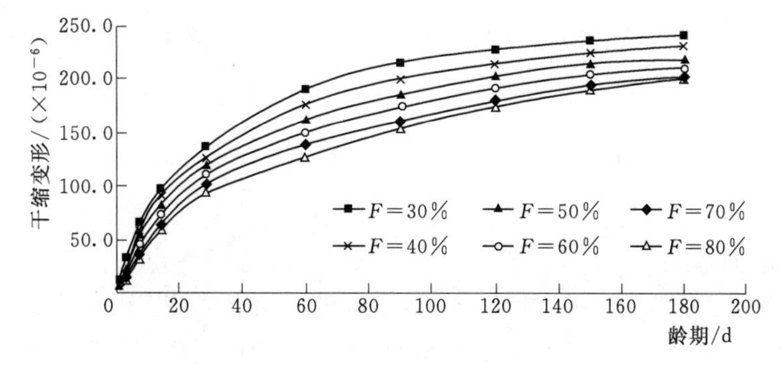

图 4.3-23　粉煤灰混凝土干缩变形曲线

混凝土干缩试验结果表明：在保持胶凝材料总量和水胶比不变条件下，随着粉煤灰掺量的提高，混凝土干缩降低，且降低趋势逐步减弱。当粉煤灰掺量达70%以上时，混凝土的后期干缩仍在增长。

2. 自生体积变形

自生体积变形主要是测定混凝土自身的体积膨胀（或收缩）变形，是检测混凝土抗裂性的重要指标。如果混凝土的自生体积变形为较大的收缩，对其抗裂性是极为不利的，它与混凝土的干缩变形和温降变形相叠加，导致大体积混凝土开裂的可能性就大。粉煤灰混凝土自生体积变形试验结果见表4.3-6和图4.3-24。

表4.3-6　粉煤灰混凝土自生体积变形　单位：$\times10^{-6}$

编号	1d	3d	7d	14d	28d	60d	90d	120d	180d	270d	360d
1	0.6	0.2	−2.5	−5.6	−12.7	−24.3	−28.0	−30.2	−31.4	−32.3	−32.8
2	0.9	0.6	0.2	−1.8	−7.9	−15.5	−19.6	−21.0	−21.5	−21.8	−22.2
3	1.5	2.1	2.4	2.8	1.5	−3.8	−7.7	−10.2	−11.0	−11.6	−11.8
4	1.8	2.5	2.2	1.0	0.4	−2.5	−6.8	−9.3	−9.8	−10.2	−10.0
5	2.0	2.0	1.4	0.2	0.0	−0.8	−4.3	−5.5	−6.5	−7.0	−6.9
6	2.1	1.9	1.0	−0.4	−0.9	−1.2	−2.9	−3.4	−3.8	−4.2	−4.0

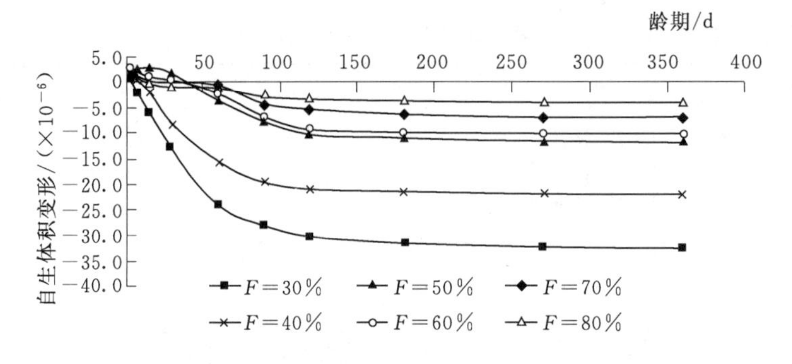

图4.3-24　粉煤灰混凝土自生体积变形曲线

混凝土自生体积变形试验结果及曲线图表明：混凝土后期自生体积变形均为收缩型，随着粉煤灰掺量的提高，混凝土自生体积变形收缩值降低，说明粉煤灰能有效抑制混凝土的自身收缩。

3. 混凝土徐变

混凝土徐变是测定混凝土圆柱体试件在恒定的受压荷载（一般为破坏荷载的30%左右）作用下，随时间增长的变形。本次选取粉煤灰混凝土中粉煤灰掺量为50%的配合比进行了加荷龄期分别为7d、28d、90d、180d、360d的徐变试验，试验结果见表4.3-7和图4.3-25。另外，为研究粉煤灰掺量对徐变的影响，选取了粉煤灰掺量为30%～80%的配合比进行加荷龄期为28d的徐变试验，试验结果见表4.3-8和图4.3-26。

表 4.3-7　　粉煤灰掺量 50%混凝土的徐变度　　单位：$\times 10^{-6}$/MPa

持荷时间 $t-\tau$ \ 加荷龄期 τ	7d	28d	90d	180d	360d
1d	2.2	1.4	1.1	0.7	0.5
3d	7.2	3.4	2.3	1.5	1.1
7d	9.4	4.5	3.2	2.2	1.6
14d	13.1	6.5	4.3	2.8	2.2
28d	16.2	8.3	5.1	3.5	2.7
50d	18.5	9.8	5.9	3.9	3.0
90d	20.1	11.0	7.0	4.8	3.8
120d	21.3	11.8	7.4	5.1	4.0
150d	22.3	12.5	7.8	5.4	4.2
180d	23.1	13.2	8.1	5.6	4.4
240d	24.5	14.0	8.6	5.9	4.7
300d	25.5	14.8	9.3	6.5	5.2
360d	25.7	15.2	9.4	6.8	5.5

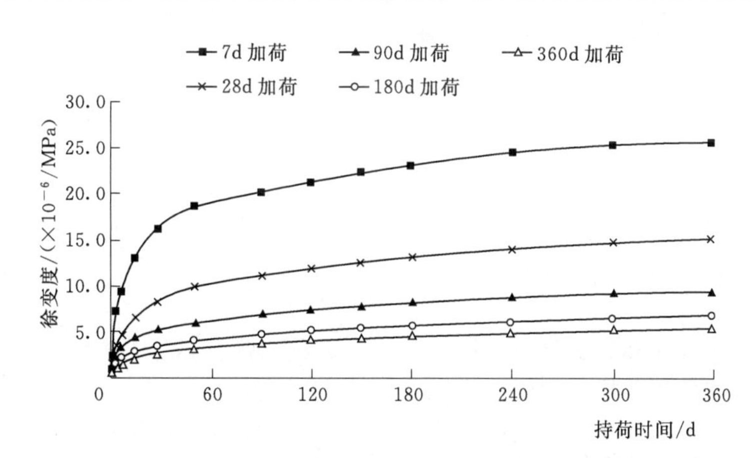

图 4.3-25　粉煤灰掺量 50%配合比的徐变度曲线

表 4.3-8　　不同粉煤灰掺量的混凝土加荷龄期 28d 徐变度　　单位：$\times 10^{-6}$/MPa

持荷时间 $t-\tau$ \ 粉煤灰掺量	F=30%	F=40%	F=50%	F=60%	F=70%	F=80%
1d	3.8	2.2	1.4	2.4	3.3	5.2
3d	7.2	4.9	3.4	5.2	6.9	9.3
7d	9.0	6.3	4.5	7.5	10.3	14.2
14d	11.9	8.8	6.5	10.2	13.5	16.9
28d	14.6	11.0	8.3	12.2	15.8	19.8
50d	16.5	12.8	9.8	14.1	17.8	22.4

续表

持荷时间 $t-\tau$ \ 粉煤灰掺量	$F=30\%$	$F=40\%$	$F=50\%$	$F=60\%$	$F=70\%$	$F=80\%$
90d	18.3	14.3	11.0	15.6	19.6	25.0
120d	19.0	15.1	11.8	16.5	20.6	26.2
150d	19.5	15.6	12.5	17.1	21.2	27.1
180d	19.9	16.2	13.2	17.7	21.8	27.8
240d	20.5	16.8	14.0	18.6	22.5	28.7
300d	20.9	17.4	14.8	19.2	23.1	29.4
360d	21.2	17.9	15.2	19.7	23.5	29.8

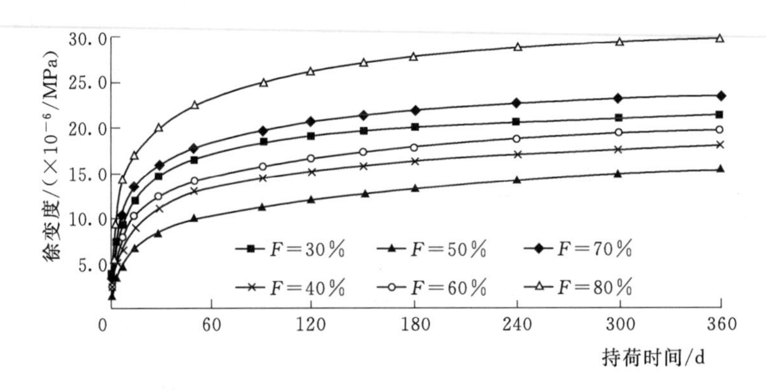

图 4.3-26 不同粉煤灰掺量混凝土加荷龄期 28d 徐变度曲线

徐变试验结果表明：

（1）混凝土徐变度随加荷龄期的增大而减小，在同一加荷龄期下，随持荷时间的延长呈缓慢增长。

（2）在固定水胶比和胶凝材料总量条件下，加荷龄期 28d 的混凝土徐变度与粉煤灰掺量密切相关，随着粉煤灰掺量的增大，混凝土徐变度先减小后增大，在粉煤灰掺量 50% 左右达到最小值。这可能与粉煤灰在此掺量下产生了最佳的“微集料效应”有关。

4.4 水泥砂浆溶蚀性能

根据水工混凝土建筑物的结构性特点和所处工作环境的不同，常见的病害主要有裂缝、冻胀、冲磨空蚀、碱骨料反应、碳化、溶蚀和侵蚀 7 大类，其中前 3 类属于物理性病害，后 4 类属于化学性病害。由此可见，混凝土耐久性的各种破坏过程几乎都与混凝土的传输能力有密切关系，而通过对传输机理的研究，可以了解到混凝土的水分条件影响着液体传输的每个阶段，因此，研究混凝土的水分传输过程与理论对深入认识混凝土的耐久性问题有着重要意义。随着人们对混凝土性能要求的提高以及混凝土多样性发展，比如纤维混凝土、大掺量粉煤灰混凝土等一些高性能混凝土等的广泛应用，其遭受溶蚀侵害的机理特性以及性能影响等方面也有待研究。本节通过对不同掺量粉煤灰对水泥砂浆溶蚀后性能的试验研究，深入分析粉煤灰在水泥砂浆劣化过程中的作用机理，为宏观性能提供理论依据。

4.4.1 试验方案

1. 试验配合比

主要选定 28d 和 90d 龄期水泥砂浆材料体系，开展粉煤灰对水泥砂浆溶蚀特性的影响研究，具体配合比见表 4.4-1。

表 4.4-1　电化学加速溶蚀砂浆试样配合比

编号	水灰比	粉煤灰掺量/%	胶砂比	减水剂/%	扩散度/mm
MT	0.35	0	1:2.5	0.90	180
MF30T	0.35	30	1:2.5	0.60	230
MF35T	0.35	35	1:2.5	0.60	230
MF40T	0.35	40	1:2.5	0.50	220
MF45T	0.35	45	1:2.5	0.50	220
MF50T	0.35	50	1:2.5	0.50	230
MF55T	0.35	55	1:2.5	0.50	230
MF60T	0.35	60	1:2.5	0.40	240
MF70T	0.35	70	1:2.5	0.40	250

表 4.4-1 中每种配合比试件成型 24 块，分为 4 组。其中 2 组成型时在每块试件中部插有 50mm×50mm 铜网，作为养护 28d 和 90d 龄期开始通电溶蚀样，试样编号见表 4.4-1；另外 2 组作为溶蚀试验的对比样，试样编号是将溶蚀样编号中的 T 替换为 R，如基准水泥砂浆对比样编号为 MT，溶蚀样编号为 MR。

试验时，将养护至 28d、90d 龄期砂浆试件自养护室中取出，其中通电的一组需要进行电化学试验预处理，具体试验步骤是，首先将相同配比的 6 块试件用导线并联接入通电装置，并在接头处使用绝缘胶布和玻璃胶进行密封处理，待凝固后向电解槽中加去离子水，通电，开始电化学加速溶蚀试验，如图 4.4-1 所示，其中在每组配比砂浆试样的大电解槽（30mm×20mm×10mm）加入 1800mL 去离子水。而对比样一组 6 块试件从养护室取出后，立即将其浸泡于 20℃饱和氢氧化钙溶液中继续养护。

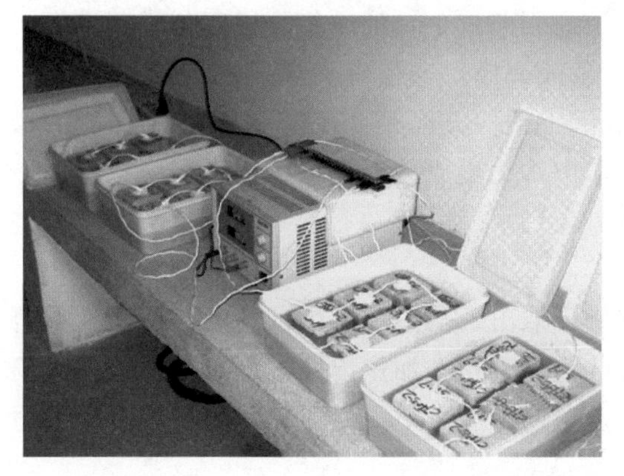

图 4.4-1　试件与试验装置

2. 换水周期

换水周期的选择从根本上来讲取决于氢氧化钙的溶解度，本研究通过前期试验的探索(综合考虑试件的尺寸、数量、溶剂的体积)，确定了不同水化龄期体系下的换水周期。

4.4.2 溶蚀特性

本节以 Ca^{2+} 溶出量（以 CaO 质量计）、抗压强度及孔结构分析等作为评价指标，研究经过多个换水周期，溶蚀破坏后各组掺量粉煤灰试样性能的劣化程度。

1. 钙离子的溶出量

溶出液以钙离子为主，电化学加速混凝土溶蚀的过程中，对溶液中钙离子含量进行测试，当通电溶蚀到下一个换水周期时，采用酸碱中和滴定法，测定溶出液中氢氧化钙的浓度，每次测试后更换电解槽中的溶液，之后重新接入电路，直到试件溶蚀破坏为止。

具体计算公式为

$$N=(V_{HCl}\times 0.1)/(2\times 20) \quad (4.4-1)$$

式中 N —溶出氢氧化钙的摩尔浓度，mol/L；

V_{HCl}——滴定时消耗的盐酸量，mL。

去离子水对水泥水化产物的溶蚀直观表现为钙的溶出，并使水化浆体内高钙硅比水化产物逐渐转变为低钙硅比的水化产物，目前，常以氧化钙的溶出量反映水泥基材料的溶蚀情况。由氢氧化钙换算为氧化钙的计算公式为

$$C=MNV_W \quad (4.4-2)$$

式中 C——氧化钙的溶出量，g；

V_W——电解槽溶液的体积，1800m 或 600mL；

M——CaO 的摩尔质量，56g/mol。

具体以标准条件下养护至 28d 龄期基准水泥砂浆开始溶蚀试验为例，说明其计算过程，见表 4.4-2。

按照式（4.4-1）和式（4.4-2）分别计算养护到 28d 和 90d 开始溶蚀试验的砂浆试样的累积钙离子溶出量，并绘制累计氧化钙溶出量—溶蚀持续时间之间的关系曲线如图 4.4-2 所示。

从图 4.4-2 可以看出，在溶蚀试验过程中，试样的 CaO 溶出量具有 3 个共同特点：①试样的氧化钙溶出量均随溶蚀试验龄期的延长而逐渐减小，最后趋于稳定；②基准水泥样（MT）的 CaO 累积溶蚀量明显高于掺有粉煤灰试样；③掺有粉煤灰的各组试样 CaO 的累积溶出量随粉煤灰掺量增大而降低。分析认为，一方面是由于随粉煤灰取代量的增加，混合相中水泥熟料所占的比例在减少，浆体中水化生成的氢氧化钙含量相应减少；另一方面，粉煤灰的二次水化反应消耗了部分氢氧化钙。

2. 溶蚀对抗压强度的影响

在溶蚀试验结束之后，立即将试件从电解槽中取出，从溶蚀后试件的外貌图发现，溶蚀后试样外表面均有肉眼可见的微裂缝。分析认为，电化学加速溶蚀过程是通过试件表面向内部扩散过程，浆体表面在溶蚀过程中不可避免的产生了 Ca/Si 的梯度，收缩产生应力在不同区域上的差值造成。

表 4.4-2　　养护至28d基准水泥砂浆溶出量

T_C/d	T_I/d	V_{HCl}/mL	N/(mol/L)	D/mol	C/g	CC/g
3	3	9.6	0.024	0.0432	2.4192	2.4192
6	3	8.4	0.021	0.0378	2.1168	4.536
9	3	6.6	0.0165	0.0297	1.6632	6.1992
12	3	5.5	0.01375	0.02475	1.386	7.5852
15	6	2.7	0.00675	0.01215	0.6804	8.2656
21	6	2.0	0.005	0.009	0.504	8.7696
27	6	1.5	0.00375	0.00675	0.378	9.1476
33	6	1.0	0.0025	0.0045	0.252	9.3996
39	6	0.6	0.0015	0.0027	0.1512	9.5508
45	6	0.4	0.001	0.0018	0.1008	9.6516
51	6	0.4	0.001	0.0018	0.1008	9.7524
57	6	0.2	0.0005	0.0009	0.0504	9.8028
63	6	0.2	0.0005	0.0009	0.0504	9.8532

注　T_C 为溶蚀龄期（d）；T_I 为溶蚀间隔时间（d）；N 为溶出氢氧化钙的摩尔浓度（mol/L）；V_{HCl} 为滴定时消耗的盐酸量（mL）；D 为 Ca^{2+} 溶出量（mol）；C 为 CaO 溶出量（g）；CC 为 CaO 累计溶出量（g）。

在标准养护条件下，养护到28d龄期的各组掺量粉煤灰水泥砂浆试件在进行了63d的通电试验的同时，其对比样也在饱和氢氧化钙溶液中养护到90d龄期，而养护到90d龄期的各组掺量粉煤灰水泥砂浆试件在进行了267d的通电试验的同时，其对比样也在饱和氢氧化钙溶液中养护到360d龄期，测试两组试验龄期下，各粉煤灰掺量水泥砂浆试件溶蚀前后的抗压强度，试验结果如图4.4-3和图4.4-4所示。

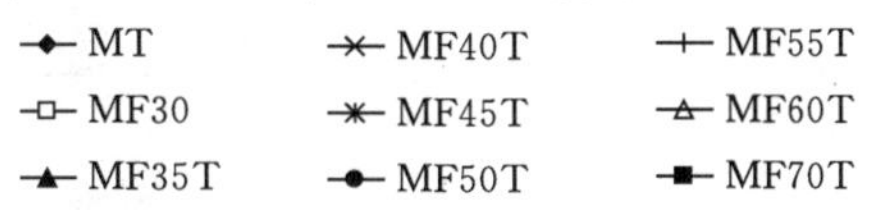

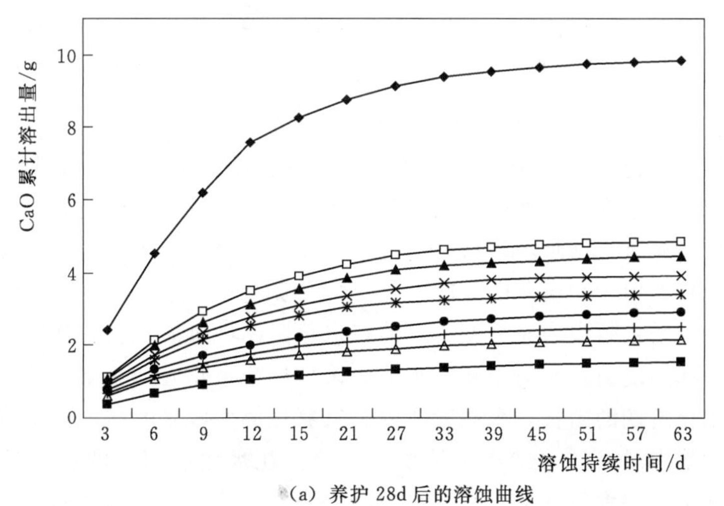

(a) 养护28d后的溶蚀曲线

图 4.4-2（一）　砂浆试件历次累积溶出 CaO 质量变化曲线

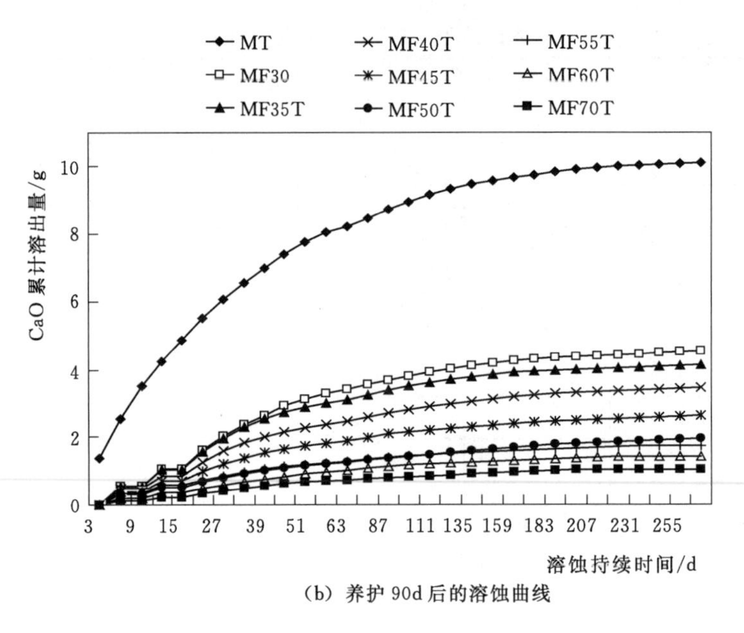

(b) 养护 90d 后的溶蚀曲线

图 4.4-2(二) 砂浆试件历次累积溶出 CaO 质量变化曲线

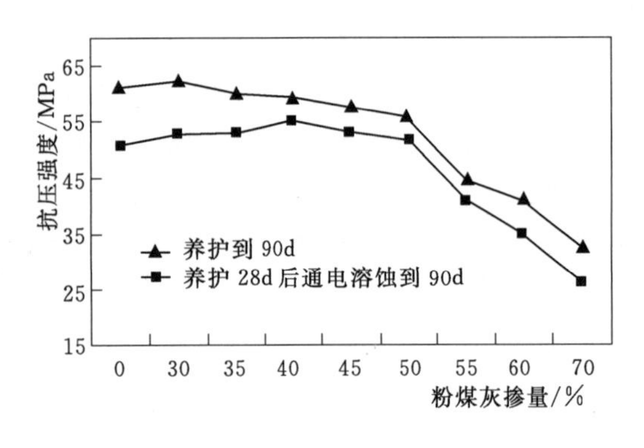

图 4.4-3 90d 龄期下不同掺量粉煤灰水泥砂浆溶蚀前后的抗压强度

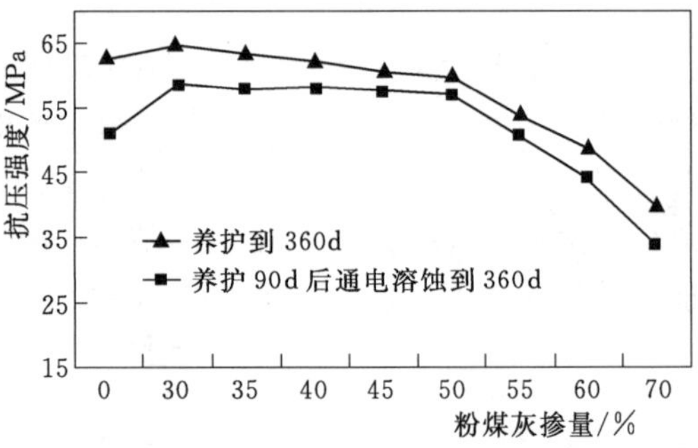

图 4.4-4 360d 龄期下不同掺量粉煤灰水泥砂浆溶蚀前后的抗压强度

从图 4.4-3、图 4.4-4 可以看出，在 90d 和 360d 两个试验龄期下，溶蚀前后各水泥砂浆的抗压强度变化总体的趋势是相同的，即经电化学溶蚀后，所有试件的强度均有下降，但掺有粉煤灰砂浆强度下降幅度均低于基准水泥砂浆试件，由此看出，水泥中掺入一定量的粉煤灰可以显著提高水泥基材料的抗溶蚀侵蚀能力。分析认为，一方面，随水化龄期的延长，水化后期由于粉煤灰的二次水化反应使浆体微结构得到明显改善；另一方面，由于粉煤灰火山灰增强效应的充分发挥，使得水化浆体中氢氧化钙含量明显降低，因此提高了其抗溶蚀破坏的能力，而对于基准水泥砂浆，尽管水化后期其浆体孔结构也得到明显提高，但随着水化龄期的延长，水化浆体内部氢氧化钙生成量的增加，使得其经溶蚀破坏后，氢氧化钙的溶出量对比早龄期试件要高，而且在水化后期，虽然水泥硬化体结构密实，但是在相同密实程度条件下，基准水泥砂浆通电溶蚀破坏持续的时间较长，因此其强度下降率对比掺有粉煤灰试件反而有所增加。

3. 溶蚀对孔结构的影响

孔结构是水泥基材料微结构的重要组成部分，一些宏观性质，如强度、硬度、渗透、侵蚀等与孔结构都有直接关系。因此，详细分析水泥基材料的孔结构对理解其宏观力学及耐久性能有重要意义。本章通过采用吸水动力学法测试不同水化龄期（养护到28d和90d开始通电）砂浆的孔结构参数（平均孔径$\bar{\lambda}$和孔径均匀性α），研究溶蚀前后对不同掺量粉煤灰水化浆体孔结构的影响规律。

吸水动力学法分析孔结构时采用平均孔径$\bar{\lambda}$和孔径均匀性α两个参数来表征，试验研究了90d和360d两个龄期下，不同粉煤灰掺量复合体系孔隙的结构特性，具体试验结果如图4.4-5～图4.4-8所示。

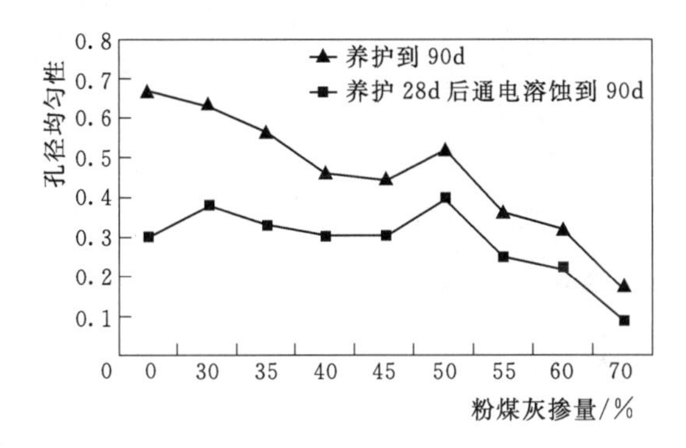

图4.4-5　90d龄期不同掺量粉煤灰对溶蚀前后砂浆孔径均匀性的影响

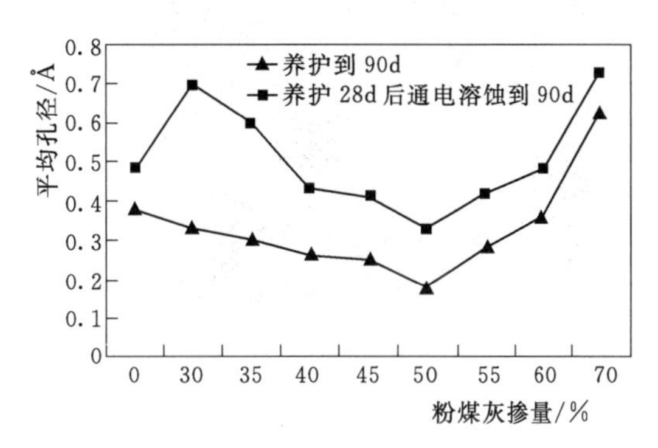

图4.4-6　90d龄期不同掺量粉煤灰对溶蚀前后砂浆平均孔径的影响

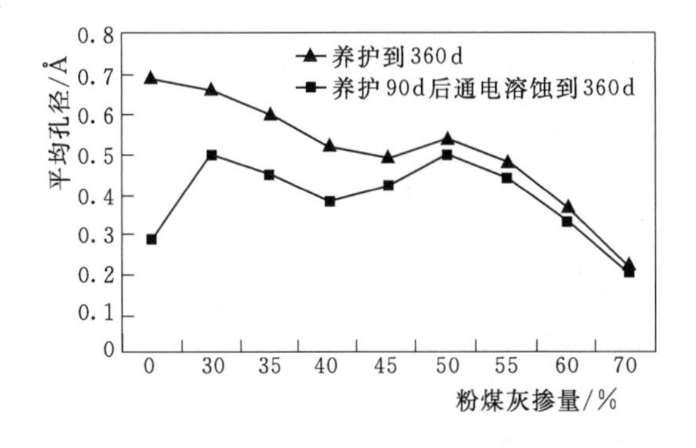

图4.4-7　360d龄期不同掺量粉煤灰对溶蚀前后砂浆孔径均匀性的影响

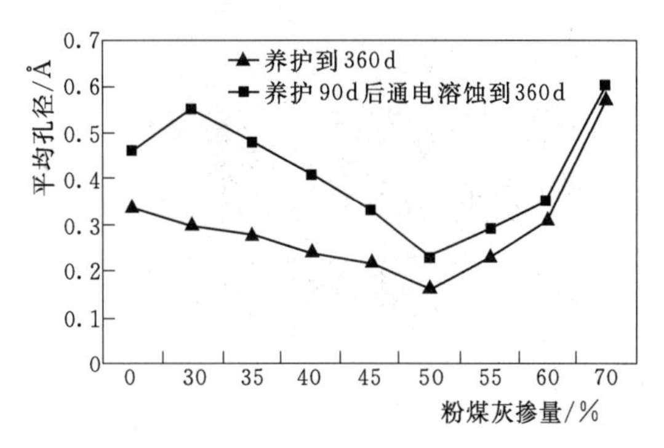

图4.4-8　360d龄期不同掺量粉煤灰对溶蚀前后砂浆平均孔径的影响

从图4.4-5～图4.4-8中可以看出，两个水化龄期砂浆试样溶蚀破坏后孔结构总体的变化趋势是相同的，溶蚀后都使得各水化浆体孔均匀性变差，平均孔径增大，孔结构劣化。对比掺有粉煤灰的砂浆，基准水泥砂浆在溶蚀破坏后，孔结构劣化的程度更为严重，且基准水泥砂浆随水化龄期的延长，溶蚀破坏后的孔结构劣化程度也略有增大，而粉煤灰在提高浆体抗溶蚀的作用上是显而易见的。尤其是对于长龄期的砂浆，粉煤灰外掺在70%时，溶蚀后砂浆平均孔径基本没有变化，说明了高掺粉煤灰的优势。

4.4.3 微观形貌

为研究溶蚀破坏对不同水化浆体水化产物形貌、形状和尺寸的影响，本节收集了溶蚀前后基准水泥砂浆和掺有50%粉煤灰的砂浆进行了SEM和EDXA观测分析。图4.4-9和4.4-10分别为水化360d的基准水泥砂浆和掺有50%粉煤灰水泥砂浆电化学溶蚀前后的SEM微观形貌和EDXA面扫描试验结果。

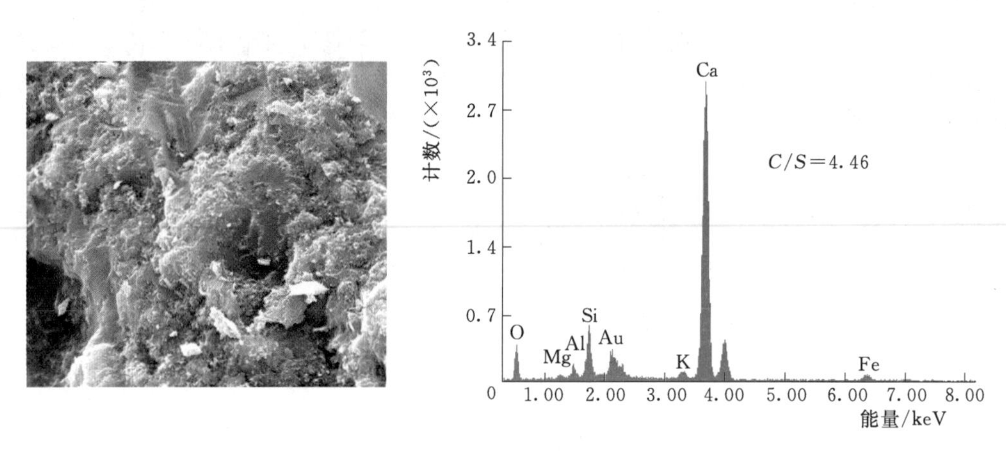

(a) 溶蚀前

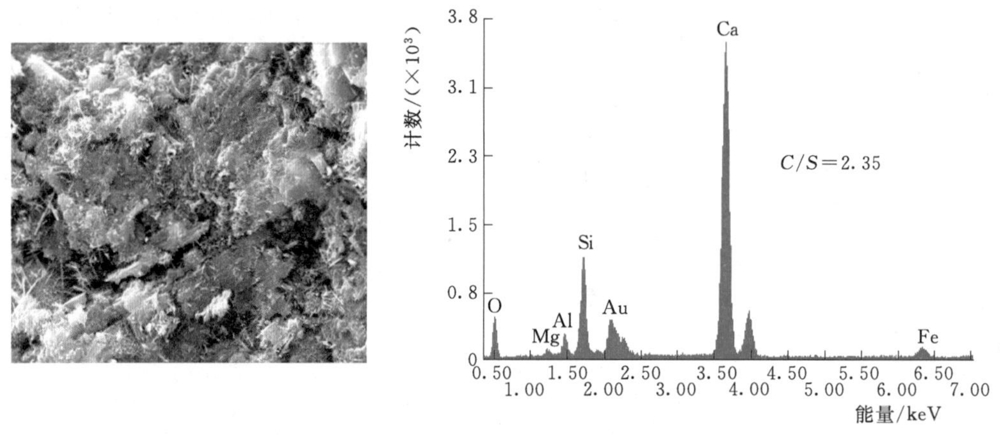

(b) 溶蚀后

图4.4-9 基准水泥砂浆水化360d溶蚀前后的SEM图和EDXA能谱分析

从图4.4-9可以看到，与水化360d后基准水泥砂浆的对比样相比，溶蚀破坏后试样的表面形貌变得疏松，水化产物相之间孔隙增多，板状C-S-H明显减少，而纤维状C-S-H水化产物量急剧增加，进一步对两幅形貌图进行EDXA面扫描发现，溶蚀后浆体的钙硅比（C/S），由对比样中的4.46降低到2.35，分析认为，由于电化学溶蚀钙离子的溶出，使得浆体钙硅比下降，再由NMR试验分析结果得知，溶蚀后水化产物C-S-H聚合度提高，致使生成了大量的链状C-S-H，微观形貌上表现为，溶蚀后水化浆体内新增了许多纤维状C-S-H水化产物。

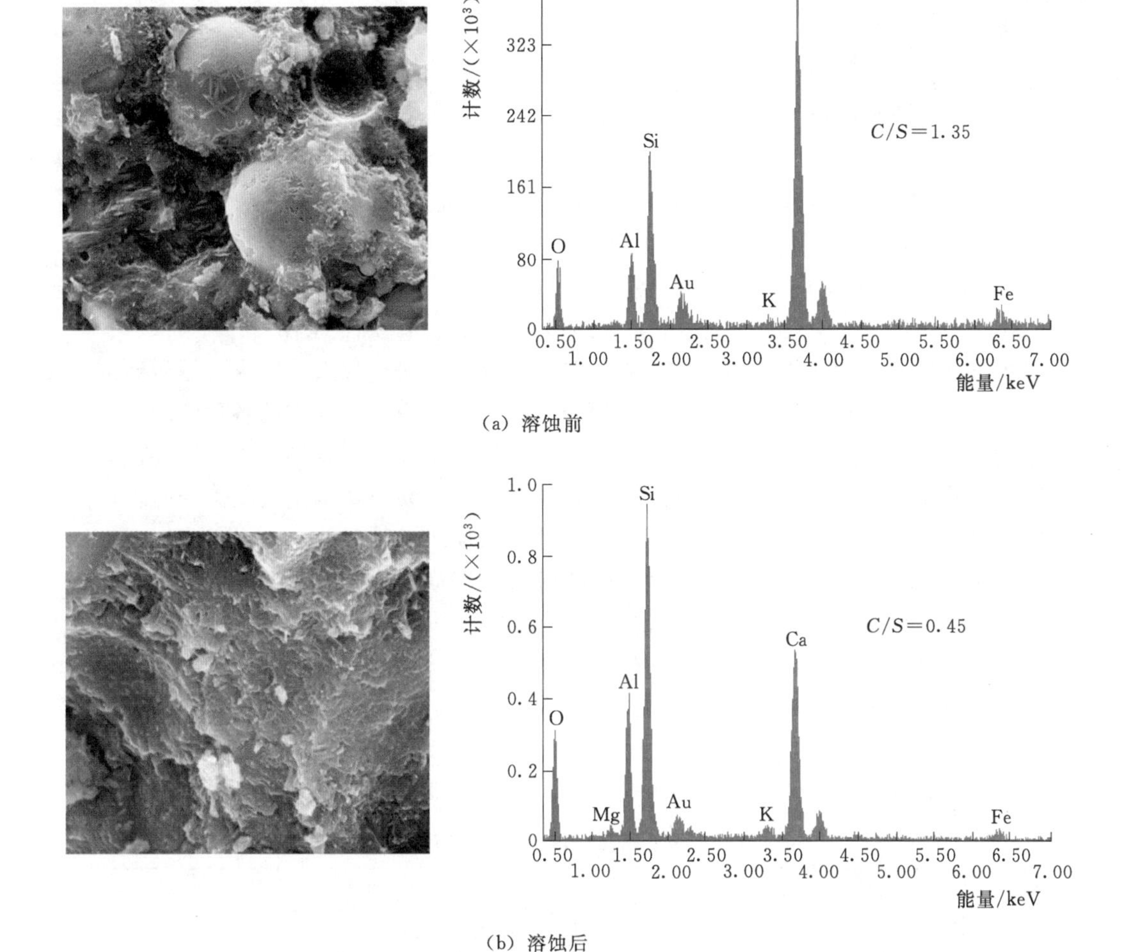

(a) 溶蚀前

(b) 溶蚀后

图 4.4-10 掺有 50%粉煤灰水泥砂浆水化 360d 溶蚀前后的 SEM 图和 EDXA 能谱分析

从图 4.4-9 (a) 和 4.4-10 (a) 可以看出，对比基准水泥砂浆，掺有 50%粉煤灰的砂浆的表面有较多纤维状水化产物，分析认为，在水泥中掺入 50%粉煤灰后，浆体的钙硅比由 4.46 下降到了 1.35，水化产物相 C-S-H 的聚合度提高了，这与 NMR 分析结果是一致的。从图 4.4-9 (b) 和 4.4-10 (b) 可以看到，与基准水泥砂浆样相比，掺有粉煤灰砂浆溶蚀后试样的表面纤维状水化产物量有所减少，进一步对两种材料体系下 SEM 图进行 EDXA 面扫描发现，溶蚀后浆体的钙硅比由对比样中的 2.35 降低到了 0.45，结合上述 NMR 的试验结果，分析认为，水泥中掺入 50%粉煤灰后，随着 C/S 的降低，C-S-H 会由纤维状变为薄片状，对应 SEM 结果看到，C-S-H 纤维状水化产物减少了，薄片状 C-S-H 增加，该结果与孔结构的裂化过程相符，而在宏观性能上的表现即为水泥基材料的抗压性能有所改善。

4.5 工程应用

4.5.1 贵州董箐水电站

北盘江董箐水电站是西电东送第二批重点电源建设项目之一，为二等大（2）型工程，位于镇宁县与贞丰县交界的北盘江干流下游，距红水河河口102km，距省会贵阳市221km，距上游马马崖水电站65km。该电站的开发任务是“以发电为主，航运次之，兼顾其他”。水库正常蓄水位490.00m，总库容9.55亿m^3，属日调节水库。电站总装机容量880MW（4台×220MW），保证出力172MW，年发电量31亿kW·h。

自贵阳院针对董箐水电站进行超高粉煤灰掺量混凝土研究以来，院内根据研究进展多次进行阶段总结和评审，不断丰富和完善研究方案，解决研究中存在的各种问题，并提交了相应的阶段报告。根据研究进展，经建设各方协调在工地进行现场室内验证性试验，并选择相应的施工试验块进行现场小规模施工试验，对超高粉煤灰掺量混凝土的施工性能和力学性能进行验证，为推进超高粉煤灰掺量混凝土的应用总结经验。

2008年7月21日上午，江南公司在溢洪道右边墙高程0+525.5～0+547.5处浇筑C30泵送混凝土约100m^3。江南公司采用2m^3强制式控制室，单次最大拌和量为1.8m^3，搅拌时间为30s，对混凝土进行拌和。在拌和楼出机口测得混凝土坍落度为20.5cm，试验检测中心将试样取回室内测得坍落度为18.5cm，含气量为3.5%。出机混凝土自流平，泵送效果非常好，施工方便快速。

本次超高粉煤灰掺量溢洪道边墙混凝土配合比及性能见表4.5-1～表4.5-3。

表4.5-1　溢洪道泄槽边墙超高粉煤灰掺量混凝土配合比

强度等级	水胶比	砂率/%	F掺量/%	减水剂/%	级配（中：小）	材料用量/(kg/m^3)					坍落度/cm
						用水量	水泥	粉煤灰	砂	石	
C30	0.33	46	50	1.3	55：45	110	166.7	166.7	897	1076	16～18

表4.5-2　溢洪道泄槽边墙超高粉煤灰掺量混凝土出机性能

强度等级	坍落度/cm		含气量/%	容重/(kg/m^3)
	试验检测中心	江南公司	试验检测中心	试验检测中心
C_{30}W8F100	18.5	20.5	3.5	2395

表4.5-3　溢洪道泄槽边墙高掺粉煤灰混凝土现场取样抗压强度　单位：MPa

强度等级	7d抗压强度		14d抗压强度		28d抗压强度	
	试验中心	江南公司	试验中心	江南公司	试验中心	江南公司
C_{30}W8F100	18.8	24.2	25.3	31.6	30.5	36.7

图4.5-1为现场浇筑混凝土拆模后的照片，(a)为边墙全景，(b)和(d)为与高掺粉煤灰混凝土(c)先后浇筑的普通混凝土，3组对比混凝土的浇筑长度均为24m。普通

(a) 边墙全景

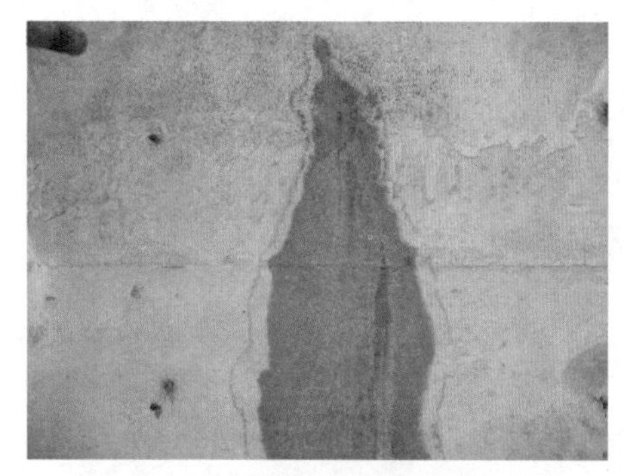

(b) 位于c左侧普通混凝土

(c) 高掺粉煤灰混凝土

(d) 位于c右侧普通混凝土

图 4.5-1 溢洪道边墙施工现场照片

混凝土均在5～6m处出现了裂缝，有的甚至是贯穿型裂缝；而超高粉煤灰掺量混凝土在整个浇筑范围内，未出现一条裂缝，充分体现了超高粉煤灰掺量混凝土高抗裂性的特点，同时也说明超高粉煤灰掺量混凝土技术在董箐水电站的现场试验取得了成功，验证了此方案的可行性，为该技术的进一步推广应用奠定了基础。

4.5.2 贵州沙阡水电站

沙阡水电站位于贵州省北部正安县格林镇的芙蓉江干流河段上，距正安县城9km。电站装机容量50MW。枢纽建筑物主要由挡水建筑物、泄水建筑物、引水发电系统等组成，大坝为碾压混凝土重力坝，最大坝高50m。大坝内部碾压混凝土强度等级为C_{90}15W6F50三级配。

2012年2月，贵阳院组织沙阡水电站大坝混凝土配合比专题会议，结合高掺粉煤灰筑坝技术在光照水电站、董箐水电站、石垭子水电站已局部成功使用的实践经验，提出了在沙阡水电站大坝工程全坝使用该项技术，其中碾压混凝土粉煤灰掺量提高至70%。同时，会议对前期所做的混凝土配合比参数进行了部分调整，并要求根据现场碾压试验情况和配合比现场验证确定最终推荐配合比。

1. 室内推荐混凝土配合比

根据控制总胶凝材料用量、提高粉煤灰掺量的设计原则，经过混凝土配合比室内优化试验确定的推荐配合比见表4.5-4。

表 4.5-4　　大坝内部碾压混凝土推荐配合比

混凝土强度等级	级配	水胶比	砂率/%	材料用量/(kg/m³)						减水剂/%	引气剂/(1/万)
				水	水泥	粉煤灰		砂	石子		
						用量	掺量				
$C_{90}15W6F50$	三	0.50	34	80	48	112	70%	748	1479	0.8	2

试验研究表明，$C_{90}15W6F50$ 碾压混凝土中掺入70%的粉煤灰，推荐的碾压混凝土配合比，其抗压强度、抗拉强度、极限拉伸值、抗压弹性模量均满足设计要求；抗冻等级均满足设计F50设计要求；抗渗等级均满足设计W6设计要求。由于采用高掺粉煤灰技术，碾压混凝土的绝热温升值不高，对提高混凝土的抗裂性有利。碾压混凝土的自生体积变形前期呈收缩型，相对收缩量不大，后期（90d以后）收缩趋于稳定。

2. 现场碾压试验

2012年2月23—24日在沙阡水电站现场进行现场碾压试验，试验块布置为20m×30m，设计碾压层数为7层，实际碾压层数为5层，层厚为30cm。工艺试验碾压遍数设计为静碾压遍数+振碾遍数，现场进行了2+6、2+8、2+10、2+12碾压试验。碾压混凝土配合比及碾压混凝土现场各试验参数见表4.5-5。

表 4.5-5　　碾压混凝土配合比及现场试验参数

混凝土等级	水灰比	砂率/%	混凝土材料用量/(kg/m³)							减水剂/0.8%	引气剂/(4/万)
			水	水泥	粉煤灰	砂	大石	中石	小石		
$C_{90}15W6F50$	0.52	35	75	43.3	100.9	784	517.3	517.3	443.4	1.3	0.0577

试验参数

V_C 值/s	含气量/%	混凝土温度/℃	气温/℃
2.8	3.6	12	8

现场碾压试验过程图片如图4.5-2所示。从碾压试验过程可以看出，超高粉煤灰掺量的三级配碾压混凝土无明显的骨料分离现象，碾压泛浆效果好。

3. 大坝超高粉煤灰掺量碾压混凝土全断面应用

自2012年2月27日起，沙阡水电站大坝碾压混凝土开始浇筑，全坝段采用了超高粉煤灰掺量碾压混凝土技术，至2013年6月，大坝非溢流坝段、溢流坝段混凝土已按要求浇筑至设计高程508.00m，共计浇筑碾压混凝土约5万m³。

现场取样试验表明，碾压混凝土90d抗压强度平均值为19.2MPa，弹模、极限拉伸值、抗冻、抗渗等均满足设计要求。浇筑过程中泛浆效果良好，便于快速施工，实现了超高粉煤灰掺量碾压混凝土技术的全面应用。

4.5.3 贵州马马崖一级水电站

马马崖一级水电站位于贵州省关岭县与兴仁县交界的北盘江中游尖山峡谷河段，是北盘江干流（茅口以下）水电梯级开发的第二级，距上游光照水电站45km，距下游马马崖二级水电站11km。电站距贵阳市公路里程201km，电站附近有S210省道及贵昆和南昆

(a) 汽车入仓

(b) 摊铺

(c) 碾压

(d) 碾压效果

(e) 现场测试

图 4.5-2 沙阡水电站三级配碾压混凝土现场碾压试验过程图片

两条铁路通过，对外交通十分便利。工程任务以发电为主，航运次之。坝址控制流域面积 16068km^2，多年平均流量 307m^3/s。水库正常蓄水位 585m，相应库容 1.365 亿 m^3，死水位 580.00m，调节库容 0.307 亿 m^3，水库具有日调节性能。电站装机容量 558MW，安装 3 台单机容量为 180MW 的水轮发电机组和 1 台单机容量为 18MW 的生态流量机组；电站保证出力 97MW，年利用小时 2797h，年发电量 15.61 亿 kW·h。

马马崖一级水电站属二等大（2）型工程，枢纽工程由碾压混凝土重力坝、坝身开敞式溢流表孔、坝身放空底孔、左岸引水系统、左岸地下厂房等主要建筑物组成。碾压混凝土重力坝坝顶高程 592.00m，最大坝高 109.0m，共分为 8 个坝段。坝体中间设横缝，大坝标主体建筑物混凝土方量约为 71.26 万 m^3，其中常规混凝土 26.56 万 m^3，碾压混凝土 44.7 万 m^3。

根据设计（更改）通知书（2013）MMY1/C3-005 号《关于对大坝混凝土材料及配合比进行调整的通知》要求，大坝高程 489.50m 以上采用设计推荐的超高掺粉煤灰碾压及变态混凝土配合比，上游防渗区 C20 二级配碾压及变态混凝土调整为 C20 三级配碾压及变态混凝土，由中国水利水电第十六工程局有限公司承担工程施工。

1. 推荐配合比及抗压强度统计

自 2013 年 4 月 25 日起，马马崖一级水电站在大坝高程 489.50m 以上开始全断面浇筑超高粉煤灰掺量的碾压混凝土，于 2014 年 5 月 17 日共计完成碾压混凝土浇筑 42.3 万 m^3。超高粉煤灰掺量的碾压混凝土推荐施工配合比见表 4.5-6，抗压强度统计见表 4.5-7。

表4.5-6　　超高粉煤灰掺量的碾压混凝土推荐配合比

编号	混凝土性质及设计强度	级配	配合比参数					单位体积材料用量/(kg/m³)								V_C 值/s
			水胶比	掺灰量/%	砂率/%	HLC-NAF缓凝高效减水剂/%	GK-9A引气剂/%	水泥	粉煤灰	砂	5~20mm	20~40mm	40~80mm	水	MgO	
1	C_{90}15W6F50 坝体内部碾压混凝土	三	0.50	70	33	0.8	0.06	42	98	735	458	610	458	70	5.6	4~6
2	C_{90}20W8F100 迎水面防渗碾压混凝土	三	0.46	60	0.33	0.8	0.08	60.9	91.3	727	453	604	453	70	6.09	4~6

表4.5-7　　超高粉煤灰掺量的碾压混凝土抗压强度统计

工程部位	设计等级	龄期/d	检测组数	抗压强度/MPa			标准差	保证率/%	备注
				平均	最大	最小			
碾压混凝土	C_{90}15W6F50（粉煤灰掺量70%）	7	7	7.8	13.3	5.4	—	—	掺MgO
		28	373	12.8	18.1	8.5	1.83	—	
		90	299	19.7	25.0	15.7	1.98	99.1	
	C_{90}20W8F100（粉煤灰掺量60%）	7	5	12.4	20.5	8.8	—	—	掺MgO
		28	162	17.3	24.0	11.8	2.56	—	
		90	149	25.5	30.2	21.0	1.92	99.8	

2. 现场施工

仓面摊铺的 C_{90}15W6F50 和 C_{90}20W8F100 三级配碾压混凝土表面发亮，含砂较多，骨料包裹较好，施工可碾性优。现场碾压施工的具体情况如图4.5-3所示。

3. 钻孔取芯

为检查大坝混凝土的施工质量及碾压层面结合情况，在大坝坝体共布设9个钻孔取芯孔（分别为1~4号、J2-1~J2-5），钻孔直径为219mm，其中，1~4号、J2-1、J2-4钻孔为 C_{90}15 三级配碾压混凝土，其余为 C_{90}20 三级配碾压混凝土。芯样进行容重、抗拉及抗压强度、抗剪强度、抗压弹性模量、极限拉伸值和抗渗等试验检测。

芯样质量情况：在J2-2获得长芯样12.5m和15.38m；在J2-5孔获得单根最长芯样12.2m；在J2-3孔获得单根最长芯样12.94m。从取出的芯样外观检查，芯样表面光滑平整，骨料分布均匀，结构较密实，层面黏结较好。

根据对芯样物理力学性能检测结果得知，超高粉煤灰掺量的碾压混凝土芯样各项性能指标均满足设计要求。

4. 压水试验

坝体混凝土压水孔的压水分段长度为3m，前两段压力为0.3MPa，以下各段压力为0.6MPa。大坝右岸高程518.00m平台（坝横0+197.05，坝纵0+080.5）布设了一个 ϕ75mm压水孔共分11段进行钻孔压水试验，结果显示最大透水率为0.93Lu，最小透水率为0.56Lu，平均透水率0.76Lu。

图 4.5-3　马马崖一级水电站全断面三级配碾压混凝土现场施工图片

马马崖一级水电站百米级大坝全断面采用了超高粉煤灰掺量的碾压混凝土筑坝技术，节约了施工成本，缓解了温控压力，提高了混凝土结构的耐久性，取得了较大的经济效益和社会效益，为进一步推广至大中型水电工程的应用奠定了基础。

4.6 小结

超高粉煤灰掺量的水工混凝土是一种能大规模利用工业废料来大幅度减少水泥用量，并满足早期强度发展需要，又能显著降低水化温升、减小开裂风险的既经济又环保的混凝土，这种先进的筑坝技术研究成果经过专家鉴定为达到国际先进水平，它的特点表现在以下方面：

（1）采用普通混凝土所用的传统材料——P.O 42.5普通硅酸盐水泥、Ⅱ级粉煤灰、人工砂石骨料，通过“三低一高”（低水胶比、低用水量、低水泥用量、高粉煤灰掺量）这种配合比设计理念的更新和技术的创新，赋予普通混凝土材料高性能，使得混凝土结构的性能得到大幅度提升。以各组成材料的相容性、协调性和协同效应为目标，以混凝土的工作性能、力学性能和耐久性能为控制指标，优化各组成材料的比例，在宏观性能方面充分发挥粉煤灰的火山灰效益，平衡出机混凝土工作性、硬化混凝土强度与强度发展以及抗冻耐久性之间的关系，为工程应用提供可靠的数据支撑；并从微观结构方面研究混凝土材料作用机理及其反应机理，从材料学理论原理解析混凝土的高性能化。

（2）在超高掺粉煤灰掺量、低水胶比、低水泥用量和低用水量条件下，以满足设计要求的强度等级为控制指标，研究用于不同结构部位的超高粉煤灰掺量水工混凝土的各种龄期强度与强度发展，尤其是长龄期强度的变化。根据发展变化的规律，充分利用粉煤灰在胶凝体系中的二次水化活性作用，提出以60d、90d甚至180d为超高粉煤灰掺量的水工混凝土结构强度等级设计龄期的理论依据。

（3）利用F-SEM、EDXA以及无电极非接触式电阻率测定仪等现代微观测试技术，对超高掺粉煤灰水工混凝土胶凝材料微观结构的形成机理以及传输特性进行分析，研究粉煤灰与水泥熟料组合后的火山灰反应活性与胶凝性，掌握根据组分相反应程度来预测水化相组构关系的规律，构建基于微观结构参数的超高掺量的粉煤灰混凝土性能理论基础。

（4）以贵州省北盘江董箐水电站（钢筋混凝土面板堆石坝，坝高150m）、贵州省芙蓉江沙阡水电站（碾压混凝土重力坝，坝高50m，第一次全坝段采用了超高粉煤灰掺量碾压混凝土技术）、贵州省北盘江马马崖一级水电站（碾压混凝土重力坝，坝高109m，百米级大坝全断面采用了超高粉煤灰掺量碾压混凝土及三级配混凝土防渗的筑坝技术）等具有代表性的水电工程为依托，实施超高粉煤灰掺量的水工混凝土材料施工及其应用研究。实践表明：通过“三低一高”的配合比设计理念，使得常态混凝土的粉煤灰掺量能提高到40%～60%，碾压混凝土的粉煤灰掺量能提高到65%～75%，而且各种混凝土出机性能符合施工需要，硬化后的结构各项性能满足设计要求，特别是在董箐水电站C30溢洪道边墙混凝土的应用中，50%粉煤灰掺量的单个浇筑块内未出现一条裂缝，充分体现了超高粉煤灰掺量混凝土高抗裂性的特点。超高粉煤灰掺量的水工混凝土技术大幅度减少了水泥用量、降低了混凝土温升、简化了结构温控防裂措施、节约了工程成本，更重要的是通过对固体废弃物——粉煤灰的更充分利用，体现了环境保护、资源节约型的筑坝材料节能环保先进理念，它对支撑水电水利工程建设及其技术水平的提高与可持续发展，具有战略性和高瞻性的科技创新作用，提升了贵阳院的核心竞争力，并为国家社会与经济发展做出相应的贡献。

第5章 抗冲耐磨混凝土技术

5.1 概述

抗冲耐磨混凝土是水电水利工程中具有特殊要求的混凝土，贵阳院结合承担勘测设计的工程，从结构和材料角度开展了系统的试验研究，并且结合工程现场条件进行了室内模拟研究，相关研究成果已获授权国家实用新型专利1件——《模拟大坝溢流面的冲蚀试验结构模型》（ZL201521057817.9）。

5.1.1 水流对混凝土的影响

我国的河流多，泥沙含量大，近年来由于环境的破坏又造成水土流失严重。据统计，我国的河流中，年平均输沙量在1000万t以上的河流就有42条，年最大输沙量超过1000万t的河流高达60余条。20世纪70年代以来，由于世界范围内的能源短缺，水电站开始兴起并达到大规模的建设。近几年，国内水电市场虽然接近饱和，但是国家又大兴水利项目。水电站和水库的建设势必会涉及大量的水工建筑物，在这些水工建筑物中落差较大的部位极易形成高速含沙水流。

在高速水流区、水流流态差和结构应力复杂的部位，水流会挟沙长期反复的冲磨混凝土表面。在水流冲磨初期，混凝土中粗骨料未裸露，这时冲磨的是表层砂浆，包括水泥膜和细骨料，但随着混凝土不断被冲蚀，表层砂浆被冲刷破坏，粗骨料将会逐渐裸露并增加比例，最后表现为表面呈粗集料暴露状和集料剥离状，被水流冲刷的水工建筑物遭到破坏。

高速含沙水流对水工混凝土的冲磨破坏包括磨蚀和空蚀。高速含沙水流会对混凝土表面产生冲击、摩擦和切削等破坏作用（高速含沙水流中具有悬移质和推移质，其中悬移质主要造成切削作用，推移质主要造成连续的冲击破坏），即为磨蚀。空蚀则是发生在高速水流流速急剧变化时产生的破坏，由伯努利方程可知，当水流的速度较大时，水流周边的压力会降低，当压力降低到环境温度下的水蒸气气压时，就会产生大量的气泡形成气穴，气穴被水流带到压力较大的区域会立即被冲击破裂，将在混凝土的表面产生反复的冲击力，使混凝土发生孔状的剥落。

目前国内运行的水电站及兴修的水利工程，均受到不同程度的冲磨破坏问题，水工泄水建筑物所受的损害一直是水电水利工程长期关注、亟待妥善解决的问题。

5.1.2 应用部位

由于水流对混凝土的破坏，水工建筑物长期的发展历程中，逐渐形成抗冲耐磨混凝土。在水工建筑物中，泄洪排沙洞、水闸底板、闸墩、消力池等部位都极易受到带有悬移质和推移质的水流磨蚀破坏；大坝溢流面及下游消能工程（护坦、趾墩等）、底孔及隧洞的进口、深孔闸门及其后泄水段则易发生空蚀破坏。在这些容易遭受水流冲蚀破坏的部位，我们运用一些手段来增加混凝土的抗冲耐磨性能，这样的混凝土我们称之为抗冲耐磨混凝土，它是一种以抵抗携沙、石水流冲磨为目的的特种混凝土。

抗冲耐磨混凝土是针对于长时间受到水流冲磨的部位而应用的混凝土，主要是通过增加混凝土的强度和韧性来抵抗磨蚀破坏和空蚀破坏，从而提高混凝土的抗冲耐磨性能。而且，混凝土的抗冲耐磨能力是相对的，随着水流流速的提高以及水流含沙、石的增加，混凝土的抗冲耐磨能力将会下降。

国内已建成的水电水利工程表面混凝土均不同程度地出现磨损空蚀破坏现象，有的甚至危及工程安全，抗冲耐磨混凝土的深入研究迫在眉睫。

5.1.3 国内外研究现状

20 世纪 70 年代，国内外为提高水工建筑物的抗冲耐磨能力开始进行广泛的研究和应用，80 年代以来在我国得到应用并开展了一系列的研究，取得一些有益的结果。

在抗冲耐磨材料的发展应用历程中，用高强度混凝土来提高泄水建筑物的抗磨蚀能力，仍然是一个基本途径。但是除此之外，抗冲耐磨混凝土发展的主流方向还是多元复合材料，主要分为有机胶凝类和无机胶凝类两大类复合材料，有机胶凝类主要包括环氧树脂混凝土、呋喃混凝土等；无机胶凝类主要有硅粉混凝土、纤维混凝土、HF 混凝土等。有机胶凝混凝土具有很高的抗冲耐磨能力，但材料成本高，固化剂具有一定的毒性，与基底混凝土的线性膨胀不一致，在自然条件下会逐渐老化、开裂、脱空，所以国内外研究更多的是无机胶凝材料类的抗冲耐磨混凝土。

1. 硅粉混凝土

硅粉混凝土在水电水利工程中作为高强度、高性能混凝土和抗冲耐磨混凝土早在 20 世纪 70 年代得到应用，80 年代开始逐步被应用在葛洲坝二江泄水闸底板、龙羊峡水电站、小浪底工程、东风水电站等水电水利工程中。硅粉作为掺合料拌制的硅粉混凝土存在早期收缩大、容易开裂的缺点，同时目前硅粉的需求量大，价格也比较高，大量使用不具有经济性。

2. 纤维增强混凝土

纤维增强混凝土主要利用纤维增加混凝土的强度、韧性等性能来提高混凝土的抗冲耐磨性能，稍晚于硅粉混凝土被应用。在三峡工程二期、葛洲坝水利枢纽工程、乌江渡水电站、洪家渡水电站等水电水利工程中均采用了钢纤维硅粉混凝土，而且都达到了设计要求，使用效果较好。相应的缺点一是生产过程中纤维不易在混凝土中均匀分散，影响混凝土和易性；二是增强效果较好的纤维价格较高，增加了混凝土的成本。

3. 粉煤灰混凝土

粉煤灰作掺合料加入到混凝土中已经相当成熟了，其主要作用有两个方面：一是部分代替水泥降低成本；二是粉煤灰有很好的抑制骨料碱活性作用。粉煤灰混凝土在黄河大峡水电站、果多水电站、黔中水利枢纽等水电水利工程都得到了很好的应用。粉煤灰混凝土主要缺点是早期抗压强度及抗冲耐磨强度较低，另外还必须掺入其他的外加剂才会拥有较好的抗冲耐磨能力，但是掺入的外加剂价格一般都很高，不利于大规模的使用。

4. 铁钢砂混凝土

铁钢砂抗冲耐磨高强混凝土被应用在丹江口、葛洲坝等一些大中型水利工程中，取得了良好的效果。由于加入铁钢砂后提高了混凝土的力学性能和变形性能，使其具有了良好的抗冲耐磨性能。但同时也存在一定的缺陷，表面粗糙、棱角多，加之其比重较大不仅会增加拌制过程中的机械磨损，而且会在重力作用下导致在拌制混凝土时骨料下沉，不利于施工。另外，生产铁钢砂的铁矿石的价格比较高，不利于混凝土的经济性。

5. 高性能混凝土

高性能混凝土被称为“21 世纪的混凝土”，受到全世界的关注。和普通混凝土基本相同，只是在配合比的设计中更多的考虑工程结构和环境所需要的强度和耐久性能。高性能混凝土是当前国内外混凝土领域中的研究热点，水工抗冲耐磨混凝土也在向高性能发展。高性能抗冲耐磨混凝土已在一些工程中逐渐得到应用，三峡、二滩等工程都应用了高性能抗冲耐磨混凝土。

6. HF 混凝土

HF 高强耐磨粉煤灰混凝土，简称 HF 混凝土，与硅粉混凝土相比具有抗磨抗空蚀能力相当，和易性好，抗裂性好，施工简单以及造价低廉等许多优点。混凝土中掺入的 HF 抗冲耐磨剂，其主要成分为减水剂、粉煤灰强度激发剂、载体流化剂、缓凝剂、膨胀剂，这些外加剂可以激发粉煤灰的活性，使得粉煤灰能够像硅粉那样与水泥水化产生的强氧化钙迅速反应生成水化硅酸钙凝胶，从而既克服了粉煤灰混凝土早期强度发展慢的缺点，又具有了硅粉混凝土高强高抗冲耐磨的性能。HF 混凝土作为水电水利工程中应用于抵抗水流冲刷、泥沙磨损和高速水流空蚀破坏的水工抗冲耐磨护面，现已拥有成套施工技术，在刘家峡、大峡等上百个工程中得到应用。但 HF 混凝土生产厂家参差不齐，加之市场需要，价格较高，不利于混凝土的经济性。

5.2 提高抗冲耐磨性能的途径

结合抗冲耐磨混凝土的应用和国内外研究现状总结得出，实现混凝土高抗冲耐磨性能可通过混凝土原材料的优选和添加其他掺合料来实现。

5.2.1 优选原材料

1. 水泥品种和强度等级

尽量选择 C_3S 含量高的水泥。因为 C_3S 抗冲耐磨强度最高，C_2S 的抗冲耐磨强度最低。在水泥品种、骨料种类及级配相同的条件下，混凝土的抗冲耐磨强度与抗压强度均随水泥强度等级提高而提高。

2. 细骨料

砂中质地坚硬的矿物颗粒（如石英）含量较多，黏土、淤泥等有害杂质含量少，混凝土抗冲耐磨强度较高；级配良好的粗、中砂混凝土比细砂或特细砂混凝土抗冲耐磨强度明显增大。当砂子细度模数从 2.31 减小到 1.26 时，混凝土的抗冲耐磨强度约降低 2 倍。

3. 粗骨料

采用抗冲耐磨性能不同的骨料配制的混凝土，即使抗压强度基本相同，其抗冲耐磨强度也可能相差几倍，抗空蚀能力亦可能有较大的差别。一般应选用质地致密、坚硬的花岗岩、辉绿岩及石灰岩等。

4. 外加剂

在混凝土中均匀掺入适量外加剂，不但可以提高混凝土的抗冲耐磨性能，而且可以改善混凝土的和易性，减少单位用水量和水泥用量。如缓凝高效减水剂在三峡大坝泄洪坝段的应用，不但提高了混凝土的抗冲耐磨强度，而且减少了水和水泥的用量，降低了水化热温升，有利于混凝土温度裂缝的控制。

5.2.2 添加其他材料

原材料的选择会受到多方面的影响，就取材来说，通常是通过在混凝土中添加其他材料来提高混凝土的抗冲耐磨性能。用于抗冲耐磨混凝土的添加材料有两类：一类是直接用于增强耐磨性的材料，这部分材料可以代替部分细骨料，如钢屑、钢纤维、金刚砂等；另一类是用于增强混凝土的致密性和强度的掺合料，常用的有硅灰、粉煤灰及细矿渣粉等。工程中更多是把两种或两种以上的材料同时掺入混凝土中，各自发挥优点，形成优势互补。

1. 添加硅粉

硅粉是一种新型高活性火山灰质混合材料，来源于生成硅金属时从烟道中回收的尘埃，其颗粒平均粒径约 0.1μm，密度为 $2.2g/cm^3$，无定型二氧化硅含量在 90%以上。硅粉的掺量一般为水泥质量的 6%～12%，研究结果表明：在水泥用量相当的情况下，掺入硅粉可使混凝土的抗压强度提高 1.13～2.13 倍，抗水沙冲磨强度提高 1.13～3.15 倍，抗空蚀强度提高 1.16 倍以上，说明掺入硅粉不仅提高了混凝土的抗压强度，而且它能够显著地提高混凝土的抗冲耐磨能力和抗空蚀能力。由于硅粉颗粒尺寸极为细小、无定型二氧化硅含量很高，使得硅粉具有极强的火山灰反应活性。它在混凝土中的改性机理主要基于两个方面：孔径细化、基质密实，硅粉粒径比水泥颗粒小，在高效减水剂作用下硅粉充分分散到水泥颗粒中，使水泥石结构的密实性增加；与水泥水化生成的氢氧化钙发生反应，水泥水化产物的氢氧化钙与硅粉中的活性二氧化硅发生二次水化产物，最后主要生成的是以 C－S－H 为主的水化硅酸钙胶凝。胶凝填充在微隙中，使硅粉混凝土密实性大大提高，而且 C－H－S 胶凝的强度高于氢氧化钙晶体，从而提高硅粉混凝土的强度和耐久性及抗冲耐磨性能。随着硅粉混凝土密实性的提高，其抗压强度和抗冲耐磨性能也得以相应提高。但硅粉混凝土在工程中的使用效果并没有人们预期的那样好，究其原因是硅粉混凝土存在的缺点（干缩裂缝问题未能解决、存在早期塑性干缩、问题施工难度大、易产生温度裂缝）会在工程应用中产生不容忽视的问题，导致一些工程产生严重的破坏。

2. 添加纤维

纤维混凝土是以水泥加颗粒集料为基体，用纤维（短纤维）来增强或改善某些性能的水泥基复合材料。纤维在混凝土中一般是乱向分布的。各种材料的纤维加入水泥基体中，理论上主要有三种作用：提高基体的抗拉强度；阻止基体中原有缺陷（微裂缝）的扩展并延缓新裂缝的出现；提高基体的变形能力并从而改善其韧性与抗冲击性。目前常用的是钢纤维和硅粉联合掺用，组成硅粉钢纤维混凝土。钢纤维均匀的掺入到混凝土中，其相互搭接、牵连在混凝土内形成一个卵向支撑体系，阻碍了混凝土内部裂缝的扩展、连通贯穿，牵制了混凝土碎块从基体中剥落，硅粉的掺入改善了混凝土本身的性质，使混凝土基体对钢纤维和骨料之间的界面黏结力增强，混凝土孔隙率下降，水泥石更加坚固密实，从而显著提高了混凝土的抗冲耐磨能力。

3. 添加粉煤灰

粉煤灰掺量一般为水泥质量的15%～30%，主要起三种效应。一是活性效应：粉煤灰中的活性成分如二氧化硅、三氧化二铝与水泥水化反应产物中的氢氧化钙发生二次水化反应，形成以水化硅酸钙和水化铝酸钙为主的水化产物，使其密实性和抗渗性得到增强；二是形态效应：优质粉煤灰以表面光滑致密的球状颗粒为主，粒径多在几微米到几十微米，在混凝土拌和中起滚珠润滑作用，能改善混凝土拌和物的和易性；三是微集料效应：尺寸小于水泥粒子的粉煤灰填充于水泥粒子之间，使混凝土更为密实。混凝土中掺入粉煤灰后抗冲耐磨性能和抗压强度都有所下降，但只要把粉煤灰和性能良好的外加剂共掺还是能满足工程的抗冲耐磨要求的。如HF粉煤灰混凝土就是在混凝土中掺入了HF复合型外加剂，其抗冲耐磨能力能达到普通C30混凝土的1.4～1.8倍。

4. 添加铁钢砂

铁钢砂混凝土属一种新型建筑材料，由水泥、铁钢砂、石子和水等组成。其中铁钢砂填充石子空隙，构成混凝土的骨架，能减少水泥的硬化收缩，并具有强度高、耐冲磨、抗侵蚀等特点。铁钢砂是由铁矿石经破碎加工而成，主要物理化学成分是Fe_2O_3、SiO_2、Al_2O_3，还有少量的TiO_2、CaO、MgO等，可见铁钢砂的主要组成是赤铁矿晶体和石英晶体。它的耐磨性能比天然河砂和人工砂都要好，它是通过提高混凝土“骨架”的抗冲耐磨强度从而提高混凝土的抗冲耐磨强度的。铁钢砂在使用时必须注意严格控制骨料的最大粒径，否则容易出现空蚀破坏，同时由于铁钢砂表面粗糙、棱角多，比表面积大，只有采用高效减水剂才能提高水泥石的密实性，改善水泥石的孔结构，从而提高混凝土的抗冲耐磨性能。

5. 添加外加剂（高性能混凝土）

高性能抗冲耐磨混凝土的主要技术途径是采用高活性混合材——硅粉和粉煤灰取代水泥，以减少水泥用量；选用高效减水剂，尽量降低水泥用量和采用具有早期膨胀作用但不影响后期强度的膨胀剂，以补偿掺用硅粉和高效减水剂引起的早期收缩。形成的高性能混凝土具有高抗冲耐磨性能，同时具有良好的施工性能，强度高，体积稳定性好等特点。

6. 添加抗冲磨剂

HF抗冲磨剂主要成分为减水剂、粉煤灰强度激发剂、载体流化剂、缓凝剂、膨胀剂。与硅粉混凝土相比具有抗磨抗空蚀能力相当，和易性好，抗裂性好，施工简单以及造价低廉等许多优点。研究结果表明HF粉煤灰砂浆可以达到硅粉砂浆的强度，HF砂浆的抗空蚀能力还稍优于硅粉砂浆，28d的抗磨强度低于硅粉砂浆，而90d的抗磨能力又高于硅粉砂浆。HF混凝土中的HF抗冲磨剂可以激发粉煤灰的活性，使得粉煤灰能够像硅粉那样与水泥水化产生的氢氧化钙迅速反应生成水化硅酸钙凝胶，从而即克服了粉煤灰混凝土早期强度发展慢的缺点，又具有了硅粉混凝土所具有的高强高抗冲耐磨的性能。

5.3 施工工艺

抗冲耐磨混凝土除需优选原材料或添加其他掺合料外，要使混凝土保持良好的抗冲耐磨性能，其施工工艺也显得尤为重要，贵阳院结合多年现场施工设计经验，总结出抗冲耐磨混凝土在施工中常见的问题，并提出有效的施工工艺，以供参考。

5.3.1 施工中常见的问题

（1）在混凝土浇筑中，垂直入仓手段如果选择溜槽（筒），一般会选择入料口为方形的溜槽或者圆形溜筒，这种入仓手段对于一般的混凝土是有效的，而对于黏度大、坍落度经时损失大的抗冲耐磨混凝土来说，由于受到溜槽底部和两侧摩擦力的作用，混凝土很难下滑，给施工造成很大的不便。

（2）普通模板不能滑升，而滑模用于抗冲耐磨混凝土浇筑以后，由于两侧需要笨重的支撑，会对面层平整度要求较高的抗冲耐磨混凝土造成面层破坏。滑模高度的尺寸一般在2m左右，有时不能满足入仓要求，即使考虑了边坡的斜率对高度的些许影响，也会给施工造成很大的困难，如果完全靠人工平仓，施工速度必然减缓。

（3）消力池的边坡由于长期受到水流的冲刷，平整度要求较高，因此，对于普通混凝土浇筑中拉筋外漏的情况，如果出现在抗冲耐磨混凝土表面，会对边坡造成很大的危害，即使采取后期补救手段，效果也不明显。

（4）抗冲耐磨混凝土强度等级不同，必须采取有效的手段进行混凝土分仓浇筑，否则不但不能满足设计要求，还会在使用过程中造成严重的质量事故，因此抗冲耐磨混凝土如何分仓也是工程主要考虑的因素之一。

（5）抗冲耐磨混凝土施工中会在边墙面层混凝土表面出现不同程度气泡造成缺陷。

5.3.2 有效的施工工艺

《水工混凝土施工规范》（SL 677—2014）中对抗冲耐磨混凝土施工提出以下几条规定：

（1）宜与基底混凝土同时浇筑，需分期浇筑时，应按设计要求施工。

（2）掺加硅粉、纤维等材料的抗冲耐磨混凝土应适当延长拌和时间，并经试验确定。

（3）浇筑后应及时保湿保温，防止开裂。

（4）溢流坝面、溢洪道等泄水边界抗磨蚀混凝土浇筑，可采用滑动模板、翻转模板等施工。

（5）必要时应在非重要部位的施工现场进行工艺性试验。

针对上面提出的施工中常见的问题，通过参考文献，以下整理出一套有效的施工工艺。

1. 溜槽（筒）入料口的调整

为了最大程度地减小溜槽对混凝土的摩擦力，将传统的方形或圆形溜槽（筒）改为矩形，以减小一定体积混凝土溜槽侧壁的挤压，从而减小了摩擦阻力，使混凝土顺利下滑。通常一定体积的混凝土在溜槽中，沿溜槽方向受到重力的水平分力和摩擦力，而摩擦力包括溜槽的底板和两侧壁的摩擦力。由于材料重量，接触面材质等因素已经确定，因此重力水平分力以及摩擦系数是不变的，为了减小摩擦力，使混凝土顺利下滑，就要减小垂直于作用面的力，即可在摩擦系数不变的情况下减小摩擦力。由于底板的斜率是一定的，作为重力的垂直分力，垂直于作用面的力是不改变的，因此，减小摩擦力只能从减小两侧壁摩擦力上下工夫。摩擦力是摩擦系数与支持力的乘积，在接触面材质不变的情况下，摩擦系数不能改变，因此减小支持力为有效方法。

2. 模板的制作安装

根据不同的工程，不同的部位，制定适用于具体工程的模板，以混凝土入仓后能够满足抗冲耐磨混凝土浇筑范围为准，但在开仓前应把上层模板组立的准备工作做好，以便快速拼接。施工时，由于抗冲耐磨混凝土初凝时间短，在初凝时间以前将下层模板拆除，同时及时处理面层质量缺陷并对隐形拉筋杆形成的孔洞进行处理，既可以达到连续浇筑的目的，也可以及时发现下层混凝土的质量缺陷及时予以处理，同时能够配合隐性拉筋杆使用。

3. 隐形拉筋杆的使用

在施工中使用隐形拉筋杆，浇筑完毕模板翻升后拧出，可确保与之连接的拉筋不外露，而对拉筋孔作抹平处理后，可保证面层的光洁平整度。

4. 混凝土分仓

采用履带吊作为入仓手段时，在仓内利用模板已有的围檩搭设钢管架，牢固固定集料斗，集料斗下接适当长度的溜槽。集料斗的位置应控制在机编钢筋网之内，便于混凝土入仓。浇筑时，将不同等级的混凝土通过集料斗以及溜槽运送至机编钢筋网之内进行施工。采用溜槽（筒）作为入仓手段时，在溜槽（筒）底部搭设分支，将不同等级的混凝土分别运送至各自的位置。

5. 减少气泡的措施

（1）加强振捣时间和次数，振捣时用人工木槌在模板外部进行敲打，以最大限度地将气泡排出。

（2）对模板平整度进行校正和对光洁度进行处理。

（3）翻转模板也可以有效地解决气泡较多的问题。

6. 混凝土试拌调整

施工前，根据室内试验推荐的配合比，采用施工现场的原材料进行试拌调整（应机械搅拌），使混凝土的和易性和坍落度满足施工要求。

7. 混凝土的坍落度

在能保证顺利进行浇筑施工的情况下应尽量采用较小的混凝土坍落度，避免坍落度超过设计值。如确需较大坍落度时，须按照规范调整配合比使坍落度增大至要求值。泵送混凝土坍落度以12～16cm为宜。

8. 施工过程质量控制

拌和用水量及外加剂（若选用）用量均必须严格控制。施工中应重视原材料质量，确保原材料质量（细度、超逊径、含水量）稳定，确保计量精度满足规范要求，在质量稳定性和计量满足要求的情况下，可通过测定混凝土坍落度值来控制用水量。当砂石骨料含水量、超逊径及粒径波动较大时，应增加骨料抽样检验频度，按规范及时调整混凝土用水量和骨料用量，必要时进行配合比试拌调整。

9. 原材料称量误差

混凝土施工所用原材料的称量误差应满足水工混凝土施工规范中所规定的误差限值，不得漏加、少加或多加。

10. 进料次序

按小石、砂子、水泥、粉煤灰、中石的次序投料，并加水（含外加剂）搅拌。HF混凝土的拌和时间应比普通混凝土的拌和时间延长90s或总拌和时间控制在不少于180s；如需缩短搅拌时间，应根据混凝土均匀性试验或坍落度随搅拌时间延长不再变化确定合理的搅拌时间。

11. 混凝土结合面

有条件时，表面耐磨层应与基础混凝土一次性浇筑完成，使护面层与基础形成一个整体。确需分次浇筑的应对老混凝土基面进行打毛处理至符合规范要求。对于修补工程，应特别将表面已老化的混凝土和混凝土表面的水锈凿除，使混凝土表面露出新鲜混凝土，用钢丝刷除锈及松动部分后，冲洗干净，浸水24h使之达饱和面干状态，铺2～3cm较混凝土高一个强度等级的砂浆，方可进行混凝土浇筑施工。

12. 平仓与振捣

不管混凝土采用何种入仓方式，都要采取措施，防止发生混凝土骨料集中现象和骨胶分离现象。应加强人工平仓，使混凝土粗骨料均匀分布于砂浆中，避免以振捣代替平仓。

13. 养护

混凝土终凝后，即须开始保湿养护不少于28d。对于大体积混凝土，表面的保湿养护应符合混凝土的温控要求。

14. 浇筑后混凝土表面的保护

对已经脱模的混凝土，尤其是对低龄期混凝土，应注意表面保护，禁止行车、放置钢筋、模板、工器具及原材料。对于有些工程，还需要进行必要的保温防护。

5.4 工程应用

在水电水利工程实际应用中，几乎都会涉及抗冲耐磨混凝土。针对不对的环境和不同的坝型还有不同的抗冲耐磨混凝土材料，我们以贵阳院参与的已建或在建的几个工程实例进行介绍。

5.4.1 贵州洪家渡水电站

洪家渡水电站位于贵州省黔西县与织金县交界的乌江干流北源六冲河下游，距贵阳市158km，距下游东风水电站65km，是整个乌江干流11个梯级电站中唯一具有多年调节水库的龙头电站。由混凝土面板堆石坝、洞式溢洪道、泄洪洞、引水发电系统和坝后地面厂房等建筑物组成。

洪家渡水电站厂房设计中，钢涡壳的外包混凝土为普通钢筋混凝土，为减少绑扎钢筋的时间，加快施工进度，改用高抗拉强度的钢纤维混凝土取代普通钢筋混凝土，要求拌制出抗拉强度大于5.0MPa，坍落度达到7cm，又相对经济的钢纤维混凝土配合比。

洪家渡水电站工程实际所用混凝土原材料分别为：贵州水泥厂生产的P.O 42.5水泥；凯里火电厂生产的Ⅰ级粉煤灰；水电站现场砂石料场生产的灰岩人工骨料；四川成都东蓝星科技发展有限公司生产的硅粉；北京冶建公司生产的JG-3缓凝高效减水剂；佳密克丝RC65/60BN冷拉型钢纤维、RC65/35BN钢纤维、RC65/30BN钢纤维、哈瑞克斯铣削型钢纤维。硅粉、钢纤维的各项指标检测结果见表5.4-1～表5.4-4。

表5.4-1　硅粉品质鉴定标准及化学成分　%

SiO_2	Al_2O_3	Fe_2O_3	CaO	MgO	Loss	合计
91.6	0.51	2.22	0.71	1.70	1.28	98.02

表5.4-2　硅粉的粒度组成

粒度/μm	百分含量/%	粒度/μm	百分含量/%
2～40	28.8	160～240	10.1
40～80	32.1	平均粒度：89.3	—
80～160	29.0		

表5.4-3　硅粉的物理力学性能

需水量比/%	细度（45μm）/%	含水量/%	密度/(g/cm³)	比表面积/(m²/g)	7d强度比/%		28d强度比/%	
					抗折	抗压	抗折	抗压
133.6	2.3	0	2.26	17.1	99.1	96.2	107.5	112.2

表5.4-4　钢纤维的物理性能

类　型	密度/(g/cm³)	抗拉强度/MPa	弹性模量/GPa	纤维形状尺寸/mm	长径比	特点描述
RC65/60BN	7.8	>1000	220	60×0.9×0.9	67	弓形
RC65/35BN	7.8	>1150	220	35×0.55×0.55	64	弓形
RC65/30BN	7.8	>1150	220	30×0.55×0.55	56	弓形
SF01 32	7.8	711	—	32×0.4×4	—	扭曲形

由以上试验结果可知，钢纤维混凝土所用硅粉和钢纤维的各项性能指标均符合规范要求。

经多次试验，钢纤维混凝土掺粉煤灰20%替代水泥用量为宜，此时采用水胶比0.40，用水量为155kg/m³，砂率为40%，钢纤维为弓形60mm，减水剂为JG－3，掺量为胶凝材料的0.7%，二级配钢纤维混凝土石子级配为60∶40，混凝土配合比及各项物理力学性能见表5.4－5、表5.4－6。

表5.4－5　钢纤维混凝土配合比

水胶比	用水量 /(kg/m³)	水泥 /(kg/m³)	粉煤灰 /(kg/m³/%)	砂率 /%	石子级配	砂用量 /(kg/m³)	石子用量 /(kg/m³)		减水剂 /(kg/m³/%)	钢纤维 60mm弓 /(kg/m³/%)	坍落度 /cm
							中石	小石			
0.40	155	310	77.5/20	40	60∶40	735	674	446	2.713/0.7	117/1.5	7.3

表5.4－6　钢纤维混凝土物理力学性能

抗压强度 /MPa		劈拉强度 /MPa		轴拉强度 /MPa		极限拉伸值 /(×10⁻⁴)		抗压弹性模量 /GPa		抗渗等级 (28d)	抗冻等级 (28d)
7d	28d	7d	28d	7d	28d	7d	28d	7d	28d		
40.4	56.5	3.79	5.92	3.96	6.31	0.92	1.24	39.0	52.4	>W12	>F150

从混凝土力学性能的试验结果看，各项指标均能达到设计要求。混凝土中加入钢纤维以后，钢纤维通过阻碍混凝土内部的微裂纹的扩展及阻滞宏观裂缝的发生，将会大大提高混凝土的抗拉强度和主要由拉应力控制的抗弯、抗剪和抗扭强度。与普通混凝土相比，钢纤维体积率在1%～2%范围内，抗拉强度提高约40%～80%，抗弯强度提高约60%～120%，用直接双面剪试验所测定的抗剪强度提高约50%～100%，抗压强度提高幅度较小，约为0～25%，抗压韧性可提高2～7倍，弯曲冲击韧性可提高2～4倍。另外，加入钢纤维还有助于提高混凝土的耐久性能。钢纤维通过提高相比于普通混凝土的这些性能从而提高混凝土的抗冲耐磨性能。

如今，洪家渡水电站已运行14年，钢涡壳的外包混凝土即抗冲耐磨混凝土效果良好。

5.4.2 贵州东风水电站

东风水电站位于贵州清镇市与黔西县交界的乌江干流鸭池河段上，距贵阳市88km，电站总装机容量为51MW（3×17MW），年平均发电量为24.2亿kW·h，总库容10.25亿m³。东风水电站河流多年平均输沙量1260万t/a，多年平均含沙量1.13kg/m³。汛期输沙量占全年的95.1%，每年汛期首次洪水含沙量一般均较高。

东风水电站是乌江干流上的第1座梯级水电站。泄洪建筑物的布置曾几经优化，最后采用左岸和坝体联合泄洪，沿河纵向拉开的布置方式。泄洪系统由左岸1条明流泄洪隧洞、1条溢洪道，坝身3个中孔及3个表孔组成。

泄洪洞总长度523.6m（其中洞身长度441.5m）。由WES曲线堰明流进口、泄槽段、出口斜鼻坎消能段组成。泄洪洞是主要泄洪建筑物，闸门全开时，校核洪水位最大泄量为3590m³/s，最大流速为32m/s。由于泄洪洞泄水流量较大，流速较高，要求材料具有高强、抗冲耐磨性能。溢洪道总长度259.88m，由WES曲线溢流堰、明流进口、泄槽段、渥奇段及出口曲面贴角鼻坎组成。进口堰顶高程为950.00m，设15m×21m（宽×高）平板工作门一道。在宣泄校核洪水时最大泄量达4065.8m³/s，流速较高，最大流速达35m/s。曲面贴角鼻坎体形复杂。渥奇段局部有负压。进口门槽段压力较低，有较大的立轴旋涡，流态较乱。要求材料具有高强、抗空蚀、耐冲磨性能。

中孔底板高程890.00m。由喇叭形进口、压力孔身及出口窄缝消能工段组成。进口设一道平板事故检修门，出口设弧形工作门。两边中孔出口孔口尺寸为5m×6m，中中孔出口孔口尺寸为3.5m×4.5m。中孔参与宣泄5年一遇以上频率的洪水，参与后期导流，并有放空水库的作用。中中孔还有汛前低水位排沙的作用。泄洪能力：边中孔最大泄量为2160m³/s，中中孔最大泄量为580m³/s。孔身压力情况良好，而消能工段边墩局部在各种工况下均有负压出现。其水流流速较高，在校核洪水情况下，最高流速达40m/s。其工作水头80余米，孔身压力段经常处于高压水的作用下。要求材料具有高强、抗渗、抗空蚀、耐冲磨能力。

表孔堰顶高程967.00m，采用WES曲线明流进口。堰顶设11m×8m（宽×高）平板工作门一道。出口为挑流鼻坎。表孔参与宣泄百年一遇以上频率的洪水。校核洪水时3个表孔的最大泄量为2125m³/s，最大流速达18m/s。门槽处有旋涡，堰顶处压力较低。因此，要求材料具有高强、抗冲、耐磨性能。

在护坦部位，由于下泄水流带有巨大的能量。强烈的旋滚、脉动，使施工余渣及边坡掉石等在护坦内滚动，产生磨损。要求材料具有高强及抗冲耐磨性能。表孔堰顶高程967.00m，采用WES曲线明流进口。堰顶设11m×8m（宽×高）平板工作门一道。出口为挑流鼻坎。表孔参与宣泄百年一遇以上频率的洪水。校核洪水时3个表孔的最大泄量为2125m³/s，最大流速达18m/s。门槽处有旋涡，堰顶处压力较低。因此，要求材料具有高强、抗冲、耐磨性能。

泄水建筑物各部位对抗冲耐磨材料的要求参见表5.4-7。

表5.4-7　泄水建筑物各部位对抗冲耐磨材料的要求

泄水建筑物		最大流量/(m³/s)	最大流速/(m/s)	对材料的主要要求
泄洪洞		3590.00	32.07	抗冲耐磨
溢洪道		4065.80	32.35	抗冲耐磨、抗空蚀
边中孔	孔身	2160.00	36.00	抗渗、抗蚀、抗磨
	消能工	2160.00	39.78	抗空蚀、抗冲耐磨
中中孔	孔身	580.00	36.83	抗渗、抗蚀、抗磨
	消能工	580.00	40.09	抗空蚀、抗冲耐磨
表孔		2125.00	18.40	抗冲耐磨
护坦		—	—	抗冲耐磨

东风水电站在选用抗冲耐磨混凝土的材料上选用硅粉和粉煤灰共掺的方式，拌制的混凝土较普通混凝土抗压强度可提高1.5～1.9倍，抗蚀强度提高5倍左右，抗冲耐磨强度提高2倍左右。

设计采用的方案为：

泄洪洞出口斜鼻坎消能工段流速较高，基础差，采用厚40cm的硅粉与粉煤灰共掺混凝土，其余部位采用$C_{90}30$三级配混凝土。

溢洪道进口处有立轴旋涡，出口曲面贴角鼻坎体形复杂，流速达35m/s。在进口门槽附近20m及出口反弧段至曲面贴角鼻坎采用硅粉与粉煤灰共掺混凝土，其余部位采用$C_{90}30$高强混凝土。

中孔有排沙要求，流速高，部位低，不易检修，消能工段有负压，采用硅粉与粉煤灰共掺混凝土衬砌。孔身段底板厚度0.5m，侧墙厚度1.0m，与两侧坝体混凝土一起浇筑，以利加快施工进度，顶板厚度0.5～1.0m。消能工段全采用硅粉与粉煤灰共掺混凝土，要求施工时洒水养护并控制凸体高度在3mm以内。

表孔流速在20m/s以内，运用次数不多，维修较方便，溢流面采用与坝体同标号的三级配$C_{90}30$混凝土。要求严格控制溢流面的平整度，控制凸体高度、堰顶小于3mm，其余部位小于6mm，并加强混凝土养护，防止干缩裂缝。

护坦部位冲磨严重，检修较困难，采用$C_{90}30$四级配混凝土。

硅粉混凝土配合比见表5.4-8。

表5.4-8　　硅粉混凝土配合比

水胶比	砂率/%	坍落度/cm	含气量/%	材料用量/(kg/m^3)							
				水泥	粉煤灰/掺量	硅粉/掺量	用水量/kg	大石	中石	小石	人工砂
0.35	30	9.7	≤3	213.4	41.6/15%	22.2/8%	97	596.5	447.4	447.4	636.8

东风水电站抗冲耐磨混凝土采用含砂水流圆环法进行试验检测。

圆环法试验是一种检验混凝土在含砂水流冲刷下的抗冲磨性能，试模为一环形金属模。试验步骤为：

（1）按“混凝土的成型与养护方法”制备试件，允许骨料最大粒径为20mm，超径时用湿筛法剔除，试验以3个试件为1组。

（2）到达试验龄期前两天，将试件放入水中浸水饱和。

（3）试验时，取出试件，擦去表面水分，称量。

（4）将试件托盘从冲刷仪中取出，在托盘底部放好防护垫层及隔砂泡沫塑料垫圈，然后放入试件，在试件圆环内加入磨损剂，盖上泡沫塑料隔砂圈及止水橡皮垫圈。磨损剂为石英标准砂与水的混合物。

（5）将装好试件的托盘装入冲刷仪，转动手轮压紧试件，打开冷却水，启动电动机并计时。

（6）冲磨30min后停机，取出试件，用水冲洗干净，擦去表面水分，称量。

混凝土抗含砂水流冲刷下的指标以抗冲磨强度或磨损率表示，抗冲磨强度与磨损率按下式计算：

$$f_a = TA/\Delta M$$

$$L = \Delta M/(TA) \tag{5.4-1}$$

式中 f_a——抗冲磨强度，即单位面积上被磨损单位重量所需的时间，h/(g·cm^2)；

L——磨损率，即单位面积上在单位时间里的磨损量，g/(h·cm^2)；

ΔM——经 T 时段冲磨后，试件损失的累计重量，g；

T——试件累计的持续时间，h；

A——试件受冲磨面积。

以1组3个试件测值的平均值作为试验结果。如单个测值与平均值的差值超过15%时，则此值应剔除，以余下两个测值的平均值作为试验结果。若1组中可用的测值少于两个，则该组试验须重做。

通过圆环法测试混凝土抗冲耐磨性能后的混凝土表面形态如图5.4-1所示。

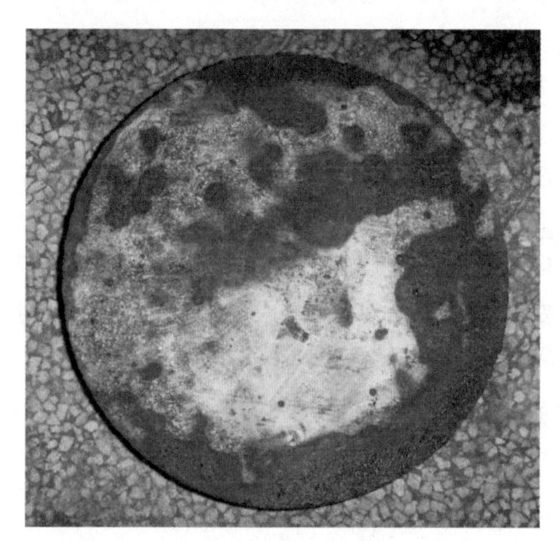

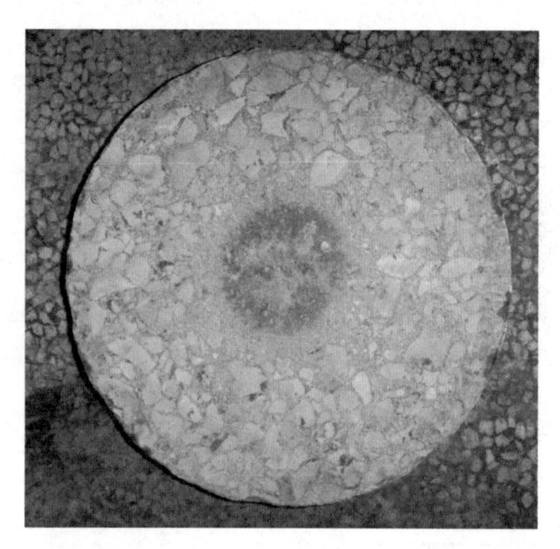

图5.4-1 抗冲磨混凝土表面形态

东风水电站工程是我国第一个大面积采用硅粉混凝土作为抗蚀耐磨材料实施的工程，现已运行了26年。实践证明，采用硅粉的抗冲耐磨混凝土效果较好，对后续类似工程有较好的参考价值和指导意义。

5.4.3 贵州光照水电站

光照水电站位于贵州省关岭县与晴隆县交界的北盘江中游，是北盘江干流梯级的龙头电站，电站以发电为主，其次航运，兼顾其他综合效益。正常蓄水位745.00m时，相应库容20.37亿m^3，为不完全多年调节水库。电站总装机容量1040MW，年发电量27.54亿kW·h。

枢纽工程主要由碾压混凝土重力坝、坝身泄洪系统、右岸引水系统、地面厂房及左岸预留远景通航建筑物组成。

碾压混凝土重力坝最大坝高200.50m，坝顶长410m，大坝由左右岸挡水坝段和河床溢流坝段组成，长度分别为163m、156m和91m。

泄洪建筑物布置：溢流坝段坝身设置3个表孔，每孔净宽16m，闸墩宽4.5m（边墩宽4.0m），堰顶高程725.00m，堰上设16m×20m（宽×高）的弧形闸门各一扇，3孔共用一扇16m×20m的平板检修闸门，下游采用窄缝挑流消能；表孔溢流面的平均空化数为0.337，最大流速为39.4m/s，最大泄量为9857m³/s。底孔在溢流坝段的两侧各布置1孔，每孔孔口4m×6m（宽×高），底板高程640.00m，工作弧形闸门设在出口处，两孔共用一扇平板检修闸门，下游采用斜鼻坎挑流消能；底孔最大流速为34.67m/s，单个底孔最大泄量为832m³/s。

光照水电站泄水建筑物水头高，单宽流量及挑坎流速均较大，为典型的高速水流。

水电站抗冲耐磨混凝土使用的部位如下：

（1）表孔泄槽表面包括溢流面、导墙及消能工，采用混凝土材料为C40抗冲磨混凝土，厚度0.5～0.8m。

（2）底孔出口工作门以后的底板、导墙及消能工，采用混凝土材料为C40抗冲磨混凝土，厚度0.5～0.8m。

（3）护坦混凝土、下游护岸混凝土及表孔堰顶混凝土，采用抗冲及防裂性能较好的C25混凝土，厚度0.5～0.8m。

光照水电站工程选用原材料分别为：贵州畅达水泥公司生产的P.O 42.5水泥，安顺火电厂生产的Ⅱ级粉煤灰，现场砂石系统生产的人工骨料，HF抗冲耐磨剂、HJUNF-KF抗冲耐磨剂、聚丙烯纤维、聚丙烯腈纤维和硅粉等抗冲磨掺合料。检测的水泥、粉煤灰、砂石骨料、外加剂的各项指标均符合规范要求，进行C40抗冲耐磨混凝土配合比试验对比，其试验结果见表5.4-9，各种混凝土的抗冲耐磨性能见表5.4-10。

表5.4-9　C40抗冲耐磨混凝土配合比

编号	掺合料类别	水胶比	砂率/%	石子级配	材料用量/(kg/m³)						减水剂/%	引气剂/(1/万)	坍落度/cm	含气量/%
					水	水泥	粉煤灰	砂	石	硅粉				
1	F15%（基准混凝土）	0.36	35	二	132	311.7	55	672	1258	—	0.6	0.4	5.5	4.2
2	F15%+HF1.8%	0.36	37	二	114	269.2	47.5	741	1270	—	0.3	0.2	5.2	3.5
3	F15%+KF1.8%	0.36	36	二	120	283.3	50	709	1270	—	0.5	0.3	6.0	4.3
4	F15%+聚丙烯纤维0.9kg/m³	0.36	35	二	134	316.4	55.8	664	1242	—	0.6	0.4	6.0	3.6
5	F15%+聚丙烯腈纤维0.9kg/m³	0.36	35	二	137	323.5	57.1	659	1232	—	0.6	0.4	6.5	3.7
6	F15%+HF1.8%+聚丙烯纤维0.9kg/m³	0.36	36	二	120	283.3	50	709	1270	—	0.4	0.3	5.5	4.2
7	F15%+HF1.8%+聚丙烯腈纤维0.9kg/m³	0.36	36	二	120	283.3	50	709	1270	—	0.4	0.3	4.0	4.0
8	F15%+硅粉7%	0.36	35	二	136	294.7	56.7	660	1236	26.4	0.6	0.3	5.6	3.7
9	F15%+硅粉7%+聚丙烯纤维0.9kg/m³	0.36	35	二	136	294.7	56.7	660	1236	26.4	0.7	0.3	6.1	3.6

注　1. 采用贵州畅达水泥公司大坝用P.O 42.5水泥，安顺火电厂Ⅱ级粉煤灰。
2. 石子级配为二级配，中石：小石=60：40。
3. HF和HJUNF-KF抗冲磨剂掺量为1.8%；聚丙烯纤维和聚丙烯腈纤维掺量均为0.9kg/m³；硅粉掺量为7%。

表 5.4-10　　C40 混凝土抗冲耐磨性能

编号	不同掺合料组合	28d 抗冲磨性能	
		抗冲磨强度 /[h/(kg/m²)]	磨损率 /%
1	F15%（基准混凝土）	12.5	2.6
2	F15%+HF1.8%	21.2	1.4
3	F15%+KF1.8%	16.2	2.3
4	F15%+聚丙烯纤维 0.9kg/m³	16.0	2.4
5	F15%+腈纤维 0.9kg/m³	14.5	2.2
6	F15%+HF1.8%+聚丙烯纤维 0.9kg/m³	22.0	1.2
7	F15%+HF1.8%+腈纤维 0.9kg/m³	21.4	1.3
8	F15%+硅粉 7%	19.6	1.9
9	F15%+硅粉 7%+聚丙烯纤维 0.9kg/m³	20.2	1.8

表 5.4-10 中几种混凝土的抗冲耐磨试验结果表明：

1）基准混凝土的抗冲磨强度较其他几种混凝土要低。

2）单掺 HF 抗冲磨剂的混凝土对提高混凝土的抗冲磨效果较为明显。

3）单掺 KF 抗冲磨剂的混凝土抗冲磨强度比 HF 混凝土要低。

4）单掺聚丙烯纤维或聚丙烯腈纤维的混凝土抗冲磨强度比 HF 要低。

5）HF 及纤维混掺的混凝土的抗冲磨强度比单掺 HF、单掺纤维的均要高。

6）单掺硅粉 7%、硅粉及聚丙烯纤维混掺的混凝土的抗冲磨强度比基准混凝土要高。

综合分析认为，HF 冲磨剂+聚丙烯纤维的组合为最优，混凝土的和易性较好，抗裂能力及抗冲磨能力最好；其次为单掺 HF 冲磨剂混凝土。单掺聚丙烯纤维或聚丙烯腈纤维的混凝土抗冲磨能力比掺硅粉略低，但混凝土的施工性能较硅粉要好。

5.4.4 西藏如美水电站

如美水电站左岸泄洪系统洞线短，溢洪道最大流速 36.93m/s，泄洪洞最大流速 36.15m/s，放空洞最大流速 31.78m/s；右岸开敞式溢洪道最大流速 48.69m/s，洞式溢洪道最大流速 50.32m/s，泄洪洞最大流速 45.42m/s，放空洞最大流速 33.78m/s。溢洪道和泄洪洞的流速高，流量大，高速水流产生的磨蚀破坏风险较大，整个工程的溢洪道混凝土方量约为 168 万 m³，泄洪洞放空洞的混凝土方量约为 15 万 m³，混凝土的方量大，对混凝土的抗冲耐磨蚀性能要求较高。现以研究的 C_{90}45W6F200 抗冲耐磨混凝土为例展开介绍。

对于该工程的抗冲耐磨蚀混凝土，采用“三掺”（掺优质减水剂、高效引气剂、优质粉煤灰）为基准混凝土，再混合使用硅粉、纤维、HF 冲磨剂作对比的设计思路。掺粉煤灰是为了降低和延迟混凝土内部温升，减少水泥用量；掺减水剂是为了减少用水量及水泥用量，使混凝土内部多余水分的蒸发量减少，降低干缩变形；而掺高效引气剂则是考虑增加混凝土抗冻性耐久性能和降低混凝土的弹性模量；掺各种纤维的作用主要在于不增大混凝土强度的情况下，尽可能地提高混凝土的极限拉伸值，增加混凝土的抗裂性能；掺硅粉或其他抗冲耐磨剂（如 HF 抗冲磨剂、NSF-Ⅱ硅粉抗磨蚀剂等）可有效提高混凝土的抗冲刷和抗冲耐磨能力。

1. 抗冲耐磨混凝土的配合比及力学性能试验结果

(1) 根据《水工混凝土施工规范》(DL/T 5144—2015) 中“配合比选定”的有关要求，抗冲耐磨混凝土的设计指标见表5.4-11。

表5.4-11　抗冲耐磨混凝土的设计指标

混凝土强度等级	强度标准值 $f_{cu,k}$ /MPa	强度保证率 /%	概率度系数 t	强度标准差 σ /MPa	配制强度 $f_{cu,0}$ /MPa
C_{90}45W6F200	45	95	1.645	5.0	53.2

(2) 根据水灰比强度曲线拟合的相关公式，选取抗冲耐磨混凝土的水胶比0.35，抗冲耐磨性能与强度相关，采用0.35的水胶比一方面是为了满足强度要求；另一方面也有助于提高混凝土的致密性从而增加抗冲耐磨性能。

(3) 为了选出既经济又能满足工程的抗冲耐磨性能要求的混凝土，同时也是为了研究高性能的抗冲耐磨混凝土，对于C_{90}45配合比，我们选用了几种主要的抗冲耐磨材料共进行5种不同组合的比较试验，分别为：基准粉煤灰混凝土、粉煤灰+HF抗冲磨剂、粉煤灰+聚丙烯腈纤维、粉煤灰+聚丙烯纤维、粉煤灰+硅粉。

根据试验用水泥、粉煤灰、砂石骨料等原材料，按绝对体积法计算混凝土配合比，添加的掺合料均为外掺，具体混凝土的配合比见表5.4-12，物理力学性能见表5.4-13。

表5.4-12　C_{90}45抗冲耐磨混凝土配合比

编号	掺合料类别	水胶比	砂率 /%	石子级配	材料用量/(kg/m³)						减水剂 /%	引气剂 /(1/万)	坍落度 /cm	含气量 /%
					水	水泥	粉煤灰	砂	石	硅粉				
CM-1	F25% (基准混凝土)	0.35	37	二	140	300.0	100.0	663	1146	—	0.8	0.8	6.5	4.2
CM-2	F25%+HF2%	0.35	39	二	140	300.0	100.0	699	1109	—	0.3	0.8	6.2	3.5
CM-3	F25%+聚丙烯腈纤维 0.9kg/m³	0.35	37	二	145	310.7	103.6	653	1128	—	0.8	0.8	5.8	3.7
CM-4	F25%+聚丙烯纤维 0.9kg/m³	0.35	37	二	145	310.7	103.6	653	1128	—	0.8	0.8	5.5	3.8
CM-5	F25%+硅粉8%	0.35	36	二	145	277.6	103.6	632	1140	33.1	0.8	0.8	5.6	3.8

表5.4-13　C_{90}45抗冲耐磨混凝土配合比力学性能

编号	抗压强度/MPa				轴拉强度/MPa				极限拉伸值/(×10⁻⁴)				抗压弹性模量/GPa			容重 /(kg/m³)
	7d	28d	90d	180d	7d	28d	90d	180d	7d	28d	90d	180d	28d	90d	180d	
CM-1	32.4	45.5	53.4	58.3	2.52	3.59	3.97	4.08	0.91	1.27	1.50	1.65	35.6	45.8	48.7	2370
CM-2	34.6	48.1	55.9	60.9	2.63	3.65	4.07	4.25	0.95	1.35	1.57	1.71	39.2	49.4	53.4	2378
CM-3	32.0	47.8	55.3	61.2	2.66	3.89	4.16	4.49	0.95	1.41	1.62	1.78	37.9	48.3	52.0	2366
CM-4	32.2	47.5	55.0	60.8	2.65	3.78	4.11	4.38	0.94	1.39	1.60	1.74	37.5	48.1	52.4	2365
CM-5	33.3	51.0	58.2	62.9	2.62	3.84	4.14	4.43	0.93	1.43	1.63	1.76	40.6	50.5	53.8	2362

注 1. 采用华新迪庆P.O 42.5水泥，椏华Ⅱ级粉煤灰，GK-4A减水剂，GK-9A引气剂，料场1骨料。
2. 配合比编号中，“CM”代表抗冲耐磨混凝土。
3. 石子级配为二级配，中石：小石=50：50。

表 5.4-12、表 5.4-13 抗冲耐磨混凝土配合比及力学性能试验结果表明：

1）从混凝土用水量上来看，单掺 2%HF 抗冲磨剂混凝土与基准粉煤灰混凝土相同，而单掺聚丙烯腈纤维 0.9kg/m³ 的混凝土、单掺聚丙烯纤维 0.9kg/m³ 的混凝土和单掺 8%硅粉混凝土较基准粉煤灰混凝土增加 3～5kg/m³。

2）从混凝土的和易性及施工性能上来看，基准混凝土的和易性及黏聚力均较好，单掺 HF 冲磨剂后混凝土的和易性及黏聚力有所降低，混凝土有小部分泌水，但混凝土的流动性要好；单掺聚丙烯腈纤维、单掺聚丙烯纤维后相比基准混凝土，由于纤维的内在支撑作用，混凝土的和易性及黏聚力比基准混凝土更好，但是纤维易成团，混凝土表面平整度稍差；单掺硅粉后，由于硅粉的比重比粉煤灰还要小，浆体的体积更大，混凝土的和易性好。

3）从混凝土的抗压强度来看，在相同水胶比情况下，单掺 HF 冲磨剂、单掺纤维、单掺硅粉混凝土的抗压强度均比基准粉煤灰混凝土要高，特别是掺用硅粉后，前期强度增长较多，180d 抗压强度值相差较小。

4）从混凝土的抗拉强度及极限拉伸值来看，掺聚丙烯腈纤维的抗拉强度和极限拉伸值比其他几种组合的要高，说明聚丙烯腈纤维对提高混凝土的抗裂能力要好；其他几种组合均较基准混凝土有不同程度的提高。

5）抗冲耐磨混凝土配合比的理论容重约为 2350kg/m³，实测容重也不到 2400kg/m³，分析原因：一是骨料的密度偏低，最大骨料密度仅为 2.66kg/m³，较一般岩性低；二是抗冲耐磨混凝土的抗冻等级为 F200，混凝土较一般配合比的含气量偏高，较高的含气虽会提高混凝土的和易性和抗冻性能，但同时也降低了混凝土的容重。

6）HF 抗冲磨剂掺用后，相应配合比的砂率较其他配合比略高 2%～3%，而减水剂用量由 0.8%降低至 0.3%，有一定的经济性优势。

2. 混凝土的抗冲耐磨试验结果

按照《水工混凝土试验规程》（DL/T 5150—2001）的要求，混凝土抗冲耐磨试验分为圆环法、水下钢球法和风砂枪法，本次试验采用了水下钢球法和风砂枪法来检测。

（1）混凝土抗冲耐磨试验（水下钢球法）。混凝土抗冲耐磨试验（水下钢球法）是测定混凝土表面受水下高速流动介质磨损的相对抗力，用于评价混凝土表面的相对抗冲耐磨性能。该项目混凝土抗冲耐磨试验所用仪器为钢球冲磨仪，试模为内径 300mm±2mm，高 100mm±1mm 金属圆模。

混凝土抗冲耐磨指标（水下钢球法）以抗冲耐磨强度或磨损率表示，抗冲耐磨强度与磨损率按下式计算：

$$f_a=\frac{TA}{\Delta M}L=\frac{M_0-M_T}{M_0} \quad (5.4-2)$$

式中 f_a——抗冲耐磨强度，即单位面积上被磨损单位重量所需的时间，h/(kg/m²)；

L——磨损率，%；

ΔM——经 T 时段冲磨后，试件损失的累计重量，kg；

T——试件累计的持续时间，h；

A——试件受冲磨面积，m²；

M_0、M_T——试验前、后试件质量，kg。

混凝土抗冲耐磨试验（水下钢球法）试验结果见表 5.4-14。

表 5.4-14　　混凝土抗冲耐磨性能

编号	不同掺合料组合	90d抗冲耐磨性能	
		抗冲耐磨强度/[h/(kg/m²)]	磨损率/%
CM-1	F25%（基准混凝土）	14.74	2.01
CM-2	F25%+HF2%	24.46	1.22
CM-3	F25%+聚丙烯腈纤维 0.9kg/m³	17.66	1.66
CM-4	F25%+聚丙烯纤维 0.9kg/m³	17.07	1.76
CM-5	F25%+硅粉 8%	21.28	1.43

表 5.4-14 中几种混凝土的抗冲耐磨试验结果表明：

1）基准混凝土的抗冲耐磨强度较其他几种混凝土要低。

2）单掺 HF 抗冲磨剂的混凝土对提高混凝土的抗冲耐磨效果较为明显；单掺硅粉混凝土的抗冲耐磨强度比 HF 混凝土低，但比单掺纤维混凝土的抗冲耐磨强度要高；单掺聚丙烯腈纤维的混凝土抗冲耐磨强度比单掺聚丙烯纤维的混凝土抗冲耐磨强度略高，但两者均比 HF 混凝土的抗冲耐磨强度要低，在后期采用风砂枪法测试时，仅使用单掺聚丙烯腈纤维的混凝土进行抗冲耐磨强度试验。

3）从混凝土整体结构性和现场施工工艺等方面考虑，首先推荐抗冲耐磨混凝土为基准粉煤灰混凝土；若施工方能严格按照 HF 冲磨混凝土配合比及 HF 冲磨剂施工使用方法进行现场浇筑，则单掺 HF 冲磨剂混凝土为最优。

（2）混凝土抗冲耐磨试验（风砂枪法）。混凝土抗冲耐磨试验（风砂枪法）是测定混凝土及各种抗冲耐磨材料的抗冲耐磨性能。适用于研究和评定混凝土及其他材料抵抗高速含沙水流冲刷作用的性能。本次混凝土抗冲耐磨试验（风砂枪法）采用的是新型抗冲耐磨试验系统［《水工混凝土试验规程》（DL/T 5150—2001）中“风砂枪”的改进设备］，图 5.4-2 为设备示意图。

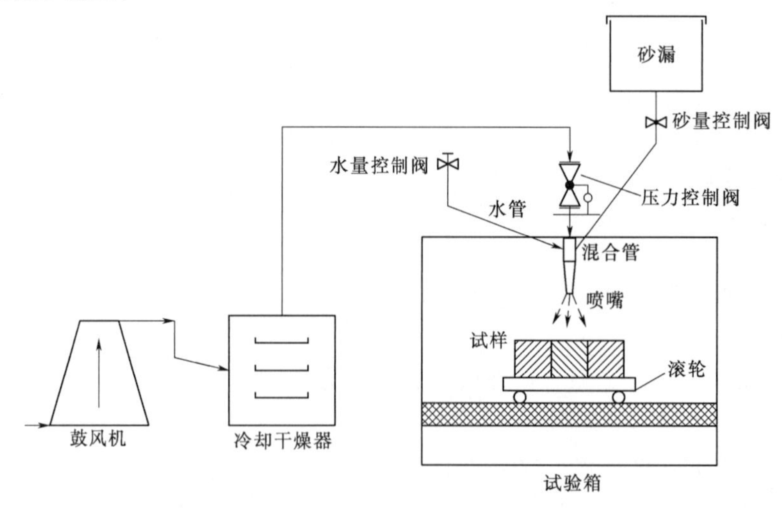

图 5.4-2　风砂枪冲磨试验设备示意图

本试验设备的喷管较细，为了充分保证试验过程中下砂的连续性，将可调节的阀门均开到最大，因此冲磨试验前，测得喷嘴处的下砂速率为117g/s，每一次的冲磨时间固定为3min52s（试件往返四个循环）。对混凝土冲磨破坏的角度研究显示，90°时的冲击强度最大，对混凝土冲磨破坏最严重，所以本次试验采用的是垂直下砂冲击。混凝土冲磨后质量损失实测结果及抗冲耐磨强度计算结果见表5.4-15。混凝土冲磨1次和4次后，冲磨表面如图5.4-3和图5.4-4所示。

表5.4-15　　混凝土冲磨质量损失及抗冲耐磨强度

次　数		CM-1（基准）	CM-2（HF）	CM-3（腈纤维）	CM-5（硅粉）
1	质量损失/g	4.7	3.5	4.3	3.7
2		2.8	2.5	3.1	2.9
3		3.1	2.8	2.6	2.7
4		2.9	2.5	2.8	2.6
抗冲耐磨强度/(h/cm)		3.42	4.09	3.61	3.88

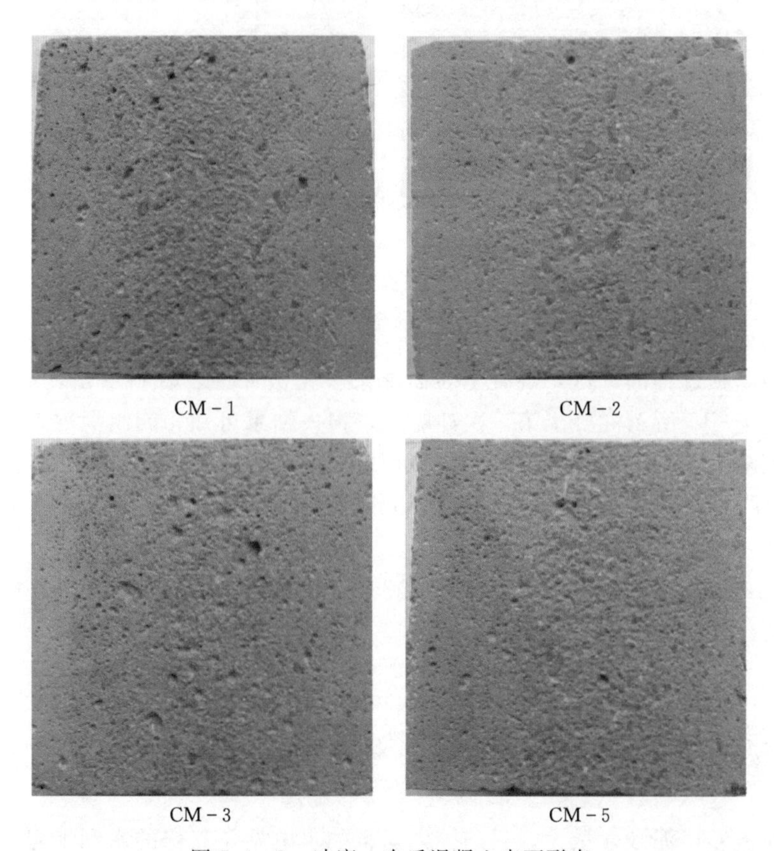

图5.4-3　冲磨一次后混凝土表面形态

由表5.4-15可以看出，HF、腈纤维及硅粉都能改善混凝土的抗冲耐磨性能。HF的改性效果最为显著，抗冲耐磨强度相比基准混凝土提高19.6%；其次是硅粉，抗冲耐磨强度提高13.5%；最后是腈纤维，抗冲耐磨强度提高10.6%。该试验结果与水下钢球

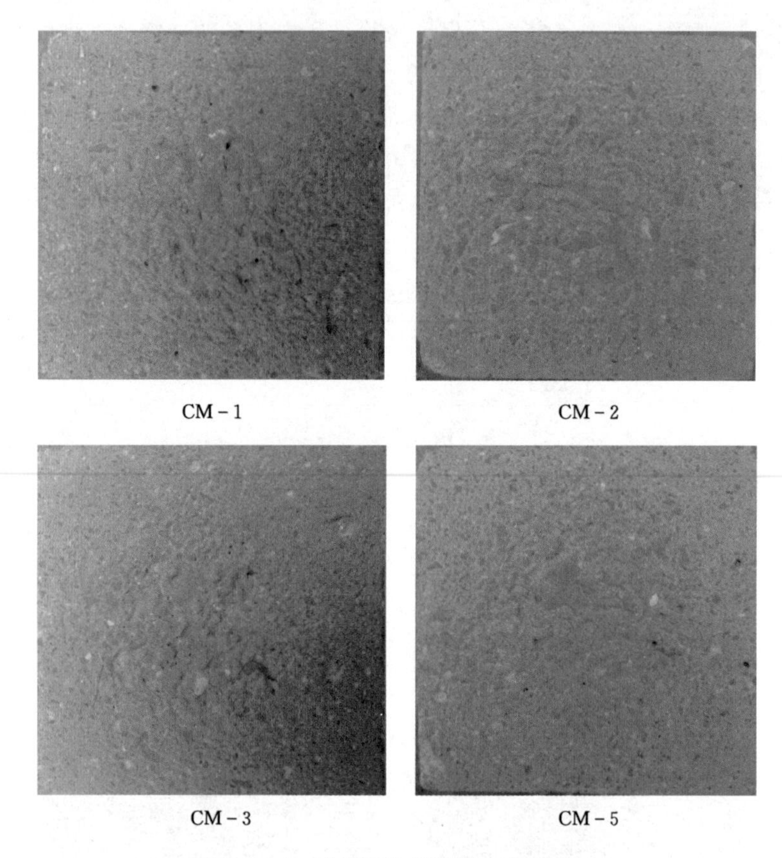

图 5.4－4　冲磨四次后混凝土表面形态

法的规律相同。

随着冲蚀磨损过程的进行，混凝土表面浮浆首先被冲蚀，骨料露出，如图 5.4－4 所示，结合表 5.4－15 所示混凝土第一次冲磨质量损失结果可知，四组混凝土浆体部分的抗冲耐磨性能相对大小与混凝土抗冲耐磨强度呈相同的规律。随后，砂浆凹陷，骨料凸出。由此可知，HF、腈纤维及硅粉改善了浆体部分的抗冲耐磨性能，进而改善了混凝土的抗冲耐磨性能。

总的来说，该工程混凝土中混合使用硅粉、纤维、HF 冲磨剂均可有效提高混凝土的抗冲耐磨性能。

5.5 小结

我国的河流多，泥沙含量大，目前国内运行的水电站及兴修的水利工程，均受到不同程度的冲磨破坏问题。在水工建筑物中，某些部位对混凝土的抗冲耐磨性能有较高的要求，抗冲耐磨混凝土在工程实际应用中越来越重要。

抗冲耐磨混凝土是针对于长时间受到水流冲磨的部位而应用的混凝土，主要是通过增加混凝土的强度和韧性来抵抗磨蚀破坏和空蚀破坏，从而提高混凝土的抗冲耐磨性能。国内外对抗冲耐磨混凝土的研究，主要集中在无机胶凝类的添加剂上。贵阳院在前人研究的基础上并结合自身多年的实践经验总结出提高混凝土的抗冲耐磨性能主要有原材料的优选和添加其他掺合料的方式。从本章可知原材料的优选可以选择 C_3S 含量高的水泥、质地坚硬的矿物颗粒含量较多的骨料、均匀掺入适量外加剂来提高混凝土的抗冲耐磨性能；也可通过添加硅粉、纤维、粉煤灰、铁钢砂、抗冲磨剂纤维掺合料以及这些掺合料的混掺方式来提高混凝土的抗冲耐磨性能。

另外，针对抗冲耐磨混凝土的施工工艺——溜槽（筒）入料口的调整、模板的制安、隐形拉筋杆的使用、混凝土分仓、减少气泡的措施，做了简单的介绍，对今后抗冲耐磨混凝土的施工起一定的参考作用。

在贵阳院承接的众多工程实例中，遴选出贵州洪家渡水电站、贵州东风水电站、贵州光照水电站和西藏如美水电站的实际工程案例和室内试验研究。针对市场上一系列抗冲磨剂，取得大量的试验数据和丰富的试验经验。在洪家渡钢涡壳的外包混凝土中，我们选用了钢纤维做添加剂的高强度抗冲耐磨混凝土进行研究，效果良好。在东风水电站的建设中，采用厚 40cm 的硅粉与粉煤灰共掺的方式提高混凝土的抗冲耐磨性能，并且通过圆环法对该混凝土的抗冲耐磨性能做了试验研究，结果表明各项指标特别是抗冲耐磨性能达到预期成效。该工程项目是我国第一个在设计中大面积采用硅粉混凝土作为抗蚀耐磨材料并已实施的工程。实践证明，其效果较好，对后续工程有良好的参考价值。对于光照水电站，我们通过单掺 HF 抗冲磨剂、单掺 KF 抗冲磨剂、单掺聚丙烯纤维或聚丙烯腈纤维、HF 及纤维混掺、单掺硅粉、硅粉及聚丙烯纤维混掺等方式与基准混凝土开展了大量的对比试验研究，结果显示 HF 冲磨剂＋聚丙烯纤维的组合为最优，混凝土的和易性较好，抗裂能力及抗冲磨能力最好，其次为单掺 HF 冲磨剂混凝土。单掺聚丙烯纤维或聚丙烯腈纤维的混凝土抗冲磨能力比掺硅粉略低，但混凝土的施工性能较硅粉要好。对于在可研阶段的如美水电站，我们选用几种主要的抗冲耐磨材料进行了 5 种不同组合的比较试验，分别为基准粉煤灰混凝土、粉煤灰＋HF 抗冲磨剂、粉煤灰＋聚丙烯腈纤维、粉煤灰＋聚丙烯纤维、粉煤灰＋硅粉。并运用水下钢球法和风砂枪法对试件进行了抗冲耐磨性能的研究，结果显示单掺 HF 抗冲磨剂的混凝土对提高混凝土的抗冲耐磨效果较为明显；单掺硅粉混凝土的抗冲耐磨强度比 HF 混凝土低，但比单掺纤维混凝土的抗冲耐磨强度要高；单掺聚丙烯腈纤维的混凝土抗冲耐磨强度比单掺聚丙烯纤维的混凝土抗冲耐磨强度略高，但两者均比 HF 混凝土的抗冲耐磨强度要低。

总的来说，通过大量工程实例可得知单掺钢纤维、HF 抗冲磨剂、硅粉、聚丙烯纤维、聚丙烯腈纤维等抗冲磨材料均能在一定程度上增加混凝土的抗冲耐磨性能，抗冲磨材料的混掺更能有效地增加其抗冲耐磨性能。在具体工程应用中，应根据原材料情况选用合适的掺合料，调整最佳的混凝土配合比来拌制抗冲耐磨混凝土。

第6章 自密实混凝土技术

6.1 概述

贵阳院自2006年结合光照水电站开展自密实混凝土研究以来，经多个工程的系统性试验研究与应用实践，形成了具有自身特色的自密实混凝土技术。

混凝土是现代最广泛使用的建筑材料，目前，全世界每年生产的各种混凝土超过100亿t，其中，我国的混凝土生产量约占40%。提升混凝土质量和混凝土性能以确保房屋建筑、道路桥梁、水利工程等混凝土结构的长期耐久性和安全性，对国民经济发展具有重大意义。由于混凝土工程不断向大规模化、复杂化、高层化方向发展，钢筋混凝土内部配筋越来越复杂、施工难度越来越大，许多情况下混凝土振捣困难造成工程质量难以保证，而且施工中混凝土振捣引起的城市噪声也成为急需解决的重要问题。为解决以上问题，特别需要开发施工中无需振捣的自密实混凝土。

自密实混凝土（self compacting concrete，SCC）的研究始于20世纪80年代的日本，1988年日本东京大学的冈村甫教授首先成功研发了SCC，具有很高的流动性、黏聚性和抗离析性，冈村甫教授在1989年进行了公开演示试验，证明了SCC的设计思路是合理可行的，1990年，在日本的一个楼房建筑中，SCC得到首次工程应用，随后SCC的应用范围逐步扩大到大体积混凝土、隧道、水下不分散混凝土等工程中。

自密实混凝土也称作高流态混凝土（high flowing）、自流平混凝土（self - leveling）、自填充混凝土（self - filling）和免振捣混凝土（vibration free concrete）等，无需振捣即可依靠自身的流动性能将浇筑面填满，尤其是在钢筋密集的地方也能填满每个角落。自密实混凝土在新建工程中的应用，与普通混凝土相比具有多方面的优点。节省了振捣设备，减少了施工荷载，降低了机械维修费用、电费等工程成本。

相比一般的常态混凝土，自密实混凝土具有以下优点：

(1) 在大规模使用时，自密实混凝土无需振捣，提高了施工速度，缩短了工期，还可有效提高工作效率，节约人力资源成本。

(2) 自密实混凝土的流动性能好，流动度大，可以自流平，所以，在普通混凝土无法施工的密集配筋或间隙狭窄的部位，自密实混凝土不会因施工技术造成人为的漏振等质量问题。

(3) 自密实混凝土不需要振捣器进行振捣，减少了施工荷载，降低了机械维修费用、电费等工程成本，同时还可以减少噪声对环境的污染，减少噪声对工作人员带来的职业病。

(4) 传统的施工工艺需要采用振捣器对混凝土进行振捣密实，这种工艺费时、费力，若施工作业人员操作不熟练、不规范就会使施工部位混凝土产生缺陷，尤其是在西藏等高原地区进行混凝土施工，作业人员劳动力会比在低海拔地区降低很多，所以，采用传统工艺施工很难保证混凝土的质量，若采用自密实混凝土则可明显改善上述不足之处。

近年来，欧美等国家自密实混凝土的用量已占生产混凝土总量的30%～40%。例如2004年日本的自密实混凝土总生产量已超过250万m^3，近几十年来，国内外开展了大量的自密实混凝土研究与应用工作，取得了可喜的成绩。在日本、瑞典、丹麦、英国、法国等国家，自密实混凝土得到了比较广泛的关注，其工程应用也逐年增加，如1992年施工的日本木场公园斜拉大桥，其主塔采用自密实混凝土；1998年通车的日本明石海峡大桥主跨1991m，是目前世界上跨度最大的悬索桥，2个桥墩均用自密实混凝土施工，如图6.1-1和图6.1-2所示。

图6.1-1 日本木场公园斜拉大桥

有关自密实混凝土的国际学术研讨会也先后在日本、欧洲、美国、中国等国家和地区举行。自密实混凝土的研究与应用技术日趋成熟。

图 6.1-2 日本明石海峡大桥

6.2 配合比设计

6.2.1 设计原则及目标

自密实混凝土的关键物理力学性能是其工作性能，主要以流动性、黏聚性、通过性、抗离析性为主。采用哪几种性能及方法来表征自密实混凝土还未得到统一。自密实混凝土的各项工作性能并不需要同时达到最佳，而应根据应用要求着重对其中几项做主要考核。欧洲、英国等标准较为完善地规定了自密实混凝土工作性的相应表征方法及指标应用范围，可根据工作需要选择各指标范围进行组合；目前试验室和施工现场通常采用坍落度、坍落扩展度、T_{50}时间、L形箱、U形箱、V形箱、J形箱和筛析法等其中的一种或几种组合控制自密实混凝土的工作性能。

根据国内外的研究成果及《自密实混凝土应用技术规程》（CESC 203：2006）的要求，在自密实混凝土配合比设计中应遵循以下原则：

（1）自密实混凝土应满足混凝土结构设计的强度要求和各种使用环境下的耐久性要求。

（2）自密实混凝土配合比应使混凝土具有均匀一致的外观质感、良好的流变性能、内在匀质性能、良好的体积稳定性。

（3）混凝土不离析、不泌水，具有一定的塑性黏度。

（4）新拌混凝土具有较强的均匀性、填充性，骨料均匀分散。

（5）新拌混凝土坍落度经时损失小，具有大流动性、和易性好、可泵性能好。

（6）利用现有条件，在保证混凝土质量的前提下尽量节约水泥，降低成本，以达到良好的技术经济效益。

6.2.2 主要技术指标

以C25强度等级的自密实混凝土为例，混凝土配合比主要技术指标见表6.2-1。

表 6.2-1　　C25 自密实混凝土主要技术指标

内　容	检验指标	内　容	检验指标
强度等级	C25	扩展度/mm	550～650
级配	二级	T_{50}流动时间/s	$3 \leqslant T_{50} \leqslant 20$
坍落度/mm	240～270	U 形箱试验（Δh）	高差 $\Delta h \leqslant 50$mm
适用范围/mm	钢筋最小净间距为 60～200	L 形箱试验（H_2/H_1）	$H_2/H_1 \geqslant 0.8$

6.2.3　设计方法

1. 混凝土配制强度的确定

为使施工中混凝土强度符合设计要求，在进行混凝土配合比设计时，应使混凝土配制强度有一定的富裕度。根据《水工混凝土施工规范》（DL/T 5144—2001）中“配合比选定”的有关要求，混凝土配制强度按下式计算：

$$f_{cu,0}=f_{cu,k}+t\sigma \tag{6.2-1}$$

式中　$f_{cu,0}$——混凝土的配制强度，MPa；

$f_{cu,k}$——混凝土设计龄期的强度标准值，MPa；

t——概率度系数，依据保证率 P 选定；

σ——混凝土强度标准差，MPa。

自密实混凝土的配制强度计算见表 6.2-2。

表 6.2-2　　混凝土配制强度

混凝土强度等级	级配	强度标准值 $f_{cu,k}$ /MPa	强度保证率 /%	概率度系数 t	强度标准差 σ/MPa	配制强度 $f_{cu,0}$/MPa
C25	二	25	95	1.65	4.0	31.6

2. 混凝土配合比的计算

按照《水工混凝土配合比设计规程》（DL/T 5330—2005）中混凝土配合比的计算，采用“体积法”进行计算，砂石骨料按照饱和面状态计算含水率。

6.3 试验研究

自密实混凝土配合比的设计参数与原材料的品质关系很大，水泥的品种和强度等级，砂子的细度模数、级配和石粉含量，石子的粒形、级配和粒径，掺合料的细度、需水量和活性指数等，都会影响对自密实混凝土的工作性能、强度等级和耐久性等指标。本节以 C25 强度等级的自密实混凝土为例，介绍自密实混凝土原材料及配合比试验研究过程。

6.3.1　混凝土原材料

1. 水泥

配制自密实混凝土可采用硅酸盐水泥或普通硅酸盐水泥。由于自密实混凝土中往往都掺有大量的粉煤灰或其他掺合料，如果水泥中再含有较多的矿物掺合料，则会引起混凝土强度发展缓慢的问题，所以，应优先使用矿物掺合料含量较少的硅酸盐水泥和普通硅酸盐水泥配制自密实混凝土。

为了保证自密实混凝土的体积稳定性，提高自密实混凝土在非承载作用下的抗裂性能和耐久性能，除非工程有特殊需要，否则应尽量避免使用早强水泥，避免自密实混凝土产生较大的温度收缩和早期裂缝问题。

本研究使用的水泥是贵州畅达瑞安水泥有限责任公司生产的P.O 42.5水泥，水泥的性能检测结果见表6.3-1。从检测的结果来看，水泥的各项性能指标均满足国标《通用硅酸盐水泥》(GB 175—2007) 的要求。

表6.3-1　　水　泥　性　能

水泥品种及规范要求	比重	标准稠度/%	安定性	比表面积/(m^2/kg)	凝结时间/min		抗折强度/MPa		抗压强度/MPa	
					初凝	终凝	3d	28d	3d	28d
贵州畅达 P.O 42.5	3.08	26.0	合格	340	203	282	5.5	8.7	25.9	49.2
GB 175—2007	—	—	合格	≥300	≥45	≤600	≥3.5	≥6.5	≥17.0	≥42.5

2. 粉煤灰

为满足自密实混凝土工作性要求，应尽量减少水泥用量，并掺入适量的矿物掺合料，如粉煤灰、矿渣和硅粉等。粉煤灰的活性效应、形态效应、微集料效应对自密实混凝土拌和物的工作性、硬化混凝土的力学性能都具有较好的作用。

本研究使用的粉煤灰是贵州安顺火电厂生产的Ⅱ级粉煤灰，其各项性能指标见表6.3-2。安顺火电厂生产的粉煤灰各项指标满足《水工混凝土掺用粉煤灰技术规范》(DL/T 5055—2007) 中Ⅱ级粉煤灰的要求。

表6.3-2　　粉煤灰品质检验

粉煤灰厂家及规范要求	细度/%	Loss/%	需水量比/%	SO_3含量/%	含水率/%	比重
安顺火电厂	11.5	7.5	94.8	—	0.1	2.37
DL/T 5055—2007 Ⅰ级粉煤灰要求	≤12	≤5.0	≤95	≤3	≤1.0	—
DL/T 5055—2007 Ⅱ级粉煤灰要求	≤25	≤8.0	≤105	≤3	≤1.0	—

3. 砂石骨料

自密实混凝土一般宜选用中砂或偏粗中砂作为细骨料。这是因为，自密实混凝土的砂浆量较大，砂率较高，如果选用细砂，则会影响混凝土的强度和弹性模量等力学性能指标。并且，细砂的比表面积较大将增大拌和物的需水量，对拌和物的工作性产生不利影响。若选用粗砂则会降低混凝土拌和物的黏聚性。

通常细骨料的细度模数宜为2.6～3.0，细骨料除满足《水工混凝土施工规范》（DL/T 5144—2001）的要求外，还应满足《自密实混凝土应用技术规程》（CESC 203：2006）的相关要求。本次试验所用砂的细度模数为2.73，石粉含量为15.6%。砂的颗粒级配试验结果见表6.3-3。砂石骨料的物理性能试验结果见表6.3-4。

表6.3-3　　砂的颗粒级配

筛孔尺寸/mm	5	2.5	1.25	0.63	0.315	0.16	0.08	<0.08	石粉含量/%	细度模数
分计筛余/%	0.48	16.68	17.26	23.74	21.66	4.58	6.70	8.78	15.60	2.73
累计筛余/%	0.48	17.16	34.42	58.16	79.82	84.40	91.10	99.88		

表6.3-4　　砂石骨料的物理性能

试验项目＼骨料品种	砂（<5mm）	小石（5～20mm）	中石（20～40mm）
饱和面干密度/(kg/m³)	2680	2710	2710
饱和面干吸水率/%	1.5	0.51	0.40
针片状/%	—	5.5	7.1
超径/%	—	3.0	10.6
逊径/%	—	9.2	2.6
含泥量/%	—	0.22	0.56

砂石骨料的物理性能试验结果表明，各项检测结果满足《水工混凝土施工规范》（DL/T 5144—2001）和《自密实混凝土应用技术规程》（CESC 203：2006）的要求。

小石、中石的颗粒级配试验结果见表6.3-5和表6.3-6。

表6.3-5　　小石的颗粒级配

筛孔尺寸/mm	>20	20～10	10～5	2.5	<2.5
分计筛余率/%	3.0	56.0	30.5	5.5	5.0
累计筛余率/%	3.0	59.0	89.5	95.0	100

表6.3-6　　中石的颗粒级配

筛孔尺寸/mm	>40	40～30	30～20	<20
分计筛余率/%	10.6	35.2	51.6	2.6
累计筛余率/%	10.6	45.8	97.4	100

4. 外加剂

由于自密实免振捣混凝土要求具备高流动性、抗离析性、间隙通过性和填充性，因此，需要选择具有较高减水率的聚羧酸系减水剂，以确保混凝土具有优异的流动性和扩散性，同时，为了保证自密实混凝土的施工性能，应加入适量的引气剂以避免混凝土过于黏稠。

本次试验选用了山西黄河新型化工有限公司生产的HJSX－A聚羧酸系减水剂和HJAE－A引气剂。减水剂的性能检测结果见表6.3－7，引气剂的性能检测结果见表6.3－8。

表6.3－7　减水剂性能（掺量1.0%）

外加剂厂家	减水率/%	泌水率比/%	含气量/%	凝结时间差/min		抗压强度比/%		
				初凝	终凝	3d	7d	28d
山西黄河HJSX－A	29.8	2.1	2.5	+205	+212	160	147	140
GB 8076—2008	≥25	≤70	≤6.0	>+90	—	—	≥140	≥130

表6.3－8　引气剂性能检测成果（掺量0.5/万）

外加剂厂家	减水率/%	泌水率比/%	含气量/%	凝结时间差/min		抗压强度比/%		
				初凝	终凝	3d	7d	28d
山西黄河HJAE－A	6.1	32.1	5.5	+98	+75	98	97	92
GB 8076—2008	≥6	≤70	≥3.0	−90～+120		≥95	≥95	≥90

所检测的外加剂均满足《混凝土外加剂》(GB 8076—2008）的要求。

6.3.2　混凝土配合比性能

根据自密实混凝土设计技术要求和《自密实混凝土应用技术规程》（CESC 203：2006）中的要求，对掺20%和25%粉煤灰的自密实混凝土参数进行确定，并进行混凝土出机性能、坍落度和扩散度损失以及力学性能的试验。

1. 配合比参数确定

通过室内的混凝土出机性能试验，确定了本次试验的C25二级配自密实混凝土的各项设计参数，根据设计扩散度和设计坍落度的要求，选定粉煤灰掺量为20%和25%，水胶比为0.43、0.40和0.37，砂率为45%～41%，小石与中石的比例均采用60：40，混凝土的配合比参数见表6.3－9。

表6.3－9　混凝土配合比参数

编号	水胶比	级配	设计扩散度/mm	设计坍落度/mm	用水量/(kg/m³)	粉煤灰/%	HJSX－A减水剂及掺量/%	HJAE－A引气剂/(1/万)	砂率/%	小石：中石
1	0.43	二	600±50	250～270	170	25	1.0	0.4	45	60：40
2	0.40	二	600±50	250～270	170	25	1.0	0.4	43	60：40
3	0.37	二	600±50	250～270	170	25	1.0	0.4	41	60：40
4	0.43	二	600±50	250～270	170	20	1.0	0.4	45	60：40
5	0.40	二	600±50	250～270	170	20	1.0	0.4	43	60：40
6	0.37	二	600±50	250～270	170	20	1.0	0.4	41	60：40

2. 混凝土出机性能

从混凝土出机性能来看，掺加了减水剂掺量均为1%，引气剂均为0.4/万的混凝土扩散度和坍落度均能满足设计要求，混凝土的扩散度和坍落度随水胶比的降低而减小，在水胶比为0.40时，混凝土通过U形箱和L形箱的效果最好，混凝土的出机情况如图6.3-1～图6.3-3所示，混凝土的出机性能试验结果见表6.3-10。

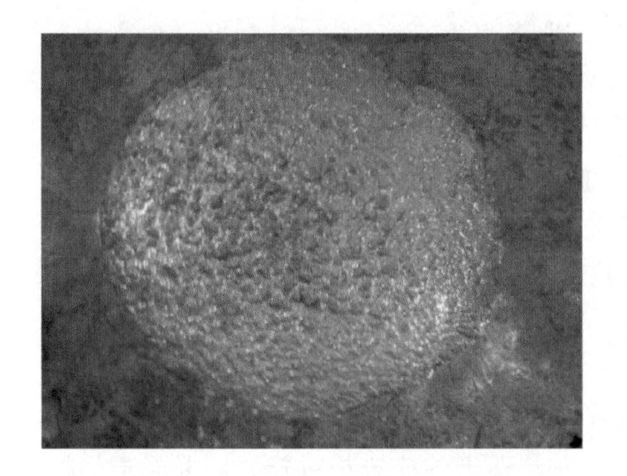

图6.3-1　自密实混凝土出机情况

图6.3-2　自密实混凝土通过L形箱之前情况

图6.3-3　自密实混凝土通过L形箱之后情况

表6.3-10　　　　混凝土出机性能

编号、技术规程	扩散度/mm	坍落度/mm	含气量/%	粗骨料绝对体积占比	水粉比	凝结时间		T_{50}时间/s	U形箱填充高度/mm	L形箱填充高度比/%
						初凝	终凝			
1	580×580	272	4.7	0.36	1.04	—	—	7.5	345	81
2	570×575	268	4.8	0.36	0.98	18h22min	23h21min	8.1	336	82
3	570×560	265	4.5	0.37	0.93	—	—	8.5	322	80
4	575×580	270	4.9	0.36	1.05	—	—	7.2	342	80
5	570×570	261	4.9	0.36	1.00	17h58min	23h46min	8.8	332	83
6	565×560	250	4.7	0.37	0.94	—	—	8.5	320	81
CECS 203：2006	600±50	250～270	—	0.32～0.35（三级）	0.8～1.15	—	—	—	>320	—

从表6.3-10和图6.3-1～图6.3-3来看：

（1）自密实混凝土的扩散度和坍落度均可满足设计要求，混凝土无泌水，在无需振捣情况下，可自流平、黏聚性好，骨料和浆体无分离现象。

（2）粗骨料最大粒径为40mm，砂率为41%～45%，粗骨料绝对体积占比为0.36～0.37，略高于《自密实混凝土应用技术规程》（CECS 203：2006）中混凝土自密实性能等级为三级的单位骨料要求。

（3）混凝土的水粉比为0.93～1.05，满足《自密实混凝土应用技术规程》（CECS 203：2006）中水粉比体积比宜在0.80～1.15的要求。

（4）自密实混凝土通过U形箱填充高度满足《自密实混凝土应用技术规程》（CECS 203：2006）的要求。L形箱填充高度比的试验结果均大于80%，说明所配制的自密实混凝土填充效果较好，流动性较好。

3. 混凝土拌和物扩散度、坍落度损失

对水胶比为0.40的自密实混凝土出机扩散度损失和坍落度损失试验结果来看，30min和60min时的损失不大，90min时扩散度和坍落度的损失相对较大，混凝土的扩散度和坍落度损失试验结果见表6.3-11。

表6.3-11　　自密实混凝土扩散度、坍落度损失

编号	水灰比	粉煤灰掺量/%	试验项目	出机	30min	60min	90min
2	0.4	25	扩散度/mm	580×580	570×580	570×580	530×530
			坍落度/mm	272	266	259	232
5	0.4	20	扩散度/mm	570×570	575×560	565×660	525×530
			坍落度/mm	261	268	255	227

4. 混凝土力学性能试验

通过对自密实混凝土的7d和28d力学性能试验结果来看，混凝土的7d和28d抗压强度均随水胶比的减小而增高，从自密实混凝土的胶水比与抗压强度曲线及相关系数来看，自密实混凝土的7d和28d抗压强度与胶水比的相关性较好。混凝土的抗压强度试验结果见表6.3-12，胶水比与抗压强度的关系方程见表6.3-13，关系曲线如图6.3-4和图6.3-5所示。

表6.3-12　　自密实混凝土抗压强度

编号	水胶比	级配	扩散度/mm	坍落度/mm	含气量/%	粉煤灰掺量/%	减水剂掺量/%	HJAE-A引气剂/(1/万)	抗压强度/MPa	
									7d	28d
1	0.43	二	580×580	272	4.7	25	1.0	0.4	22.8	32.1
2	0.40	二	570×575	268	4.8	25	1.0	0.4	25.6	35.2
3	0.37	二	570×560	265	4.5	25	1.0	0.4	28.5	37.3
4	0.43	二	575×580	270	4.9	20	1.0	0.4	23.3	32.8
5	0.40	二	570×570	261	4.9	20	1.0	0.4	26.6	35.9
6	0.37	二	565×560	250	4.7	20	1.0	0.4	29.7	38.0

表 6.3-13　　自密实混凝土胶水比与抗压强度关系方程

混凝土强度等级	粉煤灰掺量/%	龄期 7d 相关方程 $R=ax+b$	龄期 7d 相关系数 r	龄期 28d 相关方程 $R=ax+b$	龄期 28d 相关系数 r
C25	25	$R_7=15.09x-12.24$	0.999	$R_{28}=13.70x+0.50$	0.993
	20	$R_7=16.93x-15.94$	0.998	$R_{28}=13.70x+1.20$	0.996

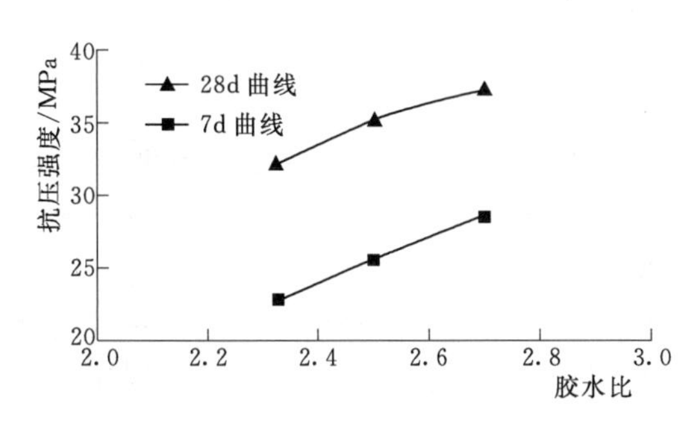

图 6.3-4　胶水比与抗压强度关系曲线图（粉煤灰掺量 25%）

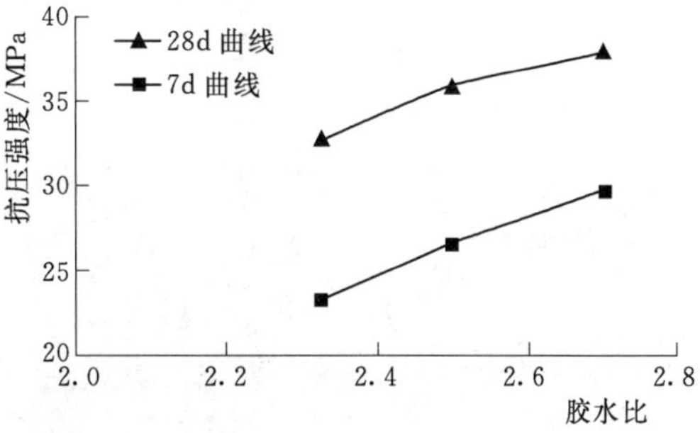

图 6.3-5　胶水比与抗压强度关系曲线图（粉煤灰掺量 20%）

5. 混凝土优选配合比及其性能试验结果

通过上述试验对自密实混凝土配合比进行优化和调整，确定的最终配合比见表 6.3-14。从混凝土的出机性能试验结果来看，混凝土的流动性较好，浆体富裕，骨料与浆体无分离现象，混凝土不泌水，黏聚性好，混凝土通过 U 形箱和 L 形箱的效果较好，满足规范要求。

表 6.3-14　　自密实混凝土优化配合比

编号	设计强度等级	级配	水胶比	粉煤灰掺量/%	砂率/%	单位体积材料用量/(kg/m³) 水	水泥	粉煤灰	砂	小石	中石	HJSX-A 减水剂掺量/%	HJAE-A 引气剂/(1/万)	扩散度/mm	坍落度/mm	T_{50} 通过时间/s	抗压强度/MPa 7d	28d
Z1	C25	二	0.43	25	44	170	297	99	763	589	393	1.0	0.4	585×595	265	6.9	22.5	32.0
Z2	C25	二	0.43	20	44	170	316	79	765	591	394	1.0	0.4	590×585	267	7.2	23.5	32.5

注　1. 水泥为贵州畅达水泥公司生产的 P.O 42.5 水泥，安顺火电厂Ⅱ级粉煤灰。
2. 外加剂为山西黄河新型化工有限公司生产的 HJSX-A 聚羧酸减水剂和 HJAE-A 引气剂。
3. 骨料为八九联营体左岸砂石系统生产的碎石和人工砂，小石、中石饱和面干密度 2.71g/cm³，人工砂饱和面干密度 2.68g/cm³。

6.4 工程应用

6.4.1 贵州光照水电站

光照水电站位于贵州省关岭县和晴隆县交界的北盘江中游，距贵阳市 222km。光照水电站是北盘江干流茅口以下的“龙头”电站，“工程开发目标以发电为主，结合航运，兼顾其他”（珠水规计函〔2005〕189号）。电站建成后，在电力系统中主要承担调峰、调频、事故和负荷备用，提高贵州电网的保证出力及供电质量；同时可以较大幅度地提高北盘江干流的径流调节能力，增加下游梯级电站效益；此外，光照水电站为满足“西电东送”需要，变当地资源优势为经济优势，促进地方经济和社会发展具有重要作用。

光照水电站坝址多年平均径流量81.1亿m^3，水库总库容32.45亿m^3；水库正常蓄水位745.00m，相应库容31.35亿m^3；水库死水位691.00m，调节库容20.37亿m^3，为不完全多年调节水库。电站装机4台，单机容量260MW，总装机容量1040MW，年发电量27.54亿kW·h。

图6.4-1 厂房二期混凝土浇筑

光照水电站枢纽工程由碾压混凝土重力坝，坝身溢流表孔、放空底孔及下游消能防冲设施，右岸引水系统及地面厂房、开关站，左岸预留建设5级航道标准的绕坝三级垂直升船机位置等组成。碾压混凝土重力坝坐落在三叠系永宁镇组灰岩、泥质灰岩地层上，最大坝高为200.5m，为目前国内已建最高重力坝。枢纽右岸设导流洞1条。

光照水电站厂房蜗壳二期混凝土因施工部位钢筋密集，浇筑仓面较小，需采用自密实免振捣混凝土进行浇筑。厂房二期混凝土浇筑及建成后的光照水电站主厂房内部分别如图6.4-1和图6.4-2所示。

图6.4-2 主厂房发电机层

1. 原材料

使用的原材料如下：

(1) 水泥。贵州畅达水泥有限公司生产的P.O 42.5水泥。

(2) 粉煤灰。贵州安顺火电厂生产的Ⅱ级粉煤灰。

(3) 砂石骨料。光照水电站左岸砂石系统生产的人工砂石骨料。

(4) 减水剂。山西黄河新型化工有限公司生产的HJSX-A聚羧酸减水剂。

(5) 引气剂。山西黄河新型化工有限公司生产的HJAE-A型引气剂。

2. 混凝土配合比

光照水电站厂房蜗壳二期混凝土采用自密实免振捣混凝土进行浇筑，通过大量试验，对混凝土的扩散度、流动度、T_{50}时间以及通过U形箱、L形箱等试验，确定了最终用于浇筑的混凝土推荐配合比，见表6.4-1。

表6.4-1　厂房二期蜗壳自密实混凝土配合比

设计强度等级	级配	水胶比	粉煤灰掺量/%	砂率/%	单位体积材料用量/(kg/m³)						HJSX-A减水剂品种及掺量/%	HJAE-A引气剂/(1/万)	扩散度/mm	坍落度/cm	T_{50}通过时间/s	抗压强度/MPa	
					水	水泥	粉煤灰	砂	小石	中石						7d	28d
C25	二	0.40	25	45	170	319	106	775	575	383	1.0	0.3	566×574	26.0	7.5	25.2	36.8
C20	二	0.45	25	46	170	284	95	812	578	386	1.0	0.3	550×562	27.0	7.0	20.1	31.2
C25	一	0.40	25	46	180	338	113	769	913	—	1.0	0.3	576×568	27.2	6.2	24.4	35.8
C20	一	0.45	25	47	180	300	100	808	921	—	1.0	0.3	578×580	27.9	5.4	19.2	29.8

注　1. 水泥为贵州畅达水泥公司生产的P.O 42.5水泥，安顺火电厂Ⅱ级粉煤灰。
2. 外加剂为山西黄河新型化工有限公司生产的HJSX-A聚羧酸减水剂和HJAE-A引气剂。
3. 骨料为八九联营体左岸砂石系统生产的碎石和人工砂，小石、中石饱和面干密度2.71g/cm³，人工砂饱和面干密度2.68g/cm³。

从现场浇筑的情况来看，各个自密实混凝土的流动性较好，浆体富裕，骨料与浆体无分离现象，混凝土基本不泌水，黏聚性好。

当U形箱、L形箱中的钢筋间距小于骨料最大粒径的2倍时，混凝土有堵塞现象，但当U形箱、L形箱中的钢筋间距大于骨料最大粒径的2倍时，混凝土不受阻，可较易穿过钢筋网。混凝土的出机性能如图6.4-3～图6.4-6所示。

图6.4-3　自密实混凝土坍落度

6.4.2 贵州黔中水利枢纽

黔中水利枢纽工程是贵州省首个大型跨地区、跨流域长距离水利调水工程，是贵州省西部大开发的标志性工程。工程拟在位于长江流域的乌江干流三岔河修建总库容10.8亿m³的水库，将水引入黔中地区十多个县

图 6.4-4 自密实混凝土扩散度

(市)的49个乡镇，解决这些地区的农业、工业、生活、城市等用水，干渠总长为156.5km。电站总装机容量140.2MW，年调水量7.41亿m^3。该工程分为水源工程、灌区工程和供水工程，工程分两期建设。

一期工程由水源工程灌区及贵阳市供水一期输配水工程组成，该工程从平寨水库左岸渠首电站尾水池取水，通过63.4km的总干渠自流输水进入桂家湖水库，沿途向六枝、普定、关岭等县城和部分灌区（农田、人畜、乡镇）供水；经桂家湖水库调蓄后，

图 6.4-5 自密实混凝土U形箱试验

图 6.4-6 自密实混凝土L形箱试验

由49.436km桂松干渠前段渠道自流输水到革寨1号泵站，提水22.6m注入革寨水库，调蓄后再由2号泵站提水26.2m出库，通过31.235km桂松干渠后段进入凯掌水库，沿途向平坝县城和灌区供水。贵阳市的用水一部分在桂松干渠麻杆寨断面76+051处分入麻线河进入红枫湖，另一部分从凯掌水库出库后沿南明河支流进入松柏山水库，经当地水库调蓄后向贵阳市供水，河道疏浚35.9km。总干渠由平寨水库自流引水，经老卜底、岩脚、龙场、马场、玻利、水母、太平农场、黄桶后，进入桂家湖水库，总长63.4km，其中明渠27.869km，渡槽13.292km。引水流量22.77～15.35m^3/s，渠道断面3.5m×4.8m～3.0m×4.2m（宽×深）。桂松干渠从桂家湖自流引水，经大山哨、小王官、双堡后，提水进入革寨水库，再从革寨水库提水后，经东屯、马路、广顺农场、普贡，到凯掌水库尾部上游马山，总长84.74km，其中渠道46.58km、渡槽4.48km。一期输配水工程包括总干渠1条、桂松干渠1条、支渠25条，干支渠总长395.62km。黔中水利枢纽工程总干渠青年队渡槽浇筑自密实混凝土及完工后的工程形象面貌如图6.4-7和图6.4-8所示。

由于黔中水利枢纽工程的干渠、支渠和渡槽较多、较长，自然少不了使用自密实混凝土对结构复杂和钢筋集中的部位进行施工浇筑，下面就以黔中水利枢纽工程某标段的自密实混凝土配合比研究成果进行介绍。

图 6.4-7　青年队渡槽混凝土浇筑

图 6.4-8　黔中水利枢纽总干渠青年队渡槽

1. 原材料

使用的原材料如下：

（1）水泥。贵州超宇水泥有限责任公司生产的 P.O 42.5 水泥。

（2）粉煤灰。贵州金钉子粉煤灰有限公司生产的Ⅱ级粉煤灰。

（3）砂石骨料。黔中水利枢纽总干渠某标段现场生产的砂石骨料。

（4）减水剂。贵州绿洲苑建材有限公司生产 LZ-J2 型聚羧酸高性能缓凝减水剂。

2. 混凝土配合比

（1）技术指标确定。试验按照《自密实混凝土应用技术规程》（CECS 203：2006）的配合比设计方法，确定自密实混凝土配合比技术要求如下：

1）强度等级：C35；

2）坍落度：240～260mm；

3）适用范围：钢筋最小净间距为30～100mm；

4）坍落扩展度：600～700mm；

5）T_{50}流动时间：$3s \leqslant T_{50} \leqslant 20s$；

6）中边差：≤30mm；

7）U形仪试验（Δh）：高差$\Delta h \leqslant 30mm$；

8）L形仪试验（H_2/H_1）：$H_2/H_1 \geqslant 0.9$。

（2）试验仪器。试验过程使用U形试验箱和L形试验箱检验自密实混凝土拌和物性能。U形试验箱试验检测反映了混凝土拌和物的塑性黏度、屈服应力以及拌和物的填充能力、在有阻挡情况下的抗离析性能和钢筋间隙通过能力；L形试验箱试验检测是针对施工现场实际情况设计的测试混凝土拌和物的自密实填充性能、抗离析性能和钢筋间隙通过能力。

（3）自密实混凝土参数选择。确定自密实混凝土的配制强度，然后选取基本参数：水胶比、用水量、砂率、外加剂掺量等等。根据《水工混凝土配合比设计规程》（DL/T 5330—2015）等标准、规范和规程进行配合比设计。

根据混凝土的强度等级，选取不同的水胶比进行试验，具体结果见表6.4-2；依据混凝土的坍落度要求，根据确定的配合比参数进行混凝土拌和性能及抗压强度试验，混凝土配合比试验结果见表6.4-3。

表6.4-2　　C35自密实混凝土配合比参数

编号	用水量/(kg/m³)	水胶比	粉煤灰掺量/%	砂率/%	坍落度/mm	坍落扩展度/mm	T_{50}流动时间/s	中边差/mm	U形仪试验	L形仪试验
1	185	0.40	15	50	240～260	600～700	$3 \leqslant T_{50} \leqslant 20$	≤30	高差$\Delta h \leqslant 30mm$	$H_2/H_1 \geqslant 0.9$
2	190	0.38	20	48						
3	190	0.36	20	48						

表6.4-3　　混凝土配合比

编号	水胶比	砂率/%	材料用量						坍落度/cm	扩散度/mm	抗压强度/MPa	
			水/(kg/m³)	水泥/(kg/m³)	粉煤灰/(kg/m³)	粉煤灰掺量/%	砂/(kg/m³)	小石/(kg/m³)			7d	28d
1	0.40	50	185	393	69	15	840	849	23.4	550	27.6	39.6
2	0.38	48	190	400	100	20	781	855	25.6	640	30.5	43.0
3	0.36	48	190	422	106	20	771	845	24.8	600	32.4	45.2

根据自密实混凝土配合比试验结果，为满足施工技术要求及经济性，C35自密实混凝土选定编号为表6.4-3编号2的配合比。推荐的自密实混凝土配合比见表6.4-4。

表 6.4-4 推荐配合比

编号	水胶比	砂率/%	材料用量						坍落度/cm	扩散度/mm	抗压强度/MPa	
			水/(kg/m³)	水泥/(kg/m³)	粉煤灰/(kg/m³)	砂/(kg/m³)	石子/(kg/m³)	LZ-J2掺量/%			7d	28d
2	0.38	48	190	400	100	781	855	1.0	25.6	640	30.5	43.0

注 1. 水泥为贵州超宇水泥有限责任公司生产的 P.O 42.5 水泥。
2. 砂石骨料为黔中水利枢纽总干渠某标段现场生产的砂石骨料，砂细度模数为 2.75；粗骨料粒径为 5～20mm。
3. 粉煤灰为贵州金钉子粉煤灰有限公司生产的Ⅱ级粉煤灰，粉煤灰掺量为 20%。
4. 减水剂为贵州绿洲苑建材有限公司生产 LZ-J2 型聚羧酸高性能缓凝减水剂。

6.5 小结

（1）在水利水电、市政建筑、公路桥梁等各行业的工程中，都少不了自密实混凝土的应用，运用自密实混凝土具有的高流动性、黏结性使混凝土能够适应各种复杂的工况，不需要振捣，可提高施工速度，缩短工期，减少设备维护和人力资源成本；在普通混凝土无法施工的密集配筋或间隙狭窄的部位，自密实混凝土可依靠自身流动性充满整个仓面，保证建筑质量满足要求；自密实混凝土不需要振捣器进行振捣，还减少了噪声对环境的污染，减少了噪声对工作人员带来的职业危害。

（2）除此之外，自密实混凝土还具有以下优点：

1）具有较好的均匀性和密实性。

2）能够合理改善混凝土表面的质地情况，防止混凝土表面出现气泡或者蜂窝麻面。

3）能够节省大量的人力和使用设备，降低了劳动量以及能源的消耗，对于环境条件艰苦的高海拔地区，采用自密实混凝土进行作业的优势非常明显。

4）可考虑采用合适的工矿废料和矿渣等作为掺合料来配制混凝土，这样既能够节约资源，又有利于环境保护，促进可持续发展。

（3）从混凝土配合比的参数来看，自密实混凝土与普通常态混凝土具有较大的差异。相比常态混凝土，自密实混凝土的配合比具有水胶比低，胶凝材料材料多，细颗粒多、粗骨料少等特点，自密实混凝土中的胶凝材料和细骨料较多，会导致混凝土过于黏稠，使得混凝土的干缩大于常态混凝土，不利于混凝土的温控防裂。所以，在自密实混凝土中掺加一定量的掺合料来替代水泥，既有利于提高自密实混凝土的流动性能又可降低混凝土的早期温升。此外，掺加适量的聚羧酸高性能减水剂，可保证自密实混凝土的流动性、力学和耐久性能等，有利于混凝土质量的施工和控制。

（4）自密实混凝土配合比设计应满足拌和物的工作性能、力学性能和耐久性的要求。确保自密实混凝土的坍落度、扩散度满足设计要求，在出机时不出现抓板、沉浆等现象，通过 U 形试验箱和 L 形试验箱检验自密实混凝土拌和物性能，确保自密实混凝土在有阻挡情况下的自密实填充性能、抗离析性能和钢筋间隙通过能力，除保证自密实混凝土具有良好的出机性能外，还需要保证其各种力学性能、抗冻、耐久性能等满足设计要求，并按照相关规程规范的要求对混凝土的施工过程进行控制，及时对混凝土进行养护，防止其因早期温升过快、干缩快形成过多裂缝。

（5）我国对自密实混凝土的应用和研究正处在一个高速发展的时期，各项技术已日趋成熟，但在实际操作过程中仍然面临着很多问题，如何解决好自密实混凝土原材料的选择问题，进一步优化甚至提升混凝土的各项性能；如何有效利用工业废弃物作为掺合料或骨料，进一步降低混凝土的综合造价，促进建筑业绿色、可持续发展；如何解决好自密实混凝土施工过程中的关键控制环节和后期养护问题，降低混凝土的温控防裂措施等，将是自密实混凝土在各行业中发展和努力的方向。

第7章 四级配碾压混凝土技术

7.1 概述

贵阳院自沙沱水电站开创性地开展四级配碾压混凝土应用研究，并于2011年在该工程首次应用四级配碾压混凝土技术。为进一步系统研究四级配碾压混凝土技术，贵阳院于2011年申请了中国水电工程顾问集团公司（现属于中国电力建设集团有限公司）的科技项目《四级配水工碾压混凝土关键技术研究》（GW-KJ-2011-15）。贵阳院作为第一完成单位的“四级配碾压混凝土筑坝技术研究及工程应用”科技成果荣获2016年度水力发电科学技术进步二等奖、贵州省科技进步二等奖。

7.1.1 研究背景

碾压混凝土相对常态混凝土而言，由于其胶凝材料用量较少，机械化程度较高，可大大降低工程造价并加快施工进度，因此在水工大体积混凝土中得到了广泛应用，其中在水电水利行业运用较多的是碾压混凝土坝。碾压混凝土坝以其快速、经济的特点，面世以来一直受到坝工界的欢迎和青睐。该坝型在我国得到广泛应用，其技术亦得到了快速发展，目前我国碾压混凝土筑坝技术已处于世界领先水平。

碾压混凝土坝是一种采用振动碾压设备对干硬混凝土进行碾压施工使其密实的刚性坝，是在结合了常态混凝土坝与碾压式土石坝各自优点后形成的一种竞争力非常强的坝型。碾压混凝土筑坝技术在20世纪70年代由国外首先应用，我国于20世纪80年代初开始研究，并于1986年建成了国内第一座碾压混凝土重力坝——福建省坑口大坝。随后我国碾压混凝土技术发展日新月异，目前该坝型正朝着更多、更高方向发展。据不完全统计，迄今为止我国建设的碾压混凝土坝已经超过200座，已建电站最大坝高已经超过

200m（贵州光照水电站）。

近几年来我国碾压混凝土筑坝技术得到飞速发展，且近期发展趋向于筑坝材料经济化、施工快速化及设计精细化。对于碾压混凝土坝，目前应用最广泛的结构体系是上游面防渗体采用二级配（5～20mm、20～40mm，最大粒径40mm）变态混凝土＋富胶凝材料二级配碾压混凝土的组合结构，内部大体积混凝土采用三级配（5～20mm、20～40mm、40～80mm，最大粒径80mm）碾压混凝土。客观而言，二级配和三级配碾压混凝土施工工艺都已相当成熟，应用也较为广泛。然而，由于受技术成熟度所限，国内已建成的碾压混凝土坝筑坝材料仅为二级配或三级配碾压混凝土，且混凝土粗骨料为四级配的几个工程坝体均为常态混凝土坝，尚未出现四级配（5～20mm、20～40mm、40～80mm、80～120mm/150mm）碾压混凝土工程应用案例。

四级配碾压混凝土筑坝技术，在现有三级配碾压筑坝技术基础上，采用更大粒径的粗骨料（骨料最大粒径120～150mm）作为筑坝材料的新型筑坝技术。结合国内碾压混凝土技术现状及国外已有研究成果，该技术是可行的。光照电站200m级碾压混凝土重力坝防渗体系研究成果表明，碾压混凝土主要依托上游富胶凝材料变态混凝土＋碾压混凝土进行自身防渗，内部大体积混凝土防渗性能要求可相对低一些，因此在上游防渗体系可靠的情况下将内部三级配碾压混凝土调整为四级配碾压混凝土、将迎水面二级配碾压混凝土调整为三级配碾压混凝土从大坝渗控角度而言应该是可行的。

四级配碾压混凝土骨料最大粒径变大后，可以带来一定的工程技术经济效益，如减少胶凝材料用量，降低碾压混凝土造价，降低混凝土水化热温升，简化温控措施，节省工程直接投资；同时由于碾压层厚增加，还可加快坝体施工进度，有利于缩短工期。然而，正因为四级配碾压混凝土中骨料最大粒径由三级配的80mm增大到120～150mm后，实际应用时将面临不少问题需解决，其中主要技术难点有坝体防渗及细部构造设计、碾压混凝土层间结合、碾压混凝土拌和物骨料包裹较差、大骨料分离、*Vc*值控制、质量检测等。这些技术难点制约了四级配碾压混凝土坝的工程实际应用。目前国内对四级配碾压混凝土的研究及应用较少，因此为推动碾压混凝土筑坝技术发展，有必要开展四级配碾压混凝土的研究及应用。

四级配碾压混凝土坝通过降低胶凝材料用量及简化温控措施，可以直接减少工程投资，同时随着浇筑层厚的增加、施工速度和工程建设进度加快，大坝早日竣工、工程提前发电，将创造巨大的间接经济效益。这些决定了四级配碾压混凝土在工程中具有较好的应用前景和推广价值。此外，四级配碾压混凝土筑坝技术在节约水泥用量、减少混凝土骨料加工过程中粉尘量等方面，将产生显著的生态环境效益，因此，进行四级配碾压混凝土科技攻关是水电行业市场竞争的需要，是推动水电行业科技进步的体现，符合国家鼓励研究的方向。

7.1.2 主要研究内容

主要从混凝土原材料及配合比试验、实际工程应用两个研究内容展开。

（1）三级配外部防渗碾压混凝土和四级配内部碾压混凝土的原材料和配合比研究：

1）对四级配混凝土配合比进行研究，减少混凝土用水量，减少混凝土中的水泥用量，在满足水工混凝土现有技术性能指标的前提下，尽可能地降低碾压混凝土中的胶凝材料用量。

2）采用不同的掺合料组合和不同的掺合料掺量，掺合料考虑粉煤灰、磷矿渣等其他废渣，研究粉煤灰单掺和粉煤灰与磷矿渣混掺方案，选择掺合料的最优组合方案。

3）研究四级配碾压混凝土拌和物 *Vc* 值，采用不湿筛直接测定拌和物 *Vc* 值，研究 *Vc* 值和砂率、用水量、胶凝材料用量等的关系，确定碾压混凝土最适宜的 *Vc* 值。研究四级配碾压混凝土不同的石子组合级配，选择合适的粗骨料级配比例。

4）对四级配混凝土采用全级配试模进行各种力学性能（抗压强度、劈拉强度、抗拉强度、极限拉伸值、抗压弹性模量）、耐久性能（抗冻性、抗渗性）、热学性能（绝热温升、热膨胀系数、比热、导热系数、导温系数）、变形性能（徐变、自生体积变形、干缩）等试验，并和湿筛二级配混凝土进行对比试验，研究试件尺寸效应对混凝土性能的影响。

5）以非接触式电阻率测定仪跟踪测定四级配水工碾压混凝土微结构形成与发展，利用化学分析法、SEM、EDXA、DTA 和结合水测定方法，研究四级配碾压混凝土的掺合料及其与胶凝性能的关系。

6）对四级配碾压混凝土进行室内抗剪断和现场原位抗剪断试验研究。研究不同的层面间隔时间、不同的层面处理方法对四级配碾压混凝土层面结合性能的影响。

7）研究适用于现代筑坝技术的四级配碾压混凝土材料制备技术和施工方法，建立新的四级配碾压混凝土室内和现场评价方法和评价体系。

（2）拟以贵州具有代表性的水电工程为依托，实现在大坝上浇筑四级配碾压混凝土，为技术标准、规范、规程的修订奠定基础。

7.2 宏观性能试验研究

本节依托重庆芙蓉江浩口水电站系统性地开展了四级配碾压混凝土室内宏观性能试验研究。

7.2.1 试验目的

四级配碾压混凝土材料性能试验研究的目的主要是解决以下几个问题：

（1）优选四级配碾压混凝土材料配合比，分析其性能的主要影响因素，提出施工性能良好的四级配碾压混凝土配合比。

（2）对四级配碾压混凝土分别进行力学性能、热学性能、渗透性、耐久性等试验，使之满足工程要求。

（3）通过外加剂和掺合料试验，研究进一步提高四级配碾压混凝土的性能及其经济性。

根据四级配碾压混凝土自身特性，试验重点在以下两个方面：

1）四级配碾压混凝土骨料粒径增大，抗渗性能可能较三级配碾压混凝土有降低，应重点关注四级配碾压混凝土的抗渗性能是否能够满足工程要求，研究提高四级配碾压混凝土防渗性能的方法。

2）考虑四级配碾压混凝土耐久性对工程安全的影响，也应对其进行相关试验研究。

7.2.2 配合比设计方法

碾压混凝土配合比的设计方法采用填充包裹理论：这种配合比设计方法主要基于①砂的孔隙被水泥（及粉煤灰）浆所填裹形成砂浆；②粗骨料的孔隙被砂浆所填裹形成混凝土，以 α、β 值两指标作为配合比选择的依据。α 值系指灰浆体积与砂的孔隙体积之比；β 值系指砂浆体积与粗骨料孔隙之比。由于考虑到水泥浆与砂浆将分别包裹粗、细骨料和施工中碾压混凝土的层面结合及运输、摊铺过程中混凝土抗分离能力，其灰浆量和砂浆量都必须留有较大的余度。

设计配合比时，以 W、C、F、S、G 分别代表混凝土配合比中的水、水泥、粉煤灰、细骨料、粗骨料，各种材料用量以 kg/m³ 计；以 V_a 代表混凝土中的含气量，V_s、V_g 代表细骨料、粗骨料的空隙率（%），W_s、W_g 代表细骨料、粗骨料的容重，以 kg/m³ 计；ρ_c、ρ_f、ρ_s、ρ_g 代表水泥、粉煤灰、细骨料、粗骨料密度。根据 α、β 值的定义和取值可以列出下式：

$$
\begin{aligned}
W+\frac{C}{\rho_c}+\frac{F}{\rho_f}&=\alpha\left(\frac{10V_a}{W_s}S\right)\\
1000-10V_s-\frac{G}{\rho_g}&=\beta\left(\frac{10V_g}{W_g}G\right)
\end{aligned}
\qquad (7.2-1)
$$

根据四级配碾压混凝土自身特性，材料试验关键问题在以下 3 个方面：

（1）四级配碾压混凝土骨料粒径增大，抗渗性能可能较三级配碾压混凝土降低，应重点关注四级配碾压混凝土的抗渗性能是否能够满足工程要求。

（2）四级配碾压混凝土力学性能与湿筛二级配碾压混凝土差异性是四级配碾压混凝土能否替换使用的基本要求。

（3）四级配碾压混凝土胶凝材料用量少引起的热学性能和抗裂能力变化对四级配碾压混凝土的经济性有很大的影响。

通过对全级配和湿筛试件进行以上及有关试验，对四级配碾压混凝土的性能进行全面了解。

7.2.3 原材料

7.2.3.1 水泥

本次混凝土配合比试验根据重庆浩口水电站工程地理位置，水泥厂家选择的是重庆南川嘉南水泥制造有限公司，取样的水泥为 P.O 42.5 水泥。

该公司生产的 P.O 42.5 水泥的化学分析结果见表 7.2－1，物理力学性能见表7.2－2。

表 7.2－1 水泥化学成分 %

水泥品种	Loss	SO_3	MgO	氯离子	K_2O	Na_2O	碱含量
P.O 42.5	2.1	2.3	2.0	0.02	0.54	0.16	0.52
GB 175—2007 规定	≤5.0	≤3.5	≤5.0	≤0.06	—	—	—

表 7.2-2　水泥的物理力学性能

水泥品种及要求	标准稠度/%	比表面积/(m^2/kg)	凝结时间/min		抗折强度/MPa		抗压强度/MPa		安定性	7d 水化热/(kJ/kg)
			初凝	终凝	3d	28d	3d	28d		
P.O 42.5	27.6	345	235	321	6.0	8.5	30.7	51.5	合格	285
GB 175—2007 P.O 42.5 水泥要求	—	≥300	≥45	≤600	≥3.5	≥6.5	≥17.0	≥42.5	合格	—

表 7.2-1 和表 7.2-2 中的水泥试验结果表明：重庆嘉南水泥制造有限公司生产的 P.O 42.5 水泥的各项性能均符合国标《通用硅酸盐水泥》（GB 175—2007）的要求；3d 和 28d 抗压强度均较高。

7.2.3.2　粉煤灰

本次采用的粉煤灰为重庆珞璜电厂生产的Ⅱ级粉煤灰，珞璜电厂粉煤灰的化学成分见表 7.2-3，品质试验结果见表 7.2-4。

表 7.2-3　粉煤灰化学成分　%

Loss	SiO_2	SO_3	Fe_2O_3	Al_2O_3	CaO	MgO
5.1	55.10	1.2	12.1	20.2	2.8	1.2

表 7.2-4　粉煤灰品质试验

粉煤灰厂家	细度/%	需水量比/%	Loss/%	含水量/%	密度/(g/cm^3)	结果评定
重庆珞璜电厂粉煤灰	18.2	98.0	5.1	0.3	2.37	Ⅱ级
DL/T 5055—2007 Ⅰ级粉煤灰要求	≤12	≤95	≤5	≤1	—	—
DL/T 5055—2007 Ⅱ级粉煤灰要求	≤25	≤105	≤8	≤1	—	—

表 7.2-3 和表 7.2-4 的粉煤灰试验结果表明：重庆珞璜电厂生产的粉煤灰各项性能指标均达到《水工混凝土掺用粉煤灰技术规范》（DL/T 5055—2007）中Ⅱ级粉煤灰的要求。

7.2.3.3　砂石骨料

本次试验用砂石骨料采自现场砂石料场，为灰岩骨料，粗骨料采用颚式破碎机轧制而成，分级为特大石（80～150mm）、大石（80～40mm）、中石（40～20mm）、小石（20～5mm）。砂子为人工砂。

表 7.2-5 人工砂的颗粒级配试验结果表明，该人工砂为中砂，石粉含量适中。

表 7.2-5　人工砂的颗粒级配

项　目	筛孔尺寸/mm								石粉含量/%	细度模数
	>5	2.5	1.25	0.63	0.315	0.160	0.08	<0.08		
分计筛余/%	0.1	22.6	19.0	18.2	12.7	10.0	7.2	10.2	17.4	2.79
累计筛余/%	0.1	22.7	41.7	59.9	72.6	82.6	89.8	100.0		

表7.2-6和表7.2-7中的砂石骨料物理性能试验结果表明，人工砂和粗骨料的物理性能满足《水工混凝土施工规范》(DL/T 5144—2015) 的要求。

表7.2-6 人工砂的物理性能

试验项目	饱和面干密度 /(kg/m³)	饱和面干吸水率 /%	泥块含量 /%	坚固性 /%
检测结果	2630	1.8	0	1.5
DL/T 5144—2015 要求	—	—	不允许	≤8

表7.2-7 人工粗骨料的物理性能

试验项目	饱和面干密度 /(kg/m³)	饱和面干吸水率 /%	含泥量 /%	泥块含量 /%	超径 /%	逊径 /%	压碎指标 /%	针片状 /%	坚固性 /%
小石 (5~20mm)	2690	0.33	0.3	0	0.3	3.9	9.7	5.8	1.8
中石 (20~40mm)	2690	0.30	0.3	0	3.6	2.2	—	4.7	1.5
大石 (40~80mm)	2700	0.24	0.1	0	3.4	3.7	—	6.2	1.3
特大石 (80~120mm)	2690	0.15	0.1	0	3.0	2.5	—	6.5	1.1
DL/T 5144—2015 要求	≥2550	≥2.5	小石、中石≤1，大石、特大石≤0.5	不允许	<5	<10	≤12	≤15	≤8

7.2.3.4 外加剂

本次试验用减水剂选用的是江苏苏博特新材股份有限公司生产的SBTJM-Ⅱ缓凝高效减水剂和GYQ-Ⅰ引气剂。

掺减水剂混凝土的性能试验结果见表7.2-8，掺引气剂混凝土的性能试验结果见表7.2-9。

表7.2-8 掺减水剂混凝土性能

减水剂名称	掺量 /%	减水率 /%	含气量 /%	泌水率比 /%	凝结时间差 /min		抗压强度比 /%		28d收缩率比 /%
					初凝	终凝	7d	28d	
江苏博特 SBTJM-Ⅱ	0.8	22.2	1.8	40	+320	+360	150	135	118
GB 8076—2008 要求	—	≥14	≤4.5	≤100	>+90	—	≥125	≥120	≤135

表7.2-9 引气剂混凝土性能

引气剂名称	掺量	减水率 /%	含气量 /%	泌水率比 /%	凝结时间差 /min		抗压强度比 /%			相对耐久性系数 /%
					初凝	终凝	3d	7d	28d	
江苏博特 GYQ-Ⅰ	1/万	6.6	4.1	50	+40	+20	96	95	92	86
GB 8076—2008 要求	—	≥6	≥3.0	≤70	−90~+120		≥95	≥95	≥90	≥80

表7.2-8中缓凝高效减水剂的试验结果表明，SBTJM-Ⅱ缓凝高效减水剂符合国标

《混凝土外加剂》（GB 8076—2008）中缓凝高效减水剂的要求。

表 7.2-9 中引气剂的试验结果表明，GYQ-Ⅰ引气剂符合国标《混凝土外加剂》（GB 8076—2008）中引气剂的要求。

7.2.4 配合比设计

7.2.4.1 碾压混凝土设计指标

三级配、四级配大坝碾压及变态混凝土的设计指标见表 7.2-10。

表 7.2-10　三级配、四级配大坝碾压及变态混凝土主要技术指标要求

编号	部　位	强度等级	级配	抗冻等级	抗渗等级	90d 极限拉伸值 /($\times10^{-4}$)
1	内部大体积碾压混凝土	$C_{90}15$	四	F50	W6	≥0.78
2	迎水面防渗碾压混凝土	$C_{90}20$	三	F100	W8	≥0.80
3	变态混凝土	$C_{90}20$	三	F100	W8	≥0.80

7.2.4.2 碾压混凝土配制强度

为使施工中混凝土强度符合设计要求，在进行混凝土配合比设计时，应使混凝土配制强度有一定的富裕度。

本工程混凝土计算配制强度见表 7.2-11。

表 7.2-11　三级配、四级配碾压及变态混凝土配制强度

混凝土种类	强度等级	级配	强度标准值 $f_{cu,k}$ /MPa	强度保证率 /%	概率度系数 t	强度标准差 σ /MPa	配制强度 $f_{cu,0}$ /MPa	工程部位
碾压混凝土	$C_{90}20W8F100$	三	20	80	0.85	4.0	23.4	迎水面防渗混凝土
	$C_{90}15W6F50$	四	15	80	0.85	3.5	18.0	内部大体积混凝土
变态混凝土	$C_{90}20W6F100$	三	20	80	0.85	4.0	23.4	迎水面防渗混凝土

7.2.4.3 碾压混凝土配合比参数确定

混凝土配合比设计基本参数的确定是混凝土配合比设计的基础，应遵循经济合理地选择水泥品种，采用优质经济的掺合料与外加剂并确定其最优掺量，最小的单位用水量，最优砂率，最大石子粒径和最优石子级配等原则。

1. *石子组合级配确定*

本次试验采用二级配、三级配、四级配 3 种连续级配，石子分为：特大石（80～150mm）、大石（80～40mm）、中石（40～20mm）、小石（20～5mm），针对二、三、四级配混凝土分别进行 3 组不同组合试验，按振实密度、空隙率的大小，确定最优骨料级配。

试验结果表明，当二级配中石∶小石＝55∶45，三级配大石∶中石∶小石＝35∶35∶30，四级配特大石∶大石∶中石∶小石＝20∶30∶30∶20 时，其振实容重最大，空隙率最低，此时的级配比例为混凝土配合比设计时采用的最佳石子级配。

试验结果表明，对于四级配组合，组合比（特大石∶大石∶中石∶小石）为 20∶

30：30：20时堆积密度和振实密度最大。但对于四级配碾压混凝土，粗骨料组合比除考虑振实密度最大和空隙率最小外，还应考虑不同骨料组合比对 Vc 值、抗分离性能、成型的密实性和湿密度的影响，尤其对于最大骨料粒径达到150mm的四级配碾压混凝土，更应选择抗分离性能好，可碾性好、湿密度满足设计要求的骨料组合。

2. 碾压混凝土砂率的确定

首先对二级配和三级配的碾压混凝土进行了砂率试验，根据试验结果，碾压混凝土二、三级配的最优砂率分别是二级配38%、三级配34%；用水量分别为二级配95kg/m³、三级配85kg/m³。

四级配碾压混凝土用水量选择结果来看，最优用水量以75kg/m³为宜。

四级配碾压混凝土的最优砂率为30%。

3. 碾压混凝土水胶比的选定

对于 C_{90}15W6F50 四级配碾压混凝土，一般碾压混凝土的最大水灰比不超过0.55，若选择0.55的话，其胶凝材料总量仅为136.4kg/m³，胶凝材料用量略偏少，混凝土的包裹性略差；水胶比选择0.53，胶凝材料总量为141.5kg/m³，较为合适，包裹较好。

4. 碾压混凝土配合比

通过四级配碾压混凝土的石子组合级配、用水量、砂率、水胶比的选择，确定 C_{90}15四级配碾压混凝土的试验配合比的基本参数为：水胶比为0.53、粉煤灰掺量为60%、用水量为75kg/m³、砂率为30%，配合比参数见表7.2-12。

四级配和三级配碾压混凝土配合比见表7.2-13，变态混凝土浆液配合比见表7.2-14。

表7.2-12　碾压混凝土配合比参数

编号	混凝土强度等级	级配	水胶比	粉煤灰掺量/%	砂率/%	减水剂/%	引气剂/(1/万)
HK1	C_{90}15W6F50	四	0.53	60	30	0.7	5
HK2	C_{90}20W8F100	三	0.50	50	34	0.7	6

表7.2-13　碾压混凝土试验配合比

编号	水胶比	粉煤灰掺量/%	级配	砂率/%	材料用量/(kg/m³)					Vc 值/s	含气量/%
					水	水泥	粉煤灰	砂	石		
HK1	0.53	60	四	30	75	56.6	84.9	663	1595	3.4	3.3
HK2	0.50	50	三	34	85	85	85	730	1460	3.0	3.7

注　石子级配为特大石：大石：中石：小石=20：30：30：20。

表7.2-14　变态混凝土浆液配合比

编号	母体配合比编号	级配	浆液配合比参数			加浆量/%	变态混凝土浆液材料用量/(kg/m³)		
			水胶比	粉煤灰掺量/%	减水剂/%		水	水泥	粉煤灰
HK3	HK2	三	0.45	40	0.7	6	31.8	42.4	28.3

7.2.4.4 试件拌和、成型和养护

性能试验试件包括全级配混凝土试件和湿筛混凝土试件。湿筛混凝土性能试验试件的形状与尺寸符合《水工碾压混凝土试验规程》（DL/T 5433—2009）的规定，其中轴向拉伸采用八字模型试件。

全级配混凝土性能试验试件的形状与尺寸列于表 7.2-15，全级配混凝土拌和成型的同时，成型湿筛混凝土小试件。

表 7.2-15 全级配混凝土性能试验试件的形状与尺寸

试验项目	混凝土级配	试件形状	试件尺寸/mm
抗压强度	四	立方体	450×450×450（长×宽×高）
	三	立方体	300×300×300（长×宽×高）
劈拉强度	四	立方体	450×450×450（长×宽×高）
	三	立方体	300×300×300（长×宽×高）
轴心抗拉强度	四	棱柱体	450×450×1350（长×宽×高）
	三	棱柱体	300×300×900（长×宽×高）
轴心抗压弹性模量	四	圆柱体	450×900（直径×高）
	三	圆柱体	300×600（直径×高）
抗渗等级	四	圆柱体	450×450（直径×高）
	三	圆柱体	300×300（直径×高）
抗冻等级	四	立方体	450×450×450（长×宽×高）
	三	立方体	300×300×300（长×宽×高）
自生体积变形	四	圆柱体	450×1350（直径×高）
	三	圆柱体	300×900（直径×高）
干缩	四	圆柱体	450×900（直径×高）
	三	圆柱体	300×600（直径×高）
线膨胀系数	四、三	圆柱体	450×900（直径×高）
比热系数	四、三	圆柱体	450×450（直径×高）
导温系数	四、三	圆柱体	450×450（直径×高）
导热系数	四、三	圆柱体	450×450（直径×高）
绝热温升	四、三	圆柱体	450×450（直径×高）

混凝土拌和采用 350L 自落式搅拌机。采用经过特殊改装的振动台成型，振动器频率 50Hz±3Hz，振幅 3mm±0.2mm，上面加配重块，配重块的边长或直径比试件尺寸约小 5mm。将压重块的质量调整至碾压混凝土试件表面压强为 4900Pa。

将全级配碾压混凝土拌和物分层浇注在试模内，全级配混凝土抗压强度、劈拉强度、轴心抗拉强度、绝热温升、抗渗、抗冻试件采用两次装料成型，轴心抗压弹性模量、自生体积变形、热学性能、徐变试件分 3 次装料成型。按每 $100cm^2$ 插捣 12 次进行插捣，插捣上层时捣棒应插入下层 10～20mm，将拌和物表面整平后，并放在振动台上，上面加配重块进行振动成型，振动时间以浇注层表面均匀泛浆为准。当下层振动完毕后，装入上层拌和物，重复上述步骤至成型完毕。

试件成型、平模后，置于静置室中，在 20℃±5℃环境中静置 3～7d，待到一定强度

后拆模并编号，移至标准养护室养护。

湿筛混凝土试件的成型采用振动台加压成型（压强 4900Pa）。

全级配碾压混凝土各种试件的成型及养护照片如图 7.2-1～图 7.2-11 所示。

图 7.2-1 混凝土拌和物

图 7.2-2 混凝土拌和物近照

图 7.2-3 大骨料裹浆情况

图 7.2-4 *Vc* 值试验照片

图 7.2-5 全级配立方体抗压试件

图 7.2-6 全级配混凝土弹性模量试件上层振动成型

图 7.2-7 抹面后的全级配混凝土立方体抗压试件

图 7.2-8 抗压强度试验

图 7.2-9 抗压强度试件破坏后的状态

图 7.2-10 抗拉强度断后状态

7.2.5 试验结果及分析

7.2.5.1 抗压强度

C_{90}15W6F50 四级配及湿筛后碾压混凝土及变态混凝土的抗压强度、抗压强度增长率、抗压强度比值见表 7.2-16。

C_{90}20W8F100 三级配及湿筛后碾压混凝土及变态混凝土的抗压强度、抗压强度增长

图 7.2-11 干缩试件

率、抗压强度比值见表 7.2-16。

表 7.2-16 试验结果表明：

（1）C_{90}15W6F50 四级配碾压混凝土、C_{90}20W8F100 三级配碾压及变态混凝土的 90d 抗压强度均能满足设计要求及配制强度要求，且有一定的富裕度。

（2）抗压强度增长率。相比 28d 龄期，C_{90}15W6F50 四级配碾压混凝土 7d 龄期强度增长率为 54%、90d 龄期强度增长率在 153%、180d 龄期强度增长率为 191%、360d 龄期强度增长率为 216%；C_{90}20W8F100 三级配碾压混凝土 7d 龄期强度增长率在 54%、90d 龄期强度增长率在 149%、180d 龄期强度增长率在 183%、360d 龄期强度增长率在 201%。可见 7d 时，四级配和三级配碾压混凝土的强度增长率相当，90d 以后四级配碾压混凝土强度增长率略高。

（3）全级配大试件与湿筛小试件抗压强度的比值。C_{90}15W6F50 四级配大试件与湿筛试件抗压强度的比值，7d、28d、90d、180d、360d 龄期时分别为 106%、100%、103%、102%、106%，平均值为 103%。全级配大试件抗压强度与湿筛小试件抗压强度的比值较稳定。

表 7.2-16 碾压及变态混凝土抗压强度、抗压强度增长率、抗压强度比值

编号	混凝土强度等级	水胶比	粉煤灰掺量/%	级配	抗压强度/MPa					抗压强度增长率/%					抗压强度比值（全级配试件/湿筛试件）/%				
					7d	28d	90d	180d	360d	7d	28d	90d	180d	360d	7d	28d	90d	180d	360d
HK1	C_{90}15W6F50 碾压混凝土	0.53	60	四	8.5	15.8	24.2	30.2	34.2	54	100	153	191	216	106	100	103	102	106
HK1-1				湿筛	7.8	15.4	22.9	28.8	31.5	51	100	149	187	205					
HK2	C_{90}20W8F100 碾压混凝土	0.50	50	三	10.4	19.2	28.6	35.2	38.5	54	100	149	183	201	104	100	102	105	103
HK2-1				湿筛	9.6	18.4	27	32.2	35.8	52	100	147	175	195					
HK3	C_{90}20W6F50 变态混凝土	0.50	50	三	9.9	18.5	27.2	33.8	36.4	54	100	147	183	197	102	100	98	102	99
HK3-1				湿筛	9.2	17.6	26.5	31.5	34.9	52	100	151	179	198					

试验结果表明，全级配碾压混凝土大试件抗压强度略高于湿筛小试件抗压强度，这与以往的全级配常态混凝土的结论有一定不同，经分析认为原因如下：

1）骨料最大粒径增加，骨料总表面积下降减少了过渡层的存在，同时大骨料架构作用也可提高混凝土抗压强度。

2）全级配碾压混凝土用水量小，聚集于骨料表面的水分减少，界面过渡区晶体生长约束较大、晶粒尺寸减小，因而碾压混凝土的界面过渡区结构有一定的改善。

3）骨料最大粒径增加，大骨料含量增加，混凝土含气量下降，提高了混凝土抗压强度。湿筛小试件中碾压混凝土的含气量约比全级配大试件碾压混凝土中的含气量高1.0%～1.5%，一般情况下常态混凝土含气量每增加1%，混凝土抗压强度约下降5%。

由于碾压混凝土胶凝材料用量少和需通过碾压才能密实的特点，可估计含气量对强度的影响更大，由此计算全级配大试件抗压强度比湿筛小试件抗压强度高约5%，这与试验结果相符合。

（4）在早期（7d龄期）时的比值高是由于早期砂浆强度低，过渡层的影响和大骨料的骨架作用对抗压强度有较为明显的影响，随着龄期增长，砂浆强度提高，过渡层的影响、骨料骨架作用相对减少，比值趋于稳定。

7.2.5.2 劈拉强度

C_{90}15W6F50四级配及湿筛后碾压混凝土及变态混凝土的劈拉强度、劈拉强度增长率、劈拉强度比值见表7.2-17。

C_{90}20W8F100三级配及湿筛后碾压混凝土及变态混凝土的劈拉强度、劈拉强度增长率、劈拉强度比值见表7.2-17。

表7.2-17 碾压及变态混凝土劈拉强度、劈拉强度增长率、劈拉强度比值

编号	混凝土强度等级	水胶比	粉煤灰掺量/%	级配	劈拉强度/MPa				劈拉强度增长率/%				劈拉强度比值（全级配试件/湿筛试件）/%			
					7d	28d	90d	180d	7d	28d	90d	180d	7d	28d	90d	180d
HK1	C_{90}15W6F50碾压混凝土	0.53	60	四	0.59	1.24	1.64	1.92	48	100	132	155	83	78	73	71
HK1-1				湿筛	0.71	1.59	2.24	2.72	45	100	141	171				
HK2	C_{90}20W8F100碾压混凝土	0.50	50	三	0.65	1.51	1.85	2.24	43	100	123	148	79	84	76	75
HK2-1				湿筛	0.82	1.79	2.45	2.98	46	100	137	166				
HK3	C_{90}20W6F50变态混凝土	0.50	50	三	0.71	1.65	2.12	2.36	43	100	128	143	73	85	79	74
HK3-1				湿筛	0.97	1.93	2.69	3.21	50	100	139	166				

劈拉强度的试验结果表明：

（1）劈拉强度增长率。相比28d龄期，C_{90}15W6F50四级配碾压混凝土7d龄期劈拉强度增长率为48%、90d龄期劈拉强度增长率为132%、180d龄期劈拉强度增长率为155%；C_{90}20W8F100三级配碾压混凝土7d龄期劈拉强度增长率为43%、90d龄期劈拉强度增长率为123%、180d龄期劈拉强度增长率为148%，四级配碾压混凝土劈拉强度增长率略高于三级配碾压混凝土，但均低于湿筛小试件的劈拉强度增长率。

（2）全级配大试件与湿筛小试件劈拉强度比较。四级配碾压混凝土试件与湿筛小试件劈拉强度的比值随着龄期增长而降低。四级配碾压混凝土大试件与湿筛小试件劈拉强度的比值7d龄期时为83%、28d龄期时为78%、90d龄期时为73%，180d龄期时为71%，全级配试件与湿筛试件劈拉强度强度的比值有随着龄期增长而降低的趋势，这与抗压强度比值相对较稳定有较大不同。三级配碾压混凝土大试件与湿筛小试件劈拉强度的比值也有相同的发展趋势。

（3）劈拉强度与抗压强度比值的试验结果见表7.2-18。

表7.2-18 碾压及变态混凝土的拉压比

编号	混凝土强度等级	水胶比	粉煤灰掺量/%	级配	劈拉强度/抗压强度/%			
					7d	28d	90d	180d
HK1	C_{90}15W6F50碾压混凝土	0.53	60	四	6.9	7.8	6.8	6.4
HK1-1				湿筛	9.1	10.3	9.8	9.4
HK2	C_{90}20W8F100碾压混凝土	0.50	50	三	6.3	7.9	6.5	6.4
HK2-1				湿筛	8.5	9.7	9.1	9.3
HK3	C_{90}20W6F50变态混凝土	0.50	50	三	7.2	8.9	7.8	7.0
HK3-1				湿筛	10.5	11.0	10.2	10.2

四级配碾压混凝土拉压比和三级配碾压混凝土拉压比差值不大，均低于湿筛小试件。湿筛小试件拉压比要比四级配和三级配的高2%～3%。

7.2.5.3 轴向拉伸强度

C_{90}15W6F50四级配碾压混凝土及湿筛后的轴拉强度、四级配大试件/湿筛小试件的轴拉强度比值、轴拉强度/劈拉强度的比值见表7.2-19。

C_{90}20W8F100三级配碾压、变态混凝土及湿筛后的轴拉强度、三级配大试件/湿筛小试件的轴拉强度比值、轴拉强度/劈拉强度的比值见表7.2-19。

表7.2-19 混凝土轴拉强度

编号	混凝土强度等级	水胶比	粉煤灰掺量/%	级配	轴拉强度/MPa			全级配轴拉强度/湿筛轴拉强度/%			轴拉强度/劈拉强度/%		
					28d	90d	180d	28d	90d	180d	28d	90d	180d
HK1	C_{90}15W6F50碾压混凝土	0.53	60	四	1.37	1.77	2.06	76	72	67	110	108	107
HK1-1				湿筛	1.8	2.47	3.09				113	110	114
HK2	C_{90}20W8F100碾压混凝土	0.50	50	三	1.63	1.94	2.4	78	72	71	108	105	107
HK2-1				湿筛	2.1	2.7	3.37				117	110	113
HK3	C_{90}20W6F50变态混凝土	0.50	50	三	1.77	2.09	2.61	79	68	71	107	99	111
HK3-1				湿筛	2.25	3.07	3.69				117	114	115

碾压混凝土的轴拉强度增长率和轴压比见表7.2-20。

表7.2-20 碾压混凝土轴拉强度增长率及轴压比

编号	混凝土强度等级	水胶比	粉煤灰掺量/%	级配	轴拉强度增长率/%			轴拉强度/抗压强度/%		
					28d	90d	180d	28d	90d	180d
HK1	C_{90}15W6F50碾压混凝土	0.53	60	四	100	129	150	8.7	7.3	6.8
HK1-1				湿筛	100	137	172	11.7	10.8	10.7
HK2	C_{90}20W8F100碾压混凝土	0.50	50	三	100	119	147	8.5	6.8	6.8
HK2-1				湿筛	100	129	160	11.4	10.0	10.5
HK3	C_{90}20W6F50变态混凝土	0.50	50	三	100	118	147	9.6	7.7	7.7
HK3-1				湿筛	100	136	164	12.8	11.6	11.7

轴拉强度的试验结果表明：

(1) 大试件和湿筛小试件的轴拉强度比较。C_{90}15W6F50 四级配碾压混凝土轴拉强度低于湿筛小试件的轴拉强度，28d、90d、180d 的比值分别为 76%、72%、67%，随着龄期的增长比值变小。

C_{90}20W8F100 三级配碾压混凝土轴拉强度低于湿筛小试件的轴拉强度，28d、90d、180d 的比值分别为 78%、72%、71%，随着龄期的增长比值变小。

四级配大试件与湿筛小试件轴拉强度的比值和三级配大试件与湿筛小试件轴拉强度的比值相比没有根本差别。

(2) 轴拉强度与劈拉强度的比较。C_{90}15W6F50 四级配碾压混凝土的轴拉强度略高于劈拉强度，大试件轴拉强度和劈拉强度的 28d、90d、180d 比值分别为 110%、108%、107%；湿筛小试件的 28d、90d、180d 的比值分别为 113%、110%、114%。

C_{90}20W8F100 三级配碾压混凝土的轴拉强度略高于劈拉强度，大试件轴拉强度和劈拉强度的 28d、90d、180d 比值分别为 108%、105%、107%；湿筛小试件的 28d、90d、180d 的比值分别为 117%、110%、113%。

(3) 轴拉强度与抗压强度比。四级配碾压混凝土轴压比和三级配碾压混凝土轴压比差值不大，均低于湿筛小试件。湿筛小试件轴压比要比四级配和三级配的高，约高 2%～4%。

(4) 轴拉强度增长率。C_{90}15W6F50 四级配碾压混凝土轴拉强度增长率略高于 C_{90}20W8F100三级配碾压混凝土，但差值不大。四级配碾压混凝土 90d、180d 龄期轴拉强度增长率分别为 129%和 150%，而三级配碾压混凝土分别为 119%和 147%。

7.2.5.4 极限拉伸值

碾压混凝土及湿筛后的极限拉伸值、增长率、四级配大试件/湿筛小试件的极限拉伸值比值见表 7.2-21。极限拉伸值的试验结果表明：

(1) 湿筛试件极限拉伸值。碾压及变态混凝土湿筛小试件的 90d 龄期的极限拉伸值均满足设计要求（$\geqslant 0.78\times10^{-4}$）。

(2) 全级配试件极限拉伸值。四级配和三级配碾压混凝土的大试件极限拉伸值比湿筛小试件的低较多，四级配的仅为湿筛小试件的 52%～54%；三级配的仅为湿筛小试件的 55%～61%。

经分析主要是因为碾压混凝土极限拉伸值受胶凝材料用量的影响较大，四级配和三级配碾压混凝土大试件骨料用量较多、胶凝材料用量较少，而小试件极限拉伸值是湿筛掉大于 30mm 的骨料后成型的，试件中的浆体较为富裕，所以小试件的极限拉伸值要高。

(3) 四级配碾压混凝土各龄期的极限拉伸值略低于三级配碾压混凝土。

(4) 各龄期四级配碾压混凝土极限拉伸值增长率均低于三级配碾压混凝土。

相比 28d 龄期，四级配碾压混凝土全级配试件 90d 龄期极限拉伸值增长率为 126%，180d 增长率为 153%；三级配碾压混凝土全级配试件分别为 128%和 159%，较四级配混凝土略高。

总结分析：从试验结果可知，湿筛混凝土小试件的极限拉伸值并不能代表全级配混凝土的极限拉伸值。湿筛试件灰浆率远多于全级配试件，其极限拉伸值也显著大于全级配试件。

表 7.2-21　碾压及变态混凝土的极限拉伸值

编号	混凝土强度等级	水胶比	粉煤灰掺量/%	级配	极限拉伸值/(×10⁻⁴)			增长率/%		全级配/湿筛/%		
					28d	90d	180d	90d	180d	28d	90d	180d
HK1	C_{90}15W6F50 碾压混凝土	0.53	60	四	0.34	0.43	0.52	126	153	52	54	54
HK1-1				湿筛	0.66	0.80	0.96	121	145			
HK2	C_{90}20W8F100 碾压混凝土	0.50	50	三	0.39	0.50	0.62	128	159	55	60	61
HK2-1				湿筛	0.71	0.84	1.01	118	142			
HK3	C_{90}20W6F50 变态混凝土	0.50	50	三	0.41	0.53	0.66	129	161	55	60	63
HK3-1				湿筛	0.74	0.89	1.05	120	142			

7.2.5.5 抗压弹性模量

全级配及湿筛碾压混凝土的抗压弹性模量试验结果见表7.2-22，试验结果表明：

四级配和三级配碾压混凝土大试件的抗压弹性模量略大于湿筛小试件。四级配碾压混凝土大试件与湿筛小试件的抗压弹性模量的比值，28d、90d、180d龄期分别为112%、105%、107%。

三级配碾压混凝土大试件与湿筛小试件的抗压弹性模量的比值，28d、90d、180d龄期分别为103%、106%、106%。

表 7.2-22　混凝土抗压弹性模量

编号	混凝土强度等级	水胶比	粉煤灰掺量/%	级配	抗压弹性模量/GPa			全级配/湿筛/%		
					28d	90d	180d	28d	90d	180d
HK1	C_{90}15W6F50 碾压混凝土	0.53	60	四	37.5	38.5	41.8	112	105	107
HK1-1				湿筛	33.5	36.8	39.2			
HK2	C_{90}20W8F100 碾压混凝土	0.50	50	三	36.8	39.4	42.5	103	106	106
HK2-1				湿筛	35.7	37.1	40.2			
HK3	C_{90}20W6F50 变态混凝土	0.50	50	三	35.2	38.3	41.2	103	108	102
HK3-1				湿筛	34.1	35.5	40.2			

7.2.5.6 绝热温升

全级配混凝土绝热温升试验结果及拟合的绝热温升公式见表7.2-23，混凝土绝热温升过程曲线如图7.2-12所示。试验结果表明：

(1) 四级配碾压混凝土28d龄期的绝热温升值比三级配碾压混凝土低。四级配碾压混凝土28d龄期的绝热温升值15.0℃，比三级配碾压混凝土低3.2℃，主要是由于四级配碾压混凝土胶凝材料用量比三级配碾压混凝土要低。

(2) 三级配变态混凝土28d绝热温升值比三级配碾压混凝土的绝热温升值高约6℃，主要是由于其胶凝材料用量偏高的原因。

表 7.2-23 碾压及变态混凝土绝热温升

编号	混凝土强度等级	级配	绝热温升/℃								拟合公式
			1d	3d	5d	7d	10d	14d	21d	28d	
HK1	$C_{90}15W6F50$ 碾压混凝土	四	4.0	7.7	10.0	11.6	13.0	14.4	14.7	15.0	$T=16.5d/(d+2.8)$
HK2	$C_{90}20W8F100$ 碾压混凝土	三	6.9	10.9	13.1	14.5	16.2	17.1	17.8	18.2	$T=19.7d/(d+2.3)$
HK3	$C_{90}20W6F50$ 变态混凝土	三	8.5	13.5	17.2	19.2	20.8	22.3	23.5	24.2	$T=26.4d/(d+2.6)$

7.2.5.7 干缩试验

全级配碾压混凝土大试件及湿筛小试件的干缩试验结果见表 7.2-24。

表 7.2-24 的干缩试验结果表明：

(1) 碾压混凝土全级配试件的干缩值为湿筛试件的 30%～60%，变态混凝土全级配试件的干缩值为湿筛小试件的 50%～70%。与湿筛小试件相比，由于全级配试件较大，早期的干缩慢；从发展趋势看，全级配试件干缩趋于平稳的时间要更长一些。

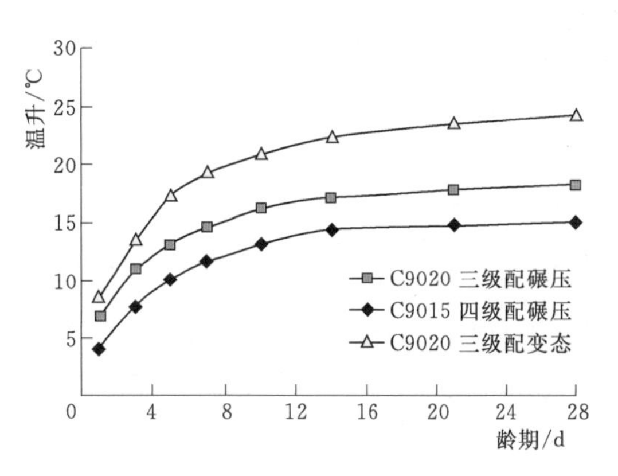

图 7.2-12 混凝土绝热温升曲线

(2) 由于四级配碾压混凝土湿筛后的试件浆骨比大于三级配碾压混凝土湿筛后的试件浆骨比，因此四级配碾压混凝土湿筛试件的干缩率略低于三级配碾压混凝土湿筛试件。

因此，我们认为采用四级配碾压混凝土对减少混凝土干缩是有利的。

表 7.2-24 碾压及变态混凝土干缩

编号	混凝土强度等级	水胶比	粉煤灰掺量/%	级配	干缩值/($\times10^{-6}$)								
					3d	7d	14d	28d	60d	90d	180d	270d	360d
HK1	$C_{90}15W6F50$ 碾压混凝土	60	0	四	−18	−26	−40	−84	−122	−148	−164	−172	−180
HK1-1				湿筛	−42	−91	−145	−201	−253	−284	−302	−309	−315
HK2	$C_{90}20W8F100$ 碾压混凝土	50	0	三	−25	−44	−65	−102	−151	−179	−192	−202	−198
HK2-1				湿筛	−48	−98	−152	−212	−268	−298	−314	−322	−333
HK3	$C_{90}20W6F50$ 变态混凝土	50	0	三	−38	−66	−95	−135	−180	−214	−227	−233	−240
HK3-1				湿筛	−56	−105	−181	−239	−292	−321	−339	−351	−365

7.2.5.8 自生体积变形

四级配、三级配碾压混凝土及湿筛小试件自生体积变形试验结果见表 7.2-25，自生体积变形与龄期的关系曲线如图 7.2-13 所示。试验结果表明：

(1) 四级配及三级配碾压混凝土大试件、湿筛小试件的自生体积变形均呈微收缩型。

主要是因为水泥中的MgO含量不高，水泥呈收缩型，导致混凝土也呈收缩型。

（2）湿筛后的碾压混凝土小试件自生体积变形收缩值比全级配大试件的要高，这是由于全级配碾压混凝土大试件的灰骨比小于湿筛小试件的灰骨比。

（3）四级配碾压混凝土大试件的自生体积变形收缩值与三级配碾压混凝土略小，但差别不大。大骨料对混凝土自生体积变形的限制和约束作用明显，体积稳定性更好。

表7.2-25 碾压混凝土自生体积变形

配合比编号	混凝土强度等级	水胶比	粉煤灰掺量/%	级配	各龄期下的混凝土自生体积变形/(×10⁻⁶)							
					1d	3d	7d	14d	21d	28d	42d	63d
HK1	C_{90}15W6F50碾压混凝土	60	0	四	−0.6	−2.9	−5.5	−7.5	−9.3	−10	−10.4	−11.2
HK1-1				湿筛	−1.5	−4.0	−7.1	−9.8	−11.2	−13.2	−22.5	−25.5
HK2	C_{90}20W8F100碾压混凝土	50	0	三	−3.0	−5.2	−6.8	−9.2	−11.2	−11.9	−12.8	−13.2
HK2-1				湿筛	−2.6	−5.6	−8.2	−13.5	−16.5	−18.5	−26.5	−31.5
配合比编号	混凝土强度等级	水胶比	粉煤灰掺量/%	级配	各龄期下的混凝土自生体积变形/(×10⁻⁶)							
					90d	120d	150d	180d	240d	300d	360d	—
HK1	C_{90}15W6F50碾压混凝土	60	0	四	−11.5	−11.8	−11.9	−11.1	−12.4	−11.2	−12.3	—
HK1-1				湿筛	−28.5	−31.4	−32.4	−33.4	−33.1	−33.2	−33.5	—
HK2	C_{90}20W8F100碾压混凝土	50	0	三	−13.5	−13.9	−15.9	−14.2	−15.1	−14.2	−15.9	—
HK2-1				湿筛	−33.5	−35.2	−34.2	−36.5	−35.5	−36.1	−36.2	—

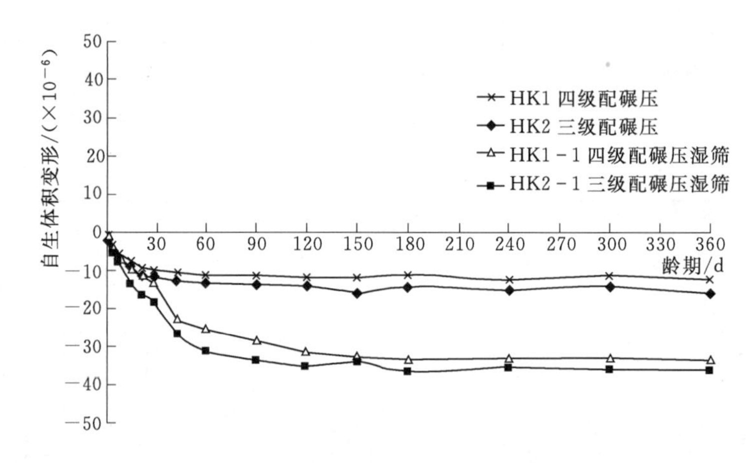

图7.2-13 全级配混凝土与湿筛混凝土自生体积变形与龄期的关系曲线

7.2.5.9 热学性能

碾压混凝土的比热、导温、导热及线膨胀系数试验结果见表7.2-26。

由于混凝土的骨料为灰岩骨料，碾压混凝土的热膨胀系数较低，对提高混凝土的抗裂性是有利的。

7.2.5.10 抗渗性能

四级配碾压混凝土抗渗性能试验采用HP-4.0型全级配混凝土渗透系数测定仪，试验结果见表 7.2-27。

表 7.2-26　碾压混凝土的比热、导温、导热及线膨胀系数

编号	混凝土强度等级	水胶比	粉煤灰掺量/%	级配	比热/[kJ/(kg·℃)]	导热系数/[kJ/(m·h·℃)]	导温系数/(m²/h)	热膨胀系数/(10⁻⁶/℃)
HK1	C_{90}15W6F50 碾压混凝土	0.53	60	四	0.941	8.05	0.0035	5.35
HK2	C_{90}20W8F100 碾压混凝土	0.50	50	三	0.954	8.16	0.0036	5.42

表 7.2-27　碾压混凝土抗渗试验

编号	混凝土部位	水胶比	粉煤灰掺量/%	级配	试验水压力/MPa	渗水高度/cm	抗渗等级	试验龄期
HK1	C_{90}15W6F50 碾压混凝土	0.53	60	四	0.9	24.5	W8	90d
HK2	C_{90}20W8F100 碾压混凝土	0.50	60	三	0.9	10.5	W8	90d
HK3	C_{90}20W8F100 变态混凝土	0.50	60	三	0.9	8.0	W8	90d

从表 7.2-27 的试验结果来看：

(1) 90d 龄期的四级配碾压混凝土、三级配碾压混凝土和三级配变态混凝土的大试件抗渗等级均大于 W8。

(2) 四级配碾压混凝土 90d 龄期的试件渗水高度高于三级配碾压混凝土，说明四级配碾压混凝土的抗渗性能低于三级配碾压混凝土，表明全级配混凝土骨料最大粒径越大，混凝土抗渗性越差。这是由于随着骨料粒径的增大，其比表面积相应减少，当水流渗透时，绕过骨料颗粒的有效路径缩短，致使渗流量增大。此外，混凝土内部大粒径骨料的下部易形成空隙，给水流渗透创造了有利条件。

7.2.5.11　抗冻性能

由于《水工碾压混凝土试验规程》(DL/T 5433—2009) 中没有全级配碾压混凝土抗冻试验方法，因此四级配碾压混凝土的抗冻试验参照湿筛小尺寸混凝土抗冻性能试验方法进行，全级配混凝土抗冻试件尺寸见表 7.2-15，全级配混凝土与湿筛小试件的抗冻性能试验结果见表 7.2-28。

表 7.2-28 的抗冻试验结果表明，经过 100 次冻融循环的四级配碾压混凝土与三级配碾压混凝土的质量损失率及相对动弹性模量差别不大，但全级配混凝土大试件质量损失率和相对动弹性模量损失均略高于湿筛小试件。

一般看来，全级配混凝土内部的大尺寸骨料对全级配混凝土的抗冻性有负面作用。骨料尺寸越大、大尺寸骨料含量越高，骨料总体比表面积减少，水泥石—骨料界面过渡区面积减少，但由于骨料尺寸增大引起不均匀性增加，缺陷和薄弱环节连续性增加，使试件在冻融循环过程中表面剥蚀较严重。由于试件尺寸影响，试件饱水程度不同，大试件内部通

表 7.2-28 混凝土的抗冻试验

编号	混凝土强度等级	水胶比	粉煤灰掺量/%	级配	质量损失率/%				相对动弹性模量/%			
					25次	50次	75次	100次	25次	50次	75次	100次
HK1	C_{90}15W6F50 碾压混凝土	0.53	60	四	0.55	1.16	1.68	2.45	95.2	94.1	91.5	90.2
HK1-1				湿筛	0.69	1.02	1.95	3.06	95.5	93.2	90.5	87.2
HK2	C_{90}20W8F100 碾压混凝土	0.50	50	三	0.47	0.85	1.51	1.97	95.6	94.5	92.6	90.8
HK2-1				湿筛	0.51	0.94	1.62	2.25	96.2	93.0	91.3	89.2
HK3	C_{90}20W8F100 变态混凝土	0.50	50	三	0.36	0.88	1.02	1.55	97.5	95.0	93.8	92.1
HK3-1				湿筛	0.41	0.92	1.25	1.82	97.1	95.9	93.5	91.5

过短时间浸泡，不能完全饱水，而小试件饱水效果较好；与湿筛混凝土相比，全级配混凝土内部过渡区微裂缝发展度更快，损伤更严重。

7.3 微观试验研究

7.3.1 方案设计和技术路线

四级配碾压混凝土在宏观性能方面，我国部分水利水电研究机构做了一定的试验研究工作，其主要体现在混凝土宏观研究方面，但四级配碾压混凝土在浆体含量、浆体在骨料中的分布以及层间结合面状态等方面与以往二级配和三级配碾压混凝土相比产生了一定的差异和变化，其微观结构的形成与发展也会发生变化；同时，四级配碾压混凝土与相应的湿筛试件在微结构特征方面也存在一定的差异。因此，如何从微结构的角度解析四级配碾压混凝土的热学性能、力学性能以及耐久性能是需要进一步探索的内容。

7.3.1.1 方案设计

本研究拟采用多尺度测试手段，从净浆、砂浆界面过渡区和混凝土界面过渡区三个层面，以不同的温度效应对四级配碾压混凝土的微观结构进行深入研究，以夯实混凝土性能与机理方面的理论支撑。

1. 考虑因素

考虑的因素如下：

（1）水胶比：0.53。

（2）胶凝材料类型：普通硅酸盐水泥、掺合料为粉煤灰。粉煤灰掺量为50%、60%和70%。

（3）骨料类型：人工骨料。粗骨料采用中石和小石进行模拟试验。

（4）减水剂：掺量为0.8%。

（5）环境因素：以养护温度为40℃模拟大体积混凝土的内部混凝土，以养护温度为20℃模拟表层混凝土。

2. 测试手段

测试手段包括：

(1) 水化热试验测试分析温度效应对水化放热的影响。

(2) 热分析 TG/TGA 试验测试分析温度效应对水化程度的影响。

(3) 非接触电阻率试验测试分析水化早期电阻率的依时特性。

(4) 超景深三维显微镜观测水化产物特征。

(5) 显微硬度试验测试分析水化产物的微观力学性能。

(6) 扫描电子显微镜 SEM 观测水化产物形貌。

(7) 背散射电子显微镜 BSE 与能谱 EDS 联用分析水化产物的钙硅比以及浆体和界面区的微结构差异。

7.3.1.2 技术路线

技术路线如图 7.3-1 所示。

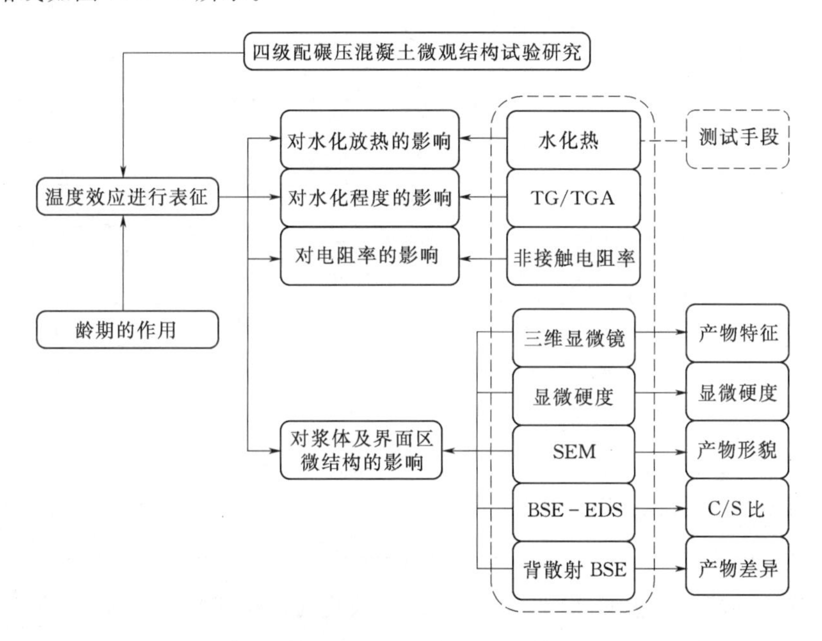

图 7.3-1 技术路线图

7.3.2 试验方法

7.3.2.1 配合比设计

依据试验方案设计考虑的因素确定配合比各参数。

为了保证砂浆、净浆和混凝土中的水化浆体及界面过渡区之间具有可比性，以砂浆配合比中水胶比 0.53 为基准，适量扣除人工砂饱和面干所需用水量确定净浆水胶比，适量增加人工粗骨料饱和面干所需用水量确定混凝土水胶比。其他各参数不变，包括：粉煤灰掺量为 50%、60%和 70%；减水剂掺量为 0.8%；碾压混凝土中粗骨料采用中石和小石。各组配合比的具体结果见表 7.3-1～表 7.3-3。

7.3.2.2 试样制备

四级配碾压混凝土粗骨料组合为小石：中石：大石：特大石为 20：30：30：20 时，其抗分离能力最好，故本研究取小石：中石为 40：60，并将浆骨比进行折算，获得相当

表 7.3-1 砂浆配合比

编号	材料配比/(kg/m³)				
	水	水泥	粉煤灰	砂	减水剂
M0	53	100	0	459	0.8
M1	53	50	50	459	0.8
M2	53	40	60	459	0.8
M3	53	30	70	459	0.8

表 7.3-2 净浆配合比

编号	材料配比/(kg/m³)			
	水	水泥	粉煤灰	减水剂
P0	34	100	0	0.8
P1	34	50	50	0.8
P2	34	40	60	0.8
P3	34	30	70	0.8

表 7.3-3 混凝土配合比

编号	材料配比/(kg/m³)						
	水	水泥	粉煤灰	砂	石	减水剂	引气剂
C0	53	100	0	459	1224	0.8	0.01
C1	53	50	50	459	1224	0.8	0.01
C2	53	40	60	459	1224	0.8	0.01
C3	53	30	70	459	1224	0.8	0.01

于四级配的湿筛混凝土。参照《水工碾压混凝土试验规程》(DL/T 5433—2009),初步确定 Vc 值为 4～6s、砂率为 28%时进行室内试验比较合适。采用 100mm×100mm×100mm 的三联模,以中石、小石→水泥、粉煤灰→外加剂、水、砂的加料顺序模拟成型混凝土试件,分两层进行碾压,每层厚度约 50mm。48h 后脱模编号,分别放入 20℃恒温水中和 40℃恒温水中养护直至测试龄期。砂浆和净浆的成型与混凝土类似。

7.3.2.3 水化热测试

采用美国 TA 公司生产的 8 通道微量热分析仪 TAM Air 测试净浆和砂浆中浆体在 7d 里的水化放热速率和水化放热总量,温度分别为 20℃和 40℃。

7.3.2.4 热分析 TG/TGA 测试

采用美国 TA 公司生产的热分析仪 SDT-Q600 测试净浆浆体在 20℃和 40℃恒温水养条件下水化 28d 和 56d 后的水化程度。设备如图 7.3-2、图 7.3-3 所示。

7.3.2.5 非接触电阻率测试

采用香港科技大学研制的 CCR-2 型电阻率测定仪(图 7.3-4)测定净浆和砂浆中浆体水化过程中的电阻率变化,温度为 20℃。

图 7.3-2　微量热分析仪

图 7.3-3　热分析仪

7.3.2.6　三维显微镜测试

采用日本 KEYENCE 公司生产的超景深三维立体显微镜 VHX-600ESO（图 7.3-5）观测对比净浆、砂浆界面过渡区和混凝土界面过渡区等抛光断面的特征信息。

图 7.3-4　电阻率测定仪

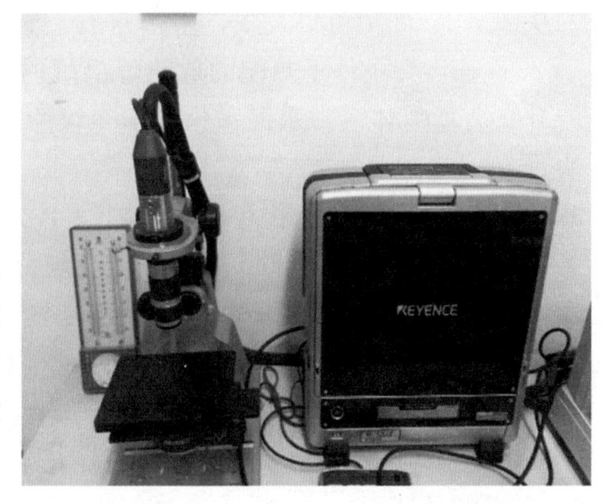

图 7.3-5　超景深三维立体显微镜

7.3.2.7　显微硬度测试

采用华银公司生产的显微硬度仪 HV-1000B（图 7.3-6）测定净浆、砂浆界面过渡区和混凝土界面过渡区等抛光断面的微观力学参数。

7.3.2.8　扫描电镜 SEM 测试

采用美国 FEI 公司生产的场发射扫描电子显微镜 QUANTA FEG 450（图 7.3-7）观测净浆、砂浆界面过渡区和混凝土界面过渡区等自然断面的微观形貌。

7.3.2.9　背散射 BSE 与能谱 EDS 测试

采用美国 FEI 公司生产的场发射扫描电子显微镜 QUANTA FEG 450 观测对比并统计分析净浆、砂浆界面过渡区和混凝土界面过渡区等抛光断面上浆体水化产物间的差异。

图 7.3-6 显微硬度仪

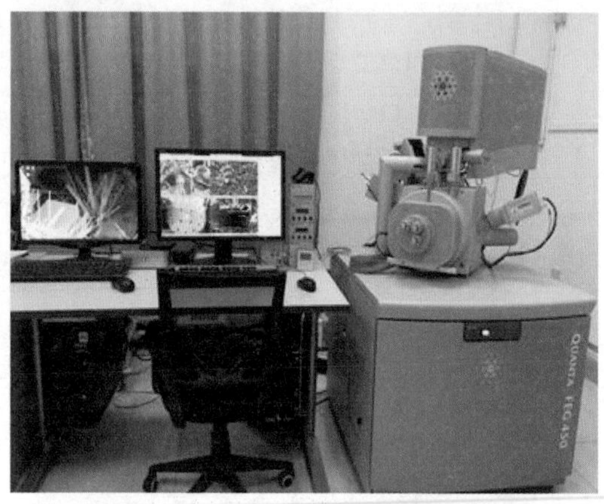

图 7.3-7 场发射扫描电子显微镜

7.3.3 试验结果

7.3.3.1 温度效应对水化放热的影响

图 7.3-8 中分别反映了 20℃和 40℃条件下不同配合比净浆与砂浆的水化热热流与时间的关系。

从图 7.3-8 中可以发现，整体来看，无论净浆还是砂浆，40℃条件下热流的峰值均高于 20℃；40℃条件下热流的放热峰出现时间较 20℃早，放热峰也较为尖锐；这都说明温度升高会加速体系中水泥水化，即四级配碾压混凝土中内部混凝土浆体的水化速率比表层快。

7.3.3.2 温度效应对水化程度的影响

以图 7.3-9 表征了 28d 龄期养护温度分别为 20℃和 40℃条件下不同粉煤灰掺量净浆浆体水化产物的热分析结果，其中绿线是热重 TG 曲线，红线是热重导数 DTG 曲线，蓝线是热流 DSC 曲线。

对比图 7.3-9 中的 8 个小图可知，28d 时 20℃水泥空白组净浆的图中可以看到 105～140℃有重叠的吸热峰，是由于 AFt 失去结晶水和 C-S-H 脱去层间水产生；410～430℃的吸热峰即是 $Ca(OH)_2$ 的分解吸热峰，也对应了质量的大幅度减少；28d 40℃水泥空白组净浆的图中也出现了类似吸热峰。掺粉煤灰的净浆组别中，掺量为 50%和 60%组有较为明显的 CH 分解吸热峰，70%掺量组不明显。

7.3.3.3 电阻率的依时特性

净浆电阻率—时间曲线如图 7.3-10 所示。

对比四组曲线可知，粉煤灰的掺量越大，初始电阻率越大，对应溶解期持续的时间越长，诱导期开始的时间延迟，电阻率的数值越大；掺加粉煤灰的三组之间差距不大，均大于空白组。四组净浆样品在诱导期后的凝结期历经时间基本相同，于硬化期出现互相交叉，区间集中于 1250～1500min（1d 左右）。硬化期中，粉煤灰掺量越大，电阻率曲线上升的斜率越小，曲线交叉后大掺量粉煤灰组的电阻率数值很快被超越，约 1680min（28h）后，四组曲线表征的电阻率大小关系确定，即粉煤灰掺量越大，电阻率的数值越小。

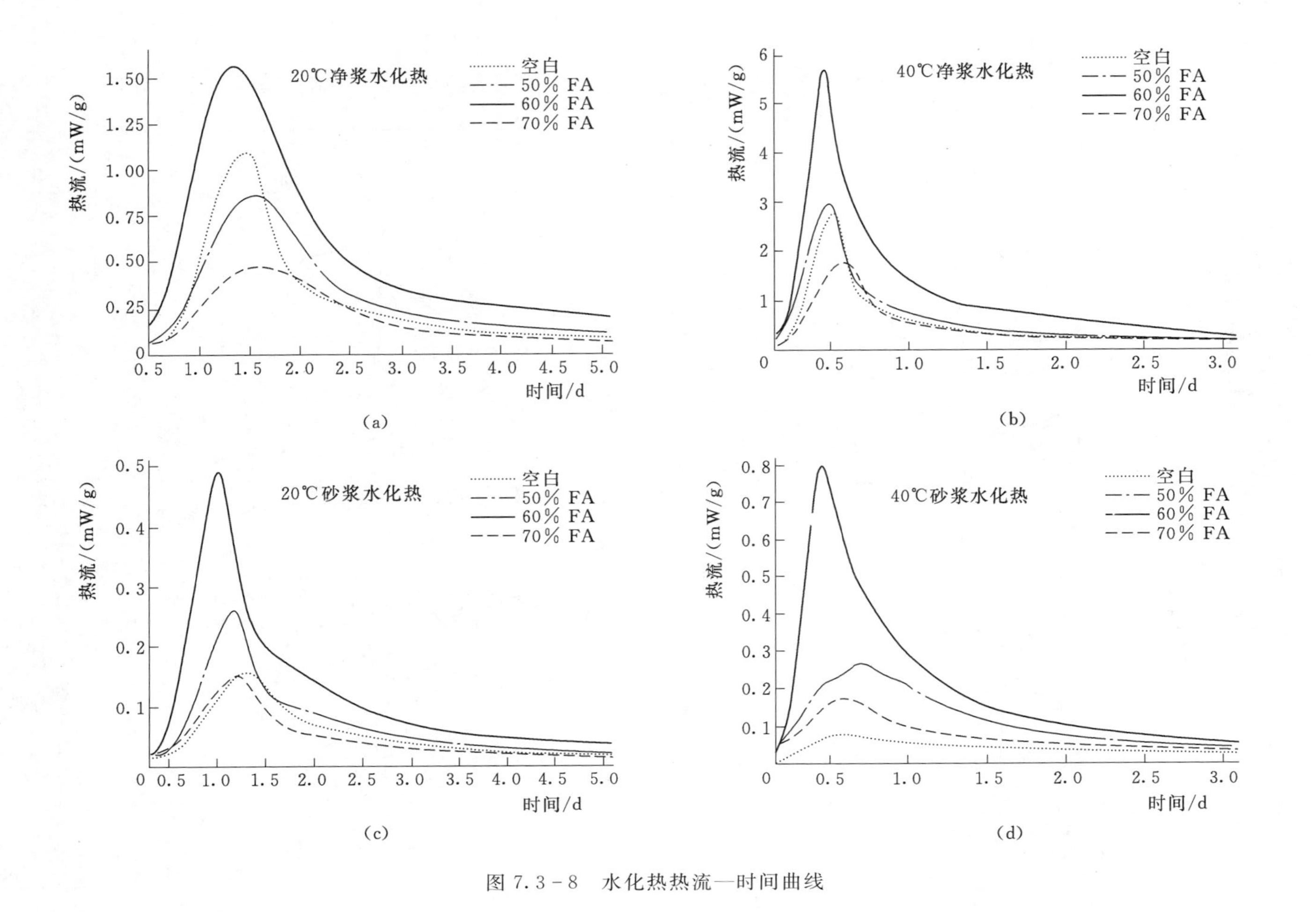

图 7.3-8 水化热热流—时间曲线

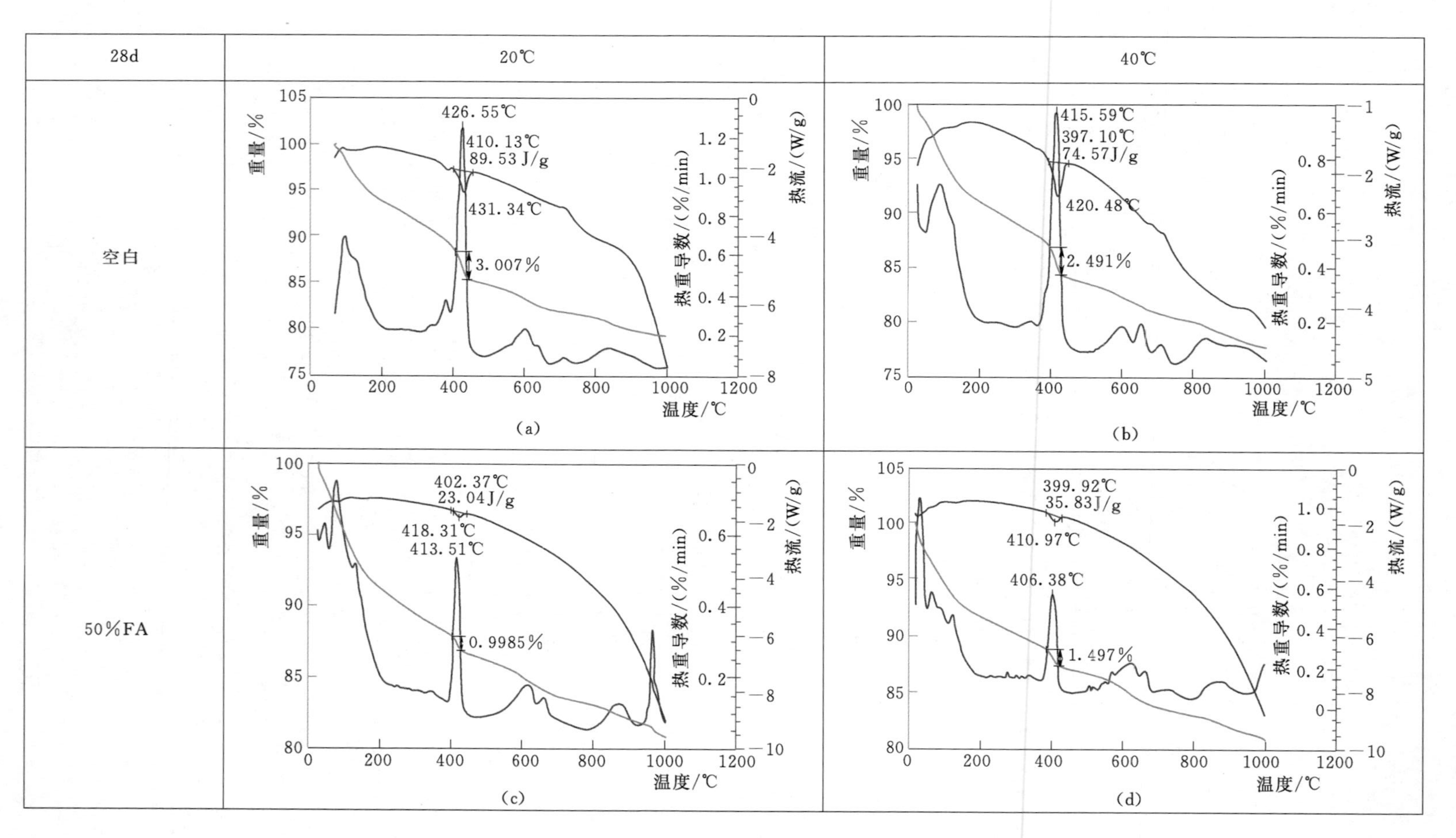

图 7.3-9（一） 28d净浆 TG-DTG-DSC 曲线

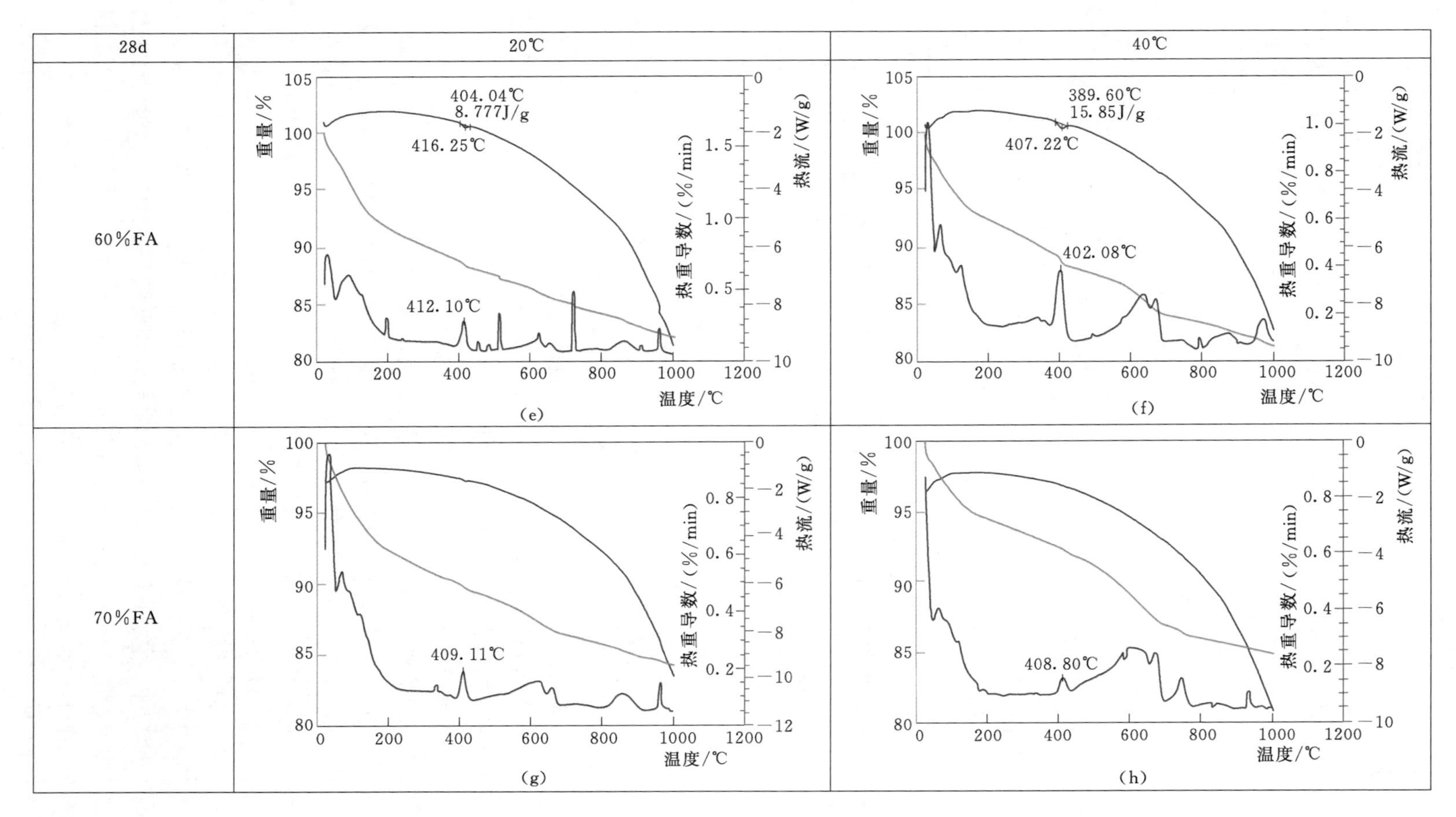

图 7.3-9（二） 28d 净浆 TG-DTG-DSC 曲线

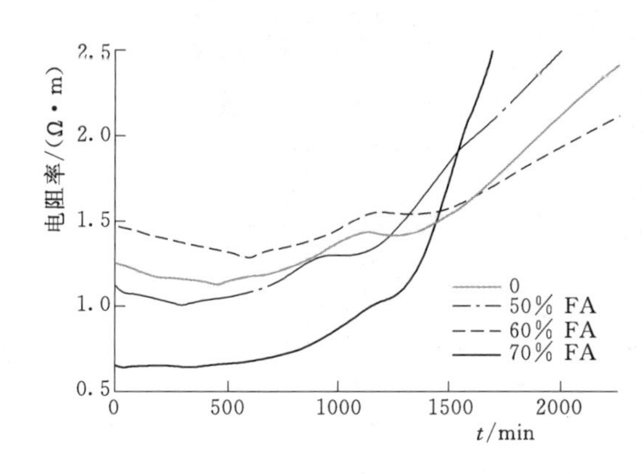

图 7.3-10 净浆电阻率—时间曲线

7.3.3.4 温度效应对浆体及界面区微结构的影响

1. 浆体及界面区微结构的产物特征

图 7.3-11 是超景深三维立体显微镜拍摄的 28d 龄期养护温度为 20℃、40℃条件下不同配合比净浆试样的抛光断面局部照片。

从图 7.3-11 中的 8 个小图中可以看出，水泥空白组的浆体整体颜色为浅灰色，即是水泥水化产物，部分白色区域为未水化的水泥石；掺加粉煤灰的各组浆体颜色较为复杂，除了浅灰色、白色以外增添了黑色、深灰色和黄色，其中黑色区域可能是未反应的粉煤灰团聚体，在黑色区域周围分布着深灰色区域，是吸附在粉煤灰周围的水泥水化产物和粉煤灰的混合体，而黄色区域多为球状，球状中心有圆形亮斑，说明此位置是一个孔洞结构，为没有参与反应的减水剂颗粒。

图 7.3-12 是超景深三维立体显微镜拍摄的 28d 龄期养护温度为 20℃、40℃条件下不同配合比混凝土试样的抛光断面局部照片。依据图中标识可以清楚地分辨出粗骨料 Aggregate和界面过渡区 ITZ 以及剩余的浆体部分，所有图片均以视域内 ITZ 最清晰为标准拍摄呈现。

对比砂浆组的各组可以看出，混凝土中粗骨料 Aggregate 周围 ITZ 区域的宽度显著降低，水泥空白组只有约 10μm，掺粉煤灰后 ITZ 宽度有一定程度的提高；混凝土各组图片中出现了大片景深区域，包括整个粗骨料 Aggregate 区域，或是大部分的浆体区域。这表明粗骨料周围 ITZ 和粗骨料、浆体结合很不紧密，但混凝土各组 ITZ 区域中的圆球亮斑的数量较砂浆组少，说明 ITZ 的孔隙率较低，其自身密实性对比砂浆组更好，即粗骨料周围 ITZ 对比细骨料周围 ITZ 拥有更佳的自身强度，但结合强度更差。对比养护温度为 20℃和 40℃条件各组，可以得到和砂浆组相类似的结论。

2. 浆体及界面区的显微硬度

图 7.3-13 为不同龄期（28d、56d）、不同粉煤灰掺量（0、50%、60%、70%）、不同养护温度（20℃、40℃）条件下的净浆浆体抛光断面显微硬度平均值。

从图 7.3-13 中可以看出，净浆浆体的 56d 显微硬度明显高于 28d，各组的显微硬度值约增加 1 倍；养护温度 40℃条件下的显微硬度高于 20℃；同龄期、同温度条件下掺 50%粉煤灰组显微硬度最高，掺 60%组次之，掺量达到 70%时显微硬度值不足 50%组的一半。这说明净浆浆体强度受到水化龄期和温度的双重影响，龄期越长、温度越高，浆体强度越高，且龄期对强度的影响较养护温度更大，即是说四级配碾压混凝土中内部混凝土浆体的强度高于表层，二者的强度大小均随龄期增长大幅度增高；粉煤灰掺量过高不利于净浆浆体强度的形成，虽然粉煤灰会在水化后期继续参与火山灰反应提升浆体强度，但是强度的提升不足以弥补大量未反应的粉煤灰在浆体结构中带来的强度损失。

图 7.3-14 为不同龄期（28d、56d）、不同粉煤灰掺量（0、50%、60%、70%）、不

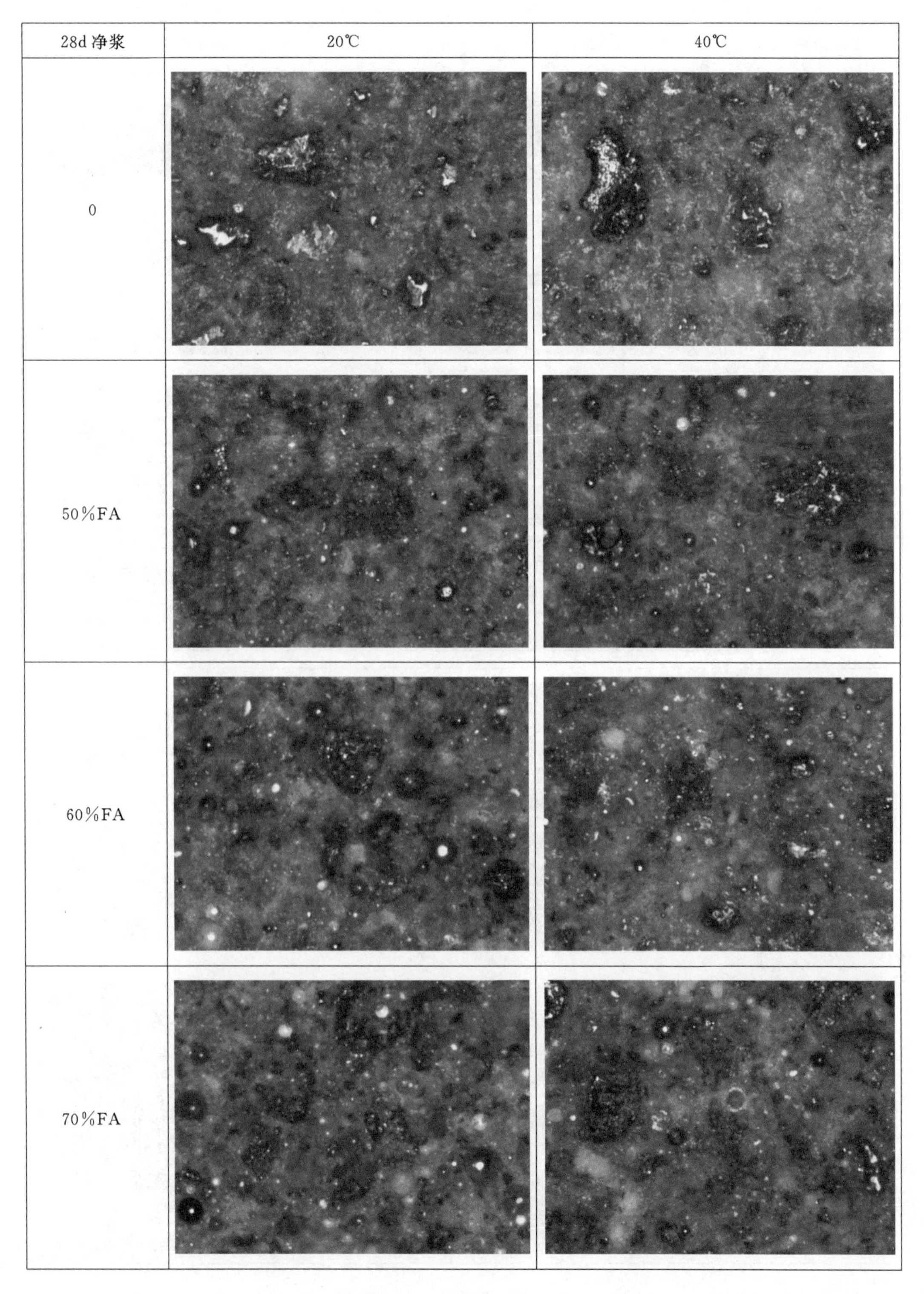

图 7.3-11　28d 净浆三维显微镜照片

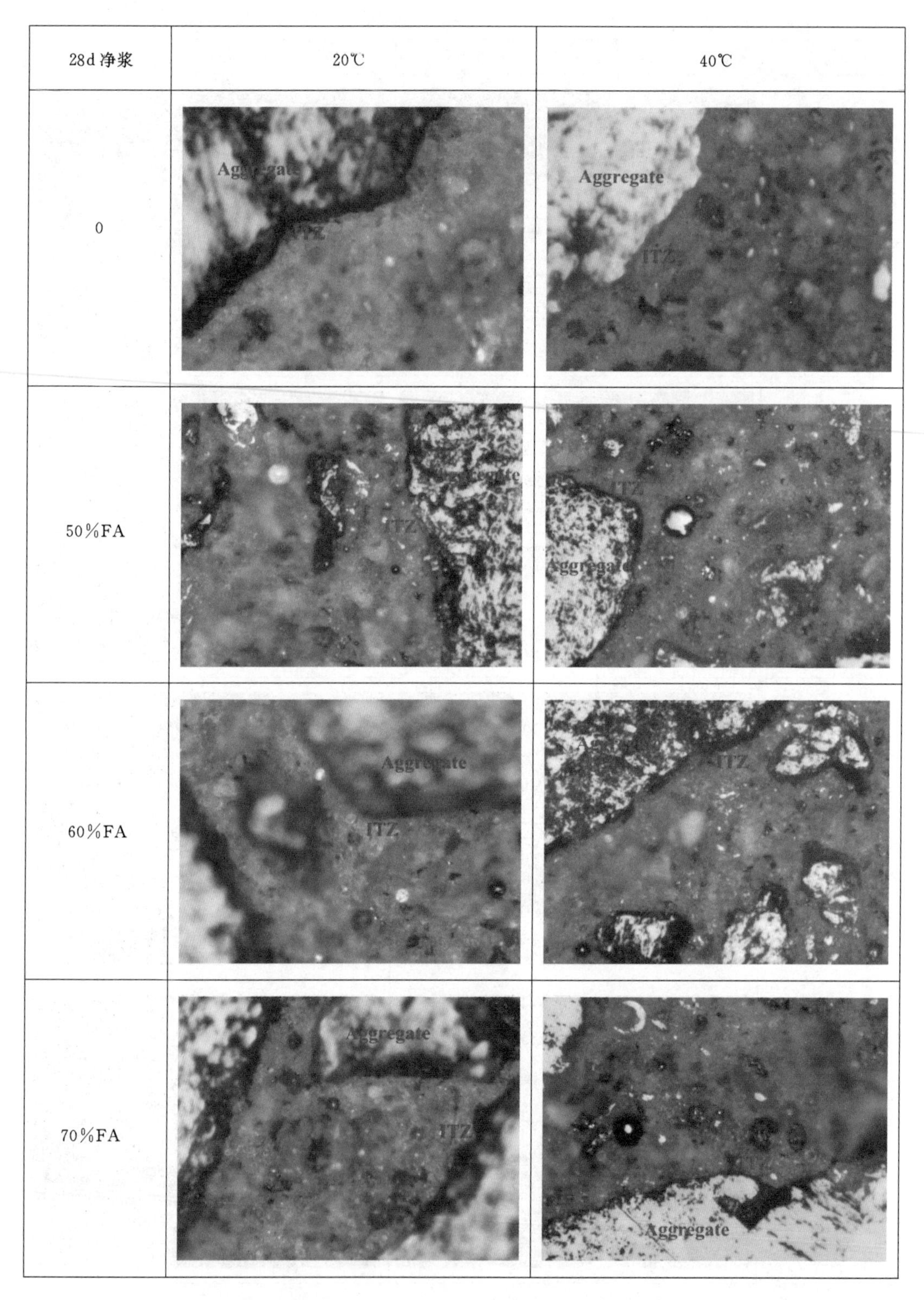

图7.3-12 28d混凝土三维显微镜照片

Aggregate—粗骨料；ITZ—界面过渡区

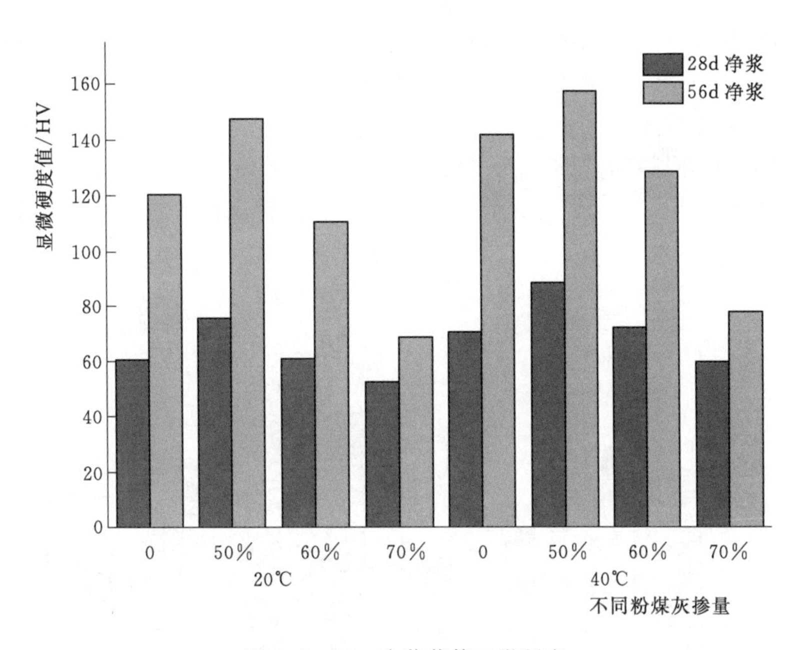

图 7.3-13　净浆浆体显微硬度

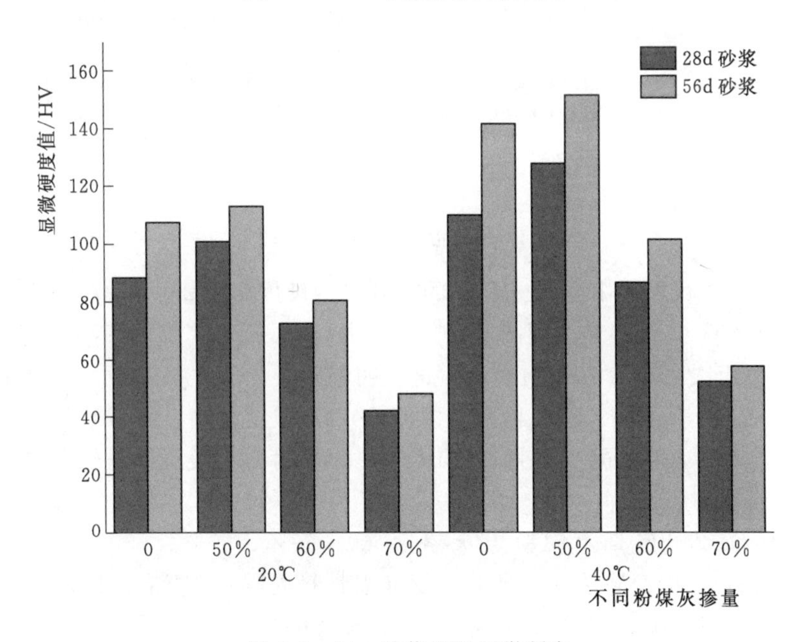

图 7.3-14　砂浆 ITZ 显微硬度

同养护温度（20℃、40℃）条件下的砂浆 ITZ（距骨料表面平均 10μm）抛光断面显微硬度平均值。

从图 7.3-14 中可以看出砂浆 ITZ 的 56d 显微硬度明显高于 28d；养护温度 40℃条件下的显微硬度明显高于 20℃；同龄期、同温度条件下，掺 50%粉煤灰的砂浆 ITZ 显微硬度最高，相较空白组有约 20%的提升，掺 60%粉煤灰组次之，较掺 50%组下降了约 30%，掺量达到 70%时显微硬度值已不足空白组的一半。这说明砂浆 ITZ 的强度也受到水化龄期和温度的双重影响，龄期越长、温度越高，砂浆ITZ的强度越高，但养护温度对强度的影响较龄期稍大，即是说内部混凝土细骨料周围ITZ的强度显著高于表层；粉煤灰掺量过高不利于砂浆ITZ强度的形成。

图7.3-15为不同龄期（28d、56d）、不同粉煤灰掺量（0、50%、60%、70%）、不同养护温度（20℃、40℃）条件下的混凝土ITZ（距骨料表面平均10μm）抛光断面显微硬度平均值。

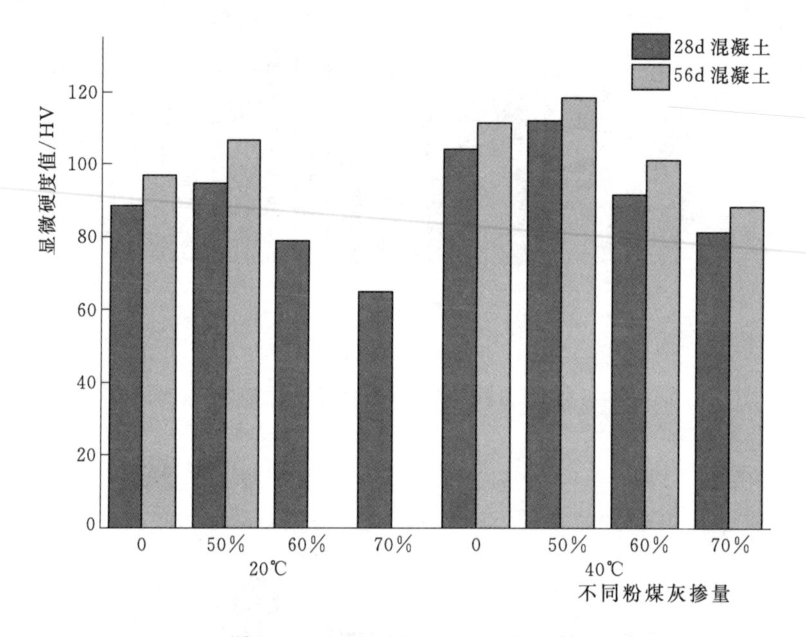

图7.3-15 混凝土ITZ显微硬度

从图7.3-15中可以看出混凝土ITZ的56d显微硬度高于28d；养护温度40℃条件下的显微硬度高于20℃；同龄期、同温度条件下，掺50%粉煤灰组的混凝土过渡区显微硬度最高，掺60%组次之，掺70%组最低。这说明混凝土ITZ的强度同样受到水化龄期和温度的双重影响，龄期越长、温度越高，混凝土ITZ强度越高，且养护温度对强度的影响较龄期稍大，表明内部混凝土粗骨料周围ITZ的强度高于表层；粉煤灰掺量过高不利于混凝土ITZ强度的形成。

图7.3-16为28d龄期不同粉煤灰掺量（0、50%、60%、70%）、不同养护温度（20℃、40℃）条件下的净浆浆体、砂浆ITZ（细骨料周围）、混凝土ITZ（粗骨料周围）的显微硬度平均值对比图。

从图7.3-16中可以看出相同龄期条件下，水泥净浆浆体、砂浆ITZ、混凝土ITZ三者养护温度为40℃条件下的显微硬度均明显高于20℃，表明内部混凝土浆体及界面过渡区的强度均高于表层；三者都出现了50%粉煤灰掺量组显微硬度大于空白组大于60%组大于70%组的现象，这也证实了四级配碾压混凝土中粉煤灰掺量过高不利于浆体及界面过渡区强度的形成。

对比三者而言，粉煤灰掺量相同而养护温度不同条件下，三者的显微硬度出现类似的大小关系，说明整个体系中浆体部分、细骨料周围ITZ和粗骨料周围ITZ，它们的强度改

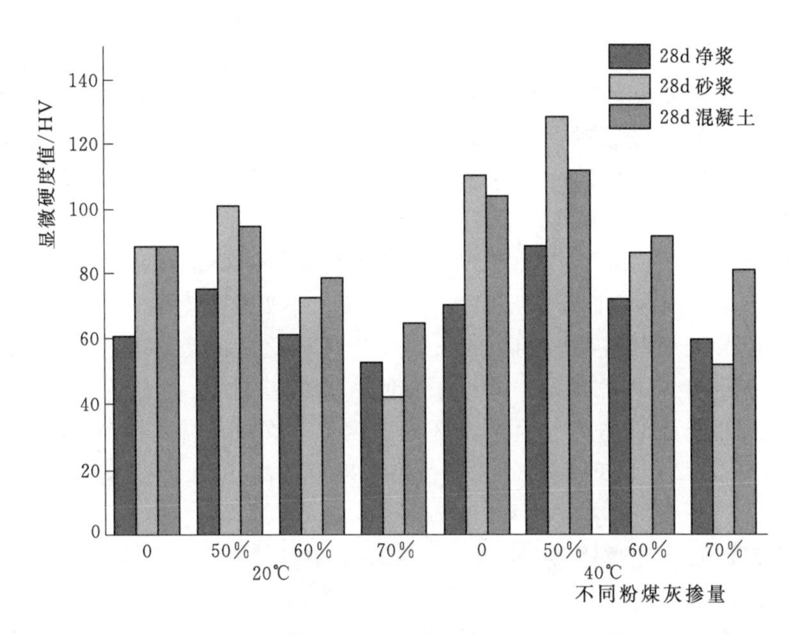

图 7.3-16　28d 净浆浆体、砂浆 ITZ、混凝土 ITZ 显微硬度对比图

变对温度并不敏感，即四级配碾压混凝土中浆体及界面过渡区的强度增减规律相同，内部较高，表层较低；养护温度相同而掺量不同条件下，三者的显微硬度规律不明显，对比三者在高掺量粉煤灰配合比的条件下，粉煤灰掺量的增加带来显微硬度下降的斜率可以发现，四级配碾压混凝土中细骨料周围 ITZ 的强度对比粗骨料周围 ITZ 和浆体部分更易受到粉煤灰掺量的影响，掺量越高，下降的幅度越大。

7.3.4　结果分析

围绕四级配碾压混凝土浆体及界面区的微结构形成与发展进行了系统的研究工作。以温度效应表征四级配碾压混凝土中内外层结构，解析了不同粉煤灰掺量、不同龄期条件下的水化放热与水化程度的规律，阐述了水化早期电阻率依时特性，对比分析了浆体及界面区微观结构中水化产物的特征和形貌，并定量描述了它们的微观力学性能及差异。

可以得出的结论如下，对于四级配碾压混凝土：

(1) 内部混凝土浆体的水化速率比表层快，水化热大于表层。适量掺加粉煤灰有利于降低体系的水化热总量。

(2) 内部混凝土浆体的 28d 和 56d 水化程度均高于表层，且随着龄期增长，水化程度加深。适量掺加粉煤灰有利于提高浆体 28d 之后的后期水化程度，掺量 70%时已经过掺。

(3) 根据电阻率时变曲线可以将浆体的水化过程分为溶解期、诱导期、凝结期、硬化期 4 个阶段，砂浆体系中电阻率时变曲线出现 W 形特征，放大了水化过程 4 个阶段的效应。适量掺杂粉煤灰能够在早期降低浆体的水化程度。

(4) 采用超景深三维立体显微镜观察了混凝土中抛光断面上浆体及界面区的产物特

征，发现：水泥水化产物颜色较浅，均质性较好，掺加粉煤灰后混合产物颜色复杂，孔隙率大，密实度低。内部混凝土浆体的28d水化程度大于表层，随龄期增长，浆体的水化程度升高。适量掺杂粉煤灰有利于改善细骨料周围ITZ，提高体系整体的结合强度；内部混凝土的细骨料周围ITZ区域对比表层拥有更佳的自身强度和结合强度。粗骨料周围ITZ对比细骨料周围ITZ拥有更佳的自身强度，但结合强度更差。混凝土中ITZ的自身强度和结合强度均随龄期增长而升高。

（5）采用显微硬度仪测量了混凝土中抛光断面上浆体及界面区的微观力学强度，发现：内部混凝土浆体的强度高于表层，二者的强度大小受龄期影响显著，随龄期增长而大幅升高；内部混凝土细骨料周围ITZ的强度显著高于表层，粗骨料周围ITZ的强度也高于表层，但不如细骨料的增幅大；ITZ的强度大小随龄期增长而升高，但不及浆体受龄期影响明显。混凝土中浆体及界面过渡区的强度均存在50%粉煤灰掺量组大于空白组大于60%组大于70%组的现象，证实了粉煤灰掺量过高不利于浆体及界面过渡区强度的形成。

（6）采用扫描电子显微镜SEM观察了混凝土中自然断面上浆体及界面区的产物形貌，发现：浆体区水泥空白组分布着大量尺寸较大的水化产物C-S-H凝胶，孔隙较大；掺杂粉煤灰后浆体区分布的是粉煤灰球状颗粒与尺寸较小的水化产物C-S-H凝胶的混合相，C-S-H凝胶呈现纤维针刺状和交错网状的形态，还能观察到部分针棒状钙矾石AFt，孔隙率较低；适量掺杂粉煤灰有利于浆体28d强度的提升。对于砂浆ITZ区域，C-S-H凝胶结构较为平滑，细骨料周围ITZ和骨料的结合不紧密。对于混凝土ITZ区域，其孔隙对比净浆浆体和砂浆ITZ区域更大。适量掺杂粉煤灰能够提升ITZ的水化程度和强度；内部混凝土ITZ的水化程度较表层高；ITZ的水化程度和强度随龄期增长而有一定提升。

（7）通过C/S比数值的变化对比来判别混凝土中ITZ宽度及水化程度是可行的。混凝土中ITZ宽度随水化龄期的增长而显著增大，内部混凝土粗骨料周围ITZ较表层宽，细骨料周围ITZ相差不大。适量掺加粉煤灰提高了ITZ的水化程度，内部混凝土ITZ的水化程度较表层高，细骨料周围ITZ的水化程度高于粗骨料周围ITZ。

（8）采用背散射电子显微镜BSE观察了混凝土中抛光断面上浆体及界面区的产物差异，并利用灰度值统计软件进行了定量分析，发现：深黑色的孔隙和裂缝，对应灰度值0～50区间，水化产物相C-S-H凝胶和氢氧化钙CH，对应灰度值100～150区间，粉煤灰和水化产物相的混合相，对应灰度值150～200区间，亮白色的未水化水泥颗粒，对应灰度值200～250区间。水泥空白组中浆体的水化产物相C-S-H凝胶和氢氧化钙CH的总量占了绝大部分比例；掺加粉煤灰之后，产物相较为复杂。混凝土中内部混凝土浆体的水化程度较表层高，浆体的水化程度随龄期增长而增加。对于砂浆ITZ区域，掺加粉煤灰后提高了砂浆ITZ区域的孔隙率；混凝土中内部混凝土的细骨料周围ITZ，其孔隙率大于表层，水化程度更高。对于混凝土ITZ区域，内部和表层混凝土的粗骨料周围ITZ的水化程度差别不大。ITZ的后期水化程度受到龄期的影响较大，随龄期增长而增加。对比净浆晶体、砂浆ITZ和混凝土ITZ可得混凝土中粗骨料周围ITZ的水化程度较高，细骨料周围ITZ的孔隙率较低。

7.4 工程应用前的准备

7.4.1 现场工艺性试验

四级配碾压混凝土上坝应用前的关键环节之一是开展现场工艺性试验，充分验证四级配碾压混凝土筑坝施工技术的可行性，提出改进措施。结合前期室内研究成果，现场工艺性试验研究重点是探索骨料粒径的增加而引起的一系列施工工艺的变化及现场实施效果，主要围绕拌和物性能试验及配合比优化调整、骨料分离、层间结合、厚层RCC施工及质量检测等问题展开。通过本次四级配碾压混凝土现场工艺性试验，实现了以下目标：

（1）拌和物包裹性、抗分离性及可碾性。工艺性试验表明，四级配碾压混凝土 *Vc* 值为 3～5s 时，拌和物大骨料表面砂浆包裹充分，拌和物具有较好的抗分离性，表面液化泛浆情况好，可碾性好。

（2）易密性。与三级配碾压混凝土相比，四级配碾压混凝土拌和物大骨料含量高、摊铺厚度高，拌和物的屈服应力增大、塑性黏度系数减小，易密性略低，相对压实度均略低，因此需提高激振力、降低振动碾行走速度。

（3）碾压工艺参数。在试验所用机械、原材料及配合比条件下，层厚为 0.5m 的四级配碾压混凝土应采用 2 遍无振＋8 遍有振＋2 遍无振碾压，层厚为 0.4m 的四级配碾压混凝土应采用 2 遍无振＋6 遍有振＋2 遍无振碾压，其中有振碾压采用激振力为 395kN，振动碾行走速度为 1.0～1.2km/h。

（4）质量控制。与三级配碾压混凝土相比，在高温环境下四级配碾压混凝土 *Vc* 值损失较快，施工过程中应根据施工现场环境情况，通过原材料质量控制、*Vc* 值动态控制、骨料分离综合处理、斜层浇筑仓面面积动态控制、保证振动碾行走速度及碾压遍数等措施，确保碾压混凝土的质量。

7.4.2 抗骨料分离措施

四级配碾压混凝土拌和物骨料分离是最应受到重视的问题之一。当骨料最大粒径超过 80mm 时，在运输、卸料和摊铺过程中，大颗粒骨料易发生滚动而形成粗骨料集中的分离现象。

四级配碾压混凝土抗骨料分离措施设计首先从配合比设计时就给予了充分的重视，如合适的砂率、石子组合比，掺合料掺量，外加剂使用等。其次在施工过程采取的抗骨料分离措施是减少碾压混凝土骨料分离的关键，这些措施包括严格的配合比控制措施、减少转运次数、降低卸料高度和料堆高度、采用减少分离的铺料和平仓方法等。具体的防分离措施可包括：拌和楼卸料缓降装置改装；自卸汽车尾部的缓降及简易的摊铺装置；采用大型摊铺机或多层铺料；辅以人力分散因分离而集中的骨料等。

碾压混凝土的碾压层厚要求不应小于骨料最大粒径的 3 倍，这样才不影响大型振动碾的压实效果。四级配碾压混凝土试验中采用的骨料最大粒径为 120～150mm，由此可知碾压混凝土压实厚度至少应大于360mm，并由此决定摊铺厚度。最优的压实厚度将通过室内和现场碾压试验确定，适应厚度应包括400mm、500mm、650mm、800mm、1000mm等5个碾压层厚，室内试验结果表明，碾压层厚500mm左右，采用合适的振动方式，易获得需要的压实度。

7.5 工程应用

重庆芙蓉江浩口水电站开始拟采用四级配碾压混凝土筑坝，后来由于设计变更，工程施工未采用四级配碾压混凝土进行施工。目前国内仅有贵州乌江沙沱水电站在坝体上部的部分坝段采用了四级配碾压混凝土进行上坝施工浇筑。

2011年3月，贵州乌江沙沱水电站碾压混凝土重力坝在左岸挡水坝段进行了第一仓四级配碾压混凝土浇筑。其中在1号、2号、3号、4号、13号、14号、15号、16号坝段高程335.00m以上坝体内部采用四级配碾压混凝土，共计浇筑四级配碾压混凝土约25万m^3。

通过对四级配碾压混凝土进行系统的技术论证、现场试验，解决了四级配碾压混凝土材料包裹性差以及大骨料易分离等难题，提出了一整套针对性的施工工法。实现上坝应用后，对四级配碾压混凝土坝段开展了现场取样检测分析、取芯压水及性能测试试验等，并对比分析了四级配碾压混凝土与以往三级配碾压混凝土材料性能差异。同时，还分析了大坝运行情况及沙沱水电站采用四级配筑坝技术所带来的技术经济优势。在此基础上，对实施效果进行了评价，工程应用情况较好：

（1）四级配碾压混凝土试件在抗压、劈拉、轴拉、极限拉伸值、抗压弹性模量、泊松比、抗渗以及抗冻等性能方面均满足设计要求，且四级配、三级配碾压混凝土试件相关性能指标均相当，差别不大。

（2）在3号坝段成功取出长达18.54m的一根四级配碾压混凝土芯样，为目前国内外四级配碾压混凝土同等级芯样之首；芯样外观光滑、混凝土致密，骨料分布均匀，断面基本成犬牙状，起伏差较大，未见明显层缝，四级配混凝土浇筑质量良好。另外，将芯样按《水工碾压混凝土试验规程》（DL/T 5433—2009）中相关试验方法的规定，加工成为标准试件，检测其容重、含水率，并进行耐久、力学及力学变形性能试验，其结果均满足设计要求。

（3）四级配坝段压水试验透水率均小于1Lu，满足设计要求。

（4）沙沱水电站四级配碾压混凝土的使用，在大坝施工中完全取消了骨料预冷，简化了温控措施，并且增加碾压层厚，缩短建设工期，使得沙沱水电站工程节省直接投资约350多万元，同时，电站的提前运行也带来了巨大的间接经济效益。

（5）沙沱水电站大坝主体工程自下闸蓄水至今，大坝安全监测指标（包括大坝外观、渗漏、渗压、位移、应力等）均在设计范围内，坝体运行状况良好。在库水接近正常蓄水365m后，大坝无异常变形及渗压突变，大坝处于安全状态，充分验证了四级配碾压混凝土筑坝技术的技术可行性。

四级配碾压混凝土在沙沱水电站的应用经验表明，四级配碾压混凝土应用于大坝工程，可节约胶凝材料、简化温控措施，从而减少直接工程投资；同时随着浇筑层厚的增加、施工速度和工程建设进度加快，使大坝早日竣工、提前发电，创造巨大的间接经济效益。此外，在节约水泥用量、减少骨料生产带来粉尘等方面带来的好处，将产生显著的生态环境效益，具有广阔的应用前景和推广价值。

图 7.5-1～图 7.5-6 为沙沱水电站四级配碾压混凝土现场浇筑及取芯情况简介。

图 7.5-1　拌和楼接料

图 7.5-2　混凝土入仓

图 7.5-3　混凝土仓面全景

图 7.5-4　混凝土摊铺

图 7.5-5　混凝土现场碾压

图 7.5-6　取出的 18.94m 长芯样

7.6 小结

（1）四级配碾压混凝土现场取样及取芯试件的抗压强度、劈拉强度、轴心抗拉强度、极限拉伸值、抗压弹性模量、抗渗以及抗冻等性能方面均满足相应设计要求，且四级配、三级配碾压混凝土试件相关性能均差别不大，有较好的抗分离性能和施工可碾性。另外四级配碾压混凝土由于其胶凝材料用量低，水化温升值均较低，干缩值、自生体积变形收缩值显著下降，上述条件均有利于大体积混凝土的体积稳定性和温控防裂，通过原材料和施工质量控制等综合措施，可显著提高大体积混凝土的抗裂系数，发挥其技术经济效益。

（2）四级配碾压混凝土通过有效的施工工艺和措施，解决了四级配碾压混凝土筑坝的关键技术问题，因此在 100m 级大坝应用是完全可行性的。

（3）在高温环境下四级配碾压混凝土 Vc 值损失略快，施工过程中应根据施工现场环境情况，通过原材料质量控制、Vc 值动态控制、骨料分离综合处理、斜层浇筑仓面面积动态控制、保证振动碾行走速度及碾压遍数等措施，确保碾压混凝土的施工质量。

（4）通过原材料质量控制、Vc 值动态控制、骨料分离综合处理、浇筑仓面面积动态控制等措施，可确保四级配碾压混凝土拌和物性能和碾压质量，从而有效增加碾压混凝土浇筑层厚，提高施工速度、减少层面，充分发挥碾压混凝土连续浇筑、快速上升的技术经济优势。

（5）一般情况下，需将混凝土渗压、温度作为四级配碾压混凝土监测的重点项目。四级配碾压混凝土坝段在水库蓄水之后变形较小，坝体变形无异常，混凝土层间结合情况完好。

（6）四级配碾压混凝土通过室内及工艺性试验验证，混凝土的各项性能指标均满足预先设计的期望值，并通过试验探索确定了一整套上坝施工工法和质量控制技术，四级配碾压混凝土在沙沱水电站工程的应用是成功的，成果显著且示范意义大，可在其他水电工程中进一步推广应用。

四级配碾压混凝土在沙沱水电站的应用经验表明，四级配碾压混凝土应用于大坝工程，可节约胶凝材料、简化温控措施，从而减少直接工程投资；同时随着浇筑层厚的增加、施工速度和工程建设进度加快，使大坝早日竣工、提前发电，创造巨大的间接经济效益。此外，在节约水泥用量、减少骨料生产带来粉尘等方面带来的好处，将产生显著的生态环境效益，具有广阔的应用前景和推广价值。

然而，由于一些原因的限制，目前四级配碾压混凝土筑坝技术仅在贵州沙沱水电站得到了一定的应用，贵州马马崖一级水电站也只是防渗面采用三级配碾压混凝土自身防渗，因此还需要将四级配碾压混凝土筑坝技术在国内进行全面推广。

本次四级配碾压混凝土仅在 100m 级碾压混凝土重力坝中进行了一定的应用，下一步争取在 150m 级和 200m 级的碾压混凝土坝中进行一定的应用，如贵阳院正在设计的西藏澜沧江上游班达水电站（目前正处于可研设计阶段，最大坝高 206m，为目前最高的碾压混凝土重力坝），四级配碾压混凝土筑坝技术也作为本次研究的一个方向，争取在本工程进行一定的应用，以继续推动四级配碾压混凝土筑坝技术发展。

第8章 新型硬填料技术

8.1 概述

新型硬填料碾压坝是介于面板堆石坝和碾压混凝土坝之间的一种坝型，同时兼具地基适应性强，施工方便快速等优点。贵阳院结合水电工程开展了“新型硬填料碾压坝设计技术研究”，该课题列入中国水电工程顾问集团（现属于中国电力建设集团有限公司）科技项目，课题成果荣获2012年度中国水电顾问集团科技进步一等奖、2013年度中国电力建设集团科技进步三等奖。

该项目研究的主要成果及创新点如下：

(1) 对硬填料坝设计安全标准、坝体结构、细部设计、地基处理等进行了系统的研究，提出了勘察设计要点及初步的原则、方法和标准。

(2) 在一系列配合比试验及三轴试验基础上揭示了硬填料有关材料特性，首次建立了硬填料碾压坝二元并联和九参数本构模型，在毛家河挡水坝及沙沱水电站下游围堰进行了应用。

(3) 结合国内外已有工程经验，进行了硬填料坝施工工艺研究，对骨料超径及胶凝材料超贫进行了有益的尝试。

(4) 提出了安全监测重点和设计原则，结合依托工程，进行了原型监测实施及反馈分析。

该研究成果对促进我国硬填料筑坝技术的发展具有重要作用，社会经济效益显著，推广应用前景广阔。

8.2 国内外研究现状

8.2.1 国外

重力坝以其体型简单、便于泄洪等优点而被广泛采用，作为一种古老坝型其在坝工发展史上有着重要地位。重力坝依靠自重维持稳定，对地质地形条件要求较高，断面不免偏大，材料强度不能充分利用，用常规的施工方法工期较长，造价较高。随着坝高不断增加和新的地质条件以及施工工期的制约，重力坝的适用范围有一定局限性，渐渐失去了相对于土石坝的竞争优势。

20 世纪 70 年代，在 J. M. Raphael 等学者的倡导下，大型土石方运输机械和压实机械被应用到重力坝的建设中，出现了干硬性混凝土和振动碾压等新的建坝技术。Raphael 在《最优重力坝》一文中首先提出了“用高效的土石方运输机械和压实机械施工可以缩短施工周期和减少施工费用”的构想。基于此构想，1982 年美国建成了世界上第一座全碾压混凝土重力坝——柳溪（Willow Creek）坝。该坝坝高 52m，坝身长 543m，不设纵横缝，碾压混凝土的胶凝材料用量仅为 $66kg/m^3$，压实层厚 30cm，连续上升浇筑 33.1 万 m^3，碾压混凝土在不到 5 个月时间内完成施工，比常态混凝土坝工期缩短了 1.5 年，造价只有常态混凝土重力坝的 40%左右，充分显示了碾压混凝土坝快速施工和低造价的巨大优势。

然而，柳溪坝坝体内部采用的是水泥黏结砂砾石材料的干贫混凝土（very lean RCC），层缝面未采取处理措施，大坝上游面也未设置有效的防渗结构，故在层缝面附近形成了集中漏水通道，蓄水后发现渗漏量很大，于是将库内水深降至 10.6m 后作灌浆处理。此后，人们试图采用高胶凝材料来修筑碾压混凝土坝，以克服碾压混凝土重力坝层缝面渗漏的缺陷，从此 RCC 技术的发展就开始偏离了 Raphael 的原始思想，现今碾压混凝土主要用于修建对材料性能要求较高（例如抗拉、抗剪强度与抗渗性能好）的常规重力坝，碾压混凝土重力坝设计理念基本承袭了传统混凝土重力坝，大坝基本剖面多为直角三角形，设计方法和设计准则也无大的改变，只是施工技术提高了。

实际上，Raphael 的最优重力坝概念的基本思想是设计一种介于重力坝与堆石坝之间的坝型，使用一种特性介于混凝土和堆石体之间的筑坝材料，即碾压堆石工艺生产的水泥胶结堆石料（cement - enriched rockfill）。这种新材料的出现，应该有一种新的坝体形状与之相适应，以达到最优组合。最优坝的基本剖面是对称梯形，上游设置防渗面板（层），其筑坝材料是采用碾压堆石工艺生产的水泥胶结堆石料。国际大坝委员会前任主席、法国学者 P. Londe 在 1992 年给这种筑坝材料起了一个新名称——Hardfill（译为“硬填料”，以下称硬填料），而将这一新坝型称为 FSHD（Faced Symmetrical Hardfill Dam）。

硬填料是将胶凝材料和水添加到河床砂砾石和开挖料等容易在坝址附近获得的岩石材料中，然后用简易的设备进行拌和而得到的一种低强度筑坝材料，从某种意义上讲是一种放宽要求的干贫碾压混凝土，所以它具有与碾压混凝土类似的性质。从国外已有的材料试验来看，典型的硬填料是一种弹塑性材料，但由于硬填料坝的应力水平较低，处于硬填料的弹性范围内，所以硬填料坝一般是按弹性体设计的。

Londe的研究工作表明，该坝型技术优势明显。这种新坝型不仅造价低廉、施工便利，而且具有更高的安全性和更好的抗震性能。硬填料坝的基本剖面相比常规重力坝断面增大了近70%，因而坝体的应力大大降低，而且一般不会出现拉应力，因此低强度的硬填料可以满足建坝要求。当胶凝材料用量为70kg/m^3（其中水泥用量35kg/m^3）时，硬填料90d抗压强度可达5MPa以上，即可满足一座坝高100m的硬填料坝的要求。而且，硬填料坝上游坝面设专门的防渗设施，低坝可在上游做变态混凝土防渗护面，高坝一般设混凝土面板，其结构型式与混凝土面板堆石坝（CFRD）类似。由于有专门的防渗设施，坝体材料本身不承担防渗任务。试验表明，胶凝材料用量为70kg/m^3时，硬填料的绝热温升一般在5℃左右，而弹性模量也低于10GPa，温度应力比碾压混凝土要小得多。这样在硬填料坝的施工中可以做到通仓碾压、不设纵横缝、不采取任何温控措施、连续上升，发挥了碾压混凝土高效、快速施工的特点。

该技术自在法国提出后，立即受到坝工界关注，目前国外已有少数硬填料坝的工程实践。1993年Londe亲自担任技术顾问，在希腊Myconos岛建成了世界第一座硬填料坝——Marathia坝，坝高25m；1997年另一座高32m名为Ano Mera的硬填料坝也在希腊建成；2001年在多米尼加共和国建成28m高的Moncion坝。

土耳其在硬填料坝理论研究及工程应用方面进展较快，近些年开工兴建的有Cindere坝（坝高107m）、奥尤克坝（坝高100m），其中2002年开工兴建的Cindere坝坝高达到107m，是迄今为止世界范围内最高的硬填料坝。

与此同时，日本坝工界对硬填料坝技术表现出极大的热情。自20世纪90年代开始投入大量人力、物力、财力，研究和开发了具有其自身特点的硬填料坝技术，并冠之以一个新名称——CSG（Cemented Sand & Gravel）。这项技术的核心内容是在河谷砂石料、坝址开挖料等当地材料中加入适量水泥直接用于筑坝，并将坝身用1.5～2.0m的常态混凝土包裹起来，上游坝面的常态混凝土面层兼作防渗体，溢流坝面的常态混凝土面层兼作防冲护面，硬填料坝保留15～20m间距的坝体横缝。这项筑坝技术带来的显著效果是大幅度降低成本、高效快速施工、建成高安全性大坝，至今已有10余座硬填料坝（围堰）建成。

经对比分析，日本的硬填料坝实质和本项研究对象硬填料碾压坝的实质是一样的，均是使用河床砂卵石、低强度岩石或其他岩石类材料加水泥和水组成的混合体，可以大幅度缩小砂石料系统的规模，达到环保又节省工程投资的目的。

8.2.2 国内

总体说来，硬填料坝是国际上最近才出现的一种新坝型，国内坝工界对该坝型的了解和研究都相对较少，但我国有专家曾提出过类似理念。早在1995年，武汉大学方坤河等人发表了《推荐一种新坝型面板超贫碾压混凝土重力坝》的文章，接着唐新军等人展开了胶结堆石料的力学性能初步研究，并得出了一系列有益的结论。

近些年来，武汉大学何蕴龙教授在借鉴日本硬填料思想的同时，独立自主地进行了材料配合比试验和结构模型试验，并采用有限单元法对硬填料坝结构特性进行了广泛的数值模拟，成果相对较丰富。

此外，华北水利水电学院孙明权等人依托水利部重点科研基金（SZ9509），在大量试验的基础上，系统研究了超贫胶结材料（胶结材料含量 0～80kg/m^3）的物理、力学性能，提出了超贫胶结材料配合比设计的基本参数，给出了最佳水灰比及合理的粉煤灰超代系数，研究了不同胶结材料含量情况下超贫胶结材料的应力/应变关系、抗剪强度指标和相应的残余强度，为超贫胶结材料坝的设计提供了依据。虽然从名称上不一致，但从材料的实质上和硬填料是一致的。

在室内试验、模型试验及数值模拟研究进展的同时，近几年国内在硬填料实际工程应用方面也取得了可喜的成绩。国内硬填料坝实践始于 2004 年，贵州省水利水电勘测设计研究院和武汉大学水利水电学院合作，在贵州省松道塘水库上游过水围堰工程中采用硬填料坝方案，通过一系列室内和现场试验，获得了许多宝贵的试验数据，为我国硬填料坝的设计和施工积累了经验。中国水利水电科学研究院和福建省水利水电勘测设计研究院也于 2005 年合作在福建街面水电站下游围堰采用胶凝砂砾石坝（硬填料）方案，并对胶凝砂砾石材料特性进行了研究。随着国内研究和设计人员对该坝型了解的深入，硬填料围堰高度也逐步增加，如闽江局（现中国水利水电第十六工程局有限公司）承建的福建宁德洪口水电站上游围堰也采用了硬填料围堰，堰高 36.5m。

8.2.3 已建、在建工程

表 8.2-1 列出了目前国内外已建、在建的 21 座典型的硬填料碾压坝（围堰）的统计资料。其中，国外已在永久性水电（利）工程建筑物中进行了实际运用，国内截至 2011 年 7 月仅主要集中在围堰等临时工程的应用，可见我国硬填料筑坝技术还有待进一步发展。

表 8.2-1　　代表性硬填料碾压坝

编号	国家	工 程 名 称	用途	高度/m	完工年份
1	希腊	Marathia		28	1993
2	希腊	Ano Mera		32	1997
3	多米尼加	Moncion	反调节坝	28	2001
4	菲律宾	Can - Asujan		40	2009
5	法国	St Martin de Londress		25	2005
6	日本	Nagashima 长岛拦沙坝	上游围堰	33	1993
7	日本	Okukubi 亿首坝		39	1999
8	日本	本明川坝		64	
9	日本	Sanru 珊瑁坝		50	2012
10	日本	Haizuka	拦沙坝	14	2000
11	日本	Honmyogawa		62	2012
12	日本	水无川泥石流坝	翼坝	20	1996
13	日本	久妇须川坝	上游围堰	12	1995

续表

编号	国家	工程名称	用途	高度/m	完工年份
14	土耳其	奥尤克坝		100	
15	土耳其	Cindere		107	2005
16	菲律宾	Can-Asujan	拦河坝	40	2010
17	中国福建	洪口水电站	上游围堰	36.5	2006
18	中国福建	街面大坝	下游围堰	16.4	2005
19	中国贵州	松桃道塘水库	上游围堰	4	2004
20	中国云南	功果桥水库	上游围堰	50	2009

8.3 材料性能影响因素

国内外硬填料研究资料表明，影响硬填料性能的因素主要有：①胶凝材料用量；②水胶比；③砂率；④粉煤灰掺量；⑤骨料粒径及级配；⑥层面处理。

8.3.1 胶凝材料用量

在 20 世纪 90 年代末期，唐新军等对胶结堆石料的力学性能进行了初步探索，得出了胶凝材料用量对抗压强度的影响规律：①在不掺粉煤灰情况下，随水泥用量的增加，抗压强度有明显提高，龄期越长，强度越高；②在水泥用量一定时，胶结堆石料的抗压强度随粉煤灰掺量的增加而提高；③掺入粉煤灰后总胶凝材料用量较大的试件其强度较高；④在胶凝材料总量不变情况下，随粉煤灰掺量的增加（相应的水泥掺量减少）试件的抗压强度有所降低。

同时，唐新军还研究得出了不同的胶凝材料用量、不同粉煤灰掺量对抗拉强度、弹性模量的影响。对于抗拉强度：①抗拉强度随胶凝材料用量的增大而提高，随龄期增长而增加；②试件掺入粉煤灰后比不掺粉煤灰时的抗拉强度有所提高，特别是后期强度提高较明显；③粉煤灰掺量大的试件后期的抗拉强度较高。

对于弹性模量，不同胶凝材料掺量情况下所测得的静力抗压弹性模量表明：①胶结堆石料的弹性模量随胶凝材料用量的增加而提高，在胶凝材料总量不变情况下，随水泥用量增加而提高；②在限定水泥用量情况下，掺入粉煤灰可适当提高弹性模量；在胶凝材料总量一定时，增加粉煤灰（减少水泥）掺量可降低弹性模量；③在水泥用量为 30～70kg/m^3 情况下，60d 的弹性模量为 7～16GPa，估计 90d 的弹性模量还将略有提高，这比一般高胶凝材料用量的碾压混凝土的弹性模量要小。

彭成山在试验中采用 425 号水泥和 525 号水泥，分别取不同的水泥用量，研究了水泥用量对超贫胶结材料强度的影响，即超贫胶结材料的抗压强度随着水泥用量的增加而增大（变化规律和常规混凝土的力学性能是一致的），并且水泥用量在 50kg/m^3 以上时增长较为明显。

武汉大学李永新等对水泥用量和用水量对硬填料材料性能的影响进行了研究：分别对

水泥用量为 $40kg/m^3$、$60kg/m^3$、$80kg/m^3$ 的试件进行 28d 抗压强度分析和弹性极限强度分析，得出水泥用量是决定硬填料性能的主要因素之一的结论：水泥用量越多，硬填料的弹性模量越高。这也和常规混凝土的力学性能是一致的。

贵州省水利水电勘测设计研究院在道塘水库围堰工程的室内试验中，研究了不同水泥用量和粉煤灰掺量的胶凝砂砾石性能。研究结果表明：用水量相同时，胶凝砂砾石容重随着胶凝材料用量增加而提高。

以上试验结果均表明，胶凝材料的多少将直接影响硬填料的轴心抗压、抗拉强度、弹性模量、容重等各项力学参数性能，是决定硬填料强度的主要因素之一。在设计配合比时，胶凝材料用量过小，实际上起不到胶结作用，材料依旧为散粒体，其力学性能显然较胶结体差，满足不了结构要求；过大则不利于节约工程投资和坝体温控防裂。因此在开展配合比设计前，有必要先根据结构受力需要，提出材料性能控制设计指标如抗压强度和弹性模量等，然后通过不同胶凝材料用量下试件各项性能的测试，最终确定合理的胶凝材料用量。

在实际工程应用时，首先要根据坝型特点选定胶凝材料的用量范围。从目前国内外已建工程资料来看，硬填料的胶凝材料用量一般为 $50\sim120kg/m^3$。根据 Londe 等人的研究，当胶凝材料用量为 $70kg/m^3$（其中水泥用量 $35kg/m^3$）时，硬填料 90d 抗压强度可达 5MPa 以上，即可满足修建一座坝高 100m 的硬填料坝的要求。可见，实际运用时，硬填料的胶凝材料用量可根据坝高、骨料特性及结构要求，以 $70kg/m^3$ 为基础在 $50\sim120kg/m^3$ 范围内上下浮动，通过试验和计算最终确定合适的胶凝材料用量。

8.3.2 用水量和水胶比

水胶比是混凝土配合比设计的关键参数。一般而言，水胶比越大，混凝土的强度和耐久性就越低，因此，在进行普通混凝土配合比设计时，提出了“最大水胶比限制理论”，以保证混凝土的强度、耐久性和施工性都能满足工程要求。不少硬填料试验均表明，和普通混凝土相似，水胶比仍然是影响硬填料强度和弹性模量的主要因素。

唐新军对水泥 $50kg/m^3$、粉煤灰 $50kg/m^3$ 配比情况下，采用不同用水量进行拌和制成试件，测得硬填料用水量与干容重、抗压强度的关系。

李建成在胶凝材料用量、砂率相同情况下，按不同用水量进行拌和，测得用水量与硬填料抗压强度的关系，即在水泥含量一定的情况下，硬填料的抗压强度、容重等力学指标首先随着用水量的增加而增大，之后又减小，即存在一个“最优用水量”，使材料的抗压强度、容重等力学指标达到最大值。

考虑到用水量是与胶凝材料含量相关的，在实际工程中通常用水胶比这一相对值概念来代替用水量这一绝对值概念，该比值也是混凝土配合比设计的关键参数。一般情况下对于混凝土而言，混凝土的强度和耐久性随水胶比增加而降低，但从以上关于用水量的试验结果就可以看出，硬填料却并不符合这个规律。李建成试验中硬填料抗压强度与水胶比的关系如图 8.3-1 所示。

邢振贤试验得出水胶比对硬填料材料弹性模量与抗压强度的影响，试验结果见表 8.3-1；彭成山的试验结果如图 8.3-2 所示。从图表可知，在进行硬填料的配合比设计时，存

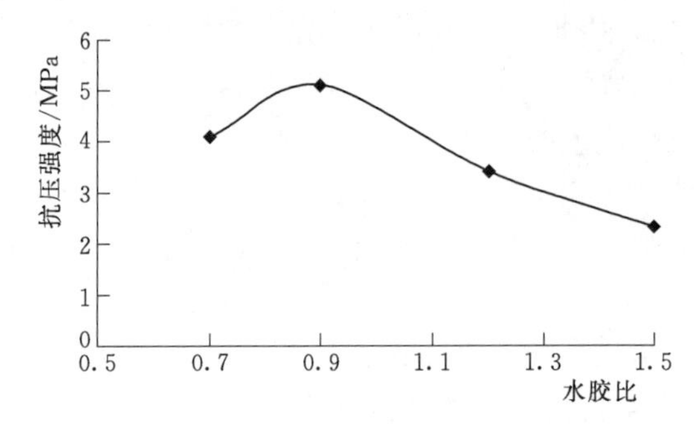

图 8.3-1　硬填料水胶比与抗压强度的关系

在“最佳水胶比”，同时对于不同水泥用量，“最佳水胶比”也不同，水泥用量越大，“最佳水胶比”越小；综合现已有文献各试验结果来看，“最佳水胶比”为 0.6～1.2。

武汉大学水利水电学院的李永新等研究了用水量对硬填料性能的影响：分别对水泥用量为 40kg/m³、60kg/m³、80kg/m³ 的试件进行 28d 压缩强度分析和弹性极限分析，得出只有选用最优用水量才能使硬填料达到最高强度，且不同水泥用量的硬填料材料，最优用水量不同。低于最优用水量的硬填料材料，虽然水胶比减小，但因碾压材料存在很多空隙，弹性模量仍然较低，因此水胶比定在低于最优用水量阶段已不适用。

表 8.3-1　　水胶比对硬填料强度和弹性模量的影响

编号	水胶比	材料用量/(kg/m³)			抗压强度/MPa	弹性模量/GPa
		水泥	水	原状砂砾料		
1	0.2	80	16	2014	1.60	0.672
2	0.4		32	2088	1.65	0.734
3	0.6		48	2072	1.92	0.974
4	0.8		64	2056	2.19	1.193
5	1.0		80	2040	2.40	1.220
6	1.2		96	2024	2.20	1.200
7	1.4		112	2008	1.82	0.934

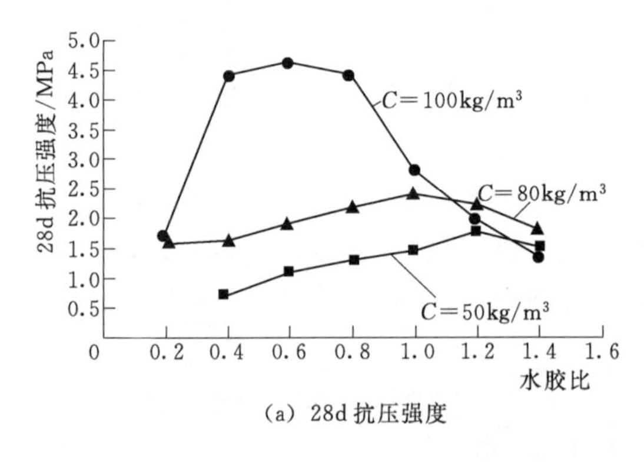

(a) 28d 抗压强度

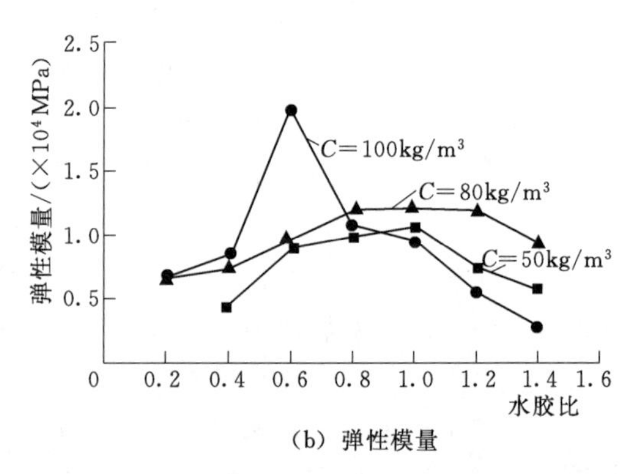

(b) 弹性模量

图 8.3-2　不同水泥用量下水胶比对硬填料性能的影响

贵州省水利水电勘测设计研究院在道塘水库围堰工程的室内试验中，研究了相同和不同胶凝材料用量及用水量对胶凝砂砾石容重的影响因素。研究结果表明：用水量相同时，胶凝砂砾石容重随着胶凝材料用量增加而提高；胶凝材料用量一定时，容重先是随用水量增加而增大，当用水量超过最优值后，压实容重呈下降趋势或有所减少。

以上现象从化学反应角度来看更易理解。一般情况下，在水胶比和砂率一定时，强度值随胶凝材料总量的增加而先增大后减小，是因为水胶比一定时，胶凝材料总量决定了硬填料中水的总量，从而影响参与胶凝材料水化反应的水的多少，如果较少，水泥将不能完全水化。反之，在硬填料中存在过量的水，将影响硬填料的强度值。只有选用最优用水量才能使硬填料达到最高强度。

从前述室内和现场试验结果可知，和普通混凝土不同的是，随着水胶比的增大，硬填料的强度和弹性模量也增大，但是当水胶比增大到一定程度后，水胶比再增大，硬填料的强度和弹性模量反而都开始下降。也就是说，随着水胶比的增加，硬填料的强度和弹性模量由低到高，再由高到低，中间出现了明显的“峰值”。因此，要想使硬填料强度取得最大值，对应的水胶比就有一个“最佳值”。这意味着，在进行硬填料配合比设计时，不是寻找“最大水胶比”，而是寻求“最佳水胶比”。从目前室内试验及已建工程资料来看，硬填料“最佳水胶比”范围可在 0.6～1.2 选择，可以 0.7～1.0 为中心值来变动。通过给定胶凝材料情况下试件各项性能测试来寻找对应的“最佳水胶比”。

在实际工程应用中，天然砂砾料含水率较高，硬填料实际工程中可只加少量的水并取消缓凝减水剂。碾压混凝土多采用富胶凝材料配比，高掺粉煤灰和双掺减水和引气型外加剂，而硬填料胶凝材料用量为 60～100kg/m³，其中水泥用量仅为 40kg/m³ 左右，由于粉煤灰不像水泥熟料具有迅速水化的性能，水泥—粉煤灰浆体与稠度相同的水泥浆比较，凝聚结构维持时间较长，相应浆体初凝时间较长，一般情况下硬填料的仓面间隔时间短，母材含水量波动大，无足够的加入水使外加剂匀化，层间要求又相对较低，所以在硬填料中可不掺入外加剂，这在街面水电站的工程实践中得到了证实。在该工程的现场配合比试验中，设计推荐单位用水量 80kg/m³、水泥 40kg/m³、粉煤灰 40kg/m³、砂砾料 2220kg/m³，但实际施工时，由于采用河床开挖的天然砂砾料，含水率高达 5%～8%，拌和时仅加少量的水或不加水，并取消了现场试验中采用的 BD.5 缓凝减水剂，最后施工配合比为水泥 45kg/m³、粉煤灰 45kg/m³、砂砾料 2280kg/m³，强度不变。

8.3.3 砂率

经验表明，混凝土合理的砂率能使其拌和物获得最大的流动度、且能保持良好黏聚性及保水性。对碾压混凝土而言，还表现在施工的可碾性上，砂率过大，灰浆不足，拌和物干涩，因而 *Vc* 值大，混凝土难以碾压密实，相应强度低，耐久性差；砂率过小，砂浆不足以填充粗骨料空隙，更不能包裹粗骨料，其拌和物 *Vc* 值也大，可碾性差，混凝土密实度低，强度和耐久性降低。因此，在确定混凝土配合比时，需选择合理的砂率。砂率的大小，将会影响混凝土的密实性和水泥用量的大小，进而影响混凝土的强度、耐久性和成本。它是由混凝土所组成的原材料特性并包括粗骨料粒径级配、细骨料级配与细度模数、石粉含量等综合因素所决定，是在混凝土拌和物具有良好的和易性（可碾性）并达到施工所要求的坍落度（*Vc* 值）时的砂率，需试拌确定。对于硬填料而言，考虑到其也是通过胶凝材料包裹骨料后进行碾压，其机理与混凝土形成机理差别不大，因此硬填料砂率选择可参考混凝土。

然而，利用河床原状砂砾料等作骨料，是固结砂砾料混凝土的主要特点。原状砂砾料天然成层分布，往往含砂率变幅较大，为了寻找固结砂砾料混凝土的合理砂率，邢振贤试验了砂率从0～100%变化时，固结砂砾料混凝土的强度和弹性模量变化情况，结果见表8.3-2。

表8.3-2　　砂率对硬填料强度和弹性模量的影响

编号	砂率/%	材料用量/(kg/m³)				抗压强度/MPa	弹性模量/GPa
		水泥	水	砂	粗骨料		
1	0	80	80	0	2140	2.45	0.220
2	20			428	1712	6.10	2.404
3	40			856	1248	2.86	0.884
4	60			1284	856	1.84	0.598
5	80			1712	428	1.39	0.413
6	100			2140	0	0.74	—

从表8.3-2试验结果看，砂率为20%时，固结砂砾料混凝土的抗压强度和弹性模量最大，就是说，本试验固结砂砾料混凝土的“合理砂率”为20%。

洪口电站上游围堰硬填料渗透试验还表明，砂砾料最大堆石压实密度2126～2230 kg/m³，渗透系数2.49e^{-3}～1.22e^{-2}，对于水泥用量35kg/m³、粉煤灰35kg/m³、平均砂率约为30%的天然砂砾料，硬填料容重2350kg/m³，28d渗透系数2.18e^{-5}；砂率20%时，硬填料容重2410kg/m³，渗透系数4.66e^{-6}；砂率40%时，硬填料容重2250kg/m³，渗透系数8.95e^{-5}。说明优选砂率可使硬填料的渗透系数降低一个数量级。

综合国内外已有研究数据可知，砂率为20%～30%时，硬填料的抗压强度和弹性模量最高，渗透系数较低，就是说，硬填料“合理砂率”范围为20%～30%。因此，实际工程中由于天然砂砾石中砂率变化较大，因地制宜地筛选较优的砂率，对提高硬填料的强度有利。

然而，普通混凝土的“合理砂率”为30%～40%，比硬填料的“合理砂率”大。原因是硬填料水泥用量少，属于贫混凝土，水泥浆量少，如果砂率增大，骨料中细颗粒增多，骨料的总表面积就增大，硬填料的水泥浆量本来就少，因此骨料表面上和骨料间的水泥浆层就会变薄，胶结力降低，从而使硬填料的强度和弹性模量变小。所以在进行硬填料施工时，尽量选取砂率接近20%的河床原状砂砾料，或通过配料使砂砾料的砂率接近20%，以便在不增加水泥用量的条件下，就能得到较高强度的硬填料。

研究还表明：将白沙大坝硬填料胶凝材料固定在100kg/m³，其中水泥用量50kg/m³、粉煤灰用量50kg/m³，砂率为24%，其28d、90d、180d的抗压强度，分别高于同龄期水泥用量60kg/m³、粉煤灰用量40kg/m³、砂率为27%的硬填料抗压强度20%、13%、6%。水泥用量虽减少，但由于砂率的变化，抗压强度反而有所增加，这种现象在工程实践中是有实际意义的。即在胶凝材料一定的情况下，可以通过选择合适的砂率来优化水泥和粉煤灰的比值从而达到减少水泥和工程投资的目的。

以上分析表明，在硬填料制备过程中，砂率的大小和胶凝材料、水胶比对其力学及防渗性能也有较大的影响，即在其配合比设计中存在“合理砂率”使材料的性能最优，因此在实际工程或科学研究中，为了寻找硬填料的合理砂率，有必要通过改变砂率来测试试件的各项性能并根据试验结果进一步优选砂率。同时，在实际工程中，由于硬填料有时直接利用河床原状砂砾料作骨料，原状砂砾料天然成层分布，往往含砂率变幅较大，此时就需因地制宜地筛选较优的砂率或“合理砂率”的范围。

8.3.4 粉煤灰掺量

粉煤灰具有形态、活性及微集料三种效应，特别是粉煤灰是球形玻璃体，质地致密，表面光滑，粒度细，能起形态效应，降低胶凝材料需水量比，改善浆体的凝结时间，以活性二氧化硅，三氧化二铝为主要成分的玻璃相细粒，在二次水化作用下，能生成 C-S-H 凝胶，对硬化浆体起增强作用，特别是在后期更为显著。少部分起微集料填充作用，使混凝土的毛细孔隙减少，水泥石结构更致密。

唐新军等对胶结堆石料的力学性能进行了初步探索，得出了粉煤灰掺量对其抗压强度的影响：①在水泥用量一定时，胶结堆石料的抗压强度随粉煤灰掺量的增加而提高；②掺入粉煤灰后总胶凝材料用量较大的试件其强度较高；③在胶凝材料总量不变情况下，随粉煤灰掺量的增加（相应的水泥掺量减少）试件的抗压强度有所降低。

对掺入不同胶凝材料情况下的试验进行了劈裂抗拉强度测试。结果表明：①抗拉强度随胶凝材料掺量的增大而提高，随龄期而增加；②试件掺入粉煤灰后比不掺粉煤灰时的抗拉强度有所提高，特别是后期强度提高较明显；③粉煤灰掺量大的试件后期的抗拉强度较高。

在不同胶凝材料用量情况下所测得的静力抗压弹性模量可得出如下结论：①胶结堆石料的弹性模量随胶凝材料用量的增加而提高，在胶凝材料总量不变时，随水泥用量增加而提高；②在限定水泥用量情况下，掺入粉煤灰可适当提高弹性模量，在胶凝材料总量一定时增加粉煤灰（减少水泥）掺量可降低弹性模量。

贵州省水利水电勘测设计研究院在道塘水库围堰工程的室内试验中，研究了水泥用量、掺粉煤灰的胶凝砂砾石性能。研究结果表明：相同胶凝材料用量下，掺粉煤灰可减少 Vc 值，但容重和抗压强度也相应减少。

日本在固结砂砾料混凝土施工时，都没有使用粉煤灰，而中国的坝工混凝土几乎都掺用了粉煤灰。为了在硬填料中推广粉煤灰，邢振贤进一步研究了固结砂砾料混凝土中掺用粉煤灰后的力学性能。

研究前期用“等量取代法”，也就是在砂砾料混凝土中由粉煤灰取代等重量的水泥。试验发现掺入粉煤灰后使固结砂砾料混凝土的强度（特别是早期强度）降低很多。后来改用“超量取代法”，也就是在混凝土掺入的粉煤灰数量大于所取代水泥的数量，其中一部分粉煤灰代替等重量的水泥，超量部分的粉煤灰代替砂子。后者所获得的强度增长效应可以补偿粉煤灰取代水泥所降低的早期强度，从而保持粉煤灰掺入前后混凝土的早期强度基本等效，而后期强度有所提高。

还有一种粉煤灰掺入方法，叫“粉煤灰代砂法”，即固结砂砾料混凝土中水泥用量保持不变，掺入粉煤灰代替砂子。试验结果表明，用粉煤灰代替 50%砂子后，固结砂砾料混凝土 90d 龄期强度基本上没有改变；代替 30%砂子后，固结砂砾料混凝土 90d 龄期强度有所提高。

总体而言，掺入一定比例的粉煤灰有利于改善固结堆石料的施工性能和硬化后的力学性能，并可节省部分水泥。建议用“超量取代法”或“粉煤灰代砂法”，但具体超量到哪个量级，尚未进行定量研究。

8.3.5 骨料粒径及级配

骨料占硬填料质量和体积的大部分，是硬填料的主要组成部分，其对硬填料性能也有一定影响。唐新军等（1997）采用不同级配的天然砂砾料进行了试验，结果表明，骨料级配对硬填料抗压强度与弹性模量有显著影响。根据试验结果，只有粗骨料对硬填料较不利，一般情况下硬填料可不进行级配调整，所用材料的级配可以在粗、细级配的波动范围内加以考虑，通常只需要严格控制一定粒径范围粗骨料的含量。

唐新军还对两种不同级配料在不剔除大粒径骨料情况下，采用30cm×20cm试件进行渗透系数测试。所测得的渗透系数反映出胶结堆石料的透水性较一般碾压混凝土大，这与胶凝材料用量低、细骨料中空隙率较大有关，同时也反映出骨料级配特性对胶结堆石料的透水性有较大影响。

8.3.6 层面处理

施工工艺也是影响硬填料性能的一个重要因素，特别是对层面性能的影响。不同的施工工艺、不同的层面处理方式使层面的抗剪性能各不相同。

Y. Hattori和I. Nagayama对层面打毛且铺水泥浆、层面清扫且铺水泥浆、只铺水泥浆和层面不处理四种层面处理的施工方式下硬填料材料的抗剪断强度进行了对比。结果表明，在四种层面处理方式中，层面处理比不处理的抗剪断强度提高幅度可达200%～310%，一般碾压混凝土为149%～251%。硬填料层面抗剪断提高幅度较大可能是因为硬填料相对碾压混凝土力学性能更弱，文献认为在实际中综合考虑到施工的经济便捷，一般可只作铺水泥浆处理。

8.4 工程应用

8.4.1 工程概况

贵州沙沱水电站是乌江干流开发方案中的第9级，电站装机容量1120MW（4×280MW）。

该工程采取分期导流。由于河谷开阔，枯期河水位时河心出露一连续的脊状礁滩，可利用脊状礁滩布置纵向混凝土围堰。2007年10月24日进行右岸一期截流，2009年4月17日实现左岸二期截流。贵阳院于2009年3月完成了硬填料筑堰的必要性和可行性研究论证工作，并通过与业主单位及承包商沟通，最终成功应用于左岸下游围堰。

沙沱水电站下游硬填料围堰的成功应用，不仅节省了工程投资并加快了施工进度，为其他工程进行硬填料筑坝设计拓展范例，同时经过对该工程大量监测数据的整理和分析，为推动我国硬填料筑坝技术的发展奠定了基础。

8.4.2 硬填料筑堰的可行性

为研究沙沱水电站围堰采用新型硬填料碾压坝的可行性，贵阳院早在 2006 年就结合右岸一期截流围堰开展了有关研究工作。通过广泛调研，收集了国内外已建、在建或拟建新型硬填料碾压筑坝工程的相关资料，并对坝体结构布置、填筑材料、地基处理、施工工艺以及监测等关键技术进行了系统分析与总结。在此基础上贵阳院工科院进行了 22 组材料配合比初步试验，并与武汉大学、中国科学院力学研究所等高校院所就此技术研究及运用建立了密切的合作关系。已完成的试验结果及对应的结构计算分析均表明，在仅考虑结构应力和稳定因素时，建设 100m 以下坝高的硬填料坝在合适的配合比下是完全可以实现的。根据沙沱水电站 2007 年开挖揭露的地质情况来看，下游围堰建基面为红花园组（O_1h）厚层块状灰岩，透水性不大，承载力为 4～6MPa，满足 60m 级以下硬填料坝建基面强度要求。该工程下游围堰高度为 14m，地基承载力完全可以满足要求。

综合新型硬填料碾压坝已有研究成果和国内硬填料围堰的成功先例，沙沱水电站下游围堰采用新型硬填料碾压坝技术上是可行的，不存在制约工程具体实施的重大技术问题。

8.4.3 下游硬填料围堰设计

1. 结构布置及细部设计

新型硬填料下游围堰按原下游围堰挡水标准（枯期 10 年一遇，$Q=4820m^3/s$）进行设计，下游围堰顶部高程为 301.0m，堰顶部宽度取 10m。体型拟定及结构复核结果表明，沙沱水电站下游硬填料围堰堰体结构强度、稳定及上游面拉应力都能满足规范要求。

2. 防渗结构

新型硬填料碾压坝的结构型式一般主要由防渗面板和堆石体组成，即布置了能适应变形并起防渗作用的混凝土面板和能起支撑稳定作用的堆石体。然而，若采用钢筋混凝土面板，施工相对复杂，工期会在一定程度上受到影响。考虑到碾压混凝土坝中变态混凝土可以起到坝体防渗作用，为了加快施工进度并满足坝体防渗要求，结合施工立模需要，在上下游表层 2m 范围内布置变态混凝土，和硬填料同步碾压。

3. 材料分区

为了进一步研究硬填料筑坝施工工艺及其物理力学性能，对堰体材料进行了分区，其中天然大粒径硬填料碾压部位共分为三个区：高程 296.00～296.60m 为 80kg/m³ 胶凝材料硬填料，高程 296.60～299.20m 为 60kg/m³ 胶凝材料硬填料，高程 299.20～300.00m 为 50kg/m³ 胶凝材料硬填料，粉煤灰掺量均为 50%。同时为了分析粒径和级配对硬填料影响，课题组兼顾安全的同时还特意在高程 293.00～296.00m 布置了人工小粒径硬填料，整个堰体上下游用 2m 厚的 C15 变态混凝土包裹，以起到防渗的作用。

4. 配合比设计

结合硬填料的特点对原材料、配合比等各项参数的选择及之间的关系进行了较深入的研究，共开展了 22 种配合比的强度及相关性能研究，重点对水胶比、砂率、胶凝材料用量进行了敏感性分析。分析结果表明，在水胶比、砂率和胶凝材料总量三种因素中，当胶凝材料总量变化时，硬填料试件的强度值变化最大，其次为砂率，水胶比在 0.7 左右微小浮动时，强度值基本接近。

22种配合比强度及相关性能比较结果表明，最优配合比的水胶比为0.70，用水量70kg/m^3，粉煤灰掺量60%，胶凝材料100kg/m^3，外掺砂率5%~10%。采用该配合比，力学参数基本上比前述结构计算中所选用参数值还高。

硬填料最优配合比见表8.4-1。

表8.4-1　　下游硬填料围堰最优配合比

水胶比	用水量/(kg/m^3)	砂率/%	粉煤灰掺量/%	胶凝材料用量/(kg/m^3)	水泥/(kg/m^3)	粉煤灰/(kg/m^3)	砂子/(kg/m^3)	石子/(kg/m^3)
0.70	70	10	60	100	40	60	226.6	2039

5. 材料性能设计指标

经过分析研究和对类似工程的调研，最终确定沙沱水电站下游硬填料围堰的主要设计指标如下：

（1）工作度Vc值宜控制在2～10s。

（2）最小压实容重不低于2200kg/m^3。

（3）硬填料/岩体：$f'=0.7\sim0.8$，$c'=0.4\sim0.5$MPa；硬填料层间：$f'=1.1$，$c'=0.35$MPa。

（4）28d抗压强度不低于4MPa，28d抗拉强度不低于0.35MPa。

（5）硬填料弹性模量10GPa。

（6）硬填料中胶凝材料用量少，绝热温升相对碾压混凝土降低较多，水泥含量40～60kg/m^{3}时绝热温升一般为5～10℃。

6. 温控防裂措施

硬填料坝是一种新坝型，其温度场具有自己的特点，在施工和研究工作中，不能盲目地照搬碾压混凝土重力坝温度场的规律和经验。已有分析成果表明，硬填料坝的温度场跟碾压混凝土坝的温度场相差比较大，主要体现在4个方面：

（1）相同的外界条件下，硬填料坝达到的最高温度比碾压混凝土坝低很多，坝内的温度分布比较均匀，坝体达到的最高温度与最低温度之差相对较小。在坝体达到的最高温度上，硬填料远远低于碾压混凝土（最高温度相差近10℃），究其原因，主要是因为材料组成的不同引起的，硬填料由于胶凝材料用量较小，在这方面占有比较大的优势。

（2）硬填料坝采用上下游对称的梯形断面，由于几何上的对称性，温度场呈现出较为明显的对称特性。

（3）从施工上来说，硬填料坝水化热较小，仅需对浇筑面做一定的处理，施工的速度大大加快，可以满足快速施工的要求。从施工时间上来看，硬填料坝由于水泥含量很小，水化热远远小于碾压混凝土坝。因此，在浇筑过程中，不需要像碾压混凝土坝那样需要间歇。它的施工是非常快的，一天可以浇筑1m。

（4）对比坝段宽度30m和60m的硬填料坝，随着坝段宽度的加大，其坝体的温度略有上升，但是上升的幅度不是很大，这样看来，可以将硬填料坝的坝段宽度加大，甚至可以考虑不设置横缝。

以上特点是与硬填料坝坝体剖面宽大、应力低和胶凝材料少的特征相联系的。参考类似工程后，取消通水冷却等相关温控防裂措施，但考虑到本工程完全在高温季节施工，为工程安全计设置了横缝，缝距为40m（重力坝的2倍），同时要求现场加强养护。

8.4.4 现场材料试验研究

考虑到沙沱水电站下游硬填料围堰实施条件和课题组研究的需要，在具体实施之前又进行了现场材料及配合比试验，由此获得了硬填料抗压强度、抗渗等级和弹性模量等重要力学指标。

1. 原材料选用

水泥采用重庆秀山武陵三磊水泥有限公司生产的P.O 42.5水泥。粉煤灰采用遵义鸭溪火电厂生产的Ⅱ级粉煤灰。粗骨料为沙沱水电站砂石系统生产的碎石三档料。

人工小粒径硬填料的细骨料采用沙沱水电站砂石系统生产的人工砂，由于硬填料使用的石渣含砂量几乎为零，所以外掺人工砂。细度模数为2.76，石粉含量为15.7%。

根据施工期间气温较高，硬填料施工处于试验阶段，施工较慢的情况，为延长其初凝时间，选用南京瑞迪高新技术公司生产的HLC-NAF缓凝高效减水剂。

2. 石渣

硬填料用石渣来自沙沱水电站左岸预留岩埂下游左侧爆破石渣，最大粒径不大于650mm。

由于粒径过大，难以检测表观密度、饱和面干密度和吸水率等，根据粗骨料检测结果，石渣饱和面干密度采用2.71g/cm³，石渣颗粒级配见表8.4-2。

表8.4-2 石渣颗粒级配

骨料粒径/mm	>300	200	140	100	80	63	40	20	10	5	<5
分计筛余/%	5.1	39.4	5.6	17.8	6.1	7.2	7.2	6.6	2.9	1.1	1.2
累计筛余/%	5.1	44.5	50.1	67.8	73.9	81.1	88.3	94.9	97.7	98.8	100

检测结果表明，石渣中细颗粒较少，200～300mm粒径骨料含量较高，根据研究成果，为了满足推荐硬填料级配范围，需增加25%～30%人工砂。

3. 配合比试验

根据最优配合比并参考洪口水电站上游围堰硬填料配合比，考虑到沙沱水电站下游围堰高度不大（14m），堰体抗压强度水平可以适当降低，同时为了减少工程投资，降低温控难度，分别对胶凝材料总量（水泥、粉煤灰各占50%）80kg/m³、60kg/m³、50kg/m³进行现场施工试验，相应配合比见表8.4-3。

沙沱水电站下游过水围堰总长132.5m，顶宽10m，高程为287.00～301.00m。下游围堰左端头连接尾水9号路末端，右端头连接纵向围堰。高程287.00～293.00m为水下混凝土（C20二级配、C15三级配），高程293.00～296.00m为C15三级配人工小粒径硬填料，高程296.00～301.00m为硬填料（上下游面2m厚、顶部50cm厚C15三级配变态混凝土）。上下游面坡比均为1∶0.6，围堰设置两道横缝（下游围堰横0+044和下游围堰横0+088），并布置橡胶止水带。

表 8.4-3 人工小粒径硬填料及硬填料配合比

编号	名称	砂率	单位材料用量/(kg/m³)								减水剂掺量/%	容重/(kg/m³)
			水泥	粉煤灰	人工砂	小石	中石	大石	石渣	水		
1	人工小粒径硬填料	35	40	40	791	574	461	464	—	80	0.5	2486
2	天然大粒径硬填料	25	40	40	580	—	—	—	1778	75	0.5	2513
3	天然大粒径硬填料	27	30	30	635	—	—	—	1756	70	0.5	2521
4	天然大粒径硬填料	27	25	25	638	—	—	—	1763	70	0.5	2521

注 1. 1号人工小粒径硬填料浇筑高程293～296m，浇筑方量3483m³。
2. 2号天然大粒径硬填料（胶凝材总量80kg/m³），浇筑高程296.0～296.6m，浇筑方量440m³。
3. 3号天然大粒径硬填料（胶凝材总量60kg/m³），浇筑高程296.6～299.2m，浇筑方量1529m³。
4. 4号天然大粒径硬填料（胶凝材总量50kg/m³），浇筑高程299.2～300.0m，浇筑方量312m³。
5. 采用重庆秀山武陵三磊水泥有限公司生产的P.O 42.5水泥，遵义鸭溪火电厂生产的Ⅱ级粉煤灰。
6. 由于石渣粒径较大，室内难以进行配合比试验，用水量为估计用量，现场以Vc值控制为准。

沙沱水电站下游左岸硬填料围堰于2009年5月开展了结构及监测仪器布置设计、室内试验、现场工艺试验、监测资料分析及数值模拟等工作，并于2009年7月20日完成了最后一仓硬填料的浇筑。

根据硬填料施工工艺及工艺试验要求，下游硬填料围堰的施工过程主要分为：戗堤堆筑、水下混凝土浇筑、人工小粒径硬填料浇筑、硬填料浇筑、变态混凝土及堰顶贫胶凝碾压混凝土浇筑。施工过程中，在堰体内部共布置18支温度计、4支无应力计、2支单向应变计、3支渗压计和2支测缝计。监测数据成果表明，下游硬填料围堰一直处于良好的运行状态中。

施工设备：模板采用大坝的悬臂翻升钢模板，运输采用15t自卸车，拌和采用反铲CAT365B，仓面摊铺平仓采用PC200或D85推土机，碾压采用26t钢轮振动碾。

施工顺序：石渣的开挖→超粒径骨料剔除→拌和量及各材料添加量计算→拌和楼拌制砂浆→添加砂浆、水→现场拌和硬填料→成品运输→摊铺、碾压。

其中，石渣的选调由试验人员现场确定，选调的原则按硬填料推荐级配作为参考依据。

采用反铲剔除开挖石渣中超径（机手肉眼判断）的石块，计量10m³硬填料所用石渣体积。将拌和楼拌制的砂浆（10m³硬填料所含砂浆）运输至现场添加，然后使用挖掘机拌制硬填料，根据石渣干湿及天气情况进行现场调整加水量以使硬填料Vc值满足要求。

采用26T钢轮振动碾进行碾压施工，碾压层厚按50cm、60cm、70cm、80cm四种情况进行试验控制。各层厚的碾压遍数需要根据现场压实度检测结果来进行调整。振动碾压行车速度1.5～3km/h。碾压按压实度作为控制指标，压实度要求不小于90%，由现场试验人员现场确定。整个仓面浇筑采用垂直水流方向平层碾压。

（1）高程287.00～293.00m水下混凝土浇筑。上下游侧截流戗堤堆筑完成之后，便可进行戗堤之间的水下混凝土浇筑施工，浇筑之前先采用水泵进行抽水，当水位下降到满足水下混凝土浇筑要求的高程时，便可采用堆占法进行混凝土浇筑。根据结构要求，水下混凝土分为C20三级配和C15三级配两种等级，其中C20混凝土属于垫层，C15混凝土为主体。

(2) 高程 293.00～296.00m 人工小粒径硬填料浇筑。水下混凝土浇筑完成之后，进入围堰主体工程的施工，其中首先进行的是高程 293.00～296.00m 人工小粒径硬填料的浇筑，根据设计配合比要求，水泥、粉煤灰用量各 40kg/m^3，骨料最大粒径为 8cm。

(3) 高程 296.00～300.00m 硬填料浇筑。为了获取更多有关硬填料试验数据，下游围堰按高程共分为以下 6 个材料分区：

1) 高程 296.00～296.60m 硬填料浇筑区，水泥、粉煤灰各占 40kg/m^3，骨料最大粒径 40cm，碾压层厚 60cm。

2) 高程 296.60～297.10m 硬填料浇筑区，水泥、粉煤灰各占 30kg/m^3，骨料最大粒径 40cm，碾压层厚 50cm。

3) 高程 297.10～297.70m 硬填料浇筑区，水泥、粉煤灰各占 30kg/m^3，骨料最大粒径 40cm，碾压层厚 60cm。

4) 高程 297.70～298.40m 硬填料浇筑区，水泥、粉煤灰各占 30kg/m^3，骨料最大粒径 65cm，碾压层厚 70cm。

5) 高程 298.40～299.20m 硬填料浇筑区，水泥、粉煤灰各占 30kg/m^3，骨料最大粒径 65cm，碾压层厚 80cm。

6) 高程 299.20～300.00m 硬填料浇筑区，水泥、粉煤灰各占 25kg/m^3，骨料最大粒径 65cm，碾压层厚 80cm。

从围堰的施工过程可以清楚地看到其施工特点为：①骨料就地取材：骨料来自下游左岸预留岩埂开挖爆破料，无需另外加工。②骨料粒径大：最大骨料粒径达 65cm。③胶凝材料用量少：最少为 50kg/m^3，最多为 80kg/m^3，其中粉煤灰含量均为 50%。④施工简易快速：硬填料在施工及开挖工作面附近可利用挖掘机进行现场拌制。⑤温控难度小：由于硬填料的水泥含量较少，其绝热温升一般为 5～10℃，硬填料围堰的施工中取消了冷却水管的布置。

(4) 高程 300.00～301.00m 堰顶人工小粒径硬填料浇筑。为了加强硬填料围堰的抗渗能力和堰顶过流能力，除了在围堰上下游面布置了 2m 厚的 C15 三级配变态混凝土，还在堰顶布置了一层 1m 厚的 C15 三级配人工小粒径硬填料，高程 300.00～301.00m 堰顶人工小粒径硬填料施工完成后的面貌如图 8.4-1 所示。硬填料围堰竣工面貌如图 8.4-2 所示。

图 8.4-1 高程 300.00～301.00m 人工小粒径硬填料浇筑完毕后面貌

图 8.4-2 沙沱水电站左岸下游硬填料围堰竣工面貌

8.4.5 现场检测和取芯试验结果分析

1. *Vc* 值及温度检测

Vc 值及温度检测结果见表 8.4-4。从表 8.4-4 可以看出，硬填料的 *Vc* 值可以满足设计指标要求（2～10s），且普遍小于人工小粒径硬填料的 *Vc* 值，表面泛浆情况相对较好，且随着胶凝材料的逐步减少，其 *Vc* 值逐渐增大。从混凝土温度情况来看，人工小粒径硬填料与硬填料的温度均略大于气温，说明其水化热温升相对较少。因此从温度控制的角度来讲，采用硬填料筑坝可以大幅度减少温控费用，降低施工难度。

表 8.4-4 *Vc* 值及温度检测

编号	检测项目 \ 统计项目	组数	平均值	最大值	最小值
1 号人工小粒径硬填料（胶材 80kg/m^3）	*Vc* 值/s	9	5.5	8.4	3.5
	混凝土温度/℃	12	25.9	28.0	25.0
	气温/℃	12	26.1	28.0	25.0
2 号天然大粒径硬填料（胶材 80kg/m^3）	*Vc* 值/s	4	2.4	5.0	1.2
	混凝土温度/℃	6	30.3	31.0	29.0
	气温/℃	6	31.8	34.5	28.0
3 号天然大粒径硬填料（胶材 60kg/m^3）	*Vc* 值/s	10	2.7	6.5	1.0
	混凝土温度/℃	15	29.8	31.0	28.0
	气温/℃	15	30.1	34.0	28.0
4 号天然大粒径硬填料（胶材 50kg/m^3）	*Vc* 值/s	4	3.5	5.6	1.8
	混凝土温度/℃	6	31.0	32.0	30.0
	气温/℃	6	27.8	29.0	28.0

2. 压实厚度及压实容重检测

硬填料压实厚度检测结果见表 8.4-5。通过该表可以看出，采用无振 2 遍＋有振 8 遍的碾压方式，硬填料可压实 3cm；采用无振 2 遍＋有振 7 遍的碾压方式，硬填料可压实 2.4cm；采用无振 2 遍＋有振 6 遍的碾压方式，硬填料可压实 2cm。

表 8.4-5　　硬填料压实厚度检测

浇筑层	测点数	平仓后层厚/cm	不同碾压遍数层厚/cm								
			2+0	2+1	2+2	2+3	2+4	2+5	2+6	2+7	2+8
高程 296.00～296.60m	9	63.3	62.6	62.0	61.2	60.5	60.3	60.1	60.2	60.2	60.3
高程 296.60～297.10m	12	51.5	51.3	50.3	49.9	49.3	49.0	49.2	49.5	—	—
高程 297.10～297.70m	6	59.9	57.9	56.7	56.1	55.8	55.2	56.4	55.8	55.3	—
高程 297.70～298.40m	6	68.8	68.2	67.4	66.9	66.5	65.6	66.4	66.5	66.4	—

注　表中 $2+n$ 表示无振碾压遍数＋有振碾压遍数。

人工小粒径硬填料及硬填料压实容重检测采用挖坑法，其检测结果见表 8.4-6。从该表可以看出，硬填料的压实度平均在 98.7%以上，且容重均满足设计指标要求（大于 2200kg/m^3），说明硬填料的压实度较好。挖坑法容重检测过程如图 8.4-3 所示。

表 8.4-6　　人工小粒径硬填料及硬填料压实容重检测

编　号	统计项目 / 检测项目	测点	平均值	最大值	最小值
1 号人工小粒径硬填料（胶材 80kg/m^3）	压实容重/(kg/m^3)	32	2436	2453	2404
	压实度/%	32	99.4	100	98.1
2 号天然大粒径硬填料（胶材 80kg/m^3）	压实容重/(kg/m^3)	3	2486	2510	2449
	压实度/%	3	98.9	99.9	97.4
3 号天然大粒径硬填料（胶材 60kg/m^3）	压实容重/(kg/m^3)	9	2503	2530	2465
	压实度/%	9	99.3	100	97.8
4 号天然大粒径硬填料（胶材 50kg/m^3）	压实容重/(kg/m^3)	5	2488	2503	2475
	压实度/%	5	98.7	99.3	98.2

(a) 挖坑

(b) 称重

图 8.4-3　现场采用挖坑法进行容重检测

3. 现场取芯

（1）取芯孔布置。为了更好地分析下游硬填料围堰的浇筑质量，对沙沱水电站下游二期围堰进行了钻孔取芯。结合施工时段、材料分区及试验类型，共布置了 3 个取芯孔。钻孔总进尺 25.7m，钻孔孔径为 219mm，芯样直径为 197mm。取芯位置见表 8.4-7。

表 8.4-7　　现场取芯位置统计表

孔号	桩号		钻孔深度/m	
	设计	实际	设计	实际
Q_{1b}	下游围堰横 0+094.00	下游围堰横 0+094.00	7.5	7.5
Q_{2b}	下游围堰横 0+030.00	下游围堰横 0+030.00	9.0	9.2
Q_{3b}	下游围堰横 0+046.50	下游围堰横 0+046.50	9.0	9.0

(2) 取芯成果及评价。

1) 取芯孔完成情况。为了确保取芯质量，取芯孔均采用了较慢钻进速度和较小的钻进压力。根据现场钻孔记录，Q_{1b}平均钻进速度为0.44m/h，Q_{2b}平均钻进速度为0.26 m/h，Q_{3b}平均钻进速度为0.47m/h；为了避免芯样人为折断和磨耗，所有芯样均采用取芯器捞取。

2) 芯样评价。现场取芯结果表明：

(a) 硬填料芯样平均获得率为79.4%，比普通碾压混凝土小很多，主要是由于硬填料的骨料粒径较大，且骨料的包裹性及层间结合很难达到普通混凝土的标准，导致取芯率相对偏低，但硬填料仅作为防渗面板的支撑体，足以满足结构要求。

(b) 根据现场芯样可见，芯样断口一般较粗糙，折断部位一般骨料分离较严重，极少芯样有磨损痕迹，大部分芯样系钻孔过程中自然折断。

(c) 按照长度计算，芯样平均断口率为0.61m/次，也就是说，平均每钻进0.61m芯样被折断；根据碾压混凝土分层碾压特点，碾压层面是最薄弱环节，芯样在碾压层面被折断可能性最大，被折断概率平均为48.8%。

(d) 芯样总长为20.3m，其中外观好的为9.55m，占47%；外观中等的为8.1m，占40%；外观较差的为2.65m，占13%。

4. 钻孔录像

为了更全面地查清硬填料的浇筑质量及层间结合情况，对3个取芯孔进行了孔内录像，分别如图8.4-4～图8.4-6所示。

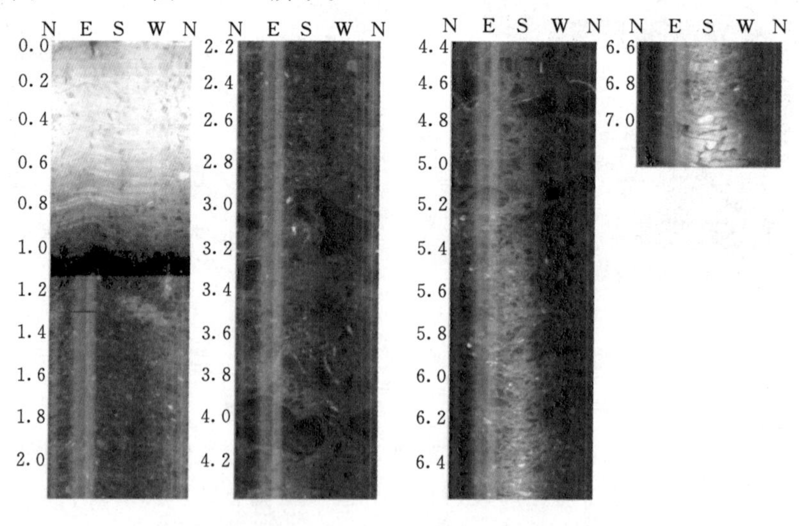

图 8.4-4　Q_{1b}孔孔内录像

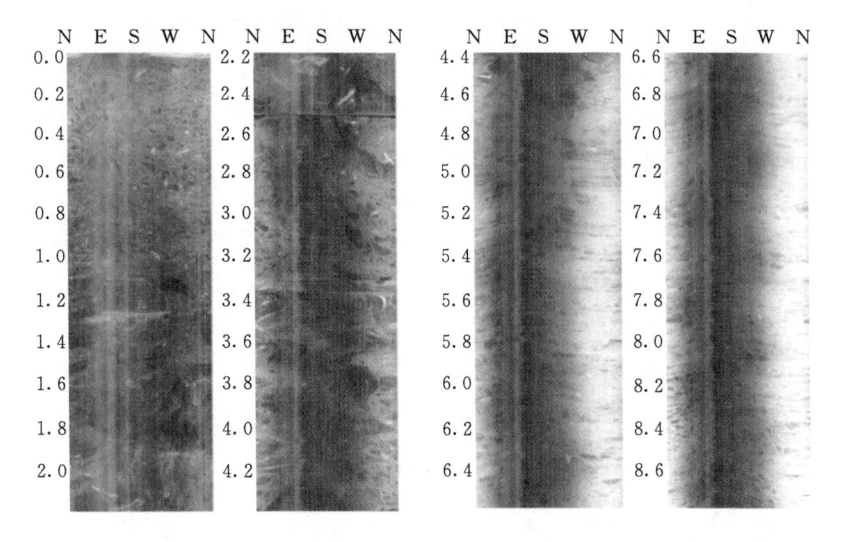

图 8.4-5　Q_{2b}孔孔内录像

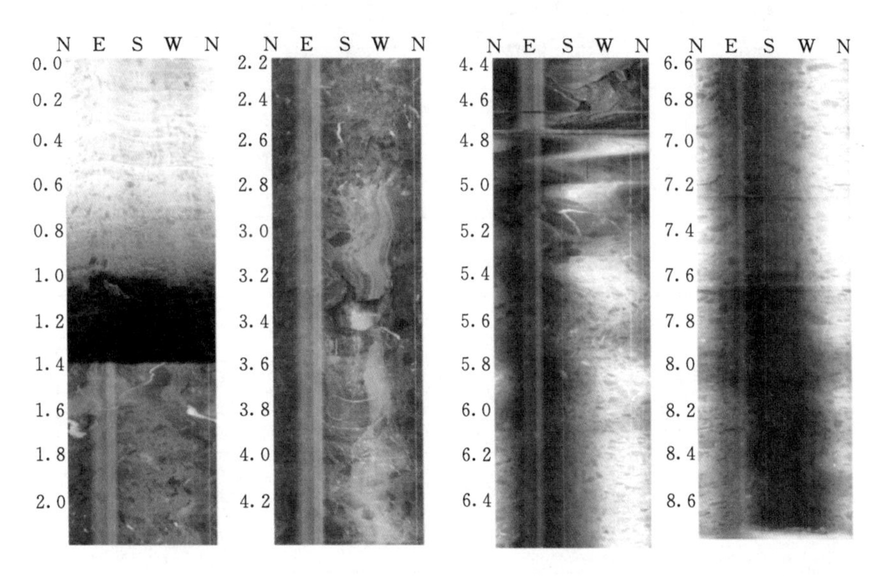

图 8.4-6　Q_{3b}孔孔内录像

从孔内录像成果来看，Q_{1b}孔相对较好，仅在孔底存在部分骨料集中现象，Q_{2b}孔在孔深 2.44m 位置存在层间结合问题，Q_{3b}孔相对较差，除了在孔深 2.6m、3.3m 和 4.5m 处出现骨料集中，同时还在孔深 4.6m、7.1m 和 7.5m 处出现层间结合问题，并且骨料夹泥相对较多。根据以上结果可以看出，孔内录像结论与取芯结果基本一致，即 Q_{1b}孔获得率最高，为 86.7%，Q_{3b}孔获得率最低，为 74.4%。

硬填料取芯率不高，同时容易出现层间结合不良，其主要原因是由于其骨料直接来源于开挖爆破料或天然河床砂砾石料，经过简单的筛分便作为筑坝材料进行浇筑，且骨料粒径相对较大，其包裹性难以达到普通混凝土的标准造成的。同时根据现场压水试验无法起压等现象，更加说明了硬填料坝的层间结合由于骨料粒径较大而无法紧密。因此，采用硬填料筑坝，硬填料仅可作为坝体支撑材料，需要另外采用防渗面板或其他方式进行坝体防渗，同时还可在防渗层下游侧布置排水设施，防止渗水破坏坝体支撑材料的稳定；对于硬填料坝层间抗滑稳定问题，由于其断面比一般混凝土重力坝大很多（上下游坡比均在 1∶0.6～1∶0.8），经计算，可以满足坝体层间稳定要求。

5. 芯样试验

芯样试验结果见表 8.4-8、表 8.4-9。由于取芯时硬填料的龄期已超过 1 年，芯样试验结果值普遍较大，且由于芯样获取率偏低，大部分芯样在层间结合处有折断，可加工并进行室内试验的芯样较少，无法得到硬填料的层间抗剪断参数。同时，从表 8.4-8 可以看出，芯样试验的抗压强度、抗渗等级、弹性模量等数据均大于现场试验值，主要是因为其龄期较长、试验组数相对较少引起的。

表 8.4-8　下游二期硬填料围堰芯样

试验类别	芯样编号	试验值	备注
抗剪强度	人工小粒径硬填料	$f'=1.408$	本体
		$c'=1.24$MPa	
	60kg/m³ 天然大粒径硬填料	$f'=0.714$	
		$c'=1.627$MPa	
容重	人工小粒径硬填料	2460kg/m³	平均值
	60kg/m³ 天然大粒径硬填料	2501kg/m³	平均值

表 8.4-9　下游二期硬填料围堰芯样力学性能

芯样编号	力学性能试验					备注
	抗压强度/MPa	抗渗等级	极限拉伸值/(×10⁻⁴)	抗拉强度/MPa	弹性模量/GPa	
1-2	24.0	W5	0.65	2.35	43.5	
2-1	20.0	—	—	—	—	
2-2	30.2	—	0.61	2.16	30.0	
2-3	18.4	—	0.58	2.45	43.8	
2-4	—	—	0.64	2.12	37.9	
2-5	—	W4	—	—	—	
2-6		—	0.44	1.89	37.6	
2-7	—	W4	—	—	—	
3-1	—	W5	—	—	—	
3-2	25.3	—	—	—	—	
3-3	22.8	—	0.71	2.61	34.5	
3-4	—	—	0.70	2.53	32.4	
3-5	—	—	0.61	2.05	38.0	
3-6	—	—	0.63	2.49	38.9	
3-7	30.9	—	—	—	—	

8.4.6 监测资料分析

1. 大坝左岸下游围堰混凝土温度监测

温度监测数据见表 8.4－10。下游围堰混凝土的温度分布区间为（28.60℃，39.10℃），混凝土水化热温升值分布区间为（4.45℃，11.25℃），混凝土最大内外温差分布区间为（10.50℃，16.90℃）。

表 8.4－10　　左岸下游围堰温度监测数据列表

<table>
<tr><th colspan="3">工程部位</th><th rowspan="2">温度计编号</th><th rowspan="2">混凝土入仓温度/℃</th><th rowspan="2">最高温度/℃</th><th rowspan="2">水化热温升/℃</th><th rowspan="2">最高内外温差/℃</th><th rowspan="2">第一次温峰出现时间</th><th rowspan="2">当前混凝土温度/℃</th><th rowspan="2">温度变化趋势</th></tr>
<tr><th>横桩号</th><th>纵桩号</th><th>高程/m</th></tr>
<tr><td rowspan="9">下堰横0+066.00</td><td>距围堰轴线下游侧4.9m处</td><td rowspan="3">294.50</td><td>T_{WY-1}</td><td rowspan="3">28.00</td><td>33.60</td><td>5.60</td><td>11.60</td><td>入仓后5d</td><td>29.20</td><td>缓慢下降</td></tr>
<tr><td>距围堰轴线0.0m处</td><td>T_{WY-2}</td><td>34.50</td><td>6.50</td><td>11.80</td><td>入仓后2d</td><td>29.45</td><td>缓慢下降</td></tr>
<tr><td>距围堰轴线上游侧4.9m处</td><td>T_{WY-3}</td><td>35.00</td><td>7.00</td><td>13.00</td><td>入仓后3d</td><td>27.90</td><td>缓慢下降</td></tr>
<tr><td>距围堰轴线下游面2.0m处</td><td rowspan="3">296.80</td><td>T_{WY-4}</td><td rowspan="3">29.00</td><td>39.10</td><td>10.10</td><td>15.10</td><td>入仓后3d</td><td>29.25</td><td>缓慢下降</td></tr>
<tr><td>距围堰轴线0.0m处</td><td>T_{WY-5}</td><td>33.55</td><td>4.55</td><td>11.20</td><td>入仓后4d</td><td>30.6</td><td>缓慢下降</td></tr>
<tr><td>距围堰轴线上游面2.0m处</td><td>T_{WY-6}</td><td>38.70</td><td>9.70</td><td>15.60</td><td>入仓后4d</td><td>32.2</td><td>缓慢下降</td></tr>
<tr><td>距围堰轴线下游面4.2m处</td><td rowspan="3">299.50</td><td>T_{WY-7}</td><td rowspan="3">29.00</td><td>37.40</td><td>8.40</td><td>10.20</td><td>入仓后3d</td><td>32.30</td><td>缓慢下降</td></tr>
<tr><td>距围堰轴线0.0m处</td><td>T_{WY-8}</td><td>36.15</td><td>7.15</td><td>8.10</td><td>入仓后11d</td><td>34.10</td><td>缓慢下降</td></tr>
<tr><td>距围堰轴线上游面4.2m处</td><td>T_{WY-9}</td><td>36.95</td><td>7.30</td><td>9.90</td><td>入仓后3d</td><td>28.05</td><td>缓慢下降</td></tr>
<tr><td rowspan="9">下堰横0+022.00</td><td>距围堰轴线下游侧4.9m处</td><td rowspan="3">294.50</td><td>T_{WY-10}</td><td rowspan="3">26.00</td><td>37.30</td><td>11.30</td><td>16.00</td><td>入仓后1d</td><td>37.35</td><td rowspan="3">缓慢下降</td></tr>
<tr><td>距围堰轴线0.0m处</td><td>T_{WY-11}</td><td>38.10</td><td>12.10</td><td>14.00</td><td>入仓后1d</td><td>36.50</td></tr>
<tr><td>距围堰轴线上游侧4.9m处</td><td>T_{WY-12}</td><td>37.85</td><td>11.85</td><td>13.60</td><td>入仓后1d</td><td>36.30</td></tr>
<tr><td>距围堰轴线下游面2.0m处</td><td rowspan="3">296.80</td><td>T_{WY-13}</td><td rowspan="3">29.00</td><td>39.10</td><td>10.10</td><td>16.90</td><td>入仓后14h</td><td>32.20</td><td rowspan="3">缓慢下降</td></tr>
<tr><td>距围堰轴线0.0m处</td><td>T_{WY-14}</td><td>33.45</td><td>4.45</td><td>10.80</td><td>入仓后14h</td><td>35.40</td></tr>
<tr><td>距围堰轴线上游面2.0m处</td><td>T_{WY-15}</td><td>38.45</td><td>9.45</td><td>14.50</td><td>入仓后14h</td><td>33.30</td></tr>
<tr><td>距围堰轴线下游面4.2m处</td><td rowspan="3">299.50</td><td>T_{WY-16}</td><td rowspan="3">28.00</td><td>38.65</td><td>10.65</td><td>12.70</td><td>入仓后3d</td><td>29.60</td><td rowspan="3">缓慢下降</td></tr>
<tr><td>距围堰轴线0.0m处</td><td>T_{WY-17}</td><td>36.50</td><td>8.50</td><td>10.50</td><td>入仓后3d</td><td>30.5</td></tr>
<tr><td>距围堰轴线上游面4.2m处</td><td>T_{WY-18}</td><td>37.75</td><td>9.75</td><td>11.70</td><td>入仓后2d</td><td>31.3</td></tr>
</table>

在同一时段下游围堰硬填料区混凝土温度要比变态混凝土低2.0℃左右。

硬填料区温度变化速率更慢，温度变化幅度更小，温度峰值更低，有利于提高混凝土的抗裂性能。

2. 大坝左岸下游围堰混凝土应力应变监测

各项应力应变指标见表8.4-11。

表8.4-11　　下游围堰混凝土各项应力应变指标列表

工程部位		混凝土自生体积变形类型	混凝土自生体积变形		混凝土应变		混凝土线膨胀系数/($\times10^{-6}$/℃)
横剖面及高程	纵向部位		最大自生体积变形/($\times10^{-6}$)	当前自生体积变形/($\times10^{-6}$)	最大应变/($\times10^{-6}$)	当前应变/($\times10^{-6}$)	
下堰横0+66.00 高程294.50m	距围堰轴线下游侧6.4m	自生体积收缩	−41.26	−15.37	−24.80	−19.03	8.37
	距围堰轴线下游侧1.0m	自生体积膨胀	33.59	33.29			8.70
	距围堰轴线上游侧6.4m	自生体积收缩	−39.99	−38.54	54.40	−2.85	8.18
下堰横0+66.00 高程296.80m	距围堰轴线下游侧1.0m	自生体积膨胀	28.05	28.05			5.56
下堰横0+66.00 高程298.20m	距围堰轴线下游侧1.0m	自生体积膨胀	8.03	8.03			7.04
下堰横0+66.00 高程299.50m	距围堰轴线下游侧1.0m	自生体积膨胀	98.31	66.24			4.08

下游围堰高程294.50m距围堰轴线下游侧6.4m混凝土自生体积变形表现为自生体积收缩，最大自生体积收缩量为41.26×10^{-6}，当前混凝土的自生体积收缩量为15.37×10^{-6}（相比较上月自生体积收缩量减少10.46×10^{-6}）；距围堰轴线下游侧1.0m混凝土自生体积变形表现为自生体积膨胀，最大自生体积膨胀量为33.59×10^{-6}，当前的自生体积膨胀量为33.29×10^{-6}；距围堰轴线上游侧6.4m混凝土自生体积变形表现为自生体积收缩，最大自生体积收缩量为39.99×10^{-6}，当前的自生体积收缩量为38.54×10^{-6}。

该部位距围堰轴线下游侧6.4m混凝土竖直方向为压缩变形，压缩变形量为19.03×10^{-6}，距围堰轴线上游侧6.4m混凝土竖直方向也为压缩变形，压缩变形量为2.85×10^{-6}。围岩基础部位竖直方向为压缩变形主要是因为受到混凝土自身压重的影响。对混凝土的应变量和混凝土温度作相关性分析，结果表明混凝土的荷载变形量与混凝土温度的相关系数为0.988，说明混凝土的荷载变形与混凝土的温度有很强的相关关系，当前混凝土主要受自身温度荷载的作用。

距围堰轴线下游侧6.4m混凝土线膨胀系数为8.37×10^{-6}/℃，距围堰轴线下游侧1.0m混凝土线膨胀系数为8.70×10^{-6}/℃，距围堰轴线上游侧6.4m混凝土线膨胀系数为8.18×10^{-6}/℃。

下游围堰高程296.80m距围堰轴线下游侧1.0m混凝土自生体积变形表现为自生体积膨胀，最大自生体积膨胀量为27.33×10^{-6}，当前的自生体积膨胀量为28.05×10^{-6}。距围堰轴线下游侧 1.0m 混凝土线膨胀系数为 5.56×10^{-6}/℃。

下游围堰高程 298.20m 距围堰轴线下游侧 1.0m 混凝土自生体积变形表现为体积膨胀，最大自生体积膨胀量为 4.82×10^{-6}，当前的自生体积膨胀量为 8.03×10^{-6}。距围堰轴线下游侧 1.0m 混凝土线膨胀系数为 7.04×10^{-6}/℃。

下游围堰高程 299.50m 距围堰轴线下游侧 1.0m 混凝土自生体积变形表现为自生体积膨胀，最大自生体积膨胀量为 98.31×10^{-6}，当前混凝土的自生体积膨胀量为 66.24×10^{-6}（膨胀量相比前一段时间有所减少，减少量为 31.07×10^{-6}）。距围堰轴线下游侧 1.0m 混凝土线膨胀系数为 4.08×10^{-6}/℃。

3. 大坝左岸下游围堰渗流渗压监测

左岸下游围堰测到的渗透压很小，当前测到的最大渗透水头高度为 1.08m，可能与施工期仓面微量积水有关。从围堰渗压计的监测数据来看：温度变化对围堰内部的渗压计测值变化有一定影响。一般温度升高，测值增大；温度减小，测值下降。同时，测点所处部位不同，渗压计测值变化受温度的影响不同。

4. 大坝左岸下游围堰横缝监测

下游围堰横缝处于微量张开状态，最大的开合度为 0.93mm。对横缝开合度和混凝土温度作相关性分析结果表明，横缝开合度和混凝土温度呈现显著的负相关关系，相关性系数为−0.94。说明目前横缝的开合主要由于混凝土自身的温度变化引起，混凝土温度上升，体积膨胀，横缝逐渐微量张开；温度下降，体积收缩，横缝逐渐闭合。

选取测值较稳定的测点，采用逐步回归方法，对测缝计观测资料建立了回归模型，拟合结果为：

$$K=0.017T+0.202\ln t-0.117[\sin(2\pi t/365)+\cos(2\pi t/365)]-0.655$$

式中 T——仪器伴测的温度值；

t——位移观测日至始测日的累计天数。

8.5 小结

贵阳院进行了一系列硬填料室内配合比试验及材料特性研究，在此基础上还进行了三轴试验及监测数据分析。与此同时，还重点围绕地质勘探及材料试验、水工枢纽结构布置及计算分析、安全监测及施工组织等方面进行了该坝型的设计技术研究。最后，结合贵州乌江沙沱水电站下游围堰开展了实际工程运用，并进行了反馈计算分析。主要结论如下：

（1）硬填料胶凝材料用量一般为 50～120kg/m³，“最佳水胶比”一般为 0.6～1.2，“合理砂率”一般为 20%～30%。实际工程应用时，胶凝材料用量可根据坝高、骨料特性及结构要求，以 70～80kg/m³ 为中心上下适当浮动；水胶比可根据骨料天然含水率、外加剂掺用情况，以 0.7 为中心上下适当浮动；砂率应因地制宜考虑天然砂率变化幅度、经济性及可实施性后筛选较优值。最终通过试验和计算确定合适的配合比。

（2）在胶凝材料用量 70～80kg/m³、骨料最大粒径 15～20cm 且级配良好时，硬填料是一种较典型的弹塑性材料，在低应力水平下表现出线弹性性质；随应力增大逐步进入弹塑性工作阶段，直至达到材料峰值强度；其后，应力随着应变的增长而降低，表现出明显的软化特征，最终趋近于材料的残余强度。围压、龄期以及胶凝材料用量都会不同程度的影响硬填料的应力—应变关系。

(3) 硬填料坝可看作一种掺适当胶凝材料的改性堆石坝或弱化的碾压混凝土坝，但其材料性能、应力分布规律、计算方法及结构设计有其自身特点。综合硬填料材料特性、结构特点及设计理念，其设计要点为可靠的防渗体系、稳定的坝体承载力、安全的泄洪系统布置、简化的基础处理、适宜的细部构造，本次研究做了有益尝试。

(4) 硬填料坝运用于60m工程中技术上是可行的。沙沱水电站下游硬填料围堰及国内外已有实践表明，硬填料运用于临时工程时还可在骨料粒径、层间处理、胶凝材料用量、质量控制标准等方面适当放宽。

通过贵阳院相关研究及应用实践，并结合国内外的研究成果，我们看到了新型碾压硬填料坝自身的优缺点和还有待研究解决的问题。随着研究的不断深入，这种坝型在我国将更受青睐，综合地基处理、材料、温控、施工工艺及环境保护后，该坝型将会最终成为Raphael所一直期待的最优坝，并且随着越来越多的在围堰等临时性工程中的应用，逐渐积累工程经验，会在永久建筑物中得以广泛应用。硬填料碾压坝必将在我国坝型发展中写下浓墨重彩的一笔。

第9章 水下不分散浆液技术

9.1 概述

贵阳院依托光照水电站等工程，开展了“水下不分散水泥浆液在高水头水电工程缺陷修补及封堵中的研究与应用”课题研究，研究成果荣获2014年贵州省水利科学技术奖二等奖、2015年贵州省科学技术进步奖三等奖和2016年中国电力工程科学技术进步奖二等奖。“用于大面积空腔灌浆的水下抗分散砂浆及其制备方法”获国家发明专利授权（专利号：ZL201310010395.9）。

9.2 研究背景

9.2.1 常见水下缺陷的类型

在水利水电、铁路、桥梁、海洋、港口等工程中，由于建筑物设计不合理、施工不规范、维护不当引起水下混凝土缺陷或者地质原因形成的过水溶洞和空腔，如果处理不当，会对工程建设的质量带来严重影响，甚至对工程安全和建设区域附近居民的安全造成威胁。所以，对于工程中的水下缺陷处理是非常重要的，如何采取有效、快捷和经济的方法来修补工程建设中的各种缺陷，是工程建设者们急需解决的问题。

常见的水下缺陷主要分为两大类。第一类：指混凝土建筑物遭受渗流、冻融破坏及化学侵蚀等作用后，引起的混凝土表层开裂、剥落、保护层破损漏筋以及受高速水流冲蚀形成的冲坑（如排沙洞、泄洪洞，溢洪道和消力池等）等混凝土的水下缺陷。第二类：是指水工建筑物的基岩面、岩体下，因地质原因构成的空腔、溶洞和岩溶通道。不论是混凝土的水下缺陷还是地质原因形成的空腔和岩溶通道，它们均会对水工建筑物的安全施工和稳定运行造成影响。

对于第一类水下缺陷来说，受到高速水流冲蚀的混凝土面，如排沙洞、泄洪洞底板，消力池等，会在混凝土表面形成较大的冲坑，采用一般的水下不分散混凝土即可进行修补，对于因混凝土缺陷引起的渗漏，一般因缺陷产生的因果关系清楚，只要找到混凝土的缺陷部位，其处理还是比较简单的，对于面积较大的点状渗漏，可采取直接对缺陷部位浇筑混凝土进行处理；对于混凝土的线状渗漏，可根据具体情况采用水泥灌浆、化学灌浆或其他特殊材料和施工工艺进行处理。缺陷情况如图 9.2-1 和图 9.2-2 所示。

图 9.2-1 被水流冲坏的尾水渠边墙

图 9.2-2 尾水渠被水冲刷后露出钢筋

对于第二类水下缺陷来说，根据地质结构和溶洞的发育情况，可为以下几种类型：①按溶洞内水流的大小分可分为两类，漏水非常严重且与其他溶洞或地下河流连通的全漏水溶洞；溶洞洞壁存在裂隙，漏水量较小的半漏水溶洞。②根据溶洞的个数来分，又可分为单个溶洞（溶洞内部仅有一个溶洞）和多层溶洞（溶洞内有多个溶洞互相贯通或分层分部）。③按溶洞的大小可分为大溶洞（溶洞高度大于 3m）和小溶洞（溶洞高度小于 3m）。在工程建设中，如果需要处理的溶洞仅仅是洞高较大、透水、渗水少而且内部仅有层数较少的溶洞，可以使用水下不分散混凝土或者普通水泥浆液进行灌浆处理，即可取得较好的效果。若需处理的溶洞高度不大、内部渗水严重且岩溶裂隙发育时，则只能采取化学灌浆或其他特殊材料和施工工艺进行处理。

目前，用于水下缺陷修补的材料很多，如水下不分散混凝土、聚合物水泥砂浆、快速堵漏材料、各种注浆材料、高分子片材和弹塑性密封材料等，其中大部分材料只适用于缺陷部位明显、水流速不高的工况。在水利水电、桥梁、海洋等工程领域中，也有不少的水下混凝土缺陷和岩溶通道，对于这些缺陷的修复往往不可能形成陆地施工的条件（即使能够形成，也会消耗大量的人力、物力和时间），所以，开发适用于水下缺陷修补的材料以及与之相配合的施工技术，可为工程建设的质量、经济性带来巨大的效益。

9.2.2 现有水下缺陷修补材料存在的问题

现有的水下缺陷修补材料虽然种类繁多，但也存在一定的局限性。

1. 水下不分散混凝土

一般掺有增稠剂，必须用强制式拌和机才能使混凝土充分拌和均匀，但拌和楼通常离施工地点会有较长的距离，罐车运输所需的时间较长，若混凝土浇筑地点狭窄，车辆倒车、卸料的时间还会增加，那么混凝土的坍落度就会损失，大大降低水下不分散混凝土的流动性。所以，若用水下不分散混凝土对缺陷进行修补，需要制定详细的施工计划，配备强制式拌和机，甚至还需要考虑在混凝土中掺加一些外加剂，以延长混凝土的凝结时间，保证混凝土的坍落度满足设计要求。并且，由于水下不分散混凝土的骨料粒径大（20～40mm），一般只适用于大面积薄壁水下混凝土施工、大体积的凹槽和洞坑修补。而水下不分散水泥砂浆是以其具有良好的抗水分散性为主，对流动性要求不高，不适用于内部结构复杂的水下建筑物空腔和地下岩溶通道的处理。

2. 化学灌浆材料

在渗水量不大的情况下，化学灌浆材料对于混凝土的裂缝、混凝土建筑物表面的蜂窝、漏洞和漏筋具有较好地处理效果，但是，化学灌浆材料有毒性、有刺激性、对环境污染大。而且，化学灌浆的工艺复杂多变，对灌浆设备的要求较高，灌浆参数难以确定，易影响灌浆的效果。另外其价格昂贵，在处理高速水流部位的缺陷时，化学灌浆材料因自重不够（比重一般为1.07～1.30g/cm^3），易被水冲散，增加施工成本。

3. 聚合物改性水泥砂浆

聚合物改性水泥砂浆的防水抗渗效果好，黏结强度高，能与结构形成一体，耐高湿、耐老化，是目前应用非常广泛的房屋装饰、装修材料，它对混凝土建筑物表面的裂缝、混凝土结构修补具有较好的效果，也可应用于包括水工建筑、海洋港口建筑、地下建筑结构、道路与桥梁建筑等行业。

4. 其他缺陷修补材料

如模袋混凝土、高分子片材和水下密封剂等，也主要是针对混凝土建筑物表面缺陷、裂缝的修补和加固处理。

综合来看，现有的水下缺陷修补材料基本都是处理水下比较明显、直观的混凝土表面缺陷的，对于缺陷比较隐蔽的、内部结构复杂的水下建筑物空腔和地下岩溶通道等，则没有较好的解决办法。

9.2.3 作用理念

对于工程建设中的水下缺陷来说，不论是混凝土的表层开裂、剥落和受水流冲蚀形成的冲坑，还是地质原因形成的溶洞和空腔，都已有很多的水下修补材料和修补工艺。但如前所述，常规的水下修补材料仅能处理水下比较明显、直观的混凝土表面缺陷，而不能有效解决比较隐蔽、内部结构复杂的水下空腔缺陷。例如，近年来，在贵州的光照水电站、董箐水电站等工程中，大坝下闸蓄水后都发生了导流洞堵头附近区域透水的现象，由于库水位水头高达100m以上，透水空腔内的水流速高，且裂隙和细小通道发育，受施工场面限制不能浇筑水下不分散混凝土，而采用化学灌浆材料，又因高水压和高水流速被冲散，难以进行封堵。因此，对于这种类型的水下缺陷，就需要一种兼备抗水分散性、高流动性、较好的抗冻耐久性和施工工艺要求简单的新材料来进行处理。

水下不分散水泥浆液修补水下缺陷的作用理念是：第一步，向水下空腔中输送水下不分散水泥砂浆，因为砂浆具有抗水分散性，在入水过程中可减少被冲刷掉的胶凝材料。砂浆沉入水底后，可通过其自重稳定在水中（砂浆比重一般为2.0～2.2g/cm³），填充大面积的空腔，通过其高流动性可自行流动、渗透到细小岩溶通道中。第二步，当水下不分散水泥砂浆将大部分的空腔都填充完毕后，向堆积在水下的砂浆间隙和更微小的裂隙、裂缝中灌注水下不分散水泥净浆，从而使整个空腔都被有效的填满。水下不分散水泥浆液的灌浆示意图如图9.2-3和图9.2-4所示。

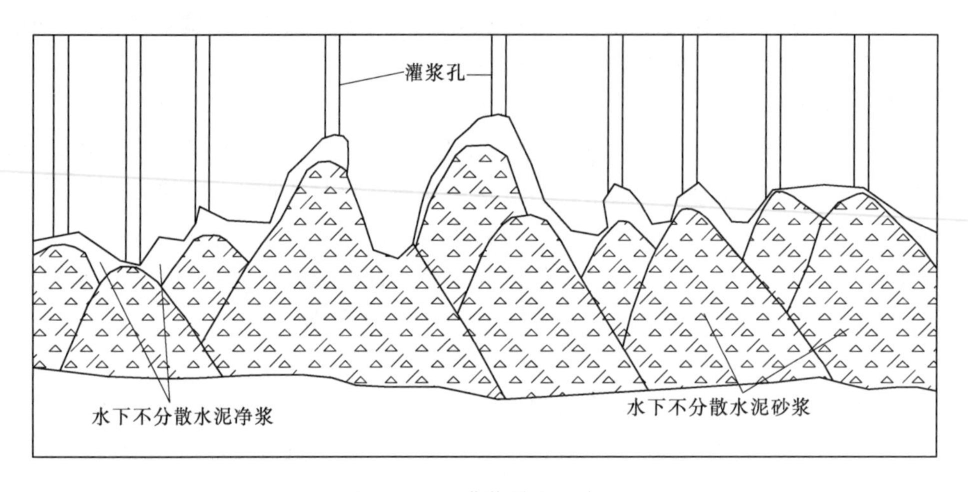

图9.2-3　灌浆纵向示意图

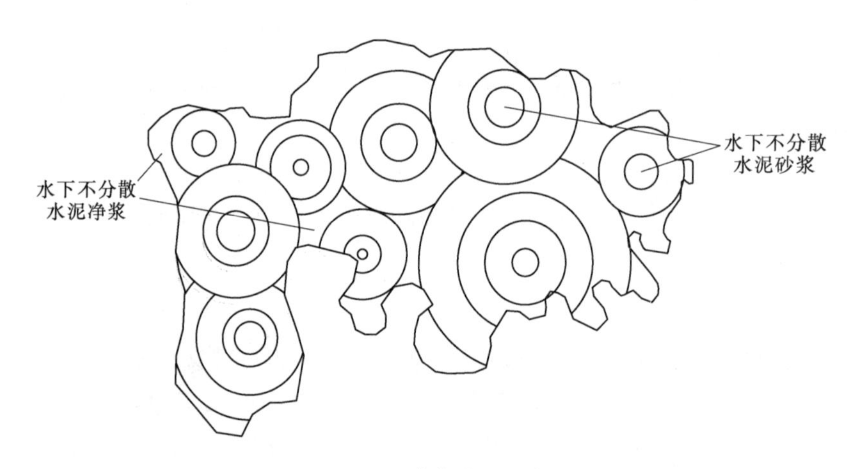

图9.2-4　灌浆平面示意图

从施工工艺来看，水下不分散水泥浆液，所用设备简单，如砂浆搅拌机、灌浆泵等，对施工场面的要求小，可应用于不方便浇筑水下不分散混凝土的工况；从原材料来看，它取材方便，所用材料都是常规的水泥、砂子、减水剂等，相对化学灌浆材料来说，其价格便宜且无毒无害；从材料性能来看，水下不分散水泥浆液其有高流动性、高富裕强度、高耐久性和抗水分散性。水下不分散水泥浆液，兼具了各种水下缺陷修补材料的优点，使水下不分散水泥浆液可适用于各种水下缺陷修补，尤其是对于内部结构复杂、岩溶通道发育的水下空腔封堵，具有非常广阔的应用前景。

9.3 研究采用的原材料

1. 水泥

试验采用的是贵阳海螺盘江水泥有限责任公司生产的P.O 42.5水泥，试验结果表明，水泥的各项检测指标均满足《通用硅酸盐水泥》(GB 175—2007)的要求，试验结果见表9.3-1。

表9.3-1 水泥的物理力学性能

水泥品种及指标要求	安定性	比重	比表面积/(m^2/kg)	凝结时间/min		抗折强度/MPa		抗压强度/MPa	
				初凝	终凝	3d	28d	3d	28d
贵阳海螺P.O 42.5	合格	3.10	365	237	285	5.6	8.7	27.4	48.2
GB 175—2007	合格	—	≥300	>45	<600	>3.5	>6.5	>17.0	>42.5

2. 粉煤灰

试验采用的是野马寨火电厂生产的Ⅱ级粉煤灰，试验结果表明，粉煤灰的各项检测指标均满足《水工混凝土掺用粉煤灰技术规范》(DL/T 5055—2007)中的要求，试验结果见表9.3-2。

表9.3-2 粉煤灰品质试验

检测标准	细度(45μm)/%	需水量比/%	烧失量/%	含水率/%	抗压强度比/%		比重
					28d	90d	
野马寨粉煤灰	13.5	95.3	4.3	0.2	76.9	81.2	2.37
DL/T 5055—2007 Ⅰ级粉煤灰要求	≤12	≤95	≤5.0	≤1.0	—	—	—
DL/T 5055—2007 Ⅱ级粉煤灰要求	≤25	≤105	≤8.0	≤1.0	—	—	—

3. 砂

根据《水工建筑物水泥灌浆施工技术规范》(DL/T 5148—2001)，用于水泥灌浆的人工砂粒径不宜大于2.5mm，细度模数不宜大于2.0，所以，试验使用的砂子是经过小于5mm的筛子筛分的。从筛分结果看，砂子的细度模数为2.23，石粉含量为19.41%，砂子的细度模数较小，细颗粒较多，可保证砂浆的流动性能，降低砂浆施工中堵管的可能。试验结果分别见表9.3-3和表9.3-4。

表9.3-3 人工砂的颗粒级配

项目	筛孔尺寸/mm							细度模数	石粉含量/%
	>5	2.5	1.25	0.63	0.315	0.16	<0.16		
分计筛余/%	0	9.52	15.32	17.88	22.75	15.12	19.41	2.23	19.41
累计筛余/%	0	9.52	24.84	42.72	65.47	80.59	100		

表 9.3-4 人工砂的品质鉴定

试验项目	砂	备注
饱和面干密度/(kg/m³)	2680	—
饱和面干吸水率/%	1.53	—

4. 减水剂

试验选用的是贵州特普科技发展有限公司生产的GTA聚羧酸系减水剂。试验结果表明，减水剂的各项检测指标均满足《混凝土外加剂》(GB 8076—2008) 中标准型的要求。试验结果见表9.3-5。

表 9.3-5 减水剂的品质鉴定

名称	减水率/%	含气量/%	泌水率比/%	凝结时间差/min		抗压强度比/%				28d收缩率比/%
				初凝	终凝	1d	3d	7d	28d	
GTA	26.5	4.8	45	−21	+101	175	160	150	142	95
GB 8076—2008 标准型	≥25	≤6.0	≤60	−90～+120		≥170	≥160	≥150	≥140	≤110

5. 抗水分散剂

试验采用的水下抗分散剂是羟丙基甲基纤维素(简称HPMC)，白色无味粉剂。

9.4 配合比设计

9.4.1 设计依据原则

从水下不分散水泥浆液(砂浆和净浆)的作用理念来看，要能够填补内部复杂结构、细小裂隙发育且过水的水下建筑缺陷、岩溶通道和空腔，水下不分散水泥浆液必须具备以下三个特性：

(1) 高流动性。从工程应用情况来看，国内水电工程中存在的地质溶洞和水下空腔都具有面积广阔，细小裂隙发育且过水的特点，所以，用于填补的水泥浆液必须具有尽可能大的流动性，才能保证空腔内部被有效的填充满。

(2) 水下不分散性。水泥浆液的流动度大，若黏聚性不好，在有动水通过的情况下，浆液入水时，骨料便会与水泥分离，且很快沉到水底，被水冲刷下来的水泥颗粒，部分被水带走，部分长期处于悬浮状态失去胶结骨料的能力，形成薄而强度低的水泥絮凝体或水泥渣，不能满足工程要求。为减少浆液中的水泥颗粒在水中的损失，必须在浆液中掺加水下不分散剂，提高浆液的黏聚性和保塑性。

(3) 低水胶比。水泥浆液在水下流动扩散的过程中，即使掺加了水下不分散剂，其中的胶凝材料还是会被水冲刷、带走，所以，尽可能降低水胶比提高浆液的富裕强度才能保证入水浆液的质量。

综上，水下不分散水泥浆液采用具有高减水率的聚羧酸减水剂，使水泥浆液具有较高的流动性；掺加能有效凝聚水泥浆液中胶凝材料的抗水分散剂，保证水泥浆液在水下具有较好的不分散性；采用低水胶比，保证入水后水泥浆液的强度。

9.4.2 设计要求

根据以往工程经验及同类工程设计要求，对水下不分散水泥浆液的各项性能指标提出以下要求：

（1）对于水下不分散水泥砂浆，配制抗压强度等级为M40～M60的水泥砂浆，室内扩散度达到260mm以上，水陆抗压强度比达到75%以上，抗渗等级为W8～W14，抗冻等级为F100～F300。

（2）对于水下不分散水泥净浆，配制抗压强度等级为M40～M90的水泥净浆，室内扩散度达到300mm以上，水陆抗压强度比达到75%以上，抗渗等级为W10～W16，抗冻等级为F150～F300。

9.4.3 设计方法

1. 配制强度的确定

水下不分散水泥浆液的配制强度参考了《水工混凝土配合比设计规程》（DL/T 5330—2005）和《水工混凝土试验规程》（DL/T 5150—2001），水下不分散水泥砂浆和水下不分散水泥净浆的配制强度见表9.4－1和表9.4－2。

表9.4－1 水泥砂浆配制强度

强度等级	抗渗等级/抗冻等级	强度标准值 $f_{cu,k}$/MPa	强度保证率 /%	概率度系数 t	强度标准差 σ/MPa	配制强度 $f_{cu,0}$/MPa
M40	W10～W14/F100～F300	40	95	1.65	4.5	47.4
M45		45	95	1.65	4.5	52.4
M50		50	95	1.65	5.0	58.3
M55		55	95	1.65	5.0	63.3
M60		60	95	1.65	5.0	68.3

表9.4－2 水泥净浆配制强度

强度等级	抗渗等级/抗冻等级	强度标准值 $f_{cu,k}$/MPa	强度保证率 /%	概率度系数 t	强度标准差 σ/MPa	配制强度 $f_{cu,0}$/MPa
M40	W10～W16/F150～F300	40	95	1.65	4.5	47.4
M50		50	95	1.65	5.0	58.3
M60		60	95	1.65	5.0	68.3
M70		70	90	1.28	5.5	77.0
M80		80	90	1.28	5.5	87.0
M90		90	90	1.28	5.5	97.0

2. 原材料用量的确定

根据体积法确定水泥浆液配合比中水、水泥、粉煤灰和砂子掺量，其基本原理是：水泥浆液拌和物的体积等于各项材料的绝对体积与空气体积之和，见式（9.4-1）。

每立方米水泥浆液中水、水泥、砂子的绝对体积和空气的绝对体积为

$$m_w/\rho_w + m_c/\rho_c + m_s/\rho_s + \alpha = 1 \quad (9.4-1)$$

式中 m_w——每立方米水泥浆液的用水量，kg；

m_c——每立方米水泥浆液的水泥用量，kg；

m_s——每立方米水泥浆液的砂子用量，kg；

α——水泥砂浆和水泥净浆的含气量，分别按3%和4%计；

ρ_w——水的密度，kg/m^3；

ρ_c——水泥的密度，kg/m^3；

ρ_s——砂子的饱和面干表观密度，kg/m^3。

水泥浆液的水灰比为

$$m_w/m_c = N，可得\ m_w = Nm_c \quad (9.4-2)$$

式中 N——砂浆的水灰比。

水泥浆液的灰砂比为

$$m_c/m_s = 1:1.5，可得\ m_s = 1.5m_c \quad (9.4-3)$$

粉煤灰采用等量替代法，即

$$m_p = Lm_c \quad (9.4-4)$$

式中 L——水泥浆液中粉煤灰的掺量，%。

各种原材料的密度均为已知量，将式（9.4-2）和式（9.4-3）代入式（9.4-1）即可求出每立方米水泥浆液中，水泥、水、和砂子的重量，用公式（9.4-4）求出粉煤灰的质量，得到各个配合比的基本参数。

9.5 浆液性能试验研究

9.5.1 水泥砂浆

1. 材料组分对水泥砂浆流动性能和力学性能的影响

在表9.5-1中，C1代表不掺粉煤灰和外加剂的普通水泥砂浆（A1、A2、A3），C2代表仅掺加0.5%减水剂的水泥砂浆（A4、A5、A6），C3代表掺加0.5%减水剂和20%粉煤灰的水泥砂浆（A7、A8、A9），C4代表掺加0.5%减水剂和5/万HPMC的水泥砂浆（A10、A11、A12）。砂浆水灰比与扩散度关系、水灰比与28d抗压强度关系分别如图9.5-1和图9.5-2所示。

对试验结果进行分析可知：

（1）不掺加减水剂和抗水分散剂的普通水泥砂浆是不能满足设计要求的。从图9.5-1来看，普通水泥砂浆的扩散度不能满足大于260mm的要求。

（2）聚羧酸系减水剂的减水效果良好，且对砂浆的抗压强度有一定增强作用。从图9.5-1来看，掺加了0.5%的减水剂后，同水灰比的砂浆扩散度都增加了75mm以上，这

表 9.5-1　　水下不分散水泥砂浆性能

编号		水灰比	材料用量						扩散度/mm	抗压强度/MPa		
			水泥/(kg/m³)	粉煤灰/(kg/m³)	水/(kg/m³)	砂/(kg/m³)	减水剂/%	HPMC 掺量/(1/万)		3d	7d	28d
C1	A1	0.50	702	—	351	1053	—	—	280	26.5	—	43.7
	A2	0.40	756	—	303	1134	—	—	230	32.6	—	52.3
	A3	0.30	820	—	246	1231	—	—	135	40.1	—	59.7
C2	A4	0.50	702	—	351	1053	0.5	—	375	28.2	—	44.5
	A5	0.40	756	—	303	1134	0.5	—	305	34.2	—	53.5
	A6	0.30	820	—	246	1231	0.5	—	215	42.8	—	61.9
C3	A7	0.50	562	140	351	1053	0.5	—	385	24.5	—	41.7
	A8	0.40	605	151	303	1134	0.5	—	320	33.6	—	50.1
	A9	0.30	656	164	246	1231	0.5	—	220	41.5	—	59.2
C4	A10	0.50	702	—	351	1053	0.5	5	325	21.3	30.4	39.5
	A11	0.40	756	—	303	1134	0.5	5	265	29.8	40.7	47.8
	A12	0.30	820	—	246	1231	0.5	5	175	34.6	44.2	54.9

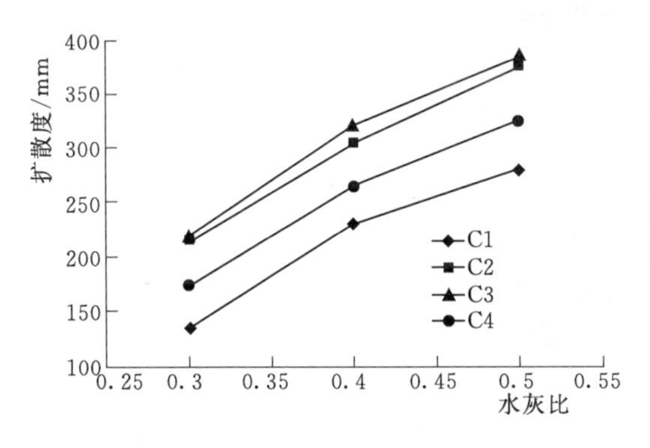

图 9.5-1　砂浆水灰比与扩散度关系图

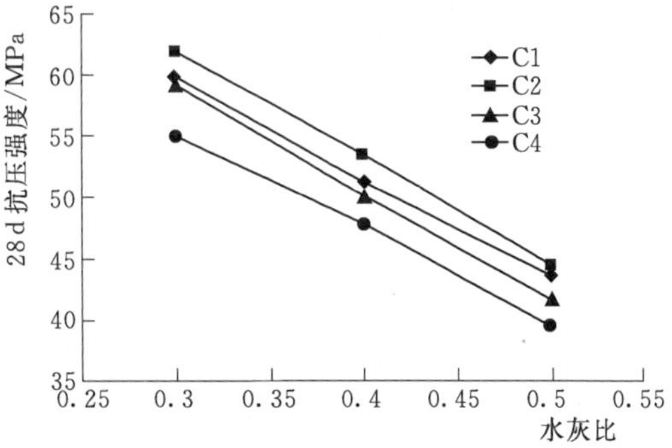

图 9.5-2　砂浆水灰比与 28d 抗压强度关系图

是因为聚羧酸减水剂中的亲水基极性很强，因此，水泥颗粒表面的减水剂吸附膜能与水分子形成一层稳定的溶剂化水膜，这层水膜具有很好的润滑作用，能有效降低水泥颗粒间的滑动阻力，从而提升了水泥砂浆的流动性，而且滑动阻力的减小也使水泥颗粒间的结合更紧密，减低了砂浆的孔隙率，改善了砂浆的结构，提高了砂浆的抗压强度。

（3）掺加粉煤灰能略微提高砂浆的扩散度，但也会降低砂浆的抗压强度。从图9.5-1来看，C3 与 C2 相比，除掺加了 20%的粉煤灰，其他材料用量相同，而砂浆的扩散度比 C2 均增加了 5～15mm，这是因为水泥熟料中的 C_3A（铝酸三钙）和 C_4AF（铁铝酸四钙）对减水剂有较强的吸附作用，而粉煤灰中的 C_3A 和 C_4AF 较少，采用粉煤灰替代部分水泥后，相当于减少了水泥中 C_3A 和 C_4AF 的含量，增加了砂浆中有利的减水剂数量，从而使水泥浆体的扩散度得到一定的提升，而粉煤灰颗粒呈现表面致密、光滑的结构，粉煤灰微粒结构吸水能力也很弱，自由水含量较多，也起到了一定的减水作用。但是，C_3A

和 C_4AF 也是水泥中水化反应速度最快的两种矿物，这两种矿物成分的含量减低，也使得砂浆的早起抗压强度增长速度降低，从图 9.5-2 来看，掺加粉煤灰后的砂浆 28d 抗压强度比不掺粉煤灰的均降低了 3MPa 左右。

（4）羟丙基甲基纤维素（简称 HPMC）能提高砂浆的稠度，也会降低砂浆流动性和抗压强度。从图 9.5-1 来看，掺加 5/万的 HPMC 后，砂浆的扩散度明显低于掺加了减水剂但不掺加 HPMC 的砂浆，这是因为纤维素醚作为保水剂，保持了薄层砂浆中的自由水，限制了砂浆的分层离析。从图 9.5-2 来看，掺加 HPMC 后的砂浆配合比的 28d 抗压强度是最低的，这是因为纤维素醚降低了水泥中 C_3S 加速期的反应速度，对 C_3S 水化的造成阻碍，延迟了砂浆硬化过程。

从上述的试验结果来看，砂浆的水灰比与抗压强度、扩散度呈线性关系，对 A1～A12 的试验结果进行综合分析可知，掺加减水剂能够增强水泥砂浆的流动性，略微提高水泥砂浆的抗压强度，而掺加抗水分散剂会降低水泥砂浆的扩散度，略微降低水泥砂浆的抗压强度。

2. 聚羧酸减水剂掺量对砂浆流动性能和力学性能的影响

为确定聚羧酸减水剂掺量对砂浆流动性能和力学性能的影响，选择 0.30 和 0.40 两个水灰比，掺加不同掺量的减水剂来进行试验，试验结果见表 9.5-2。

表 9.5-2　　水下不分散水泥砂浆配合比

编号	水灰比	灰砂比	材料用量					扩散度/mm	抗压强度/MPa		
			水泥/(kg/m³)	水/(kg/m³)	砂/(kg/m³)	减水剂/%	HPMC 掺量/(1/万)		3d	7d	28d
A13	0.40	1∶1.5	756	303	1134	0.2	—	227	27.6	—	50.3
A14	0.40	1∶1.5	756	303	1134	0.5	—	255	29.5	—	51.5
A15	0.40	1∶1.5	756	303	1134	1.0	—	310	33.1	45.5	55.4
A16	0.40	1∶1.5	756	303	1134	1.5	—	354	36.9	48.8	59.8
A17	0.40	1∶1.5	756	303	1134	2.0	—	370	35.5	—	60.2
A18	0.40	1∶1.5	756	303	1134	3.0	—	372	36.1	—	61.7
A19	0.30	1∶1.5	820	246	1231	0.5	—	220	36.5	—	63.1
A20	0.30	1∶1.5	820	246	1231	1.0	—	255	44.3	55.8	67.2
A21	0.30	1∶1.5	820	246	1231	1.5	—	302	47.7	58.9	70.5
A22	0.30	1∶1.5	820	246	1231	2.0	—	320	46.5	—	72.4
A23	0.30	1∶1.5	820	246	1231	3.0	—	335	46.8	—	75.6

减水剂掺量与砂浆扩散度的关系如图 9.5-3 所示。当减水剂掺量小于 0.5%时，减水效果不明显，砂浆的扩散度提升幅度不大；减水剂掺量在 0.5%～1.5%的区域，砂浆的扩散度与减水剂的掺量成正比，砂浆的扩散度增加较为明显；当减水剂的掺量大于 1.5%后，砂浆的扩散度增幅趋于平缓，减水剂的减水效果大幅下降。试验结果表明，减水剂能够降低砂浆的用水量，有效改善砂浆的流动性能，随着减水剂掺量的增加，砂浆流动性提高越明显，但是，当减水剂的掺量达到极限后，再增加减水剂也能令砂浆的流动性

有一定增加，这是因为水泥对减水剂的吸附作用达到饱和状态，再增加减水剂相当于增加砂浆用水量，所以，本次试验的减水剂掺量宜控制为0.5%～1.5%。

减水剂掺量与砂浆28d抗压强度的关系如图9.5-4所示。水灰比为0.30和0.40的砂浆配合比，其28d抗压强度均随减水剂掺量的增加而略有提高，进一步证明了聚羧酸系减水剂对砂浆的抗压强度是有增强作用的。

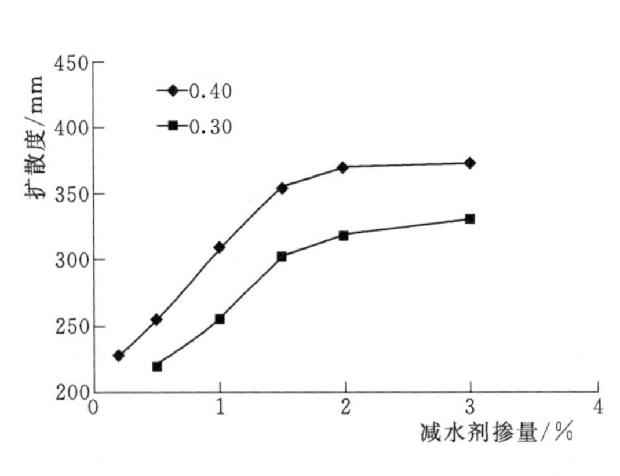

图9.5-3 减水剂掺量与扩散度关系图

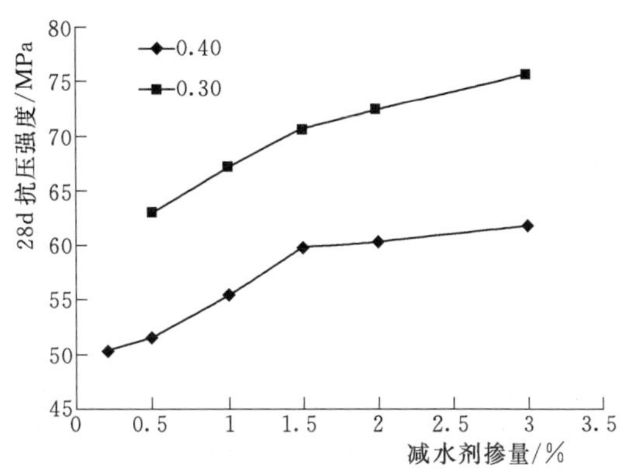

图9.5-4 减水剂掺量与砂浆28d抗压强度关系图

3. HPMC掺量对砂浆流动性能和力学性能的影响

试验选择了0.50、0.40、0.35和0.30四个水胶比，分别掺加不同掺量的HPMC后，分析其对水下不分散水泥砂浆的扩散度及28d抗压强度值的影响，具体结果见表9.5-3，不同水灰比条件下的HPMC掺量与扩散度关系曲线如图9.5-5所示，HPMC掺量与砂浆28d抗压强度关系曲线如图9.5-6所示。

表9.5-3 HPMC掺量对水泥砂浆的影响

编号	水灰比	材料用量					扩散度/mm	28d抗压强度/MPa
		水泥/(kg/m³)	水/(kg/m³)	砂/(kg/m³)	减水剂/%	HPMC掺量/(1/万)		
A4	0.50	702	351	1053	0.5	0	375	44.5
A24	0.50	702	351	1053	0.5	5	330	39.2
A25	0.50	702	351	1053	0.5	10	280	36.8
A5	0.40	756	303	1134	0.8	0	405	35.2
A28	0.40	756	303	1134	0.8	5	320	30.7
A29	0.40	756	303	1134	0.8	10	260	26.1
A30	0.40	756	303	1134	0.8	15	205	21.5
A33	0.35	787	276	1181	1.5	0	375	69.9
A34	0.35	787	276	1181	1.5	5	305	59.5
A35	0.35	787	276	1181	1.5	10	240	52.5
A36	0.30	820	246	1231	1.5	0	345	75.9
A37	0.30	820	246	1231	1.5	5	285	60.6
A38	0.30	820	246	1231	1.5	10	235	56.8

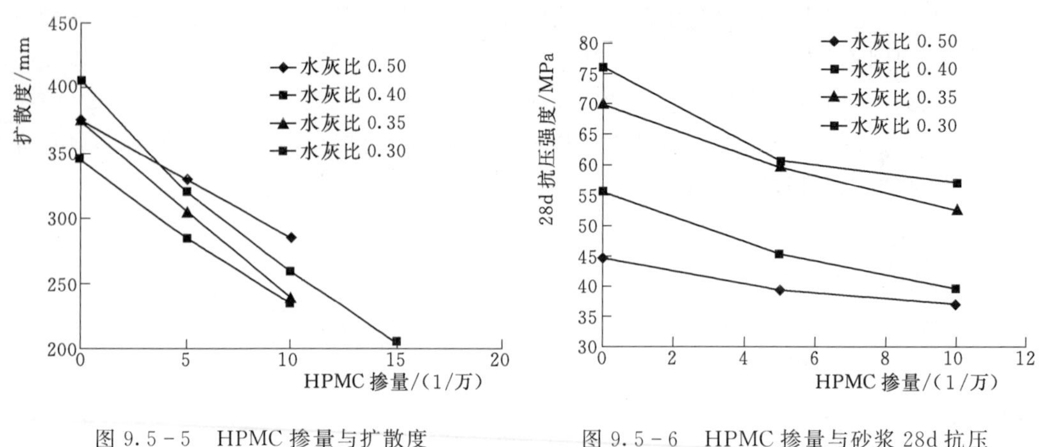

图 9.5-5 HPMC 掺量与扩散度关系图

图 9.5-6 HPMC 掺量与砂浆 28d 抗压强度关系图

如图 9.5-5 所示，在相同配合比中掺加不同掺量的 HPMC，将不同水灰比下的 HPMC 掺量与扩散度关系曲线、HPMC 掺量与砂浆 28d 抗压强度关系曲线进行对比分析，不难发现，在相同的水灰比条件下，没有掺加 HPMC 的配合比其扩散度都比掺加了 HPMC 的配合比高，HPMC 的掺量以 5/万等量递增，砂浆的扩散度也根据水灰比不同而等量递减。

如图 9.5-6 所示，在相同的水灰比条件下，没有掺加 HPMC 的配合比其 28d 抗压强度都比掺加了 HPMC 的配合比高，这也证明了抗水分散剂确实有降低砂浆抗压强度的作用，且 HPMC 的掺量在 5/万以下时的降强作用明显，掺量大于 5/万后，抗压强度降幅减缓。砂浆的扩散度也根据水灰比不同而等量递减。

4. 粉煤灰掺量和 HPMC 掺量对砂浆水陆抗压强度比的影响

通过研究粉煤灰和 HPMC 掺用后对水泥砂浆性能的影响，试验选取了 0.50 和 0.30 两个水胶比进行对比，其中粉煤灰掺量为 20%，试验结果见表 9.5-4。

表 9.5-4　粉煤灰掺量、HPMC 掺量对水泥砂浆的影响

编号	水灰比	材料用量						扩散度/mm	陆上抗压强度/MPa			水下抗压强度/MPa		
		水泥/(kg/m³)	粉煤灰/(kg/m³)	水/(kg/m³)	砂/(kg/m³)	减水剂/%	HPMC 掺量/(1/万)		3d	7d	28d	3d	7d	28d
A24	0.50	702	—	351	1053	0.5	5	330	27.5	—	39.2	20.5	—	33.5
A25	0.50	702	—	351	1053	0.5	10	280	24.4	—	36.8	22.5	—	27.5
A37	0.30	820	—	246	1231	1.5	5	285	43.5	—	60.6	35.2	—	52.6
A38	0.30	820	—	246	1231	1.5	10	235	36.2	—	56.8	29.5	—	47.7
A39	0.30	656	164	246	1231	1.5	5	285	37.5	—	54.1	—	—	42.8
A40	0.30	656	164	246	1231	1.5	10	215	31.5	—	47.6	—	—	37.6

从表 9.5-4 中可以看出，没有掺加粉煤灰的砂浆其水陆抗压强度比均达到 75%以上的要求，对比水灰比同为 0.50 的 A24 和 A25，在 HPMC 掺量为 5/万的条件下，水陆抗

压强度能达到85%以上，但HPMC掺量达到10/万后，水陆抗压强度反而降至75%，水灰比同为0.30的A37和A38，也反映了相同的情况。这表明了，虽然抗水分散剂能有效增加砂浆的黏稠度，但降强作用也非常明显，不能保证砂浆入水后的抗压强度，因此抗水分散剂的掺量不宜过多。

从表9.5-4中还可以看出，相同配合比中，采用20%的粉煤灰替代水泥后，砂浆的28d水陆抗压强度比明显下降，陆上抗压强度也降低了10%左右，从砂浆入水后的情况来看，掺加粉煤灰的砂浆入水后，水面非常浑浊，这可能是因为粉煤灰的细度较小，颗粒呈现表面致密、光滑，容易脱离砂浆结构。从实际工程应用角度考虑，砂浆的入水深度高于室内入水深度，且在动水条件下灌注，掺加粉煤灰的砂浆更易被水冲散，水下抗压强度损失更大，所以，不宜在砂浆中掺加粉煤灰。

5. 推荐配合比

通过前期对水下不分散水泥砂浆的配合比调整和优化试验结果，找到了减水剂掺量与砂浆28d抗压强度之间的关系，减水剂掺量与砂浆扩散度之间的关系，抗水分散剂掺量与砂浆28d抗压强度之间的关系，抗水分散剂掺量与砂浆扩散度之间的关系等。根据前期试验结果，通过优化和调整提出了推荐配合比，水下不分散水泥砂浆推荐配合比的出机性能及28d水陆抗压强度试验结果，含气量及凝结时间试验结果，抗冻等级、抗渗等级及干缩试验结果分别见表9.5-5～表9.5-7。

(1) 凝结时间。从表9.5-6来看，水泥砂浆的初凝时间在13h左右，终凝时间在16h左右。在水泥浆液中，加入到水泥中的大多数有机添加剂都有被吸附到水泥颗粒或水化产物表面的倾向，这种吸附可能阻碍水泥颗粒的溶解和水化产物的析晶，从而影响水泥水化和凝结的速度。

(2) 抗冻、抗渗性能。水泥砂浆的含气量为4.5%左右。一般而言，水泥浆液中的含气量越大，说明浆液中微小且独立的气泡越多，大量的气泡如同滚珠一般，可以减小骨料和细颗粒之间的摩擦力，同时还增加了水泥浆液的体积，可减小水泥浆液的稠度，提高其流动性和和易性。实践证明，当含气量为3%～5%时，水泥浆液的表观更加柔和，工作性更佳，而水泥浆液中大量独立的气泡，不但能够有效缓冲冻融过程中产生的静水压力和渗透压力，减少冻融产生的作用，还能够有效地隔断水泥浆液中的毛细通道，防止水分的渗漏，从而增强水泥浆液的抗冻性能和抗渗性能。

推荐配合比的抗渗等级均能达到W14，抗冻等级均能达到F200的设计要求。

(3) 干缩性能。一般来说，混凝土的收缩有以下几种类型：一是水泥水化产生的化学减缩；二是混凝土硬化前，表面水分蒸发而引起的塑性收缩；三是硬化后混凝土在不饱和空气中失去内部毛细孔和凝胶孔的吸附水引起的干缩；四是由温度引起的冷缩。此外，对于水胶比较小而胶结材料用量较多的高强混凝土，随着水泥水化的进行，其内部相对湿度降低（称为自干燥），加之混凝土内水分较少，而且内部又非常密实，致使水分迁移困难，造成毛细孔中水分不饱和而产生压力差，从而引起自收缩。由于水泥浆液中的水泥用量远高于同水灰比的混凝土，细颗粒较多，水泥浆液的内部结构更加密实，水分迁移更困难，造成毛细孔中水分不饱和而产生的压力差更大，所以，水下不分散水泥浆液的自收缩也远大于同水灰比的混凝土。

表 9.5-5 推荐配合比抗压强度

编号	水灰比	灰砂比	材料用量						扩散度/mm	陆上抗压强度/MPa			水下抗压强度/MPa			28d水陆强度比/%
			水泥/(kg/m³)	粉煤灰/(kg/m³)	水/(kg/m³)	砂/(kg/m³)	减水剂/%	HPMC掺量/(1/万)		3d	7d	28d	3d	7d	28d	
AA1	0.30	1:1.5	811	—	243	1216	2.0	5	295	41.1	53.5	65.2	—	46.2	53.6	82.2
AA2	0.30	1:1.5	811	—	243	1216	2.0	7.5	260	36.2	47.9	56.8	—	43.1	47.7	84.0
AA3	0.35	1:1.5	778	—	272	1168	1.5	5	315	31.3	41.0	55.1	—	38.5	44.9	81.5
AA4	0.35	1:1.5	778	—	272	1168	1.5	8	265	27.8	37.4	51.5	—	33.7	42.8	83.1

表 9.5-6 推荐配合比含气量、凝结时间

编号	水灰比	灰砂比	材料用量						扩散度/mm	含气量/%	凝结时间		水泥流失量/%	悬浊物含量/(mg/L)	pH值
			水泥/(kg/m³)	粉煤灰/(kg/m³)	水/(kg/m³)	砂/(kg/m³)	减水剂/%	HPMC掺量/(1/万)			初凝	终凝			
AA1	0.30	1:1.5	811	—	243	1216	2.0	5	295	4.8	12h25min	14h11min	9.5	660	12.2
AA2	0.30	1:1.5	811	—	243	1216	2.0	7.5	260	4.5	13h36min	15h25min	8.2	580	11.8
AA3	0.35	1:1.5	778	—	272	1168	1.5	5	315	4.5	13h18min	16h21min	9.8	690	12.3
AA4	0.35	1:1.5	778	—	272	1168	1.5	8	265	4.4	12h45min	14h13min	8.3	590	11.8

注 水泥流失量、悬浊物含量和pH值均参照《水下不分散混凝土试验规程》(DL/T 5117—2000)中8.1进行。

表 9.5-7 推荐配合比抗渗性能、抗冻性能及干缩性能

编号	水灰比	灰砂比	材料用量						扩散度/mm	抗渗等级	抗冻等级	干缩值/($\times 10^{-4}$)			
			水泥/(kg/m³)	粉煤灰/(kg/m³)	水/(kg/m³)	砂/(kg/m³)	减水剂/%	HPMC掺量/(1/万)				3d	7d	14d	28d
AA1	0.30	1:1.5	811	—	243	1216	2.0	5	295	>W14	>F200	−166	−200	−295	−408
AA2	0.30	1:1.5	811	—	243	1216	2.0	7.5	260	>W14	>F200	−175	−199	−339	−388
AA3	0.35	1:1.5	778	—	272	1168	1.5	5	315	>W14	>F200	—	—	—	—
AA4	0.35	1:1.5	778	—	272	1168	1.5	8	265	>W14	>F200	−184	−267	−359	−549

9.5.2 水泥净浆

1. 普通水泥净浆的流动性能分析

从水泥砂浆的试验结果来看，掺加粉煤灰会使得水泥浆体更细，更容易被水冲散，所以在水泥净浆的配制中，不考虑掺加粉煤灰替代水泥。首先研究普通水泥净浆（不采用减水剂和 HPMC 的水泥净浆）水灰比与扩散度的关系，试验结果见表 9.5-8 及图 9.5-7。

表 9.5-8 普通水泥净浆流动性

编号	水灰比	材料用量				扩散度/mm
		水泥/(kg/m³)	水/(kg/m³)	减水剂/%	HPMC 掺量/(1/万)	
B1	0.25	1649	412	—	—	70
B2	0.30	1518	456	—	—	108
B3	0.35	1407	493	—	—	135
B4	0.40	1325	530	—	—	162
B5	0.45	1278	575	—	—	203
B6	0.50	1202	601	—	—	240
B7	0.60	1088	598	—	—	290

从图 9.5-7 可以看出，普通水泥净浆扩散度增幅与水灰比成正比，水灰比与扩散度的线性趋势良好，水灰比每增大 0.05，净浆的扩散度增加 30mm 左右。试验研究的目的是，得出普通水泥净浆的扩散度后，再固定其他掺合料的掺量，找出其对水泥净浆扩散度和 28d 抗压强度的影响。

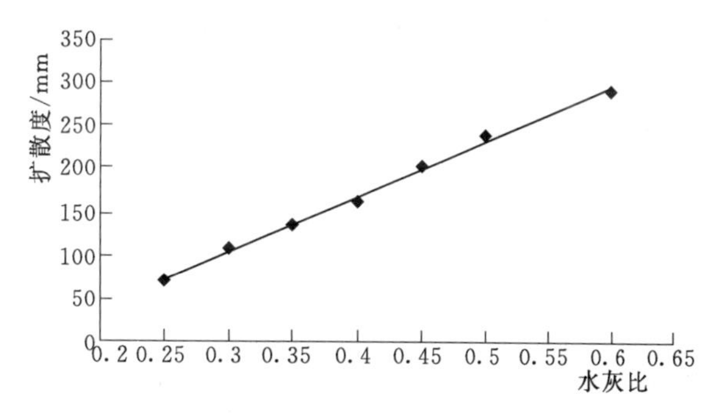

图 9.5-7 普通水泥净浆水灰比与扩散度关系图

2. 水灰比对水泥净浆扩散度、抗压强度的影响

在普通水泥净浆中掺加 1.2%的减水剂后，从净浆水灰比与扩散度、抗压强度的关系进一步研究水下不分散水泥净浆配合比，试验结果见表 9.5-9，关系曲线如图 9.5-8、图 9.5-9 所示。

表 9.5-9 水灰比对扩散度、抗压强度的影响

编号	水灰比	材料用量				扩散度/mm	抗压强度/MPa		
		水泥/(kg/m³)	水/(kg/m³)	减水剂/%	HPMC 掺量/(1/万)		3d	7d	28d
B8	0.25	1649	412	1.2	—	270	71.1	85.9	92.3
B9	0.30	1518	456	1.2	—	300	45.0	57.2	85.4
B10	0.35	1407	493	1.2	—	320	44.7	61.9	80.3
B11	0.40	1325	530	1.2	—	345	40.6	61.5	74.5
B12	0.45	1278	575	1.2	—	400	26.9	57.8	72.8
B13	0.50	1202	601	1.2	—	455	23.6	47.0	68.9

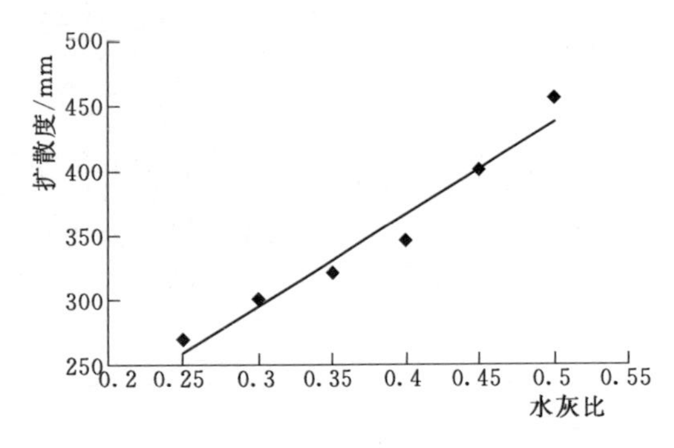

图 9.5-8 水泥净浆水灰比与扩散度关系

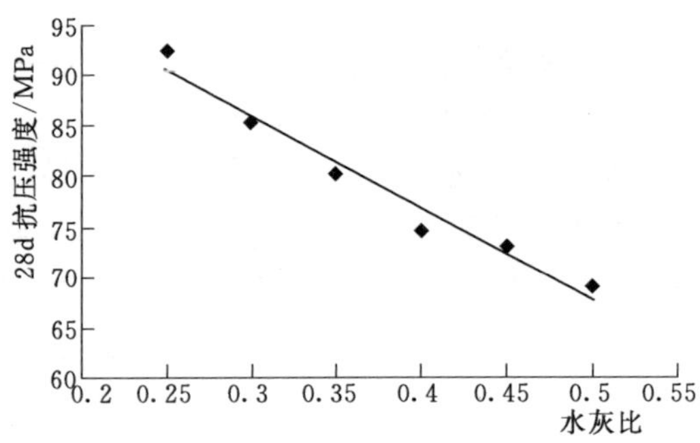

图 9.5-9 净浆水灰比与28d抗压强度关系

由表 9.5-9 和图 9.5-8 所示，掺加了 1.2%的减水剂后，水灰比从 0.25 到 0.50，每增加 0.05，净浆扩散度增加 30mm 左右。

图 9.5-9 是净浆的水灰比与 28d 抗压强度关系图，从净浆的水灰比与 28d 抗压强度的发展趋势来看，水灰比每增大 0.05，净浆的 28d 抗压强度减小 5MPa 左右。该试验目的是，固定减水剂掺量，得出净浆的扩散度和 28d 抗压强度试验结果，然后在下一步试验中再掺加 HPMC，找出 HPMC 掺量对净浆扩散度和 28d 抗压强度的影响。

3. HPMC 掺量对净浆扩散度和力学性能的影响

选取水灰比分别为 0.25、0.30、0.35、0.40 和 0.50，减水剂掺量均为 1.2%，HPMC 掺量均为 5/万的净浆配合比，研究水下不分散水泥净浆的性能，试验结果见表 9.5-10 及如图 9.5-10、图 9.5-11 所示。

表 9.5-10 HPMC 掺量对净浆扩散度、力学性能的影响

编号	水灰比	材料用量				凝结时间		扩散度/mm	含气量/%	抗压强度/MPa		
		水泥/(kg/m³)	水/(kg/m³)	减水剂/%	HPMC 掺量/(1/万)	初凝	终凝			3d	7d	28d
B14	0.25	1649	412	1.2	5	16h28min	20h51min	210	4.9	71.1	85.9	81.5
B15	0.30	1518	456	1.2	5	15h11min	19h22min	250	5.3	52.9	54.0	71.6
B16	0.35	1407	493	1.2	5	16h05min	20h03min	295	5.1	44.2	48.5	64.9
B17	0.40	1325	530	1.2	5	15h40min	18h32min	345	4.8	25.2	34.2	58.7
B18	0.50	1202	601	1.2	5	15h52min	19h25min	400	5.0	26.1	30.3	47.2

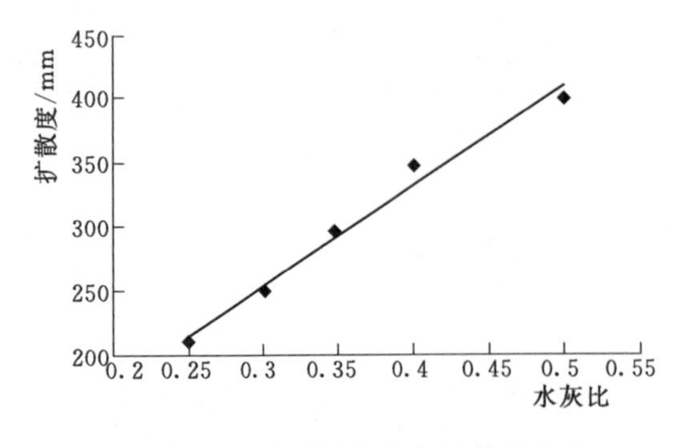

图 9.5-10 净浆水灰比与扩散度关系

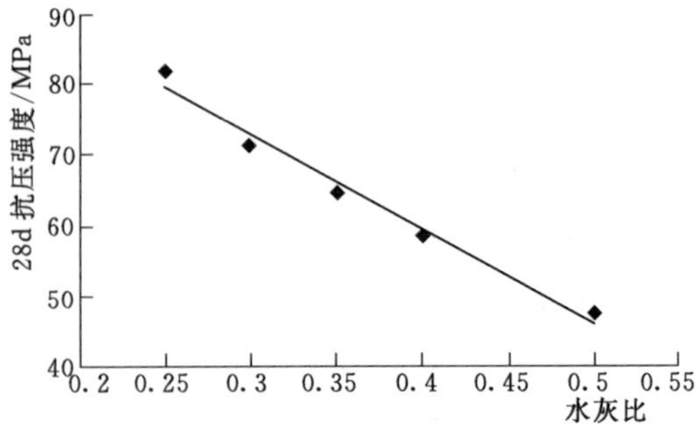

图 9.5-11 净浆水灰比与28d抗压强度关系

如图9.5-10所示，减水剂掺量为1.2%，HPMC掺量为5/万的同等条件下，净浆水灰比与扩散度成正比，水灰比每增加0.05，净浆的扩散度增加50mm左右。从图9.5-11可以看出，净浆水灰比与28d抗压强度呈良好的线性关系，水灰比每增大0.05，净浆的28d抗压强度减小约10MPa。

在减水剂掺量均为1.2%，HPMC掺量均为5/万的条件下，水灰比为0.25、0.30的净浆扩散度小于300mm，需要增加减水剂掺量；水灰比为0.35和0.40的净浆扩散度为295mm，可适量增加减水剂和抗水分散剂，提高净浆的流动性能和抗水分散性；水灰比为0.50的净浆扩散度为400mm，28d抗压强度为47.2MPa，虽然流动性能满足要求，但抗压强度偏低。

综合上述研究结果，要保证水泥净浆的扩散度达到300mm以上，抗压强度达到M40以上，并保证水泥净浆有一定的抗水分散性，需要掺加5/万以上的水下不分散剂，且水下不分散水泥净浆的水灰比宜控制在0.30～0.40。

4. 推荐配合比

通过对水下不分散水泥净浆进行的各种试验可知，要保证水泥净浆的扩散度在300mm以上，抗压强度达到M40以上，宜将水下不分散水泥净浆的水灰比控制在0.35～0.40。经过复核、优化后，对推荐配合比进行了水泥净浆的抗压强度（水、陆）、抗渗等级、抗冻等级和干缩性能等试验。水下不分散水泥净浆推荐配合比的试验结果分别见表9.5-11～表9.5-13。

表9.5-11　推荐配合比抗压强度

编号	水灰比	材料用量				扩散度/mm	陆上抗压强度/MPa			水下抗压强度/MPa			28d水陆抗压强度比/%
		水泥/(kg/m³)	水/(kg/m³)	减水剂/%	HPMC掺量/(1/万)		3d	7d	28d	3d	7d	28d	
BB1	0.30	1518	456	1.5	2.5	300	39.5	54.0	73.9	—	48.4	59.2	80.1
BB2	0.40	1325	456	1.2	2.5	310	39.9	50.1	61.5	—	45.5	47.3	76.9
BB3	0.40	1325	456	1.2	5	330	35.7	46.7	57.8	—	39.2	45.5	78.7

表9.5-12　推荐配合比含气量、凝结时间

编号	水灰比	材料用量				扩散度/mm	含气量/%	凝结时间		外观描述
		水泥/(kg/m³)	水/(kg/m³)	减水剂/%	HPMC掺量/(1/万)			初凝	终凝	
BB1	0.30	1518	456	1.5	2.5	300	5.2	16h05min	19h51min	胶材均匀，稍黏稠，流速中
BB2	0.40	1325	456	1.2	2.5	310	5.4	15h48min	20h21min	胶材均匀，稍黏稠，流速中
BB3	0.40	1325	456	1.2	5	330	5.1	17h18min	20h35min	胶材均匀，黏稠，流速高

表 9.5-13　　推荐配合比抗渗性能、抗冻性能及干缩性能

编号	水灰比	材料用量				扩散度/mm	抗渗等级	抗冻等级	干缩值/($\times10^{-4}$)			
		水泥/(kg/m^3)	水/(kg/m^3)	减水剂/%	HPMC掺量/(1/万)				3d	7d	14d	28d
BB1	0.30	1518	456	1.5	2.5	300	>W16	>F300	−344	−646	−1323	−1635
BB2	0.40	1325	456	1.2	2.5	310	>W16	>F300	−610	−1017	−1183	−1558
BB3	0.40	1325	456	1.2	5	330	>W16	>F300	—	—	—	—

5. 凝结时间

从9.5-12来看，水泥净浆的初凝时间在16h左右，终凝时间在20h左右，比水泥砂浆长。分析原因为水泥净浆中的HPMC掺量低于水泥砂浆，水泥用量又高于水泥砂浆，所以，HPMC对水泥净浆的吸附作用小于水泥砂浆，使得水泥净浆的凝结时间较水泥砂浆长。

6. 抗冻、抗渗性能

水泥净浆的含气量在5.0%左右，大量的独立气泡不但能够有效缓冲冻融过程中产生的静水压力和渗透压力，减少冻融产生的作用，还能够有效地隔断水泥浆液中的毛细通道，防止水分的渗漏，从而增强水泥浆液的抗冻性能和抗渗性能。推荐配合比的抗渗等级均能达到W16，抗冻等级均能达到F300的设计要求。

7. 干缩性能

由于，水泥净浆中的水泥用量远高于同水灰比的混凝土，细颗粒较多，水泥净浆的内部结构更加密实，水分迁移更困难，造成毛细孔中水分不饱和而产生的压力差更大，所以，水下不分散水泥净浆的自收缩也远大于同水灰比的混凝土。

9.6 微观结构研究

9.6.1 试验目的

微观结构研究的试验目的在于研究水下不分散水泥浆液中的抗水分散剂和减水剂在复合材料体系下的作用机理。测试项目包括：化学成分分析（XRF）、X射线衍射（XRD）、扫描电子显微镜（SEM）、能谱分析（EDXA）和热分析（TG）。试验的水下不分散水泥净浆配合比见表9.6-1。

表 9.6-1　　水泥净浆配合比

编号	水灰比	水/(kg/m^3)	水泥/(kg/m^3)	减水剂/%	HPMC掺量/(1/万)
1	0.30	456	1518	1.2	—
2	0.30	456	1518	1.2	5
3	0.30	456	1518	1.6	10
4	0.40	530	1325	1.2	5

注　按照给定编号1，2，3，4对样品进行编号，3d龄期的样品编号为1-3，2-3，3-3，4-3，28d龄期的样品编号为1-28，2-28，3-28，4-28。

9.6.2 测试方法

化学成分分析实验，采用德国布鲁克 AXS 公司 S4 Pioneer 型 X 射线荧光光谱仪进行 X 射线荧光（XRF）分析，其最大功率为 4kW，最大激发电流为 150mA，最大激发电压为 60kV。

粉末样品的 X 射线图谱，使用日本 Rigaku 公司生产的 D/max - rA 型 X 射线衍射（X - ray Powder diffraction，XRD）仪。

扫描电子显微镜，采用美国 FEICOMAPNY 公司生产的 SIRION TMP 型场发射扫描电子显微镜（Field Emission Scanning Electron Microscope，FE - SEM）观察样品微观形貌，并采用配套的 X 射线能谱仪（Energy Dispersive X - Ray Analysis，EDXA）进行微区元素的定性和定量分析。

热分析，采用 Diamond DSC TG - DTA 6300 定量分析水化产物。升温范围为 70～1000℃，升温速率为 15℃/min。

9.6.3 测试结果及分析

1. 化学成分分析（XRF）

依据《水泥化学分析方法》（GB/T 176—2008）以及行业标准《水泥用 X 射线荧光分析仪》（JC/T 1085—2008）对水泥进行化学分析。水泥的化学成分见表 9.6 - 2。

表 9.6 - 2　水泥的化学成分　%

CaO	SiO_2	Fe_2O_3	Al_2O_3	MgO	K_2O	Na_2O	SO_3
60.52	20.66	4.02	5.69	1.06	1.13	0.19	3.12

根据《通用硅酸盐水泥》（GB 175—2007）标准，水泥水化的碱含量通常以钠当量（Na_2Oaq）来表达，计算公式如下：

$$Na_2Oaq = Na_2O + 0.658K_2O \tag{9.6-1}$$

本次水泥碱含量为

$$Na_2Oaq = 0.19 + 1.13 \times 0.658 = 0.93$$

2. X 射线衍射（XRD）

X 射线衍射分析（X - ray diffraction，XRD），是利用晶体形成的 X 射线衍射，对物质进行内部原子在空间分布状况的结构分析方法。将具有一定波长的 X 射线照射到结晶性物质上时，X 射线因在结晶内遇到规则排列的原子或离子而发生散射，散射的 X 射线在某些方向上相位得到加强，从而显示与结晶结构相对应的特有的衍射现象。水泥的 XRD 谱图如图 9.6 - 1 所示，水化样品的 XRD 图谱如图 9.6 - 2 所示。可以看出，水泥的衍射峰主要是 alite 和 blite。

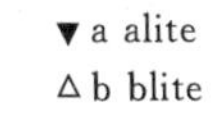

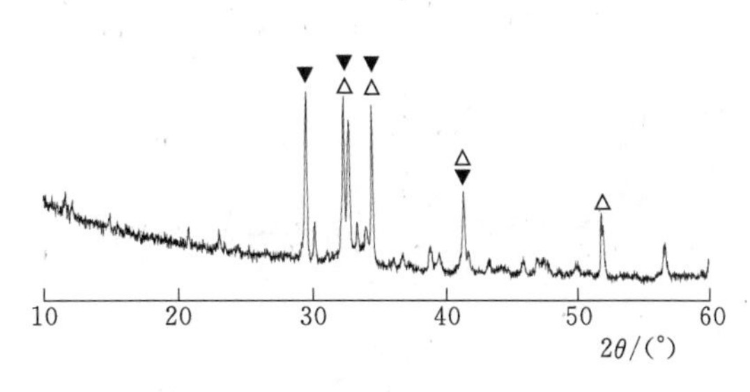

图 9.6 - 1　水泥的 XRD

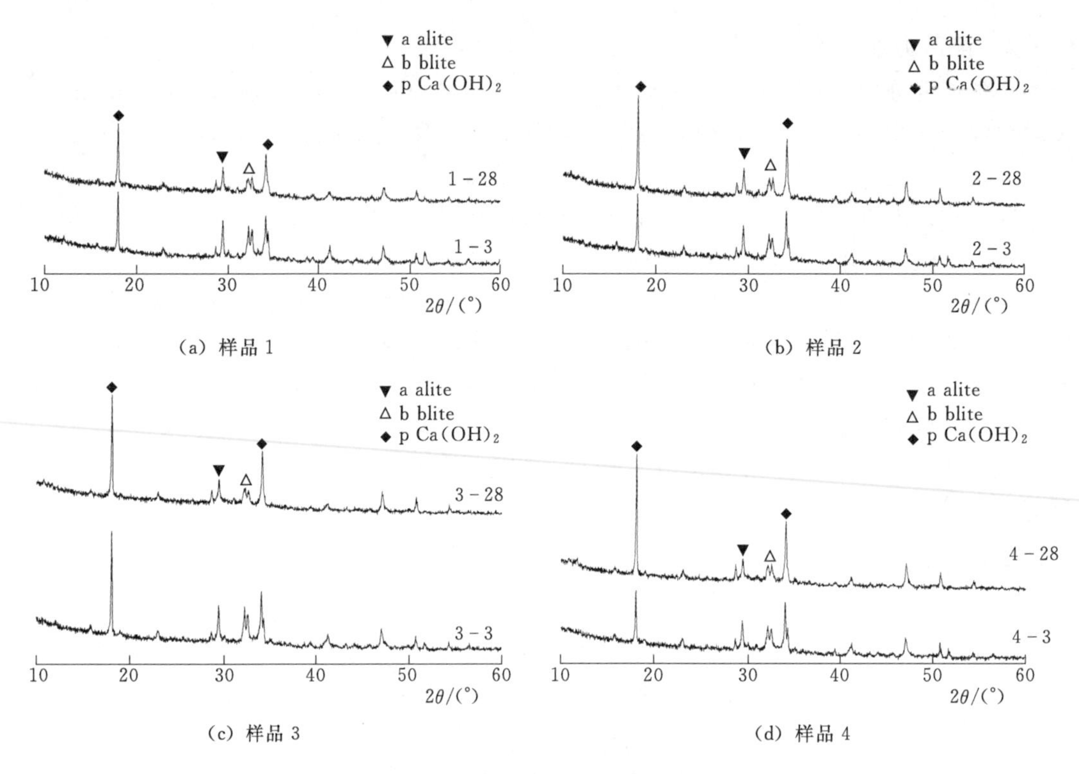

图 9.6-2 水泥水化样的 XRD 图谱

对比图 9.6-1 和图 9.6-2 可以看到，各组浆体水化后，$Ca(OH)_2$ 的衍射峰都有不同程度地提高，水化 28d 的 $Ca(OH)_2$ 衍射峰高于水化 3d 时。此外，对比 $Ca(OH)_2$ 衍射峰强度，样品 1 和样品 3 水化 28d 后的强度与 3d 时差别不大，而样品 2 和样品 4 水化 28d 时的 $Ca(OH)_2$ 含量远高于水化 3d 时体系的含量。

从图 9.6-3 可知，水化 3d 时，样品 3 中的 CH 含量最高。而该组样品的减水剂用量

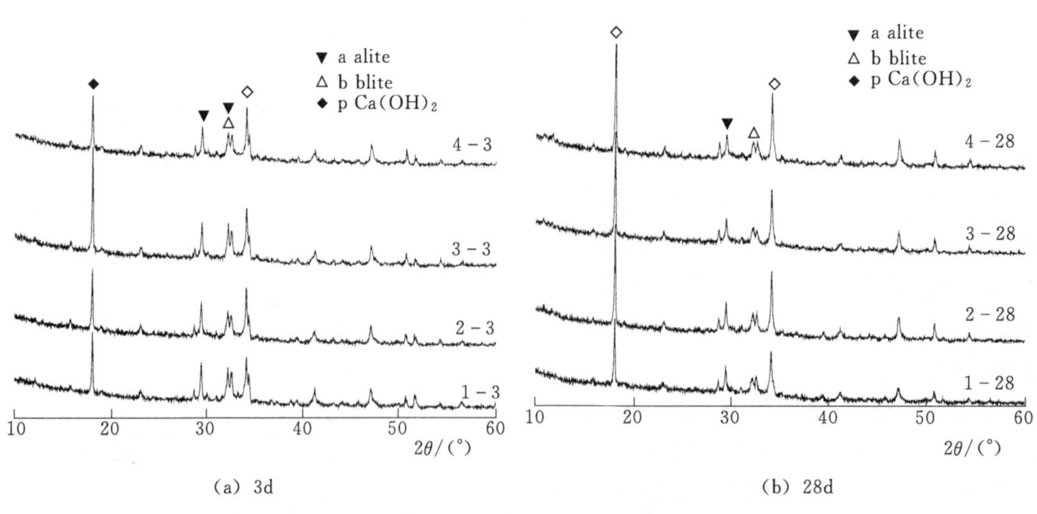

图 9.6-3 不同配合比样品水化不同龄期的 XRD 图谱

最高有关，即便该组配合比的 HPMC 掺量最高，但该组样品的水泥颗粒充分分散，水化环境最好，因而水化早期产生了最多的 CH。而在水化 28d 时，各组样品之间 CH 衍射峰强度相差不大，表明减水剂和 HPMC 对水化 28d 样品造成的影响较水化 3d 要小，此时，样品 4 中的 CH 含量相对最高，这与该组配合比具有最高用水量有关。

3. 扫描电子显微镜（SEM）和能谱分析（EDXA）

扫描电子显微镜（SEM），是利用电子和物质的相互作用，获取被测样品本身的各种物理、化学性质的信息，如形貌、组成、晶体结构、电子结构和内部电场或磁场等。

水泥水化的 SEM 照片和 EDXA 分析如图 9.6－4～图 9.6－6 所示。

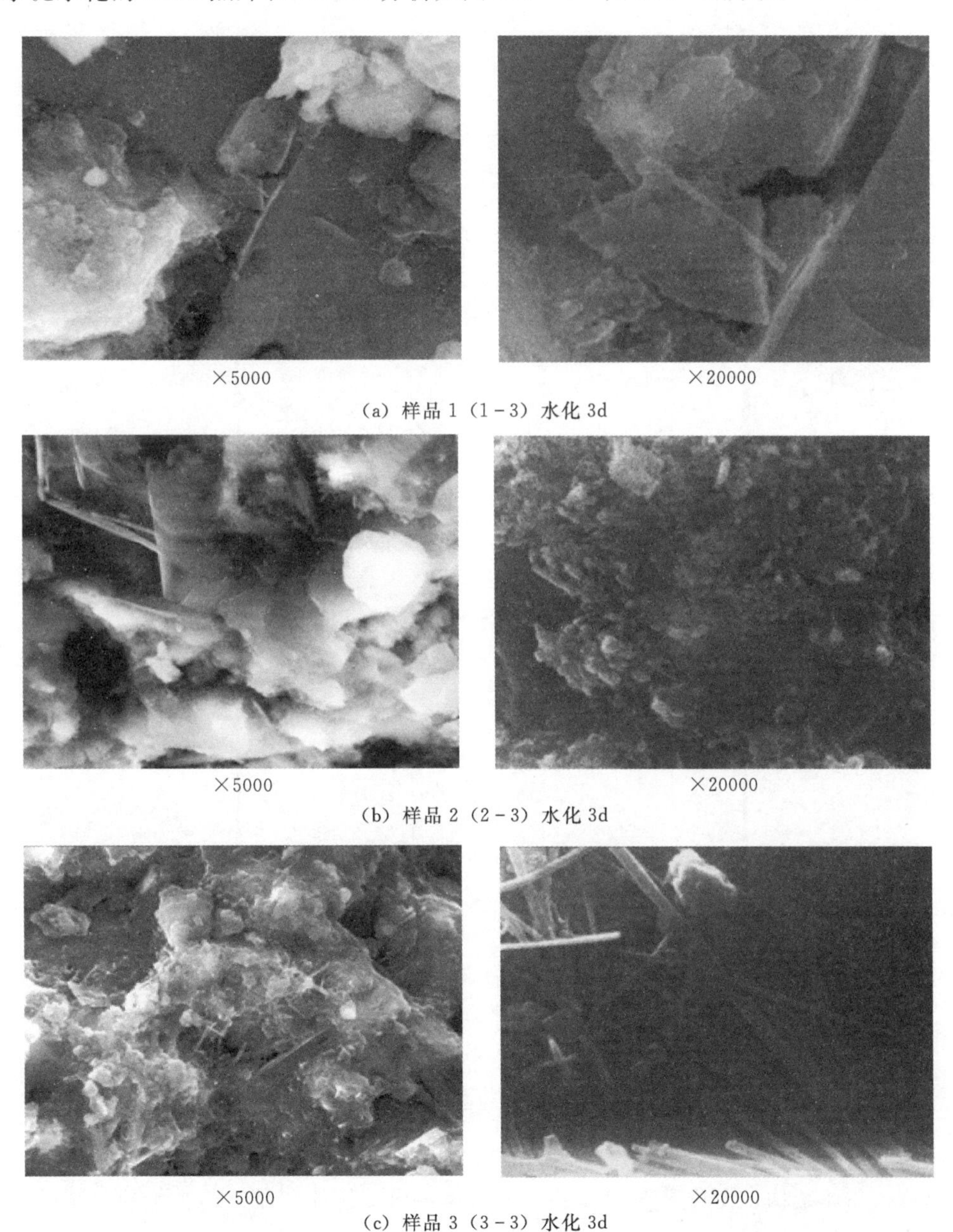

×5000　　×20000

(a) 样品 1（1－3）水化 3d

×5000　　×20000

(b) 样品 2（2－3）水化 3d

×5000　　×20000

(c) 样品 3（3－3）水化 3d

图 9.6－4（一）　不同配合比样品水化 3d 的 SEM 照片

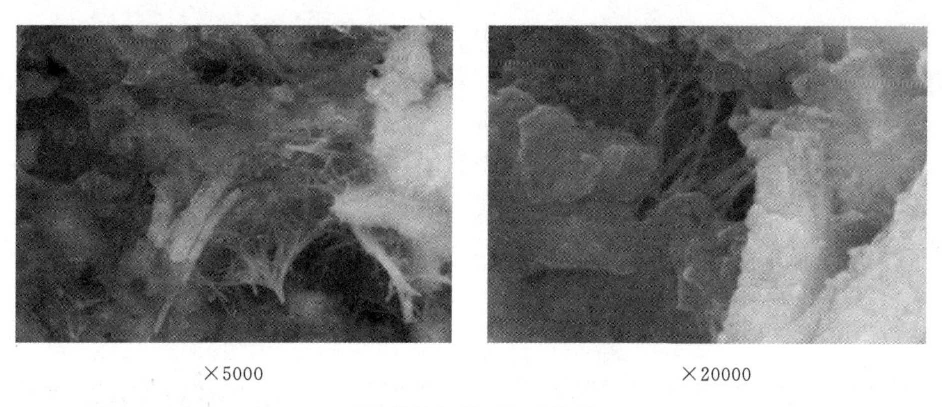

×5000　　×20000

(d) 样品4（4-3）水化3d

图9.6-4（二） 不同配合比样品水化3d的SEM照片

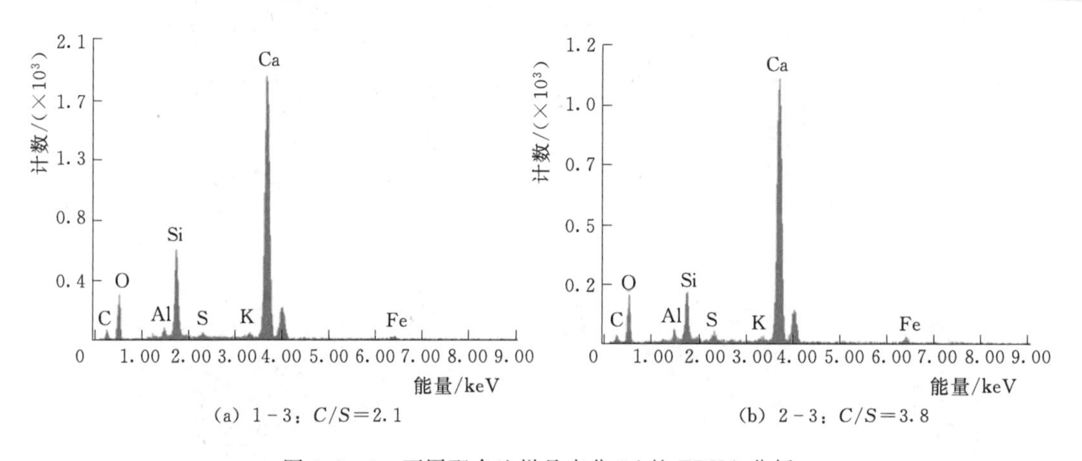

(a) 1-3：$C/S=2.1$　　(b) 2-3：$C/S=3.8$

图9.6-5 不同配合比样品水化3d的EDXA分析

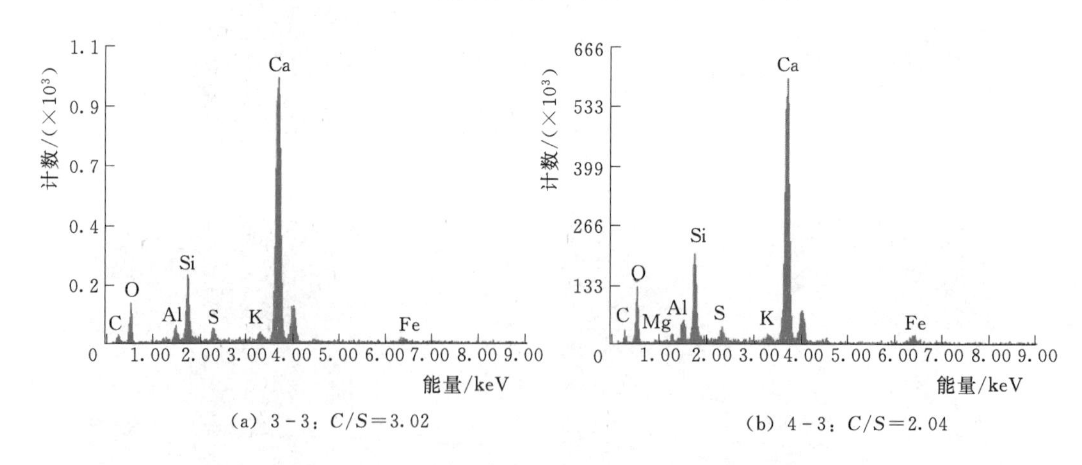

(a) 3-3：$C/S=3.02$　　(b) 4-3：$C/S=2.04$

图9.6-6 不同配合比样品水化3d的EDXA分析

从图9.6-4可以看到，各组样品水化3d放大5000倍和20000倍时，都可以看到CH晶体和Aft晶体结构，而样品3和样品4中富集钙矾石针棒状晶体与少量片状物质组成了蜘蛛网状多孔物，表明样品3和样品4中的早期水化环境较好，在使用HPMC的条件下，适量增加减水剂的用量以及 W/C 有助于水化环境的改善，从而有利于浆体形成晶体搭接结构，进而提高砂浆的宏观力学性能。通过 EDXA 微区分析，可以计算得出各组样品扫描区域内的钙硅比（C/S）分别为 2.19、3.8、3.02 和 3.8，如图 9.6－5 和图 9.6－6 所示。

从图 9.6－7 可以看到，水化 28d 样品放大到 2000 倍时，各组样品形貌较为平整，整体结构较为密实，孔隙结构已被填充，硬化结构已经初步形成，但是也有一些裂纹和孔隙，这是由水泥的干缩造成的。当样品放大到 5000 倍时，样品 1 有较多晶体颗粒，样品 3 次之，样品 2、样品 4 基本无晶体状颗粒，这是因为在水泥水化产物中，减水剂的掺量越高，水化环境越好，能产生更多的 $Ca(OH)_2$，而液相中的 $Ca(OH)_2$ 浓度越高水化产物中的 C/S（钙硅比）越大，即水化硅酸钙胶凝（C－S－H）的含量越多。由于 C－S－H 的结晶程度极差，所以，在 CH 含量最低的样品 1 中，其 CH 结晶体最多。通过 EDXA 微区分析，可以计算得出各组样品扫描区域内的钙硅比（C/S）分别为 2.03、5.48、3.65 和 1.88，如图 9.6－8 和图 9.6－9 所示。

4. 热分析

热分析（Thermal Analysis，TA）是指用热力学参数或物理参数随温度变化的关系进行分析的方法。各组配合比的热分析如图 9.6－10 和图 9.6－11 所示，各组样品 CH 含

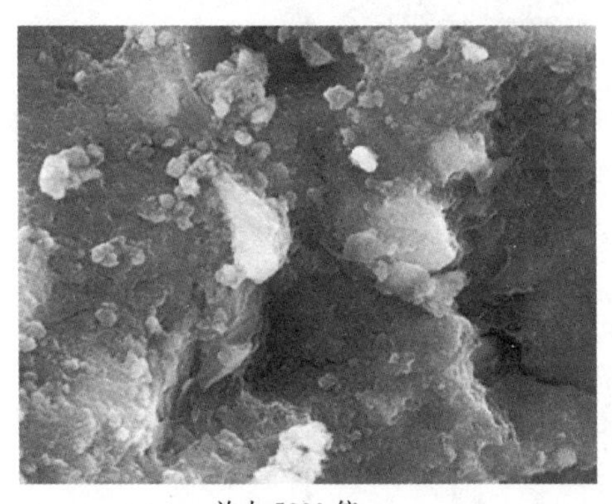

放大 5000 倍

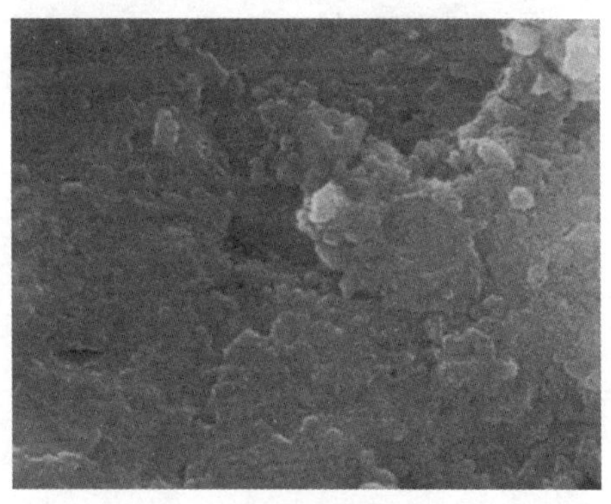

放大 20000 倍

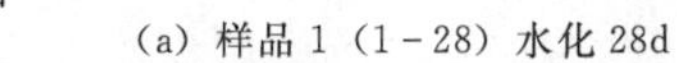

(a) 样品 1（1－28）水化 28d

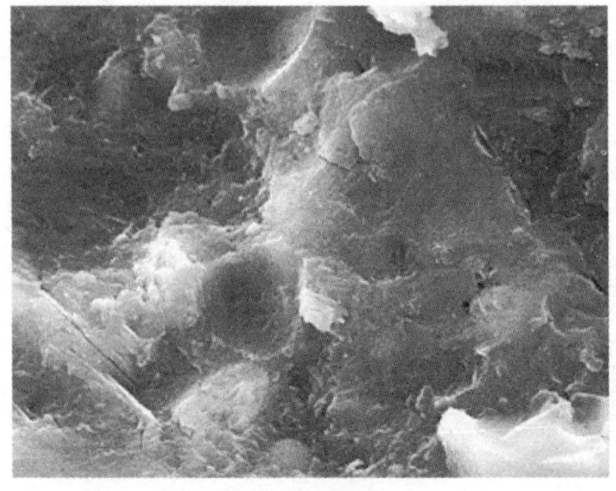

放大 5000 倍

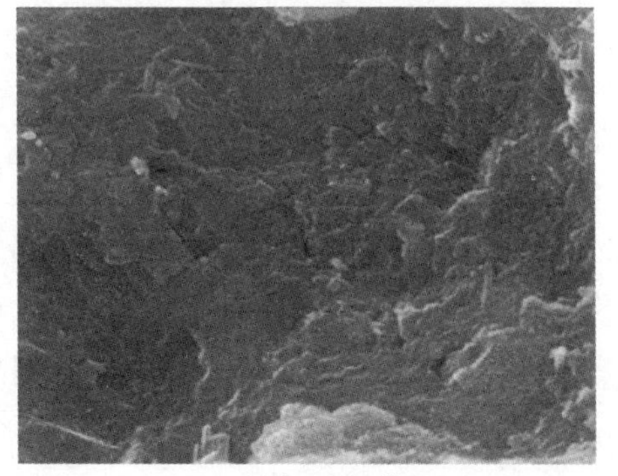

放大 20000 倍

(b) 样品 2（2－28）水化 28d

图 9.6－7（一） 不同配合比样品水化 28d 的 SEM 谱图

放大 5000 倍　　放大 20000 倍

(c) 样品 3（3-28）水化 28d

放大 5000 倍　　放大 20000 倍

(d) 样品 4（4-28）水化 28d

图 9.6-7（二） 不同配合比样品水化 28d 的 SEM 谱图

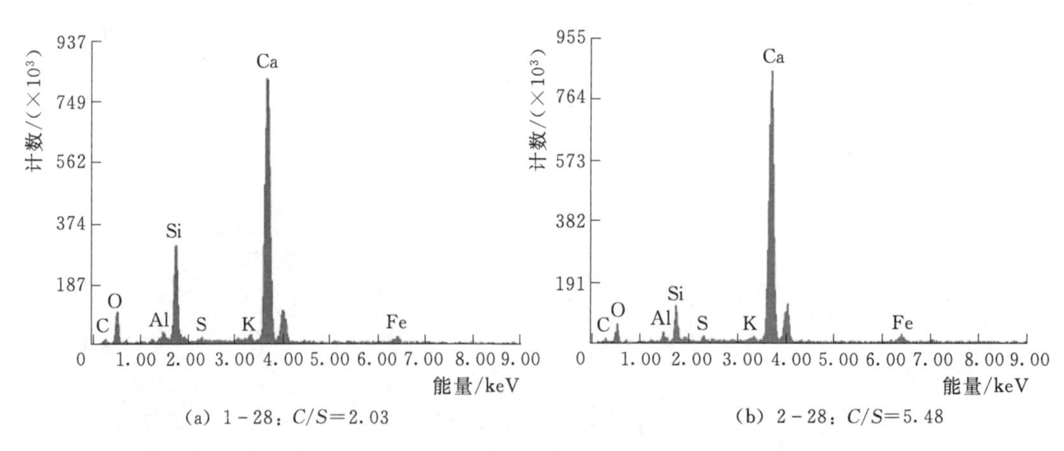

(a) 1-28：$C/S=2.03$　　(b) 2-28：$C/S=5.48$

图 9.6-8 不同配合比样品水化 28d 的 EDXA 分析

量计算结果见表 9.6-3。

根据曲线的失重范围和失重量，对体系中氢氧化钙（CH）含量进行计算，计算结果见表 9.6-3。

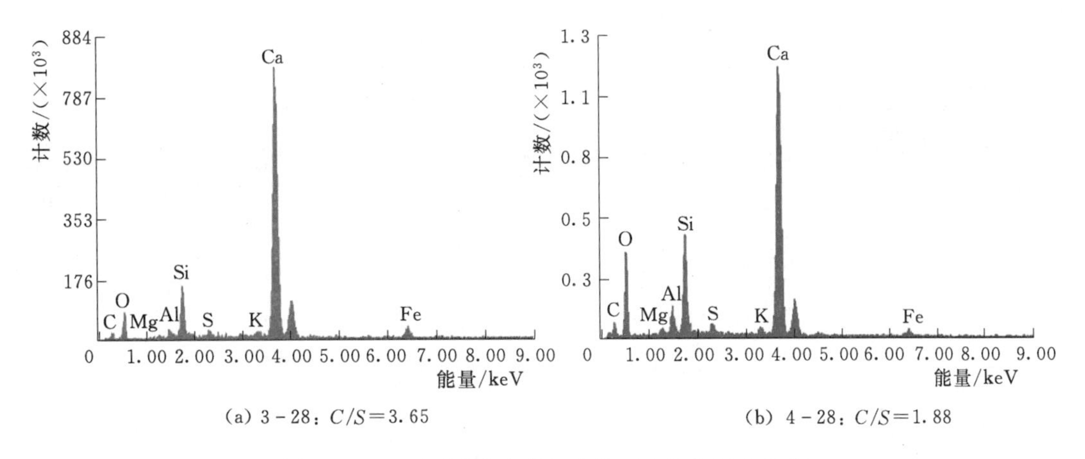

(a) 3-28：C/S=3.65　　(b) 4-28：C/S=1.88

图 9.6-9　不同配合比样品水化 28d 的 EDXA 分析

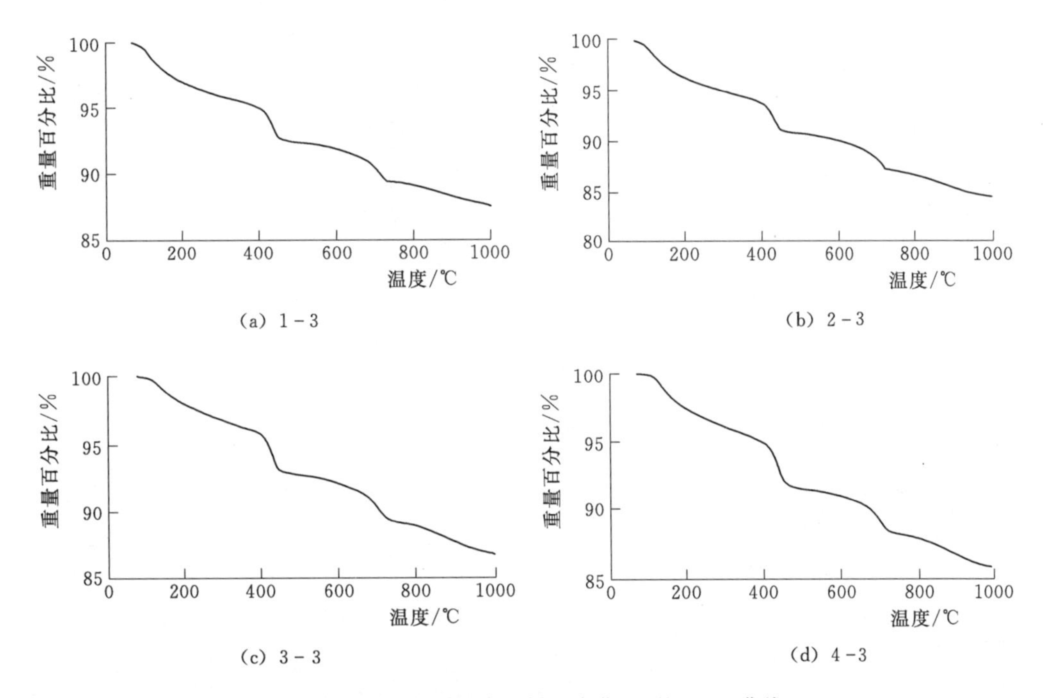

(a) 1-3　　(b) 2-3

(c) 3-3　　(d) 4-3

图 9.6-10　不同配合比样品水化 3d 的 DTA 曲线

利用 DTA 可以计算氢氧化钙的含量，精确度较高。

9.6.4　反应机理探讨

在水下不分散水泥浆液水化早期，由于 HPMC 的长链状分子吸附了周围的水分子，阻碍了水分子的移动，并与之相互交联，使水呈胶体状，因而增加了水泥浆液液相的黏性。黏稠的液相吸附固相粒子（水泥），形成架桥结构，使粒子间相对牢固地连接起来，阻止粒子从水中逸出，从而使得水泥浆液具有抗水分散的性能。而聚羧酸减水剂中的亲水基极性很强，可使水泥颗粒表面的减水剂吸附膜能与水分子形成一层稳定的溶剂化水膜，这层水膜具有很好的润滑作用，能有效降低水泥颗粒间的摩阻力，从而提升了水泥砂浆的

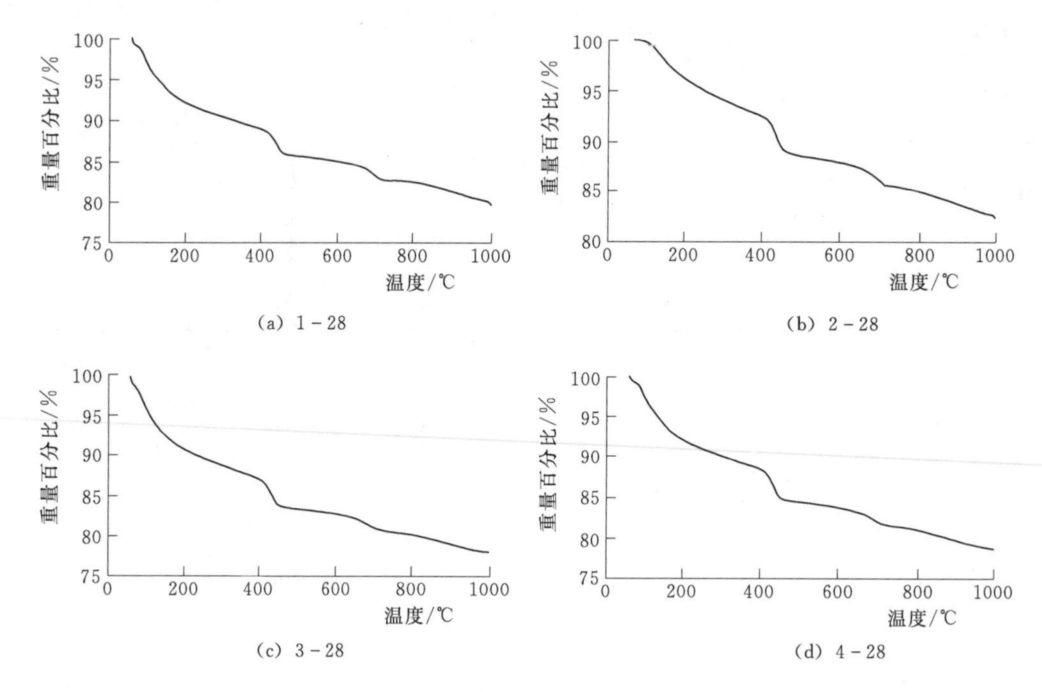

图 9.6-11 不同配合比样品水化 28d 的 DTA 曲线

表 9.6-3　　水化 28d 的 CH 含量　　%

编号	CH 失水	$CaCO_3$ 失水	CH 含量	$CaCO_3$ 含量	CH 总含量
1-3	2.625	1.867	10.79	4.24	13.94
2-3	2.834	1.892	11.65	4.30	14.84
3-3	3.232	2.032	13.29	4.62	16.71
4-3	3.012	1.916	12.38	4.35	15.61
1-28	2.872	1.921	11.81	4.37	15.04
2-28	3.596	1.677	14.79	3.81	17.61
3-28	3.591	1.783	14.77	4.05	17.77
4-28	3.762	1.657	15.47	3.77	18.26

流动性，滑动阻力的减小也使水泥颗粒间的结合更紧密，减少了水泥浆液中的孔隙率，改善了水泥浆液的结构，提高了水泥浆液的力学性能。

由于水泥浆液中的减水剂很高，其水化环境很好，使得水泥水化产物中的 $Ca(OH)_2$ 含量和 C-S-H 的含量都很高，在水泥与纤维素醚的复核结构中，水化铝酸钙、C-H-S 和 $Ca(OH)_2$ 对 HPMC 的吸附作用最大，这种吸附作用阻碍了水泥颗粒的溶解和水化产物的析晶，影响了水泥水化的速度，造成水泥浆液的早期抗压强度偏低。所以，在水下不分散水泥浆液中，在相同水灰比和减水剂掺量的条件下，HPMC 的掺量越高，其抗压强度越低。

9.7 工程应用

9.7.1 工程概况

光照水电站工程位于贵州省关岭县和晴隆县交界的北盘江中游，为一等大（1）型工程。枢纽工程由碾压混凝土重力坝、右岸引水系统及地面厂房、开关站等组成，水库正常高水位745.00m，相应库容31.35亿m^3，水库死水位691.00m，调节库容20.37亿m^3，为不完全多年调节水库，电站装机4台，单机260MW，总装机容量1040MW，年发电量27.54亿kW·h。

如图9.7-1和图9.7-2所示，2008年3月5日，当光照水电站大坝上游库区水位上升至650.20m时，在导流洞桩号K0+270.0（永久堵头位于K0+270.0～K0+300.0，长30m）以上洞体某部位突然强透水，导流洞永久堵头拱顶突发缝隙射流，射流在599m左右高程，射流水平挑距达24m，计算流速12m/s，流量约1.08m^3/s，水流呈雾化状，出水缝面长度约6m。

图9.7-1　导流洞顶部混凝土的高速射水

图9.7-2　导流洞透水部位采用钢衬支护

9.7.2 原材料

在模拟灌浆试验和导流洞封堵中使用的原材料如下：

(1) 水泥。贵州瑞安畅达水泥有限公司生产的P.O 42.5水泥，满足《通用硅酸盐水泥》(GB 175—2007) 的要求。

(2) 砂子。光照水电站左岸砂石系统生产的砂子，并用小于5mm的筛子人工筛分，砂子细度模数为2.45，石粉含量为16.31%。

(3) 减水剂。贵州特普科技发展有限公司生产的聚羧酸减水剂，满足《聚羧酸类高性减水剂》(JG/T 223—2007) 的要求。

(4) 增稠剂。羟丙基甲基纤维素，白色无味粉剂，易溶于水。

9.7.3 配合比

根据设计要求，对光照水电站导流洞封堵用的水下不分散水泥砂浆，进行了水灰比为

0.28，灰砂比分别为1：1.5、1：1.0和1：0.7的配合比试验。在模拟灌浆试验和导流洞封堵中使用的浆液配合比见表9.7-1。

表9.7-1 水下不分散水泥浆液配合比

编号	水灰比	灰砂比	材料用量/(kg/m³)			减水剂/%	HPMC/(1/万)	扩散度/mm	28d抗压强度/MPa	备注
			水泥	水	砂					
1	0.28	1：1.5	800	224	1200	4.8	10	263	63.6	砂浆
2	0.28	1：1.0	975	273	975	4.8	10	257	59.3	砂浆
3	0.28	1：0.7	1125	315	787.5	4.8	10	287	57.5	砂浆
4	0.25	—	1692	423	—	4.8	5	345	76.1	净浆

9.7.4 模拟灌浆试验

为验证施工方案与配合比的可行性，在光照水电站厂房右侧平台上，架设了一台混凝土强制式搅拌机和一台灌浆泵，通过内径为50mm的灌浆管，连接到厂房平台下方24m左右的高压封闭水管。如图9.7-3、图9.7-4所示，灌浆管总长55m左右，其中，水平段管长约为30m，模拟实际灌浆时，泵机至灌浆口的长度，垂直段管长约为25m，模拟实际灌浆时，灌浆口至脱空层的高度。高压封闭钢管总长约为15m，直径约0.6m，钢管内部注满自来水，管内压强为1.2～1.8MPa，钢管外侧中部有进浆口和压力表，钢管下游端部有出水管，模拟灌浆时，脱空层内部的110m高水压和动水环境条件。

图9.7-3 混凝土强制式搅拌机

图9.7-4 高水头封堵压力管

在模拟灌浆试验中，对表9.7-1中的1号、2号和3号配合比分别进行了试灌。从现场情况看，试灌配合比的流动性和黏聚性都比较好，但是，因灌浆管内径仅为50mm，采用灰砂比为1：1.5的配合比，易发生堵管现象；采用灰砂比为1：1.0的配合比，堵管情况减少；而采用灰砂比1：0.7的配合比后，基本无堵管现象发生。

如图9.7-5所示，灌入砂浆3d后，为检查灌浆实体质量，压力钢管被切割开。从钢管中间部位看，整个钢管均布满砂浆，在进浆口处附近80cm内，砂浆从中心向两端呈抛物线形下降，然后渐趋于水平，钢管末端砂浆厚25cm左右，说明的流动性非常好，砂浆可靠流动到钢管两，砂浆表面有约2cm厚的水泥浮浆，浮浆下的砂浆非常密实，有一定强度。

通过模拟灌浆试验证明，在高水压、动水环境下，砂浆完全可以靠自身的流动性向四周扩散，配合比是合理、可行的。最终施工配合比确定为表 9.7-1 中的 3 号配合比。

图 9.7-5　灌注砂浆 3d 后的外观

9.7.5　导流洞堵头封堵灌浆

1. 施工情况及灌浆后检查情况

如图 9.7-6～图 9.7-8 所示，实际封堵灌浆时，灌浆孔的布置呈梅花形布孔。灌注大体积脱空层时，采用水下不分散水泥砂浆灌注，当灌浆压力达到设计要求后结束灌注，然后，再用水下不分散水泥净浆继续灌注细小裂缝和透水通道，直至达到设计压力。

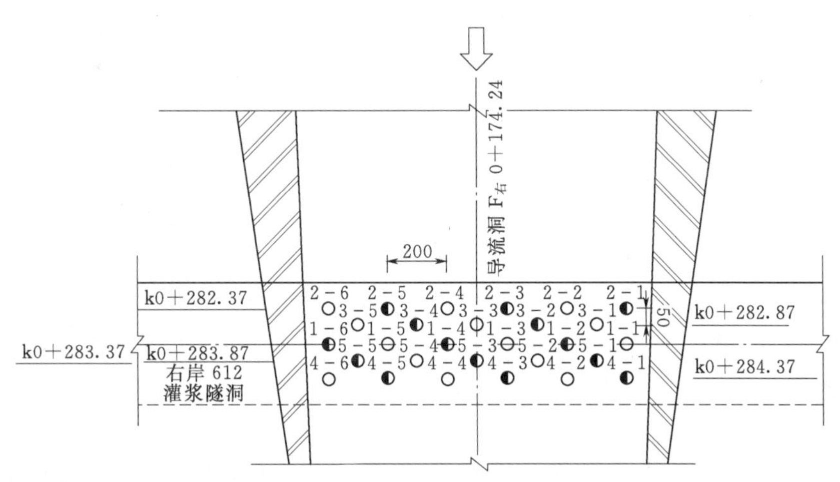

○—Ⅰ序灌浆孔；◐—Ⅱ序灌浆孔

图 9.7-6　灌浆孔布置图

图 9.7-7　现场灌浆孔布置

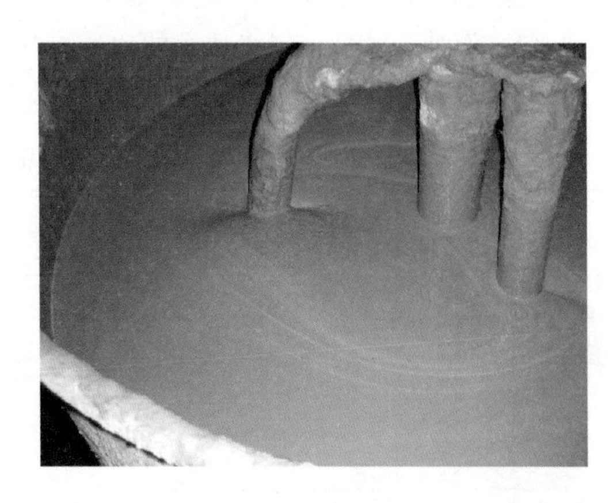

图 9.7-8　现场拌制的水泥砂浆

在施工过程中，对灌注的水泥砂浆和净浆进行了力学性能的试验检测，出机口处水泥砂浆的28d抗压强度平均值达到54.3MPa，出机口处水泥净浆的28d抗压强度平均值达到81.0MPa，水泥砂浆和净浆的抗压强度均较高，可以保证水泥砂浆在水下流动扩散的过程中被水冲刷后，仍有较高的富裕强度。

从灌浆结束后的检查发现，透水口已被封住，无水滴出，但透水口处混凝土被冲刷成上月牙形状，宽约0.15m、高为3～6cm，导流洞衬砌混凝土被冲刷成长约1m、宽约0.1m、深约0.2m的槽状，混凝土内钢筋全被冲断，断面整齐。

如图9.7-7、图9.7-8所示，导流洞封堵灌浆现场施工的水泥砂浆及净浆的流动性都比较好，骨料分布均匀，拌和物的和易性良好，施工顺利。

2. 现场抽检试验结果

表9.7-2是现场试验检测中心对导流洞浇筑的水下不分散水泥砂浆和水泥净浆进行的现场抗压强度试验结果。

表9.7-2 水下不分散水泥砂浆及净浆抗压强度统计

水下不分散水泥砂浆			水下不分散水泥净浆		
试验项目	扩散度/mm	28d抗压强度/MPa	试验项目	扩散度/mm	28d抗压强度/MPa
统计组数	8	8	统计组数	6	6
平均值	318	58.4	平均值	408	85.6
最大值	335	61.7	最大值	452	89.7
最小值	291	47.9	最小值	369	76.1

从试验结果来看，水泥砂浆及净浆的出机扩散度均较好，水泥砂浆和水泥净浆的28d抗压强度均较高，其抗压强度最大值和最小值有一定波动，可能与取样部位和砂子含水率的波动有关。

3. 固结灌浆压水试验结果

在完成了光照水电站导流洞永久堵头灌浆廊道Ⅰ区、Ⅱ区和Ⅲ区固结灌浆孔的施工之后，对固结灌浆检查孔采用压水试验法进行检查，合格标准为：透水率$q \leqslant 5$Lu。灌浆施工结束后的工程质量检查结果如下：

（1）灌前、灌后地层渗透性的比较。检查孔压水透水率情况与几乎代表原始地层的Ⅰ序帷幕灌浆孔灌前简易压水透水率比较详见表9.7-3。

表9.7-3 检查孔与灌浆孔压水透水率比较分析表

孔类	压水孔数	压水段数	压水透水率（Lu）段数区间						备注
			<1	1～3	3～5	5～10	10～20	>20	
			段数/频率/%						
Ⅰ序孔	17	34	0/0	5/14.7	14/41.2	13/38.2	2/5.9	0/0	
孔类	压水孔数	压水段数	压水透水率（Lu）段数区间						备注
			0～0.5	0.5～1	1～2	2～3	3～5	>5	
			段数/频率/%						
检查孔	14	14	7/50.0	7/50.0	0/0	0/0	0/0	0/0	

由表 9.7-3 可以看出：灌浆前代表原始地层的Ⅰ序帷幕灌浆孔简易压水试验透水率小于 5Lu 的段数累计频率为 55.9%，灌后检查孔压水试验透水率小于 5Lu 的段数累计频率为 100%；经灌浆后检查孔压水全部合格，且透水率均不大于 1Lu，地层的渗透性显著降低，表明已达预期防渗效果，满足设计要求。

（2）灌后检查孔成果汇总比较。永久堵头灌浆廊道固结灌浆检查孔共计完成 146 个，压水试验 14 段，从已完成的检查孔压水情况来看，各段透水率均小于 5Lu，压水最大透水率为 0.86Lu，最小透水率为 0.2Lu，平均透水率为 0.52Lu，满足设计防渗要求。该部位检查孔成果详见表 9.7-4。

表 9.7-4　　永久堵头灌浆廊道检查孔压水试验成果汇总表

单元总数/个	检查孔总数/个	完成检查孔数/个	压水试验段数/段	段数/频率/%		透水率/Lu			防渗标准	透水率超标率		备注
				<5Lu	>5Lu	最大值	最小值	平均值		段数	频率	
4	14	14	14	14/100	0/0	0.86	0.2	0.52	<5.0	0	0	

从导流洞永久堵头灌浆廊道固结灌浆检查孔的压水试验结果来看，共布置 14 个检查孔进行压水试验，检查孔压水试验透水率均满足设计要求。

从压水孔芯样强度的试验检测结果来看，共对压水孔处的砂浆芯样进行 3 组试验，芯样的抗压强度平均值为 44.2MPa，最大值为 51.5MPa，最小值为 39.8MPa，芯样的抗压强度满足设计要求。

经过一个多月的灌浆，将平压堵头钢闸门切开，各参建单位对封堵灌浆后效果进行检查。从导流洞平压堵头钢闸门内的现场情况来看，如图 9.7-9、图 9.7-10 所示，导流洞原透水部位处的 C25 混凝土已被水冲出凹槽，直径 32mm 的钢筋被拦腰切断，断口齐平，采用水下不分散水泥浆液进行封堵灌浆后，导流洞永久堵头原透水部位无水流出，证明水下不分散水泥浆液对导流洞永久堵头的封堵非常成功。

图 9.7-9　导流洞原透水部位无水流出

图 9.7-10　导流洞原透水部位处混凝土被冲出凹槽，钢筋被冲断

9.8 小结

（1）水下不分散水泥浆液是一种用于工程缺陷修补及封堵的新型灌浆材料，通过掺加高减水率的聚羧酸减水剂使水泥浆液的流动性大幅度提高，可通过其自身的流动性，对细小、狭长的过水通道和缝隙进行填充，通过掺加抗水分散剂，使得水泥浆液具有较好的粘聚性和抗水分散性，减少胶凝材料被水冲走的水泥颗粒，保证入水浆液具有较高的富裕强度和抗冻耐久性能。通过在实际工程中应用，证明了水下不分散水泥浆液的进行工程缺陷修补的技术方案和路线是合理的、可行的。

（2）聚羧酸系减水剂具有良好的减水效果，掺加适量的减水剂，能够明显改善水泥浆液的流动性，提高其抗压强度。HPMC 能够有效增强水泥浆液的粘聚性，提高其抗水分散性，但也会限制其流动性，延迟水泥水化反应，降低力学性能。

（3）掺入粉煤灰能够降低一定的水化热，但是其 C_3A 和 C_4AF 含量较少，也使得水泥的水化反应减缓，早期抗压强度不高，且由于其颗粒较细易被水冲散，一定程度上降低了浆液的抗水分散性，对环境污染相对较大，而在工程实际应用中，粉煤灰的价格与水泥价格相差不大，降低温控防裂措施的作用不大，因此，可不在水泥浆液中掺加粉煤灰。

（4）水泥浆液的水灰比应控制在合理范围内。对水下不分散浆液来说，其水灰比太小，会增加胶凝材料用量，造成水泥浆液的流动性不足，影响施工效果，增加工程成本，而且，水下不分散水泥浆液的水泥用量较大，干缩值较大，所以，应在满足设计要求的前提下，确定合理的水灰比范围。

（5）水下不分散水泥浆液在光照水电站导流洞永久堵头封堵灌浆工程中的成功应用，解决了制约 2009 年光照水电站的安全度汛以及蓄水至正常蓄水位的关键问题，排除了对电站大坝及下游厂房安全构成的严重威胁，攻克了“130m 高水头下洞内特大流量高速射流封堵工程”的世界难题，达到了国际先进水平，具有显著的经济和社会效益，可在公路、铁路、桥梁和港口等工程领域中推广和应用。

第 10 章 高碳铬铁合金炉渣作为混凝土用骨料技术

10.1 概述

国家规划的 13 大水电基地的提出，对我国实现水电流域梯级滚动开发，实行资源优化配置，带动西部经济发展起到了极大的促进作用。13 大水电基地资源量超过全国的一半，基地的建设在水电建设中居重要地位，是西部大开发标志性工程。大渡河水电基地是国家规划的 13 大水能基地之一，枕头坝一级水电站是 2003 年四川省政府办公厅批复的《四川省大渡河干流水电规划调整报告》推荐的 3 库 22 级开发方案中的第 19 个梯级电站，是西部大开发中的重点工程。

在大渡河枕头坝一级水电站的工程建设中，因为料源储量、矿渣利用、节能减排等各方面的原因，国电大渡河枕头坝水电建设有限公司就骨料问题，与贵阳院签订了《高碳铬铁合金炉渣作为混凝土骨料在枕头坝一级水电站应用可行性研究》合同（合同编号：ZTB－KS－2013－002）。贵阳院通过该项目的系统研究，论证了高碳铬铁合金炉渣（以下简称合金渣）作为混凝土骨料的可行性，为工业废渣的综合利用探索出一条新路。

10.1.1 水电工程混凝土骨料简介

骨料也称集料，由于其具有分布范围广，取材容易，加工方便，价格低廉，且有一定的强度，不会与水发生复杂的化学反应等特点，所以在工程施工中作为混凝土的一种填充材料起到骨架作用，从而得到广泛应用。

在水电水利工程中采用的骨料，按粒径区分，粒径在 0.16～5.00mm 之间为细骨料（如砂）；粒径大于 5.00mm 为粗骨料（如碎石和卵石）。按密度区分，绝干密度 2300kg/m^3 以下，烧成的人造轻骨料与火山渣为轻骨料；绝干密度在 2300～2800kg/m^3 左右，也称普通骨料，通常混凝土用的天然骨料及人造骨料即为此类骨料；绝干密度 2900kg/m³ 以上，多者达 4000kg/m³ 以上为重骨料。按成因区分为天然骨料（如砂、卵石）和人造骨料（如机制砂、碎石、碎卵石、高炉矿渣等）。

在混凝土中，砂石骨料一般占混凝土总体积的 60%～80%，它的品质在决定混凝土拌和物的成本、工作性及硬化混凝土强度、尺寸稳定性、耐久性等方面有重要影响，而骨料的品质不是它的强度，重要的是级配和粒形，使用级配和粒形良好的骨料可以得到最小单位用水量的混凝土拌和物。因此，理想的骨料应该是清洁的，颗粒级配良好、粒形尽量接近等径状，针片状颗粒与非常不规则颗粒尽量减少。

骨料颗粒粒形的几何特征有浑圆、多角、针状或者片状等。由磨损所得的粒形，因为已经失去边角而趋于浑圆，在天然砂砾石中经常可见此种几何特征的骨料粒形；经过人工破碎的岩石具有明显的棱角，因而就称为粒形多角；有些特殊的岩石如石灰岩、砂岩和页岩等在地质构造的成岩过程中，易于生成细长或扁平的碎屑，在使用颚式破碎机进行加工时，产生针状或片状粒形的骨料更为明显。在骨料使用中，应尽量避免片状或针状颗粒，细长、刀形的骨料或者限制不超过骨料总质量的 15%，因为这些粒形的骨料会使混凝土拌和物工作性变差，坍落度损失较大，不利于工程现场施工质量的控制。

级配是各级粒径范围的颗粒状材料粒子的分布，通常用一套筛子中各号筛的累计筛余或累计通过百分率来表示。在混凝土配合比设计中，优先选用连续级配的骨料，因为用不同粒径时可以减少骨料间总空隙，即减少混凝土体系中砂浆的填充空隙，宏观直接表现为混凝土拌和物中胶凝材料和单位用水量的减少。

目前工程中最常见的骨料如图 10.1-1～图 10.1-6 所示。

图 10.1-1 河砂

图 10.1-2 风积砂

图 10.1-3 山砂

图 10.1-4 人工砂

图 10.1-5　天然卵石

图 10.1-6　人工碎石

10.1.2　水工混凝土骨料的技术特点

近几十年来，三峡工程和其后在我国西部地区的金沙江、雅砻江、澜沧江、大渡河等一批大型、特大型水电工程的兴建，水工混凝土骨料技术遇到空前挑战并获得快速发展，在发展过程中从料源选择、生产工艺、设备选型以至生产管理、质量控制等方面形成了自身的特点。

（1）水电工程混凝土量大而集中，一般在工程现场附近经过地质勘察选择满足工程建设需要的混凝土骨料料源，并建立集中的大型骨料生产系统向工程建设供应骨料。

（2）在地质勘察过程中，要综合分析原岩质量和骨料质量、混凝土性能、开采运输、移民征地、环保、工程投资等各个要素，最终确定技术可行、经济合理的料源。

（3）水电工程重视料源母岩的稳定性和骨料的综合性要求，并通过骨料强度、碱骨料反应、有害物质的影响、坚固性和吸水率、骨料级配、粒形等试验进行评价。

（4）通过对机制砂石粉含量、混凝土工作性能、力学性能、变形性能、热学性能和耐久性能等不断深入的研究，进一步验证骨料对混凝土性能的影响，从而确定料场选择的正确性。

（5）在工程区内无法选择单一骨料时，亦可用组合骨料。

（6）我国水电工程砂石骨料遇到岩石的多样性和复杂性并非是罕见的，如灰岩、花岗岩、玄武岩、砂岩、流纹岩、凝灰岩、片麻岩、正长岩、辉绿岩、砂板岩、大理岩、白云岩等都在各个工程中得以应用，所以需要针对不同母岩岩性不断发展骨料加工技术，使其在工程中得以更好地利用。

10.1.3　冶金工业弃渣利用的必要性

冶金工业弃渣是指冶金企业从含金属矿物或半成品中冶炼提取出目的金属后，排放出来的固体废物。按生产过程可以将其分为湿法冶炼弃渣（从含金属矿物中浸出了目的金属后的固体剩余物）和火法冶炼弃渣（金属矿物在熔融状态下分离出有用组分后的产物）。

矿业的开采和发展促使人类社会从石器时代过渡到铜器时代、铁器时代，以至今天的现代社会，现如今矿业及其后续产业是现代工业文明的基础，是发展国家经济实力的强大支柱。但是随着冶金行业的快速发展，各国的矿产资源也在日益减少，而在快速发展中的中国，基础设施、工业、建筑业发展较快，钢材等消费量增长剧增，冶金行业产生的炉渣也就相应的较多，据资料显示，目前我国每年的矿石采掘总量大约为50亿t，每年排放工业固体废物（70%为矿业废物）6亿t，累计堆存达70亿t，占地6.7亿m^2以上。这些冶金弃渣的堆放不仅要占用大量土地，而且污染环境，特别是有害、有毒金属对地表和地下水源的污染严重威胁着千百万人的身体健康，而冶金弃渣的丢弃同时也会使一些有用组分得不到充分使用，造成资源浪费。

矿产资源及弃渣的利用效率较低，而且矿业有序发展的管理体制相对薄弱，导致资源浪费、环境破坏、安全忽视等各种现象普遍存在，使得我国的矿业及其下游产业在可持续健康发展的道路上存在问题。因此，从单一的矿业发展思路转变为寻求资源与资本的良性互动出发，组织无废生产或在工业区域内建立生产综合体，即进行行业集成化，使各物质流在生产过程中循环，不向自然界排放废物，更好地利用这些矿产和弃渣，使有限的资源创造更多的财富，从而提高资源综合利用的整体水平，有效保护人类的生存空间。

10.1.4 冶金工业弃渣的综合利用现状

西方发达国家十分重视对矿产资源中伴生金属的综合回收，以污染防治战略取代了以末端处理为主的污染治理战略，联合国规划署称这种新战略为“清洁生产”战略，我国政府也对清洁生产作出了定义和要求，通过深入科研攻关，我国矿业的开发和综合利用必将展现出更加广阔的诱人前景。

（1）作为矿山坑井的回填物。矿山在开采以后，为了稳定山体和地表的强度，防止坍塌则必须对开采完的矿山坑井进行回填，但是目前的有些回填技术可能存在对环境和地下水的污染，而且有些弃渣中的有价金属未被回收，造成资源浪费。

（2）冶炼渣代替石子铺路。经处理后的钢渣具有较好的稳定性，可用于道路的基层、垫层及面层材料，而且钢渣与沥青有很好的亲和性，与部分天然石料相混可铺筑防滑性好，不易开裂，承重层变形小，抗冻解冻性好，工作寿命长等特点的高质量柔性道路。

（3）从冶金弃渣中提取有价金属。地球上的多数矿物为多金属的复合共生矿，尤其是有色金属矿，在冶炼中提取出目的金属以后，其他的有价金属一般都进入渣中，据统计世界上已利用的64种有色金属中有35种是作为副产品回收的。

（4）生产矿渣水泥。利用冶金弃渣生产水泥是目前研究最多、最深入的一种弃渣利用方法。冶金炉渣的化学成分主要为：SiO_2、CaO、Al_2O_3、MgO、FeO及MnO等，其中Al_2O_3含量高、SiO_2含量低的渣活性高、质量好，适合于水泥的生产，这部分渣主要是炼铁高炉渣和炼钢渣。矿渣水泥与普通水泥比较具有优良的性能，如水化热低、密实性好、抗硫抗碱腐蚀性能好等，所以广泛应用于土木建筑、水利渠道、道路交通等的修建。

（5）生产矿渣无机胶凝材料。采用比表面积300m^2/kg左右水淬矿渣细粉，选择合适的激发剂，以10%的硅酸盐水泥进行改性，可以得到干燥收缩率小、早期强度高的矿渣胶凝材料，完全可以代替水泥胶砂材料。

（6）含铁渣的利用。大多数有色冶金企业排放的冶炼渣、化工厂排放的弃渣及其烟尘中都含有大量的铁，对于这部分含铁的渣，主要为生产铁系化工产品（如制备用作颜料的氧化铁黄和氧化铁红，大量用于防锈漆和其他颜料的生产；制备聚铁混凝剂、硫酸亚铁等化工产品，广泛用于工业废水及城市污水处理）和直接还原回收金属铁。

（7）生产建筑材料。我国很早便有人从事利用工业废渣生产建筑用材料的研究，现主要的利用方向为作为生产砖、砌块等建材的原料，与传统的燃烧法生产黏土砖、钙硅砖相比，利用粒化高炉渣制备空心砖消耗的能量更少。

（8）生产喷磨除锈剂。由于多数火法冶炼弃渣是在高温熔融状态下，经过复杂的造渣反应，生产稳定的 $2FeO \cdot SiO_2$、$CaO \cdot FeOSiO_2$、$2CaO \cdot SiO_2$ 等盐类共熔体，没有游离的 SiO_2，冷却后硬度高、含灰量低，这种性能比常用作防腐除锈的黄砂好，故可以代替黄砂作防腐除锈剂使用。

（9）生产炉渣矿棉。矿物棉具有质轻、保温、绝热、吸音、耐腐蚀、不燃烧等优点，作为绝热、吸音材料被大量应用于工业和民用。利用成纤设备将液态冶金炉渣制成炉渣矿棉，充分利用了液态冶金炉渣及其热能，省掉了原有制棉工艺过程中的原料及熔化工序，从而达到了节约能耗、降低成本的目的。

（10）水质净化剂。研究表明只要抑制渣中的 S 和 P 的逸出，冶炼弃渣可以用在水质净化剂。

（11）钢渣用作烧结熔剂和高炉熔剂。钢渣中含有 Ca、Mg、Mn、Fe 等有益成分，钢渣返回烧结矿生产和高炉炼铁，不仅回收了渣中粒铁、有效金属氧化物，而且充分利用了渣中的 CaO，从而节约部分石灰，降低烧结矿成本，达到化害为利、变废为宝、资源化再利用的目的。

（12）冶金弃渣熔制彩色玻璃体。冶金炉渣和玻璃具有共同的多相平衡的热力学相图基础，因此，根据玻璃相图的化学成分将炉渣、石英、石灰和苏打等原料配制成配合料，在适当的条件下可以使该配合料熔制为玻璃体。冶金渣除可以直接用于玻璃体的生产外，某些含有有色金属元素的特殊冶金渣还可以作为玻璃的着色剂用于玻璃的生产，同时利用了渣中的 CaO、MgO 等有用成分。

（13）生产农业肥料。在很多冶金渣中都含有 P、Ca、Si 等农作物生长所需的元素，经过适当处理可以用作农业肥料或添加剂。

10.2 合金渣的特点

合金渣是采用埋弧电炉还原法生产高碳铬铁合金时排出的熔体，经渣盘凝固、自然冷却、机械破碎或跳汰法选别含铬矿物后进行人工筛分产生的。外观上绝大部分呈灰黑色（图 10.2-1 中 A），极少量为铁锈红色（图 10.2-1 中 B），不同颜色的合金渣均存在蜂窝状，孔隙率较高。

10.2.1 钻孔取芯试验

参考《水电水利工程岩石试验规程》（DL/T 5368—2007）的试验方法，进行芯样天然密度、干抗压强度、饱和抗压强度和空隙率指标的测试，其性能试验结果见表10.2-1，钻孔取芯具体情况如图 10.2-2 所示。

A

B

图10.2-1　合金渣外观

表10.2-1　　合金渣芯样性能

合金渣品种	天然密度/(g/cm³)	干抗压强度/MPa	饱和抗压强度/MPa	颗粒密度/(g/cm³)		孔隙率/%	
				纯水	煤油	纯水	煤油
灰黑色合金渣	2.84	114.1	107.2	3.33	3.33	14.6	14.6
铁锈红色合金渣	2.51	79.0	64.0	3.30	3.28	23.9	23.5

图10.2-2　合金渣钻孔取芯

通过钻孔取芯及性能检测表明：灰黑色合金渣孔隙率较低，质地坚硬，破碎较为困难，强度较高；铁锈红色合金渣孔隙率较高、强度略低，脆性较大，钻取的芯样在经过两端切割打磨时，破碎、掉块的情况时有出现，不宜作骨料配制混凝土特别是高性能混凝土，建议予以剔除。

10.2.2　放射性核素

按照《建筑材料放射性核素限量》(GB 6566—2010) 测试结果见表10.2-2，样品指标远低于国标要求的A类（内照射指数 $I_{Ra}<1.0$，外照射指数 $I_{\gamma}<1.0$）技术要求，放射

性核素限量处于绝对安全范围之内。

表 10.2-2　放射性核素限量检测

合金渣品种	检验项目	计量单位	技术要求	检验结果	单项结论
灰黑色合金渣	镭（C_{Ra}）	Bq/kg	—	29.20	符合要求
	钍（C_{Th}）	Bq/kg	—	22.33	
	钾（C_K）	Bq/kg	—	99.76	
	内照射指数 I_{Ra}	—	≤1.0	0.1	
	外照射指数 I_γ	—	≤1.0	0.2	

10.2.3 化学组成

合金渣的化学组成见表 10.2-3，矿物元素组成如图 10.2-3 所示。

表 10.2-3　化学组成分析　%

品种	CaO	SiO_2	CO_2	Al_2O_3	Fe_2O_3	MgO	SO_3	K_2O	Cr_2O_3	R_2O
灰黑色合金渣	6.42	34.38	2.38	20.19	2.91	24.91	0.33	0.27	7.16	0.18

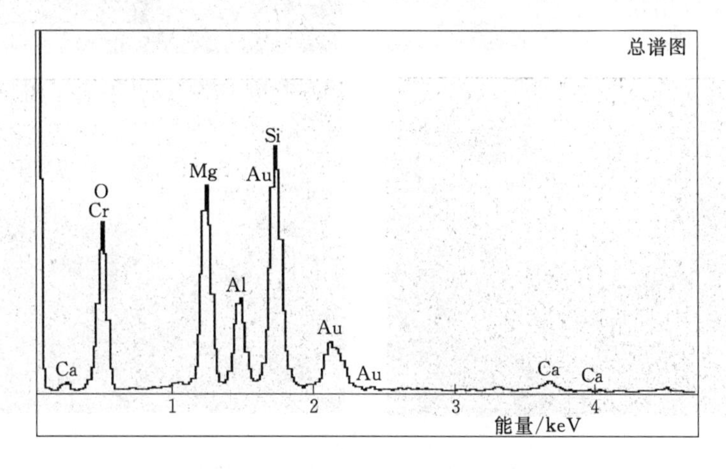

图 10.2-3　合金渣中的元素分布

由合金渣的化学组成可知，高碳铬铁合金合金渣主要是由 SiO_2、MgO、Al_2O_3 和 Cr_2O_3 组成。从各元素组成含量可以看出，铝硅质矿物含量超过 50%，加之合金渣经历过高温反应过程，推断其具有潜在火山灰反应活性。此外，MgO 含量高达 24.91%，但通过微观检测方法显示，这些 Mg 原子几乎全部被固化于稳定的矿物晶格之中，未发现有游离 MgO 衍射峰，理论上应可以排除因游离 MgO 引起的混凝土安定性不良。需要注意的是，铬渣中 Cr 元素的含量（以 Cr_2O_3 计）超过 5%，对于该重金属而言，研究其在水泥基胶凝材料体系中的浸出毒性将是决定其应用安全性的重要依据。

从矿物元素组成的图谱中可见，包含的矿物相主要有镁橄榄石、镁铝尖晶石、未反应的铬铁矿和极少量的其他相。众所周知，这些组成矿物在通常条件下，其结构都是长期稳定的，在普通硅酸盐水泥混凝土体系中发生晶体解离或固相反应的可能性几乎为零，可排除合金渣做骨料可能引起的非应力结构破坏风险。

10.2.4 铬元素分布特性研究

合金渣用于水泥基材料中最受人们关注的问题是其使用过程中重金属离子铬的浸出安全性，其与铬元素在合金渣中的分布有显著关系。从不同形态特征、不同颗粒大小的合金渣铬元素分布密度图（图10.2-4）可以看出，Cr离子在体系中呈现均匀分布形态，无论是尺寸较大的颗粒，还是附着的微细分析，其铬元素分布浓度均呈现一致性，该结果强有力地说明在铬渣利用过程中，引入的铬含量仅与废渣用量有关，与废渣形态无关。

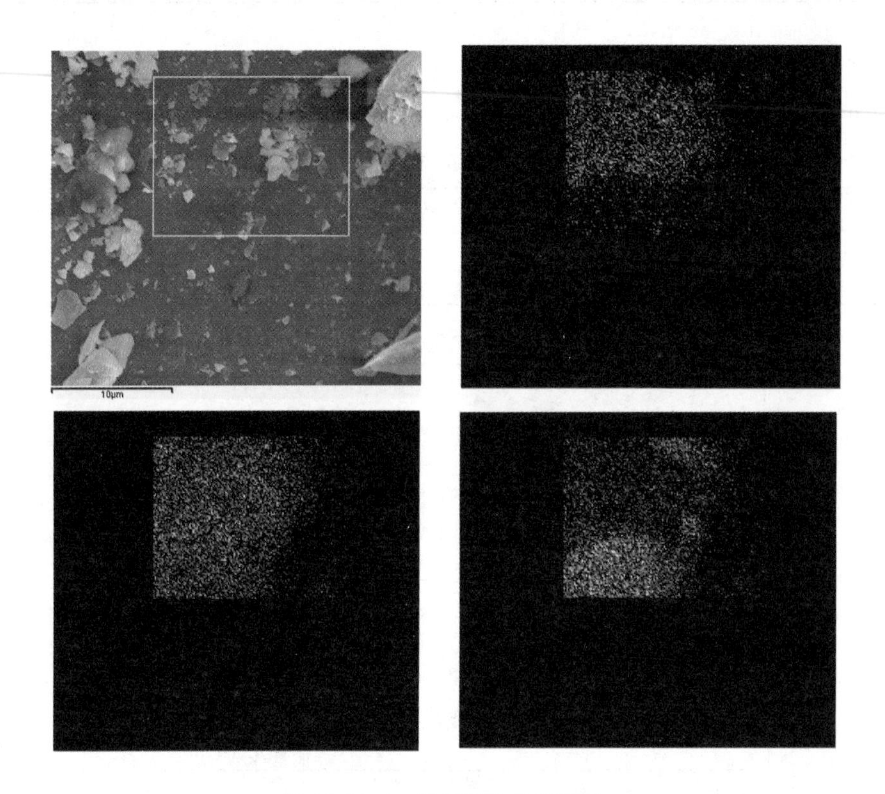

图10.2-4 铬元素分布密度图

10.2.5 铬元素的浸出特性研究

瑞典土工技术研究院的Lind B B，Fallman A M和Larsson L B等曾全面研究了瑞典Vargon合金厂排放的铬铁合金渣用于铺路对环境的影响，结果表明，从铬铁合金渣中浸出到地下水中所有元素都非常低，渣中颗粒迁移到底层土壤中的能力非常弱。但是对于用作混凝土骨料的合金渣来说，需要考察的是采用高碳铬铁合金合金渣拌制的混凝土长期存放于水环境体系中，是否存在有害物质并危害生态环境。基于此疑问，试验室将合金渣颗粒磨细至细度小于75μm，而后采用分光光度法研究浸泡48h后的溶液浸出液中铬离子浓度，试验测定的水溶性铬离子浓度为0.1960mg/L，远低于国标《污水综合排放标准》（GB 8978—2002）中规定的允许排放浓度0.5mg/L。

10.2.6 微观形貌

采用扫描电子显微镜的方法研究了合金渣的微观形貌。从图 10.2-5 中可以看出，合金渣的基本形貌为光滑断面大颗粒表层附着大量微小颗粒。从大颗粒形态来看，主要是由无规则外形颗粒组成，且有明显光滑断面，主要是在合金渣破碎过程中产生的，而微细颗粒为提高合金渣的潜在水化活性提供了较大反应面积。

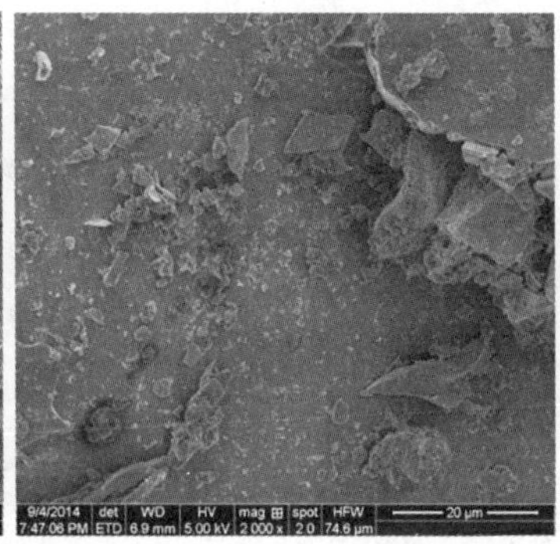

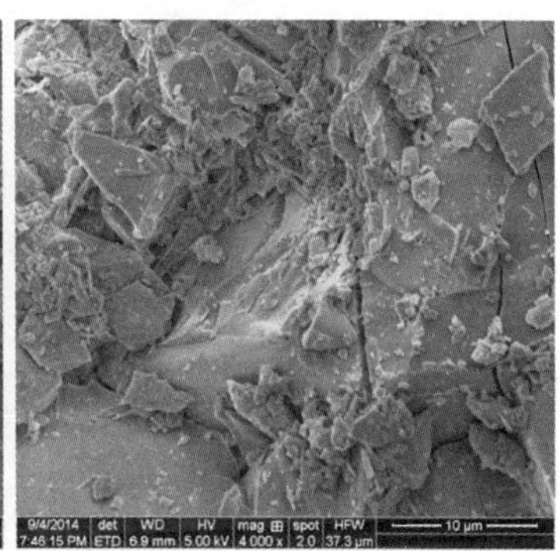

图 10.2-5 合金渣的微观形貌

10.3 作为混凝土用骨料的可行性

合金渣完成金属铬的提取后，弃渣经过自然冷却，按照水工混凝土用骨料的要求，破碎、加工、筛选成细骨料和粗骨料，以供工程使用。

10.3.1 骨料的碱活性试验

碱骨料反应（Alkali Aggregate Reaction，AAR）是指混凝土原材料中的水泥、外加剂、矿物掺合料等含碱性物质，以及环境等释放出来的 Na^{+}、K^{+}、OH^{-} 与骨料中的有害活性成分发生化学反应，在混凝土浇筑成型后若干年逐渐反应，反应生成物吸水膨胀，使混凝土产生内部应力，膨胀开裂，导致混凝土失去设计性能的现象。由于活性骨料经搅拌后大体上呈均匀分布，所以一旦发生碱骨料反应，混凝土内各部分均产生膨胀应力，将混凝土自身膨胀，发展严重的只能拆除，无法补救，因而被称为混凝土的癌症。我国水电界从 20 世纪 50 年代开始，所有大中型工程都注意避免使用碱活性骨料并控制水泥含碱量，并在料源选择阶段经过试验分析来避免发生碱骨料反应。

由于合金渣中含有 SiO_2，用作混凝土骨料时必须进行碱活性试验进行判定。试验室按照《水工混凝土砂石骨料试验规程》（DL/T 5151—2014）中“5.4 骨料碱活性检验（砂浆棒快速法）”来检验骨料的碱活性，这种方法能在 16d 内检测出骨料在砂浆中潜在有害的碱—硅酸盐反应，尤其适用于检验反应缓慢或只在后期才产生膨胀的骨料，试验结果见表 10.3-1。

规范《水工混凝土砂石骨料试验规程》（DL/T 5151—2014）中“5.4 骨料碱活性检验（砂浆棒快速法）”中评定标准如下：

表 10.3-1　合金渣骨料的碱活性　单位：%

样品名称	砂浆试件膨胀率			
	3d	7d	14d	28d
合金渣骨料（细骨料）	0.003	0.004	0.006	0.011

（1）当砂浆试件14d的膨胀率小于0.1%，则骨料为非活性骨料。

（2）当砂浆试件14d的膨胀率大于0.2%，则骨料为具有潜在危害性反应的活性骨料。

（3）当砂浆试件14d的膨胀率在0.1%～0.2%的，对这种骨料应结合现场记录、岩相分析、或开展其他的辅助试验、试件观测的时间延至28d后的测试结果等来进行综合评定。

根据规范的评定标准可知：合金渣骨料的14d砂浆试件膨胀率小于0.10%，为非活性骨料。

10.3.2 合金渣骨料的性能

将合金渣作为混凝土用骨料，必须按照《水工混凝土施工规范》（DL/T 5144—2015）的相关要求进行检测。

1. 合金渣细骨料颗粒级配

合金渣细骨料颗粒级配试验结果分别见表10.3-2和图10.3-1。

表 10.3-2　合金渣细骨料颗粒级配

项　目	筛孔尺寸/mm								<0.16mm含量/%	细度模数
	>5	2.5	1.25	0.63	0.315	0.160	0.08	<0.08		
分计筛余/%	0.28	15.32	18.14	19.22	18.16	12.56	7.58	8.74	16.32	2.56
累计筛余/%	0.28	15.60	33.74	52.96	71.12	83.68	91.26	100		

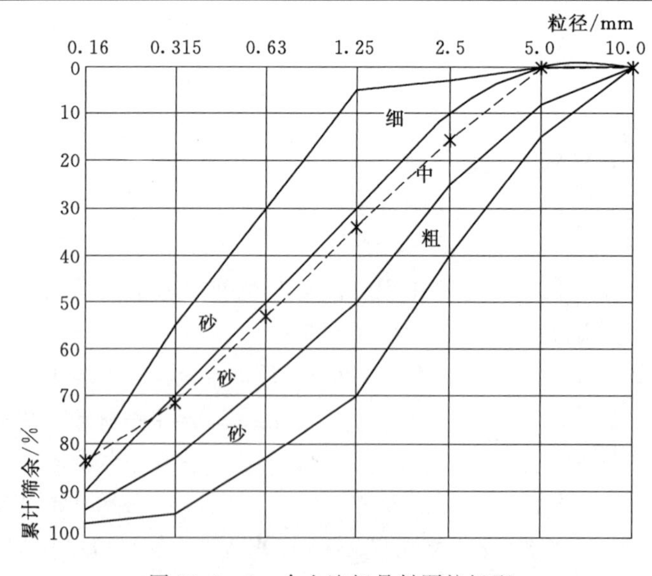

图 10.3-1　合金渣细骨料颗粒级配

合金渣细骨料的颗粒级配试验结果表明：细度模数为2.56，属于中砂，满足工程要求的配制混凝土时优先选用中砂的条件。但是，从图、表中可以看出，合金渣中粒径尺寸小于1mm的微细颗粒尺寸含量约为65%，颗粒尺寸较细小，在混凝土配合比设计时表现为需水性增加，将对拌和物的工作性和硬化混凝土的性能产生不利影响。

2. 合金渣细骨料的物理性能

将合金渣细骨料和天然河砂、人工灰岩机制砂进行比较，其物理性能试验结果见表10.3-3。

表10.3-3　合金渣细骨料的物理性能

样品名称	饱和面干密度/(kg/m³)	饱和面干吸水率/%	泥块含量/%	坚固性/%	紧密密度/(kg/m³)	空隙率/%	SO_3含量/%
合金渣细骨料	3040	1.4	0	0.8	1820	40.3	0.07
天然河砂	2650	2.1	0	3.3	1680	37.3	0.2
灰岩机制砂	2680	1.4	0	1.4	1930	28.0	0.1
DL/T 5144—2015	—	—	不允许	≤8	—	—	≤1

表10.3-3中砂的物理性能对比试验结果表明：合金渣细骨料的各项性能均满足规范的要求，而且合金渣细骨料的饱和面干密度较一般天然骨料和人工骨料要高，可以增加混凝土的容重值，在重力坝设计的混凝土中更能凸显优势。

3. 合金渣细骨料的玻璃体特性

经高温过程生成的工业副产物用于水泥基材料的理论基础之一即是副产物中含有一定比例的玻璃体，这些玻璃体主要组分为铝硅酸盐，在水泥基材料碱性环境下，铝硅酸盐玻璃体解聚并与氢氧化钙水化生成C-S-H凝胶。

试验室采用氢氟酸浸取法分析合金渣中玻璃体含量，该方法的作用原理是玻璃体易被氢氟酸溶解，而晶态组分难以在氢氟酸中溶解，利用重量分析法测定玻璃体溶解量即可得到合金渣中玻璃体含量。试验比较了小于75μm、0.075～0.3mm、2.5～5.0mm三种不同粒径的合金渣和粉煤灰的玻璃体含量，试验结果见图10.3-2。

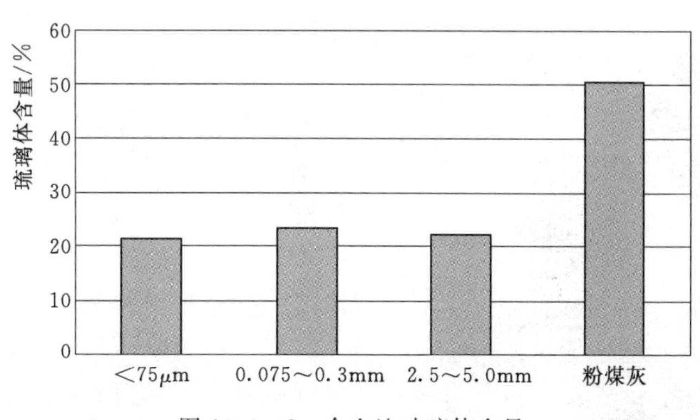

图10.3-2　合金渣玻璃体含量

图10.3-2中反映了不同粒径合金渣中玻璃体含量，与粉煤灰中玻璃体含量的对比可见：不同粒径合金渣中玻璃体含量无明显差异，含量均在20%～25%，较F类粉煤灰中

玻璃体含量略低，该结果虽然从一定程度上反映出两种工业副产物用于水泥基材料时的潜在性能差异，但是也直观表现出合金渣具有水化活性作用的可能性，对混凝土的强度发展有促进作用。

4. 合金渣粗骨料的物理性能

将合金渣粗骨料和天然砾石、灰岩骨料进行比较，其物理性能试验结果见表10.3-4。

表 10.3-4　　合金渣粗骨料的物理性能

样品名称及规格		饱和面干密度/(kg/m³)	饱和面干吸水率/%	含泥量/%	超径/%	逊径/%	压碎指标/%	针片状/%	坚固性/%	紧密密度/(kg/m³)	空隙率/%
合金渣粗骨料	小石（5～20mm）	2810	1.82	0.4	2	5	6.5	0	0.6	1600	43.1
	中石（20～40mm）	2720	1.22	0.3	3	4	—	0	0.3	1560	42.6
	大石（40～80mm）	2610	1.08	0.2	2	1	—	0	0.5	1520	41.8
天然粗骨料	小石（5～20mm）	2750	0.54	0	1	2	4.2	2	2.4	1630	40.7
	中石（20～40mm）	2810	0.44	0	2	3	—	4	1.7	1590	43.4
	大石（40～80mm）	2800	0.36	0	2	4	—	5	1.2	1550	44.6
灰岩粗骨料	小石（5～20mm）	2700	0.22	0	0.8	0.4	6.5	0	1.3	1680	37.8
	中石（20～40mm）	2700	0.12	0	0	0.5	—	0	2.4	1640	39.2
	大石（40～80mm）	2690	0.09	0	0	1.1	—	0	2.0	1610	40.1
DL/T 5144—2015		≥2550	≥2.5	小石、中石≤1，大石≤0.5	<5	<10	≤12	≤15	≤8	—	—

表 10.3-4 中粗骨料的物理性能对比试验结果表明：合金渣粗骨料的各项性能均满足规范的要求。相较于其他骨料，因其骨料的表面以及内部均存在大量的不规则蜂窝，内部结构的差异性导致饱和面干密度指标差异大，且吸水率较天然骨料和人工骨料偏大；但是合金渣粗骨料具有针片状含量及压碎指标较低、韧性好的优势，在混凝土骨料中，其综合应用性能较佳。

图 10.3-3　合金渣骨料的锁形结构

5. 合金渣骨料的锁形结构

混凝土是由粗骨料、砂浆和处于两者之间的界面过渡区所组成。需要特别指出的是，该合金渣骨料具有较为独特的不规则锁形结构（图 10.3-3），而且表面及内部存在大量不规则蜂窝，在混凝土拌制过程中，待水泥、粉煤灰等胶凝材料的浆体填充后，蜂窝中的气孔和不规则的锁形结构相互啮合，形成锁接形态（图 10.3-4），这种特性能改善混凝土骨料与胶凝材料之间的界面过渡区结构，对提高混凝土结构的韧性和耐久性具有极佳的优势。将其

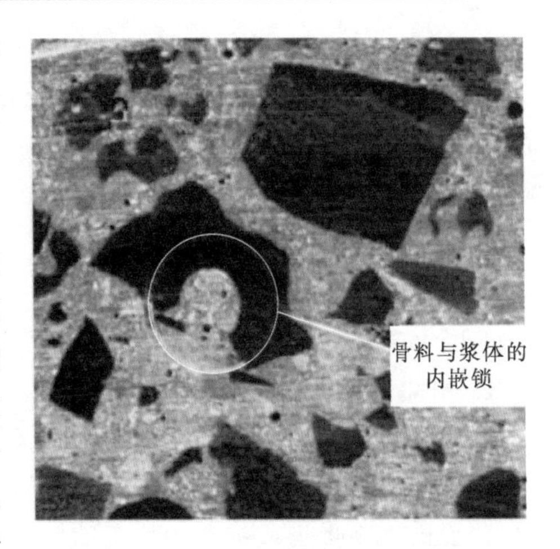

图 10.3-4 混凝土硬化体中的内嵌锁

应用于道路工程中，合金渣可缓解交通工具等重荷对道路混凝土结构的冲击力，降低路面的破损，从而延长道路服役寿命。

10.3.3 可行性分析

（1）合金渣是由 SiO_2、MgO、Al_2O_3 和 Cr_2O_3 为主要化学组成而形成的高温熔体，其中铝硅质矿物含量超过 50%，在水泥基材料碱性环境下，铝硅酸盐玻璃体易解聚并与氢氧化钙水化生成 C-S-H 凝胶。通过试验可知，合金渣玻璃体含量为 20%～25%，略低于粉煤灰，且合金渣的基本形貌为光滑断面大颗粒表层附着大量微小颗粒，作为混凝土用骨料后，微小颗粒中的玻璃体能发生活性反应，对混凝土强度的增长具有促进作用。

（2）合金渣中的 Cr 离子呈现均匀分布形态，无论是尺寸较大的颗粒，还是附着的微细分析，其铬元素分布浓度均呈现一致性，该结果对使用不同粒径的合金渣作为混凝土用骨料提供了论证。

（3）六价铬离子的浸出试验和放射性核素限量检测结果表明，合金渣作为混凝土用骨料符合环境保护的相关标准要求。

（4）合金渣作为混凝土用骨料的碱活性试验判定其为非活性骨料，排除了其对混凝土结构长期耐久性可能引起的风险。

（5）合金渣骨料的相关物理性能指标均满足规范要求。与天然骨料和人工骨料相比，虽然合金渣中粒径小于 1mm 的微细颗粒较多，配制混凝土时需水性增加，而且骨料空隙率偏高、饱和面干吸水率偏大，但其具有质地坚硬、强度较高、饱和面干密度较高、针片状含量及压碎指标较低、韧性好的优势，在混凝土骨料中，其综合应用性能较佳。

（6）合金渣的多孔及锁接结构在改善混凝土骨料与胶凝材料之间的界面过渡区结构方面体现了优势，对提高混凝土结构的韧性和耐久性具有极佳的作用。

（7）综合合金渣骨料的各项性能评定其作为混凝土用骨料是可行的。

10.4 工程应用

10.4.1 工程概况

1. 工程简介

枕头坝一级水电站位于四川省乐山市金口河区，是四川省大渡河干流水电规划的 3 库 22 级开发方案中的第 19 个梯级电站，其上一级为深溪沟水电站，下一级为沙坪水电站。坝址位于大沙坝到月儿坝河段，距金口河区 6km，成都市约 260km，省道“金口河—乌斯河”S306公路从库、坝区左岸通过，成昆铁路沿水库区左岸通过，对外交通极为方便。

坝址处控制流域面积73057km²，多年平均流量1360m³/s。电站采用堤坝式开发，为河床式厂房，正常蓄水位624m，最大坝高86.5m，电站装机容量720MW，多年平均年发电量为32.90亿kW·h，正常蓄水位以下库容为0.435亿m³，水库总库容0.469亿m³，为径流式电站。电站集发电和防洪于一体，静态总投资82.93亿元，2015年8月1日第一台机组并网发电并投入商业运行。电站具有投资省、建设周期短、输电距离短，经济指标优越等特点。

2. 研究背景简介

在工程建设初期中，根据可研及招标阶段工作分析，本工程料源主要由江沟天然砂砾石料（超出工程尺寸需要的大块砾石进行人工破碎、筛分后混合使用）组成。但是，随着工程建设的不断推进，按料场料源的储备量及工程所需混凝土的浇筑方量估算，渣料场的骨料不能满足整个电站混凝土拌和使用。为了保证砂石骨料的品质和用量，业主、设计、地质各方建议增加一个砂石骨料场。通过地质进一步勘探的结果，选定位于坝址下游右岸漫滩和Ⅰ级阶地上，距坝址直线距离约3.0km，距离江沟砂石加工系统运距约4.0km，分布高程580.00～610.00m的卡子岗天然砂砾料场。该河段常年水位580m，料场地形坡度平缓，为河流砂卵砾石层所堆积，出露形状为顺河向长条形，可开采长度约520m，宽80～160m，面积约9.5万m²。

但是，业主方进行了修路、移民拆迁等方面的综合预算，发现增加卡子岗料场要多增加工程投入约5000万元，投资成本较高，而且需要移民搬迁这又使工程增加了许多不确定因素，因而拟决定采用其他解决方案。

乐山鑫河电力综合开发有限公司是四川省乐山市金口河区一家集铁合金冶炼、水电开发、矿山开采、对外贸易等为一体的综合型民营企业，该公司地处大渡河畔的乐山市金口河区，距离枕头坝一级水电站坝址区较近。为了综合利用废渣，减少污染，公司从2000年开始先后与西南科技大学、四川省建材科学研究院、四川省乐山市公路工程试验室就合金渣作混凝土骨料可行性进行研究试验，经试验结果表明此骨料物理性能优良，各项指标均检测合格，完全达到设计要求。2013年，四川省环境保护厅关于《四川乐山鑫河电力综合开发有限公司高碳铬铁合金冶炼废渣综合利用环保意见的复函》中明确鼓励该公司对产生的固体废弃物进行综合利用的行为，并责令乐山市环保局对该公司进行监管和指导。乐山市政府考虑到随着该公司的不断发展，铬铁合金产量增加，渣量增大，节能减排工作及合金渣综合利用等问题突出，为缓解压力并推动地方经济的发展，建议在枕头坝一级水电站建设项目中使用铬铁合金矿渣作为混凝土拌和用骨料。该方案的创新性、社会效益、经济效益以及环保效益得到枕头坝一级水电站参建各方的一致认可，贵阳院获得该方案可行性研究的相关合同，为工程应用提供基础数据和理论依据。

10.4.2 混凝土性能理论研究

采用合金渣作为骨料拌制的混凝土，其关注的重点与普通岩性混凝土的略有不同，本节将以C20W6F100二级配常态混凝土为例，以室内理论研究的数据为基础从以下方面进行阐述。

10.4.2.1 多孔结构对混凝土的影响

1. 对出机混凝土的影响

新拌混凝土所具有的性能仅仅在施工阶段才显得重要，而硬化混凝土的性能则一直主宰着以后的使用。但是它们是互有联系的，除了滑模或泵送等特种施工技术外，新拌混凝土在输送、捣实及抹面等方面的操作，在很大程度上控制着硬化混凝土的性能。所以，必须控制好新拌混凝土的性能，为施工使用提供依据。

多孔结构的合金渣骨料对新拌混凝土工作性的影响是该技术关注的问题，在研究中配合比选择见表 10.4-1。

表 10.4-1 C20 混凝土配合比

骨料品种	水胶比	砂率/%	材料用量							萘系减水剂/%	引气剂/(1/万)
			水/(kg/m³)	水泥/(kg/m³)	粉煤灰		砂/(kg/m³)	小石/(kg/m³)	中石/(kg/m³)		
					用量/(kg/m³)	掺量/%					
合金渣骨料	0.50	38	165	231	99	30	780	462	693	0.8	0.8
天然骨料	0.50	34	130	182	78	30	742	504	756	0.8	0.8
灰岩人工骨料	0.50	37	140	196	84	30	738	481	722	0.8	0.8

从表 10.4-1 中可见，合金渣骨料表面的蜂窝麻面状增加了骨料的表面积，需要更多的砂浆来包裹填充，因此导致混凝土砂率偏高，用水量较常规天然骨料高 35kg/m³；而减水剂和引气剂的掺量不存在差异，说明合金渣骨料的孔洞及微小颗粒对萘系减水剂和引气剂没有吸附作用。

出机混凝土和易性较好，不离析不泌水，便于混凝土施工；从拆模情况来看，混凝土颜色偏深，振动成型时，静置后出现骨料上浮现象，如图 10.4-1 所示，但是终凝拆模后表面较为平整，如图 10.4-2 所示，仍可获得质量均匀的混凝土结构，不影响作为水电站各部位混凝土的使用。

图 10.4-1 振动后上浮的骨料

图 10.4-2 拆模后混凝土

水工混凝土骨料是以饱和面干状态进行使用，针对这一特点需要对使用的骨料进行预处理。在研究过程中发现，由于合金渣骨料品质的均匀性、孔隙率的差异性各异，直接导致混凝土拌和性能波动大，出机稳定性极差，这就要求在骨料的预处理过程中采取更为有效的措施，室内采用延长吸水时间，人工不间断的查看骨料表面情况及覆盖保水材料等方法，来保证多孔结构的合金渣骨料处于饱和面干状态，以消除因骨料含水差异导致出机混凝土工作性能的波动。

2. 对混凝土外加剂的影响

合金渣骨料因其在混凝土中使用的新颖性，所以在研究初期选择了我国目前生产量最大，使用最广的萘系减水剂。它是经化工合成的非引气型高效减水剂，化学名称萘磺酸盐甲醛缩合物，对于水泥粒子有很强的分散作用，其特点是减水率较高（15%～25%），没有引气作用，对混凝土的凝结时间影响较小，与各种水泥和掺合料的适应性相对较好，品质稳定。经过研究发现，合金渣骨料混凝土与萘系减水剂适应性好，出机混凝土工作性较为稳定。

但是采用合金渣骨料的混凝土单位用水量较普通岩性混凝土偏高，而较高的用水量直接导致胶凝材料总量的增加，不仅增加了工程成本，而且在大体积混凝土中对温控防裂提出了更高的要求，导致混凝土结构的因温度应力产生裂缝的风险增加，耐久性能降低。因此配合比优化的主要方向从降低用水量和胶凝材料总量为突破口，最常规的解决方法就是选择目前世界上最前沿、应用前景最好、综合性能最优的聚羧酸系高性能减水剂，它是羧酸类接枝多元共聚物与其他有效助剂的复配产品，具有掺量低、减水率高（减水率可高达45%），坍落度经时损失小，能降低水泥早期水化热，有利于大体积混凝土和夏季施工，绿色环保等特点。

混凝土配合比优化设计试验因采用了合金渣骨料，是一种全新的尝试，研究表明：在普通搅拌条件下（60L强制式搅拌机，搅拌时间为90s），采用聚羧酸高性能减水剂时，混凝土配合比的单位用水量能降低10～15kg/m^3，但是不论是增加减水剂的掺量还是提高减水率的大小，混凝土配合比的单位用水量再无优化空间，而且出机混凝土棍度、包裹性差，混凝土表面及周边有泌水和离析，施工和易性完全无法满足要求，且随着掺量或减水率的增加此种现象更加严重。

仔细观察混凝土表面发现，添加的聚羧酸减水剂被合金渣骨料吸附，在使用常规搅拌时间（60L强制式搅拌机拌和90s）拌和时，减水剂首先发生的是填充孔隙这一过程，并没有在第一时间发挥到减水效果，其效果是随着搅拌时间（至少为5min）的延长才逐渐发挥出来，但是采用萘系减水剂未见上述现象，萘系减水剂的功效在加水搅拌后即能体现。

采用聚羧酸系高效减水剂搅拌时间超过7min以后，虽然混凝土的蓬松程度和和易性越来越好，但是容重指标却急剧下降，不能满足混凝土坝体结构稳定性的要求，仍不可取。根据多次试验结果对比后最终确定拌和时间为7min时，出机混凝土的工作性最好，力学性能也满足要求，但是在工地现场实际应用时，搅拌时间的过多延长不切合实际需求，对施工工艺和工程进度提出了更高的要求，因此这是聚羧酸减水剂在合金渣骨料混凝土配合比优化中受限的主要原因。同时从研究中出现的新问题——孔洞结构的骨料对于影响聚羧酸减水剂作用效果的机理尚不明确，对聚羧酸减水剂在工程中的应用普适性提出了新的研究课题。

3. 对混凝土水胶比的影响

本节从微观结构角度分析合金渣与水泥基体过渡区性能，研究多孔结构骨料对水胶比的影响。设计水胶比为0.3和0.5的水泥净浆，将合金渣骨料埋入其中，研究硬化体中不同龄期时两者界面形貌。

图10.4-3～图10.4-6是不同水胶比在养护7d和84d时，合金渣骨料与水泥基体界面过渡区形貌。相同水胶比的试样随着试验龄期的增长，界面过渡区表现的凝胶结构更为密实，而且水胶比越小，界面过渡区处的凝胶结构越致密，这是由于合金渣骨料与水泥石在界面过渡区发生火山灰反应，消耗氢氧化钙后生成水化凝胶，故而密实了孔结构。但是0.5水胶比的试样，在不同龄期时界面过渡区结构疏松程度大大增加，这是由于在大水胶比条件下，多孔特性使得合金渣表面吸附了较多水分，导致过渡区结构更疏松，为获得较好性能的界面过渡区，合金渣骨料配制的混凝土水灰比不宜过大。

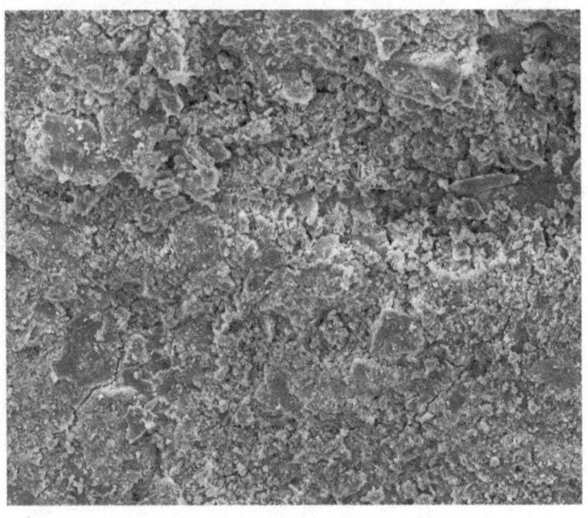

图10.4-3　水胶比0.3合金渣与水泥基体过渡区形貌（7d）

图10.4-4　水胶比0.5合金渣与水泥基体过渡区形貌（7d）

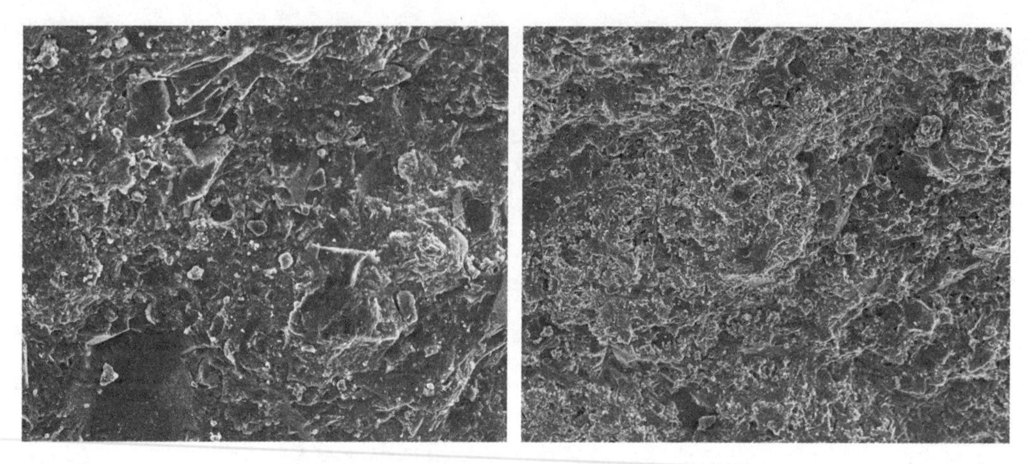

图 10.4-5 水胶比 0.3 合金渣与水泥基体过渡区形貌（84d）

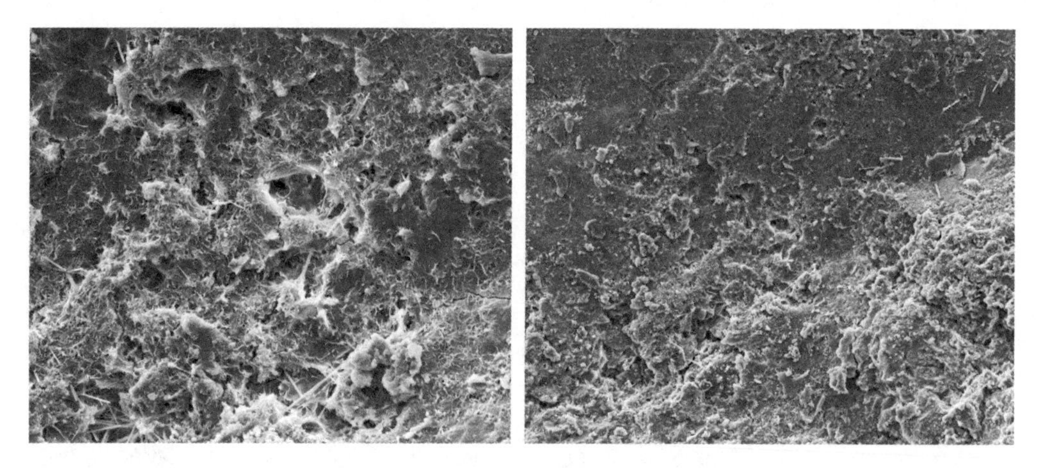

图 10.4-6 水胶比 0.5 合金渣与水泥基体过渡区形貌（84d）

10.4.2.2 合金渣混凝土强度及强度发展

骨料自身的强度、骨料级配中的最大粒径、骨料中颗粒级配是否连续以及骨料的粒形等因素均会影响混凝土的抗压强度值，而本研究中合金渣骨料、天然骨料和人工灰岩骨料使用的最大粒径相同，级配连续性差异较小，可见影响抗压强度值的主要原因为骨料自身的强度以及合金渣骨料自身特性。

表 10.4-2　　C20 混凝土抗压强度

骨料品种	水胶比	砂率/%	抗压强度/MPa			
			7d	28d	90d	180d
合金渣骨料	0.5	38	19.2	27.9	35.5	41.9
天然骨料	0.5	34	17.5	26.8	33.0	37.8
灰岩人工骨料	0.5	37	18.8	27.1	34.2	38.6

如表 10.4-2 所列，相同水胶比条件下的抗压强度值，采用合金渣骨料拌制的混凝土抗压强度及强度发展要略高于其他骨料的混凝土，可见合金渣骨料的活性反应能促进胶凝

体系中水化作用，发挥增强的效果。

本节还采用显微硬度表征了界面过渡区力学性能，以期为宏观力学性能提供理论解释。图 10.4-7 反应的是石灰石、合金渣和石英这 3 种主要混凝土集料的显微硬度值。

从图 10.4-7 中可以看出，3 种集料的硬度值存在显著差异，其中石灰石硬度最小，为 100～150MPa，石英集料的硬度为 300～400MPa，高碳铬铁合金合金渣的硬度为 600～800MPa，从中明显看出合金渣用作水泥混凝土集料时具有硬度大，变形性小等特性，利于限制混凝土结构的变形。

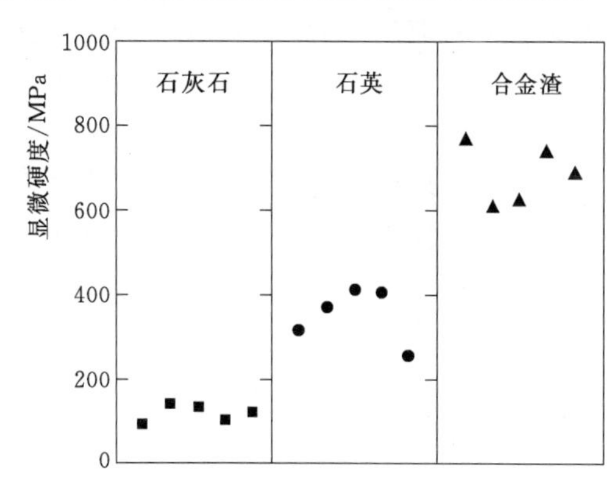

图 10.4-7　不同集料显微硬度

从图 10.4-8、图 10.4-9 中可以看出，在水胶比为 0.3 的条件下，石灰石集料与水泥基界面的显微硬度值为 60～100MPa，平均值为 85MPa；石英砂集料与水泥基界面的

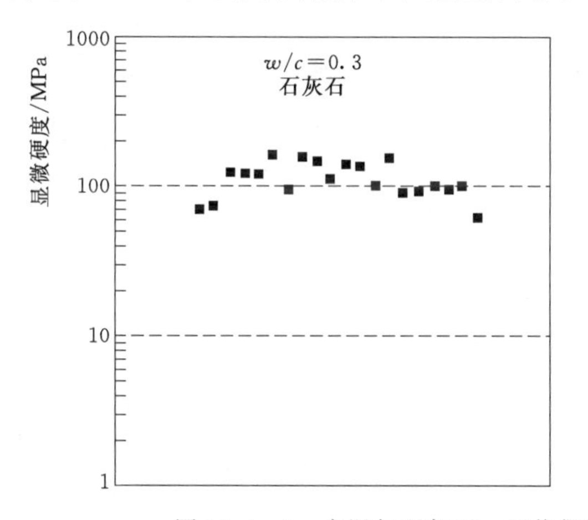

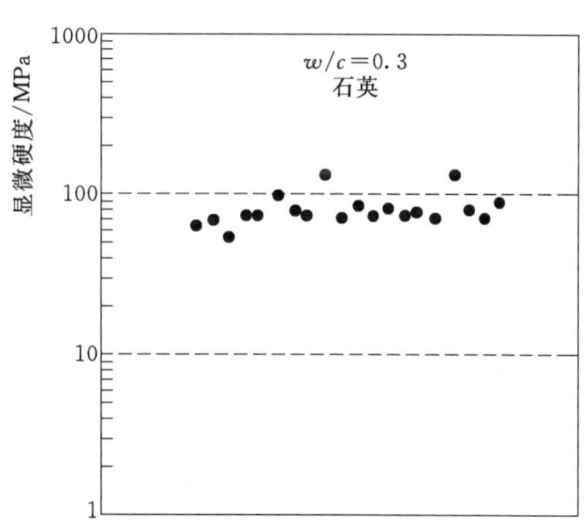

图 10.4-8　水泥与石灰石、石英集料界面过渡区显微硬度（$w/c=0.3$）

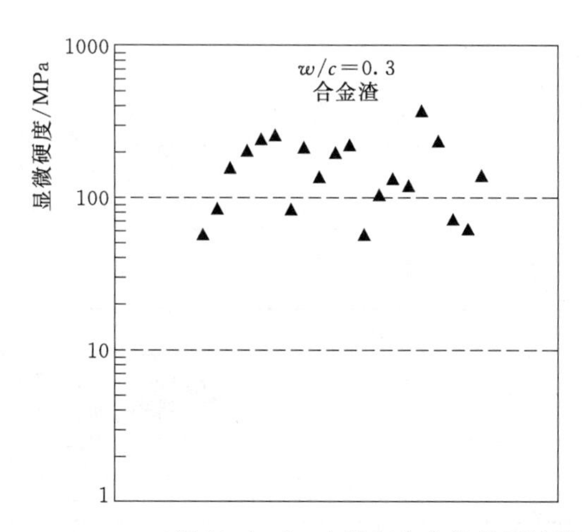

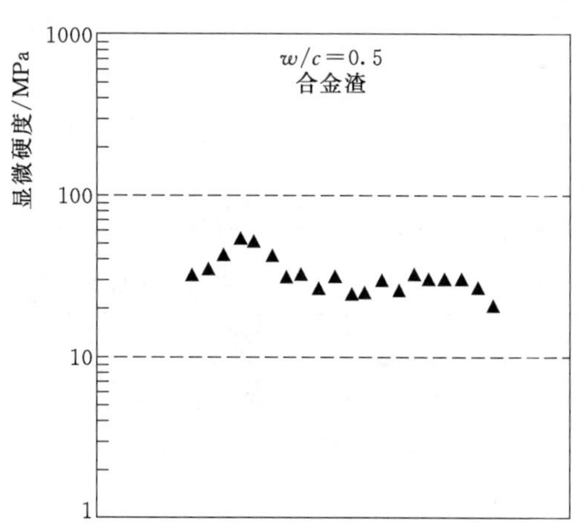

图 10.4-9　水泥与合金渣界面过渡区显微硬度（$w/c=0.3$、$w/c=0.5$）

显微硬度值为20～90MPa，平均值为45MPa；合金渣集料与水泥基界面的显微硬度值为60～400MPa，平均值为150MPa，该结果与宏观力学性能中的抗压强度相互吻合。而水胶比提高到0.5时，合金渣显微硬度较水胶比为0.3条件下显著降低，平均值为30MPa左右，说明合金渣作为混凝土用骨料不宜选择较大的水胶比。

10.4.2.3 合金渣混凝土养护析出物分析

合金渣作为混凝土用骨料，关注的重点为混凝土结构在运行期间是否存在金属有害离子的析出，对环境造成危害。为了了解合金渣骨料混凝土中各元素的析出情况，对合金渣骨料混凝土试件进行静水条件的泡水养护，养护条件为养护室温度控制为20℃±1℃，水温为18℃±0.5℃。

（1）样品制取。检测分为粉末样品和液体样品，其中粉末样品制样过程为：取混凝土泡水养护28d和90d后的水样若干，用500mL带盖烧杯盛装，放到烘箱中烘至恒重，取出收集粉末状的析出物10～15g。样品编号分别为1号样（90d）和2号样（28d）。液体样品为养护箱内的养护水样，分别为：3号样——高含量析出物样品（龄期为90d，取养护箱静置时底层的样品）、4号样——低含量析出物样品（龄期为90d，取养护箱上下搅动后的样品）。

（2）指标检测。干样制备完成后进行化学分析和Cr、Hg指标试验，液体样品进行地表水基本项目指标试验。

（3）评定标准。采用《地表水环境质量标准》（GB 3838—2002）Ⅲ类水和《生活饮用水卫生标准》（GB 5749—2006）进行评定，其具体指标见表10.4-3。

表10.4-3　水基本项目标准限值　单位：mg/L

项　目	铜	锌	氟化物	硒	砷	镉	铬（六价）	铅	氰化物
GB 3838—2002 Ⅲ类水	≤1.0	≤1.0	≤1.0	≤0.01	≤0.05	≤0.005	≤0.05	≤0.05	≤0.2
GB 5749—2006	≤1.0	≤1.0	≤1.0	≤0.01	≤0.01	≤0.005	≤0.05	≤0.01	≤0.05

（4）检测结果。

1）粉末样品。粉末样品的化学分析结果见表10.4-4，Cr、Pb、Cd、Hg检测指标见表10.4-5。

表10.4-4　粉末样品化学分析　%

编号	CaO	SiO_2	CO_2	Al_2O_3	Fe_2O_3	MgO	SO_3	K_2O	Na_2O	Cr_2O_3	R_2O	备注
1号样	61.57	8.72	11.20	2.25	0.37	12.61	0.40	0.86	1.26	0.08	1.83	90d
2号样	60.86	8.53	10.30	2.28	0.24	15.77	0.24	0.52	0.66	0.06	1.00	28d

表10.4-5　析出物（粉末样品）化学成分与规范要求值对比表

编号	检测指标	检测值	GB 3838—2002 Ⅲ类水	GB 5749—2006	备　注
1号样	Cr	小于最低检出限0.05mg/L	—	—	规范未限定该指标的标准限值
2号样					
1号样	Hg	0.51μg	—	<1.0μg/L	GB 5749—2006
2号样		0.23μg			

注　1号样为90d养护析出物干样样品，2号样为28d养护析出物干样样品。

粉末样品的化学分析试验结果表明：随着养护龄期的延长，混凝土中水化产物的析出量增多，但是 Cr_2O_3 量的增加不是很明显。

粉末样品中离子的含量检测结果为：Cr 离子含量低于设备的最低检出限 0.05mg/L，说明本次选择的样品中 Cr 含量为微量，而 Hg 指标略微高于最低检出限，但是满足《生活饮用水卫生标准》(GB 5749—2006) 的要求。

2) 液体样品。检测的指标中 Cr 和六价铬、Mn、Cu、Zn 低于最低检出限，氟化物、总硬度、溶解性总固体、溶解铁、As、Hg 等指标均满足《生活饮用水卫生标准》(GB 5749—2006) 或《地表水环境质量标准》(GB 3838—2002) 要求，具体检测结果见表 10.4-6。

表 10.4-6　　析出物 (液体样品) 化学成分与规范要求值对比表

<table>
<tr><th>编号</th><th>检测指标</th><th>检测值</th><th>GB 3838—2002 Ⅲ类水</th><th>GB 5749—2006</th><th>备　注</th></tr>
<tr><td>3 号样</td><td rowspan="2">Cr</td><td rowspan="2">小于最低检出限 0.05mg/L</td><td rowspan="2">—</td><td rowspan="2">—</td><td rowspan="2">规范未限定该指标的标准限值</td></tr>
<tr><td>4 号样</td></tr>
<tr><td>3 号样</td><td rowspan="2">Mn</td><td rowspan="2">小于最低检出限 0.05mg/L</td><td rowspan="2">—</td><td rowspan="2"><0.1mg/L</td><td rowspan="4">GB 5749—2006</td></tr>
<tr><td>4 号样</td></tr>
<tr><td>3 号样</td><td rowspan="2">Hg</td><td>0.41μg/L</td><td rowspan="2">—</td><td rowspan="2"><1.0μg/L</td></tr>
<tr><td>4 号样</td><td>0.13μg/L</td></tr>
<tr><td>3 号样</td><td rowspan="2">Cu</td><td rowspan="2">小于最低检出限 0.05mg/L</td><td rowspan="2"><1.0mg/L</td><td rowspan="2">—</td><td rowspan="8">GB 3838—2002 Ⅲ类水</td></tr>
<tr><td>4 号样</td></tr>
<tr><td>3 号样</td><td rowspan="2">Zn</td><td rowspan="2">小于最低检出限 0.05mg/L</td><td rowspan="2"><1.0mg/L</td><td rowspan="2">—</td></tr>
<tr><td>4 号样</td></tr>
<tr><td>3 号样</td><td rowspan="2">六价铬</td><td rowspan="2">小于最低检出限 0.004mg/L</td><td rowspan="2"><0.05mg/L</td><td rowspan="2">—</td></tr>
<tr><td>4 号样</td></tr>
<tr><td>3 号样</td><td rowspan="2">As</td><td>23.1μg</td><td rowspan="2"><50μg/L</td><td rowspan="2">—</td></tr>
<tr><td>4 号样</td><td>14.8μg</td></tr>
</table>

注　3 号样为 90d 养护高含量析出物样品，4 号样为 90d 养护低含量析出物样品。

在静水状态下，泡水混凝土的析出物其有害成分没有超过有关标准的规定，满足环境保护的相关要求。在水电站建成后的运行中，库区处于动态水环境条件下，需要对合金渣骨料的混凝土结构状态及水环境进行及时长期的跟踪检测。

10.4.3 配合比优化

由于水工建筑物经常暴露在大气与水之中，受到水流的冲刷、日晒和雨、雪、风、霜、水的侵蚀以及冰冻、干湿等作用，混凝土结构除了需要满足设计抗压强度外，还必须满足其他如耐久性、抗冲刷和抗磨损的能力、抗侵蚀性、低热性等特殊要求。特别是坝体大体积混凝土，由于施工进度快、结构尺寸大、混凝土浇筑量多，极易因为胶凝材料水化引起温度变化和收缩而导致有害裂缝的产生，所以在大体积混凝土浇筑中，必须要解决水化热及随之引起的体积变形问题，以最大限度减少开裂的风险。而合金渣混凝土若要在工程中大规模的使用，就必须进行配合比的优化，降低单位用水量、胶凝材料总量和水化温升值，减少产生温度裂缝的概率，基于此种目的，我们进行了配合比的优化设计，具体研究如下。

采用聚羧酸系高效减水剂进行优化的研究结果无法满足施工要求（在前文中已经阐明），经专家咨询后，充分考虑骨料自身的多孔特性，通过实施组合合金渣骨料和现有砂石料场生产的人工骨料（即为天然砂砾石进行人工破碎后混合使用的骨料）的方案，来完成配合比的优化设计，骨料的具体组合情况见表 10.4-7。

表 10.4-7　　不同骨料组合的方案设计

编号	合金渣细骨料	人工细骨料	合金渣粗骨料	人工粗骨料	备　注
组合 1	√	×	×	√	合金渣细骨料＋人工粗骨料
组合 2	×	√	√	×	人工细骨料＋合金渣粗骨料
组合 3	√	√	×	√	两种细骨料按体积比 1∶1 进行试验

注　表中"√"表示使用该骨料，"×"表示不使用该骨料。

根据骨料的组合方案进行 C20 二级配常态混凝土配合比的优化，试验结果见表10.4-8。

表 10.4-8　　不同骨料组合的混凝土配合比

组合情况	砂率/%	材料用量/(kg/m³) 水	水泥	粉煤灰	合金渣砂	人工砂	中石	小石
组合 1：合金渣细骨料＋人工粗骨料	34	140	196.0	84.0	748	—	788	526
组合 2：人工细骨料＋合金渣粗骨料	37	142	198.8	85.2	—	706	752	501
组合 3：两种细骨料按体积比 1∶1，合金渣粗骨料	38	155	217.0	93.0	403	351	716	477
合金渣骨料	38	165	231.0	99.0	780	—	462	693

从表 10.4-8 中可见，采用组合 2：人工细骨料＋合金渣粗骨料方案后，不仅新拌混凝土性能满足施工需要，而且在保证大量使用合金渣骨料的前提下，单位用水量由 165kg/m³ 大幅度的降低至 142kg/m³，胶凝材料总量降低了 46kg/m³，实现了混凝土配合比的优化，获得了枕头坝一级水电站技术质量咨询专家的认可。这一组合方案进行配合比优化后，在满足混凝土建筑物结构性能要求时，较好地解决了冶金弃渣大量利用的问题，可作为合金渣混凝土推广应用新的思路和方向。

10.4.4　现场应用

在枕头坝一级水电站的建设中，合金渣用于进场公路的填筑和鱼道混凝土工程。进场公路填筑已完成了 3 年，经过实践检验，合金渣填筑的路面平整度及密实性好，而且耐磨蚀，路基沉降量小结构稳定，完全满足公路质量验收规范的相关规定。

根据《枕头坝公司关于将高碳铬铁合金炉渣试应用于枕头坝一级水电站工程结构部位的函》（国电大枕函〔2014〕18 号）、《大渡河枕头坝一级水电站高碳铬铁合金冶炼废渣混凝土试应用专题报告》《四川省大渡河枕头坝一级水电站铬铁合金冶炼废渣作为混凝土骨料可行性研究》以及中国水利水电建设工程咨询有限公司 2013 年第二次技术质量咨询意见和要求，鱼道工程鱼下 0＋008～鱼下 0＋015 段 D 型断面中高程 619m 以上及鱼下 0＋

059.25～鱼下 0+154.44 段基础使用 $C_{90}15$ 合金渣骨料混凝土共计 $3726m^3$。由于施工进度控制及电站运行安排等条件限制，浇筑的鱼道下部基础合金渣混凝土暂未过水，过水后将继续跟踪检测水环境。

10.5 小结

本技术从高碳铬铁合金炉渣自身的特点，作为混凝土用骨料可行性的评价，以及枕头坝一级水电站混凝土研究三个方面进行了阐述，具体表现如下：

（1）高碳铬铁合金炉渣是以 SiO_2、MgO、Al_2O_3 和 Cr_2O_3 为主要化学组成的高温熔体，熔体经慢冷后形成了以镁橄榄石、镁铝尖晶石、未反应的铬铁矿和少量的顽辉石等为主要矿物组成的坚硬岩石，其形成过程与性状类似于火成岩如玄武岩，对混凝土组成、结构及性能无不利影响。

（2）合金渣中铝硅质矿物含量超过 50%，其中以玻璃体形态存在的含量为 20%～25%。在水泥基材料碱性环境下，铝硅酸盐玻璃体易解聚并与氢氧化钙水化生成 C-S-H 凝胶，对混凝土强度的增长具有促进作用。而且合金渣的多孔及锁接结构能改善混凝土骨料与胶凝材料之间的界面过渡区形态，对提高混凝土结构的韧性和耐久性具有极佳的作用。

（3）合金渣中的 Cr 离子呈现均匀分布形态，无论是尺寸大小其铬元素分布浓度均呈现一致性，该结论对使用不同粒径的合金渣作为混凝土用骨料提供了论证。

（4）六价铬离子的浸出试验、放射性核素限量检测、骨料的碱活性试验和物理力学性能试验均满足相关规程规范的要求，综合应用性能较佳，判定其作为混凝土用骨料是可行的。

（5）采用萘系减水剂拌制的高碳铬铁合金炉渣骨料常态混凝土工作性较好，不离析不泌水，便于混凝土施工，硬化后的混凝土结构质量均匀，力学性能和耐久性能均满足设计要求，特别是干缩值较小，自生体积变形呈微膨胀趋势，可有效提高混凝土抗裂性。采用组合骨料方案后优化了混凝土配合比，减少了单位用水量和胶凝材料总量，降低了产生温度裂缝的概率，为冶金弃渣在水电工程中的推广利用提供了可能性。

（6）泡水养护试验中，在静水状态下定量泡水混凝土的析出物其有害成分没有超过有关标准的规定，特别是六价铬含量少于设备最低检出限，远低于《生活饮用水卫生标准》（GB 5749—2006）的规定值。

（7）不同水灰比的高碳铬铁合金炉渣—水泥浆界面过渡区形貌差异显著。在低水灰比（水灰比为 0.3）条件下结构致密，无明显产物定向生长情况发生，具有优化界面过渡区微观结构作用；大水灰比（水灰比为 0.5）时高碳铬铁合金炉渣与水泥间的界面过渡区结构疏松多孔，不利于宏观性能的提高。

（8）水灰比为 0.3 时的高碳铬铁合金炉渣—水泥石界面过渡区微观力学强度比石灰石和石英集料的机械力学性能高约 2～3 倍，提高界面过渡区力学性能作用明显。而对于 0.5 水灰比的样品，由于微结构自身较为疏松，其力学强度亦较低，因此高碳铬铁合金炉渣作为集料时拌和物的水灰比不宜过大，或者对高碳铬铁合金炉渣表面预先进行憎水处理，防止表层水灰比太大。

我国现处于快速发展中，矿业作为国民经济的支柱产业其需求量也在增加，伴随而来的就是每年排放的工业固体废物呈现剧增的趋势，这些冶金弃渣的堆放不仅要占用大量土地，而且丢弃也会造成资源浪费。而混凝土是一种充满生命力的建筑材料，与其他常用建筑材料（如钢筋、木材、塑料等）相比，水泥混凝土具有生产能耗相对低，原料来源广，工艺简便，生产成本低，同时它还具有耐久、防火、适应性强、应用方便等特点，因此在今后相当长的时间内，水泥混凝土仍将是应用最广、用量最大的建筑材料。在混凝土结构体系中60%～80%的体积占比为骨料，若能将矿业冶金弃渣与混凝土用骨料有机结合，充分利用弃渣的强度高、活性好等特点，将其最大化的利用于混凝土结构中，这将为我国的矿业及其下游产业在可持续健康发展的道路上实现新转化，提高资源综合利用的整体水平，使有限的资源创造更多的财富，从而为保护人类的生存空间提供新的思路和研究方向。

第 11 章 环氧树脂材料及灌浆技术

11.1 概述

贵阳院开展化学灌浆材料试验研究工作已经有 10 余年。经过不断的探索与研究，已掌握了大量的试验检测经验和施工工艺技术。2016 年贵阳院联合深圳市帕斯卡系统建材有限公司，根据大体积混凝土缺陷修补的成功工程实例，取得了“大体积混凝土缺陷修补的环氧树脂灌浆施工材料及施工技术”国内首创、国际领先的科技创新成果，并编写了《大体积混凝土缺陷修补的环氧树脂灌浆施工工法》。该工法已经通过中国电建集团审批（工法号为：ZGDJGF083—2016），同时该工法也取得了中国水利工程协会颁发的水利水电工程建设工法证书（工法号为：SDGF3020—2017）。该技术在处理大体积混凝土缺陷方面效果明显，一次性解决问题，避免了反复处理且效果不佳所带来的时间、人力等资源浪费，因此，该工法有着极高的经济效益及时效性。

除此以外，贵阳院还根据多年试验检测经验，对多种试验检测设备、试验成型工具等进行研究、改良，并获得了多项国家专利。如：一种转筒式化灌黏度检测装置(ZL201620991656.9)、一种环氧树脂灌浆材料线膨胀系数试验试件成型器(ZL201620163719.1)等。

11.1.1 化学灌浆技术发展

灌浆技术最早是在 1802 年由法国用木制冲击泵注入黏土和石灰浆液加固地层开始。1826 年英国研制发明硅酸盐水泥后，灌浆材料发展以水泥浆液为主。1884 年化学浆液在印度问世，并用于建桥固砂工程。1887—1909 年，德国和比利时先后获得水玻璃灌浆材料和双液单系统灌浆法专利。1920 年乔斯顿发明水玻璃、氯化钙灌浆的“乔斯顿灌浆法”。

20 世纪 40 年代，灌浆技术的研究和应用进入一个鼎盛时期，各种水泥浆材和化学浆材相继问世，尤其是 60 年代以来，有机高分子化学浆材得到迅速的发展，各国大力发展和研制化学灌浆材料及其灌浆技术。随着灌浆材料的飞速发展，灌浆工艺和灌浆设备也得到巨大发展，灌浆技术应用在工程中的规模越来越广，几乎涉及所有的岩土和土木工程领域，比如矿山、铁道、油田、水利水电、隧道、地下工程、岩土边坡稳定、市政工程、建筑工程、桥梁工程、地基处理和地面沉陷等各个领域。

但是自从 1974 年日本福冈发生丙烯酰胺灌浆引起环境污染造成中毒事故后，化学灌浆材料及其技术的研究和应用曾一度跌入低潮，日本禁止水玻璃之外的所有其他化学浆液的应用，世界各国也禁止使用毒性较大的化学浆材。20 世纪 80 年代，由于化学浆材的改性，化学灌浆技术又得到继续发展。

我国化学灌浆技术的研究和应用较晚，20 世纪 50 年代初期才开始在煤矿竖井堵水、加固工程中使用灌浆技术，比西方国家晚约 30 年。作为国家科研攻关课题立项则是 1958 年，第一项攻关课题是“三峡工程基岩裂隙化学灌浆研究”。我国系统介绍化学灌浆技术的第一部专著出版于 1980 年。

11.1.2 化学灌浆材料分类

灌浆材料的发展具有悠久的历史，早期人们使用水泥为主要灌浆材料。19 世纪后期，灌浆材料从水泥发展到以水玻璃类浆材为主的化学浆材。第二次世界大战后，化学浆材得到飞速发展，尤其是近几十年来，有机高分子灌浆材料发展迅速。灌浆材料大体分为两大类（见表 11.1-1），一般又分为水泥类浆材和化学类浆材。

表 11.1-1　　化学灌浆材料分类表

系别	浆液类别	浆液名称
无机物	单液水泥类	水泥-氯化钙浆液，水泥-三乙醇胺-氯化钙，水泥-膨润土
	水泥-水玻璃类	水泥-水玻璃双浆液
	黏土类	黏土-膨润土浆液等
	水玻璃类	水玻璃-氯化钙浆液，水玻璃-铝酸钠浆液等
	水泥黏土类	—
有机物	丙烯酰胺类	—
	聚氨酯类	水溶性聚氨酯浆液，油液性聚氨酯浆液
	木质素浆	纸浆废液-重铬酸钠（铬木素）浆液，纸浆废液-过硫酸铵（硫木素）浆液
	脲醛树脂类	脲醛树脂-硫酸浆液，尿素-甲醛-三氯化铁浆液等
	环氧树脂	—
	糠醛树脂类	—
	甲基丙酸甲酯	—
	非水溶性聚氨酯浆液	油液性聚氨酯浆液

水泥类浆材结石体强度高、造价低廉、材料来源丰富、浆液配制方便、操作简单，但是由于普通水泥颗粒粒径大，这种浆液一般只能注入直径或宽度大于 0.2mm 的孔隙或裂

隙中。

化学类浆材可注性好，浆液黏度低，能注入细微裂隙中，但是一般的化学浆液都具有毒性、价格昂贵，且结石体强度比水泥浆液的结石体强度低等缺点。因此，化学浆液的应用范围受到限制。针对水泥浆材和化学浆材的缺点，世界各国开展改善现有灌浆材料和研制新的灌浆材料工作，推出一批低毒或无毒、高效能的改进型浆材。仅日本市场就出现30多种化学浆材，同时水玻璃浆材的品种达50～60种。至今，国内外各种化学浆材品种已达百余种。我国基本上拥有国外的所有化学浆材，同时也自己研制出新的浆材品种。

鉴于目前化灌材料种类繁多，而应用于水利水电工程中的灌浆材料以环氧树脂类居多，因此本章仅对环氧树脂类灌浆材料进行研究阐述。

11.2 环氧树脂化学灌浆材料

11.2.1 材料体系

环氧树脂具有高强度、强黏结力、较高稳定性及可室温固化等一系列优点，因此被广泛用于电绝缘材料、增强塑料、涂料、黏合剂及电子灌封材料等方面。20世纪50年代中期，环氧树脂在国外被开发用作化学灌浆材料，并取得成功。

灌浆用的环氧树脂一般采用双酚A型环氧树脂，大多数情况下使用E-44（6101）环氧树脂，用脂肪胺或改性胺如T31等为固化剂。目前通常所用的环氧浆液大致分为如下几种。

（1）糠醛、丙酮稀释体系。糠醛和丙酮这两种材料均具有较低的黏度，当环氧树脂中加入适量的糠醛和丙酮后，可以使浆液黏度降低，达到较好的可灌性。同时可以降低环氧浆液价格，并使其可在含水裂缝中灌注。由于糠醛、丙酮在加入固化剂后可以形成酮亚胺缓慢地固化环氧树脂，同时游离的糠醛和丙酮也逐渐生成它们的低聚物，最后成为呋喃树脂，因此浆液固化后为复合体系。这种浆液适用于较大工程，如大坝的固结、补强。

（2）弹性环氧体系。这种浆液通常应用于裂缝修补中。它是在糠醛、丙酮体系的基础上，加入韧性剂和非环氧化物的活性稀释剂，使浆液固化后具有弹性，可以在一定程度上在裂缝中伸缩，并保持较高的黏结强度。

（3）丙烯酸环氧树脂体系。在细小裂缝的补强工程中，可以使用丙烯酸环氧树脂体系的灌浆材料。它是在季铵盐的催化下，丙烯酸可以和双酚A环氧树脂反应，生成丙烯酸环氧树脂，以烯类单体（如苯乙烯）作稀释剂，经引发聚合后成为共聚物。该浆液的特点在于，其性能可以通过改变组分来任意调节，并且具有高强度，低黏度的特性。

（4）非活性稀释剂体系。环氧树脂中加入丙酮、二甲苯等非活性稀释剂组成。这类浆液由于加入了大量不反应的稀释剂，使浆液固化后强度低、收缩大、黏结力差，目前已基本上不采用。但由于配方简单，使用方便，某些特殊情况下也会用到。

（5）活性稀释剂体系。该体系是用氯化苯乙烯、环氧丙基丁基醚、环氧丙烷苯基醚等低分子量的环氧化合物作为稀释剂。虽然其稀释效果比非活性的溶剂差，但它们带有环氧基团，在固化过程中能被结合到网络结构中，使浆液固化后不会因溶剂流失而产生收缩现象，且可改善韧性。

11.2.2 材料特性

环氧树脂材料品种较多，性能各异。理想的环氧树脂灌浆材料其性能应符合下列要求：

（1）浆液稳定性好，在常温/常压下存放一定时间其基本性质不变。

（2）浆液是真溶液，黏度小，流动性、可灌注性好。

（3）浆液的凝胶或固化时间可在一定范围内按需要进行调节和控制，凝胶过程可瞬间完成。

（4）凝胶体或固结体的耐久性好，不受气温、湿度变化和酸、碱或某些微生物侵蚀的影响。

（5）浆液在凝胶或固化时收缩率小或不收缩。

（6）凝胶体或固结体有良好的抗渗性能。

（7）固结体的抗压、抗拉强度高，不会龟裂，特别是与被灌体有较好的黏结强度。

（8）浆液对灌浆设备、管路无腐蚀，易于清洗。

（9）浆液无毒、无臭，不易燃、易爆，不会对环境造成污染，对人体无害。

（10）浆液配制方便，灌浆工艺操作简便。

（11）浆材货源广，价格低，储存、运输方便。

11.2.3 试验检测

1. 浆液性能

目前水利水电工程中所用的环氧树脂灌浆材料一般为：以环氧树脂为主剂，加入固化剂、稀释剂、增韧剂等组分所形成的A、B双组分商品灌浆材料。A组分是以环氧树脂为主的体系，B组分则为固化体系。

环氧树脂灌浆材料浆液性能的试验检测项目主要有浆液的密度、初始黏度和可操作时间。根据《混凝土裂缝用环氧树脂灌浆材料》（JC/T 1041—2007）中，“6.2 物理力学性能”有关环氧树脂灌浆材料性能的要求见表11.2-1。

表11.2-1 环氧树脂灌浆材料浆液性能

序号	项目	环氧树脂浆液性能	
		低黏度	普通
1	浆液密度/(g/cm³)	>1.00	>1.00
2	初始黏度/(mPa·s)	<30	<200
3	可操作时间/min	>30	>30

（1）浆液密度。由于被用于水利水电工程的环氧树脂灌浆材料经常与水“打交道”，需要使其密度大于水，才能便于将灌浆材料灌入到缝隙中。这种情况在进行坝基基岩裂缝处理时尤为关键，因此要保证环氧树脂灌浆浆液的密度大于水。

目前水利水电工程中，对环氧灌浆材料进行密度试验检测的方法，是参考标准《液态胶黏剂密度的测定方法 重量杯法》（GB/T 13354—1992）来进行的。该标准规定了用37.00mL的重量杯测定液态胶黏剂及其组分密度的方法。该标准适用于液态胶黏剂密度的测定，特别适用于黏度较高或组分发挥性较大、不宜用比重瓶法测定密度的液态胶黏剂。该方法中密度用20℃下容量为37.00mL的重量杯所盛液态胶黏剂的质量除以37.00mL得到。

该方法使用的仪器和设备有：

1）重量杯，20℃下容量为37.00mL的金属杯。

2）恒温浴或恒温室，23℃±1℃。

3）天平，感量为0.001g。

4）温度计，0～50℃，分度1℃。

试验开始前，先准备足量试验样品，以完成三次试验用量为宜。然后使用具有挥发性的溶剂清洗重量杯。待重量杯干燥后，在25℃的环境中，一次性将样品盛满重量杯，然后盖紧盖子，并将溢流口保持开启状态。用挥发性溶剂将溢出物擦干，将该重量杯置于恒温浴或恒温室中，使试样恒温至23℃±1℃。最后用天平测量置于恒温环境中的重量杯，精确至0.001g。再重复做两遍，以三次数据的算术平均值作为试验结果。

浆液密度按下式进行计算：

$$\rho=\frac{m_2-m_1}{37} \tag{11.2-1}$$

式中 ρ——液态胶黏剂密度，g/cm³；

m_1——空重量杯的质量，g；

m_2——装满胶黏剂试样的重量杯重量，g；

37——重量杯容量，cm³。

（2）初始黏度及可操作时间。环氧树脂具有许多良好的特性，在水利水电工程中，是一种比较理想的灌浆材料，被用于坝体裂缝修补、碾压混凝土层间漏水修补、坝基基础岩体固结等多个领域。但是由于环氧树脂的黏度大，较纯的环氧树脂在常温下甚至为固态。因此为保证工程实际应用时，环氧树脂灌浆材料就有良好的可操作性，通常情况下需要向环氧树脂灌浆材料中加入一定量的稀释剂，以降低环氧树脂的黏度，使树脂具有流动性，改善树脂对被修补材料（如混凝土、岩石等）的浸润性；控制固化时的反应热；延长树脂固化体系的适用期；填料用量增加，降低成本。

对环氧树脂材料进行黏度检测时，比较常用的方法是“单圆筒旋转黏度计法”。该方法是使圆柱形或圆盘形的转子在树脂中以一个恒定的转速进行旋转，由于环氧树脂具有一定的黏度，因此样品会对转子运行产生阻力，从而导致黏性力矩，使弹性元件偏转产生扭矩。当黏性力矩与偏转扭矩平衡时，通过测量弹性元件的偏转角，来间接计算环氧树脂材料的黏度。

在进行试验检测时，所使用的单圆筒旋转黏度计有两大类，一类是机械式，另一类是数显式。而常用的为数显式单圆筒旋转黏度计。由于环氧树脂材料的黏度与温度有很大关系，因此为保证测量树脂黏度的准确性，还应准备恒温浴水箱、温度计。同时还需要准备低型烧杯或盛样器，规格尺寸为标称容量600mL、外径90.0mm±2.0mm、全高

125.0mm±3.0mm及最小壁厚1.3mm。

在检测前，先将样品盛入到烧杯或盛样器中，要确保不引入气泡，如有必要，可以使用抽真空机或其他方法消除气泡。然后将盛好样品的烧杯或盛样器放入恒温水浴箱中，确保放入恒温水浴箱的时间充足，以使样品达到规定温度。如无特别要求，放入时间应不小于4h，恒温水浴箱温度应控制在23℃±0.5℃。检测时，需选择适当的转子及转速，保证显示的读数在最大量程的20%～90%，然后启动试验机，根据说明书操作黏度计，并准确记录试验数据。最后，关闭试验机，待转子完全停止后再次启动试验机进行第二次试验检测，直到连续两次测定数值相对平均值的偏差不大于3%，试验的最终结果取两次测定值的平均值。

需要指出的是，在测定某些胶黏剂的黏度时，仪器的黏度读数可能不稳定，会缓慢变化，需要在指定的时间读数，如1min，每个样品只能用于一次测定。同时，该方法测量的黏度是动力黏度，对于非牛顿流体，剪切力与剪切速率不成线性关系，黏度与剪切速率有关。在特定转子转速下测定的黏度值称为“表观黏度”，这种黏度测定称为“相对测定”。

浆液的可操作时间检测则是基于浆液黏度检测而来的。在环氧树脂材料的A、B组分材料混合时开始计时，当该种样品的黏度达到一定数值时（100mPa·s或200mPa·s）停止计时，则该段时间为此种样品可操作时间。在测量可操作时间时，也应注意试验环境的温度对检测数值的影响。

2. 环氧树脂材料固化物性能

环氧材料的固化成型过程是一个很复杂的物理变化和化学变化过程，其影响因素也很多。环氧树脂的固化成型过程及影响因素可概括如下：

（1）环氧胶液（液态环氧树脂胶液，或环氧树脂溶液，或环氧树脂熔液）对固体材料（纤维、填料、被黏结面、涂层基底等）的润湿、浸渍。也可制成预浸料或模塑料。主要影响因素是胶液与固体材料的相容性（亲和性，可用调整胶液配方设计和固体表面处理等方法来改善）和胶液的黏度，(取决于胶液配方和环境温度)。

（2）物料充填模腔或流平，形成致密的物体。主要影响因素是物料的流动性，主要是胶液的黏度。这都取决于胶液配方和环境温度。可以用加压和抽真空的方法来协助实现充模及形成致密的物体。

（3）进行固化反应。在一定的条件下环氧低聚物与固化剂、改性剂开始反应，从胶液→凝胶化→玻璃化→三维交联结构固化物。主要的影响因素是体系的热历程，包括预热温度、升降温速度、固化温度、固化时间、后固化温度及时间等。此外，固化压力对固化反应及制品的密实和形状稳定也有一定的作用。主要影响因素是胶液配方和环境温度及湿度等。

（4）环氧基体（环氧固化物）的结构形成。这是随着环氧树脂固化反应的进行而逐步形成的。包括固化物化学结构的形成和固化物聚集态结构的形成。主要影响因素是胶液配方和体系的热历程。

（5）环氧材料界面层结构的形成。它也是随着环氧树脂固化反应的进行逐步形成的。不仅取决于胶液配方和体系的热历程，而且还与纤维、填料等材料的表面性能密切相关。

综上所述，影响环氧材料固化成型过程的主要因素为：①胶液配方和纤维、填料等固体材料的表面性质，这取决于材料设计的正确性；②热历程和加压历程如压力大小、加压时机、加压次数等，这取决于工艺设计的正确性，也就是通常所说的成型工艺三大要素：温度、时间、压力。

依据《混凝土裂缝用环氧树脂灌浆材料》（JC/T 1041—2007），用于水利水电化灌材料中的环氧树脂固化物性能指标主要有：抗压强度、拉伸剪切强度、抗拉强度、黏结（干黏结、湿黏结）、抗渗压力、渗透压力比。各性能指标应符合表11.2-2的规定。

表11.2-2　环氧树脂灌浆材料固化物性能

序号	试验项目		固化物性能	
			Ⅰ级	Ⅱ级
1	抗压强度/MPa		≥40	≥70
2	拉伸剪切强度/MPa		≥5.0	≥8.0
3	抗拉强度/MPa		≥10	≥15
4	粘接强度	干黏结/MPa	≥3.0	≥4.0
		湿黏结/MPa	≥2.0	≥2.5
5	抗渗压力/MPa		≥1.0	≥1.2
6	渗透压力比/%		≥300	≥400

注　固化物性能的测定龄期均为28d。

在进行环氧树脂材料固化物性能试验检测时，应保证环境温度在23℃±2℃，相对湿度在50%±5%的试验室环境。样品成型所用的模具应为平整光滑的玻璃板或镀锌钢板，其尺寸大小根据所需试验规范要求而定；脱模剂或脱模薄膜采用脱模蜡、玻璃纸。在配制固化物时，需要按不同材料厂家提供的固化系统配比进行配制，并将混合物搅拌均匀后浇铸到试模中。在整个操作过程中要尽量避免产生气泡，如气泡较多，可采用真空脱泡或振动法去除气泡。

通常情况下将浇铸后的试验模具放置在室温下24～48h后即可脱模，然后将脱模后的试样敞开放在一固定平面上，在室温或标准环境温度下放置规定龄期（包含试样加工时间）后即可进行相关试验检测。如遇到紧急特殊情况，也可使用常温加热固化法，来缩短环氧树脂的固化时间。在常温加热固化时，浇铸后的试样放置24h后脱模，然后继续加热固化，从室温逐渐升至树脂热变形温度，恒温时间按树脂性能经试验确定。

达到龄期固化成型的试样应无气泡、裂纹、凹坑、应力集中区、无明显杂质和加工损伤等缺陷，如试样表面有粗糙面应用细锉或砂纸进行精磨，使试样平整、光滑。在试验检测前，还应用偏振光对试件内应力进行测试，保证成型的试件无内应力。如发现试件存在内应力，可使用“油浴法”和“空气浴法”予以消除。从而确保试验数据的准确性。

每种不同的试验检测项目的有效试样均不得少于5个。

11.2.3.1　抗压强度

依据《混凝土裂缝用环氧树脂灌浆材料》（JC/T 1041—2007）中，“7.6 抗压强度”

的阐述，抗压强度所使用的试件尺寸为 2cm×2cm×2cm 的立方体，计算结果精确到 1MPa。

该试验是以恒定速度沿试样的轴向进行压缩，使试样破坏或高度减小到预定值。在整个过程中，测量施加在试样上的荷载和试样的高度或应变，从而测得该试样的抗压强度。试验的速度一般为 5mm/min，当需要仲裁时，试验速度应为 2mm/min。如果被测试样为脆性材料，则按试样的破坏值计算其抗压强度；如果被测试样为非脆性材料，则一般按照试样高度的形变达到原尺寸的 1/2 时，所受的力值计算其抗压强度。

在试验安放试样时，应使试样的中心线与上、下压板中心线对准，确保试样端面与压板表面平行，调整试验机，使压板表面恰好与试样端面接触。计算抗压强度时应按下式计算：

$$\sigma_c = \frac{P}{F} \tag{11.2-2}$$

式中 σ_c——抗压强度，MPa；

P——破坏载荷（或最大载荷），N；

F——试样横截面积，mm^2。

11.2.3.2 拉伸剪切强度

拉伸剪切强度试片黏结面长度为 12.5mm±0.25mm。试片主轴方向应与金属胶接件的切割方向相一致。在黏结过程中建议使用夹具对胶接件来进行准确定位。该试验件表面应当进行适当处理，以使试件易于黏结，且每次试验结束后均应将搭接面处理干净，便于下次试验使用。

本试验检测通常使用单面搭接胶接件的方法来进行。这是因为该方法经济、实用且易于制备。进行试验检测时，在平行于黏结面且在试样主轴方向上施加一拉伸力，进而测出试验样品单面黏结处的剪切应力。但是需要注意的一点是，使用单面搭接测得的剪切强度并不能作为结构胶结的设计应力。

所用试验机应使试样的破坏载荷在满标负荷的 10%～80%，其响应时间也应足够短，以保证断裂时间判定的准确性。如果有条件的话，也可以选用具有可变载荷的试验机，使载荷均匀变化并维持在 8.3～9.8MPa/min。试验时，应将试样对称地夹在夹具上，夹持处至距离最近的黏结端的距离为 50mm±1mm。如果拉力试验机为恒定速度的，则破坏时间应介于 65s±20s；如果拉力机是以恒定速率增加载荷的，则应将剪切力变化控制在每分钟 8.3～9.8MPa。拉伸剪切强度的计算公式为下式：

$$\tau = \frac{P}{BL} \tag{11.2-3}$$

式中 τ——胶黏剂拉伸剪切强度，MPa；

P——试样剪切破坏的最大负荷，N；

B——试样搭接面宽度，mm；

L——试样搭接面长度，mm。

11.2.3.3 抗拉强度

抗拉强度的试验试样为“哑铃状”，具体试样形状及尺寸如图 11.2-1 所示。

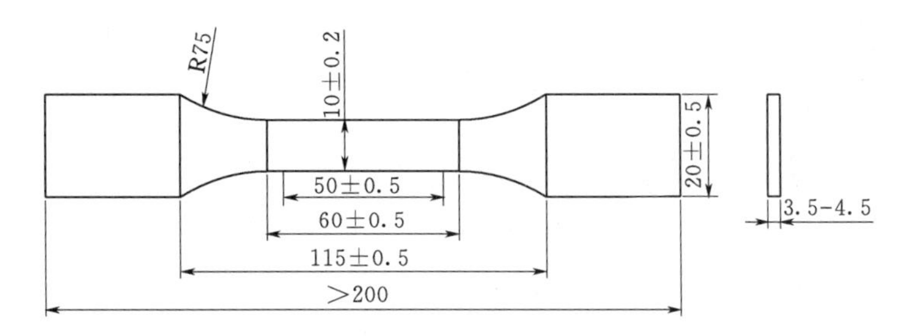

图 11.2-1　试样形状及尺寸（单位：mm）

该试验是沿着试样的轴向方向匀速施加静态拉伸载荷，直到试验样品断裂，整个过程中，测量施加在试样上的载荷，以确定拉伸应力进而求得试验样品的抗拉强度值。在进行抗拉强度试验时，试验速度应保持在 10mm/min，如果需要对试件进行仲裁时，试验速度应适当放缓至 2mm/min。夹持试样时，应使试样的中心轴线与上、下夹具的对准中心线一致，并应确保加载速度均匀连续，直至试样破坏为止，读取破坏载荷值。

特别需要指出的是，在进行试验时，如果试样的断裂处发生夹具内或者在试样两端的圆弧处，则此试样应按作废处理，并另取试样补充。

抗拉强度试验结果应按下式计算：

$$\sigma_t = \frac{P}{bh} \tag{11.2-4}$$

式中 σ_t——抗拉强度，MPa；

P——破坏载荷（或最大载荷），N；

b——试样宽度，mm；

h——试样厚度，mm。

11.2.3.4　黏结强度（干黏结、湿黏结）

在进行该试验前应首先制备用于黏结试验的被黏结体，即“8”字形试模砂浆块。该试模腰部内表面之间的宽度为 25mm±0.25mm；试模腰部两边最大厚度 25mm，允许变动范围［+0.10mm，－0.05mm］。“8”字形试模的试件尺寸如图 11.2-2、试模尺寸如图 11.2-3、试验试件夹具如图 11.2-4 所示。

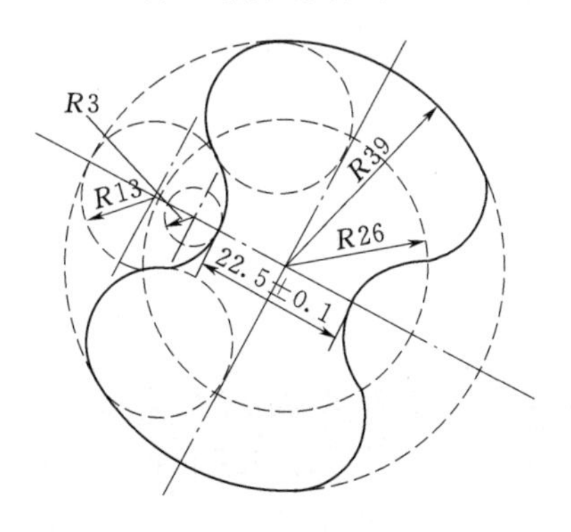

图 11.2-2　试件示意图（单位：mm）

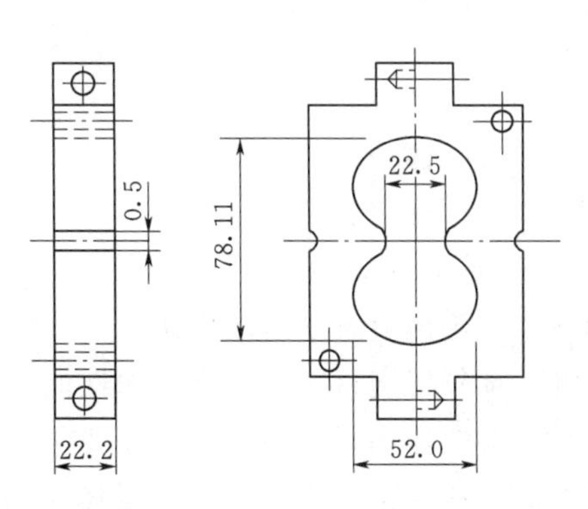

图 11.2-3　试模示意图（单位：mm）

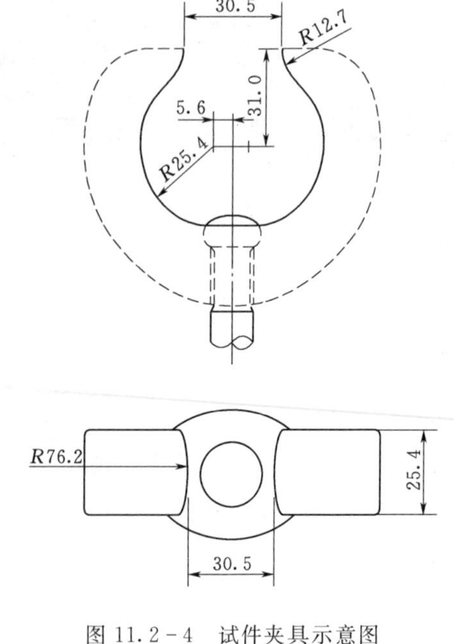

图 11.2-4 试件夹具示意图
（单位：mm）

在制作砂浆块时，应首先按照《水工混凝土试验规程》（DL/T 5150—2001），以及《建筑防水涂料试验方法》（GB/T 16777—2008）来进行制备。如果使用该灌浆材料的工程为水利工程，则可参照《水工混凝土试验规程》（SL 352—2006）来进行制备。制备时所用的水泥强度等级应为 42.5。水泥：中砂：水：减水剂的质量比为 1：2：0.3：0.006。拆模后的“8”字形砂浆块，放在（20℃±3℃）的水中养护至 28d。应尽量使“8”字形砂浆块的抗拉强度高于浆材的黏结强度。每组试验试件为 6 块。

试验前的准备工作，应先将用于黏结强度试验的水泥“8”字形砂浆块拉断，注意切勿损伤断裂面，以备进行黏结强度试验使用。干黏结与湿黏结的试验块均相同，只是干黏结为水泥砂浆块从水中取出后，在室温放置 2d 备用；湿黏结为水泥砂浆块从水中取出后，用抹布把游离水抹去后，即可用于进行黏结强度试验。

然后制备黏结强度试验试块。在“8”字形砂浆试块的断裂面均匀涂抹浆液，厚度控制在 0.5～0.7mm。可以根据产品的不同选择一次性涂刷，或分多次涂刷。涂刷后应迅速将试件按原件的断裂缝隙对接完好，并用橡皮筋等箍筋，放置于温度 20℃±3℃，相对湿度 50%～70%的试验室内养护 28d。

最后，待达到 28d 龄期后，开始进行黏结强度试验。试验前在应预估破坏荷载，使破坏荷载值在拉力试验机全量程的 20%～80%。再将准备好的试验试件放到夹具中，启动试验机，进行黏结强度试验。试验机的加荷速度应保持在 100N/s。

试验后的结果计算应按式（11.2-5）计算。本试验是以 6 个试件作为一组，每组试件应去除一个最大值和一个最小值，剩余 4 个试件的算术平均值则为该样品的黏结强度试验结果，结果精确到 0.01MPa。

$$\sigma=\frac{P}{S} \tag{11.2-5}$$

式中 σ——黏结强度，MPa；

P——断裂荷载，N；

S——受拉面积，mm^2。

11.2.3.5 抗渗压力及渗透压力比

在进行环氧树脂材料的抗渗压力性能试验前，首先要制备试验用水泥砂浆。在拌和水泥砂浆时，要使拌和间的温度保持在 20℃±5℃，并且避免阳光直射拌和物。拌和方法可以使用人工拌和，也可机械拌和。具体制备方法可以参考《水工混凝土试验规程》（DL/T 5150—2001）或《水工混凝土试验规程》（SL 352—2006）中，有关水泥砂浆室内拌和方法来操作。

然后将制备好的水泥砂浆放入到环氧树脂灌浆材料抗渗性能金属试模（尺寸：上底直径 100mm，下底直径 80mm，高 30mm）中，使砂浆高出模口，用振动台振动 15s。成型后 1～2h，用镘刀刮去多余砂浆，并放在温度为 20℃±5℃的环境下，静置一昼夜 24h±2h 再拆模。试件拆模后，应放入 20℃±3℃的水中养护至 7d。

每次试验以 6 个试件为一组。制备的水泥砂浆中，砂与水泥的配比为 3∶1，水灰比为 0.65～0.70，并以砂浆试件在 0.3～0.4MPa 压力下透水为准确定配合比。

在试验用水泥砂浆养护至龄期后，取出试验块待表面晾干后，将待测的环氧树脂材料依据送样单位或生产厂家指定的比例配好，混合后搅拌 10min 即可。在砂浆试件的上口表面（背水面）均匀涂抹混合好的待测试样。涂膜的厚度应控制在 0.5～0.6mm 之间。再将涂抹好的抗渗性能试验砂浆试件放在温度为 20℃±3℃、相对湿度 50%～70%的试验室内养护至 28d。

至龄期后，要用密封材料对放入砂浆抗渗仪的试件进行密封处理，之后便可进行抗渗试验。试验时，应使水压从 0.2MPa 开始加压，在恒压 2h 之后，增至 0.3MPa，以后则需每隔 1h 增加 0.1MPa。而该试验样品的抗渗压力则为，这 6 个试件中 4 个未出现渗水时的最大水压力。试验过程中，如发现 6 个试件中有 3 个试件出现渗水现象时，或加压至 1.6MPa 恒压 1h 仍未透水时，停止试验，记下当时的水压。抗渗压力的试验结果应精确到 0.1MPa。

渗透压力比试验则是在抗渗性能试验基础上，进行计算得出的。计算公式为式（11.2-6），结果精确至 1%。

$$p_r=\frac{p_t}{p_c}\times100\% \tag{11.2-6}$$

式中 p_r——渗透压力比，%；

p_t——涂层砂浆的抗渗压力，MPa；

p_c——基准砂浆的抗渗压力，MPa。

11.3 环氧胶泥及环氧砂浆材料

环氧胶泥和环氧砂浆材料一般用于水利水电工程中泄水建筑物的表层混凝土修补。由于这些工程部位容易受到磨损和气蚀破坏，尤其是当高速水流夹带砂石等介质时，这种破坏现象更为严重。这些问题的存在严重影响了工程的安全运行和正常效益的发挥，因此要及时对这些破坏部位进行修补。目前常用的修补材料除了高强水泥砂浆、聚合物水泥砂浆和硅粉砂浆外，就是环氧砂浆和环氧胶泥材料。

环氧砂浆和环氧胶泥材料的常规试验检测项目有抗压强度、抗拉强度、抗冲磨强度以及拉拔强度。在对以上性能指标进行试验检测时，需要依据《环氧树脂砂浆技术规程》（DL/T 5193—2004）中的相关规定进行。此外，由于目前国内现行规范中并无针对环氧胶泥材料的试验检测规范。因此，除有特殊要求或规定外，可以参考《环氧树脂砂浆技术规程》（DL/T 5193—2004）来对环氧胶泥材料进行试验检测。

环氧砂浆和环氧胶泥材料在进行各项性能指标试验检测前，均需要制备尺寸各异的试验块。用于原材料的拌和方法、试验块的成型及养护条件均相同。即制备前要先将原材料放置在23℃±2℃的环境中达24h以上，然后依据《环氧树脂砂浆技术规程》（DL/T 5193—2004）中“5.1拌和物的制备方法”“5.2试件成型方法”，进行环氧砂浆或环氧胶泥材料的拌和、试件的成型以及养护。

需要强调的是，在试件成型以后就要将其放置在温度23℃±2℃、相对湿度50%±5%的环境中养护至龄期进行测试，测试龄期一般为1d、3d、7d和28d，龄期从树脂和固化剂混合开始计算。试样固化之后在养护期间任何时候均可脱模，但在脱模时要小心，不要损坏试件。养护时也应注意避免日晒、风吹、浸水及机械破坏。

11.3.1 抗压强度

环氧砂浆或环氧胶泥的抗压强度试验试块为40mm×40mm×40mm的立方体试块。每3个试块为一组，如发现试块表面有严重缺陷，要予以淘汰。试验检测的环境温度要保持在23℃±2℃，试验用的压力机或万能材料试验机量程应适中，即保证试件的破坏荷载在其全量程的20%～80%之间，荷载示值精度为±1.0%。

进行检测时要保证试验机的承压板表面无任何杂质，放置试块时要保证试验机的荷载加载到试件的非顶面和底面的两个浇筑面上。试件应与试验机的中心位置对齐。加荷时不应出现振动，且加荷速度要控制在每分钟45N/mm内。

环氧砂浆和环氧胶泥材料的抗压强度计算应按下式进行计算：

$$f_{EP}=\frac{p}{A} \tag{11.3-1}$$

式中 f_{EP}——抗压强度，MPa；

p——最大破坏荷载，N；

A——试件承压面积，mm^2。

试验结果以3个试件的平均值为准，结果精确到0.1MPa。如果单个试块的测试值大于平均值的15%，则应舍去该值，并以剩余的两个测试值的平均值作为结果。如果有效值小于两个时，则应重做试验，以保证试验的可靠性。

此外有一点需要指出，在实际试验检测时会发现，被检测的试样有可能会像混凝土试样般破坏，也有可能一些试样不出现看得见或听得见的破坏迹象。此时，如果试件出现明显的变形而相应的荷载并没有增加，则可认为该试件已经破坏，试验可以停止。

针对这一现象，我们可以这样理解，当持续稳定地施加作用力时，并不引起相应的荷载增加，这时试件的变形可能在增加而施加的荷载保持不变或下降，再进一步施加作用力可能导致更大的荷载。

11.3.2 抗拉强度

环氧砂浆或环氧胶泥材料的抗拉强度均使用“8”字形试件进行测试。该试模的尺寸大小与环氧树脂材料黏结强度试验检测用的“8”字形试模相同。每6个试件为一组，在23℃±2℃的环境下进行试验检测。试验所用的试验机应能提供所需的荷载和加荷速度，即能施加并保持1mm/min±0.5mm/min的加荷速度。而且也能连续显示荷载并记录最大破坏荷载。

试验前应先测量“8”字形试模中间位置的宽度和厚度，以毫米计，精确至0.02mm。试验时，要把试件对称地放入夹具的中心位置，使其轴向与拉伸方向一致，否则将影响试验结果。启动试验机给试件加荷，所施加的荷载应能使夹具以1mm/min±0.5mm/min的速度分开，直至试件破坏，此时记录断裂的荷载值。如果被拉断的试件在三等分的中间部分（即“8”字形试模的腰部）之外，则该试件舍弃，同时在试验报告中要对此进行注明。当有效试验结果少于3个值时，需重新进行试验。

环氧砂浆和环氧胶泥的抗拉强度试验结果按下式计算：

$$f_L=\frac{P}{BD} \tag{11.3-2}$$

式中 f_L——试件的抗拉强度，MPa；

P——试件最大荷载，N；

B——“8”字形试件腰部的宽度，mm；

D——“8”字形试件腰部的厚度，mm。

每组试验要保证至少3个有效值，并取其平均值作为该组试件的试验结果，精确至0.1MPa。如果某一试件的试验结果大于平均值的15%，则应舍弃该值；如果有效试件数目少于总试验件数的2/3，则需重做此次试验。

11.3.3 抗冲磨强度

该检测指标是用于测定和定性比较环氧砂浆或环氧树脂在高速含砂水流冲刷下的抗冲耐磨性能。

试验中使用的抗冲磨试验机为水工混凝土水砂磨耗机，流速达到40m/s左右。

该试验项目以3个试件为一组，每组试件的养护龄期为28d。在进行试验前两天，即到达龄期的前两天，要将试件放入23℃±2℃的水中浸泡至饱和状态。到达龄期时将试件取出，用湿毛巾擦去表面的水分，称量试件的质量（精确至0.1g），将试件放在试验机内试件搁板上，启动电机并计时。15min后停机，取出试样，用水清洗干净，擦去表面水分，称重（精确至0.1g）。同时还要测量并记录试件被冲磨的深度和宽度，精确至0.1mm。如此重复试验3次。

环氧砂浆和环氧胶泥抗含砂水流冲磨的指标以抗冲磨强度或磨损率表示，并按式（11.3-3）、式（11.3-4）计算。

$$f_A=\frac{TA}{\Delta M} \tag{11.3-3}$$

$$L=\frac{\Delta M}{TA} \tag{11.3-4}$$

式中 f_A——抗冲磨强度，即单位面积上被磨损单位质量所需的时间，$h/(g/cm^2)$；

L——磨损率，即单位面积上在单位时间内的磨损量，$g/(h\cdot cm^2)$；

ΔM——经 T 时段冲磨后，试件损失的累计质量，g；

T——试验累计时间，h；

A——试件受冲磨面积，$100cm^2$。

在进行试验时要注意以下几点：

（1）冲磨试件所用的冲磨剂为粒径 0.5～1.0mm 的石英标准砂与水的混合物，混合物的重量比为水：砂＝40：3。

（2）试验中的冲磨次数可以根据需要或要求进行适当增加，但同一批试件的次数应相同，并在试验报告中进行说明。

（3）每进行一次冲磨试验后，均需要更换冲磨剂。

（4）以 3 个试件的平均值作为试验结果，如果单个试件的试验数值与平均值的差值超过 15%，则该试件应予以作废，余下两个试件的试验数值再做平均值，则为试验结果。但如果一组试验中，可用的试验数值少于两个，则应重做试验。

11.3.4 其他性能检测

环氧胶泥以及环氧砂浆材料的其他性能检测指标通常有：线膨胀系数、线性收缩率、抗冲击韧性、断裂伸长率、拉拔强度等。

1. 线膨胀系数

每种不同材料大都存在“热胀冷缩”的基本性质，材料在一般状态下，受热以后会膨胀，在受冷的状态下会缩小。不同材料的“热胀冷缩”变化程度不同，如果两种“热胀冷缩”变化程度相差较大的材料黏合到一起，遇冷或受热以后很有可能会出现弯曲或断裂现象。环氧砂浆和环氧胶泥材料大多用于水工混凝土表面，对受到高速水流的混凝土进行保护。本试验检测项目可以准确了解不同材料的“热胀冷缩”变化程度，以判断被测样品能否用于具体的工程项目中。

试验检测所用的石英管膨胀计的石英外管内径宜为 10mm，石英内管外径宜为 9mm，使石英内、外管之间有约 1mm 的间隙。试件的连接件应与恒温液体表面保持 40～50mm 的距离，连接件和千分表座应由低膨胀合金制成。石英管膨胀计示意图如图 11.3-1 所示。

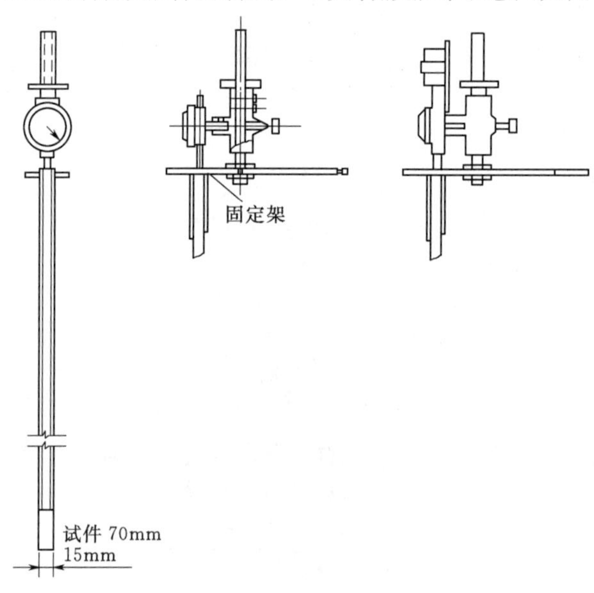

图 11.3-1 石英管膨胀计示意图

试验所用的试件为长度 70mm、直径 7mm 的圆柱体。该试件应确保易于放入石英膨胀计的外管内，不应发生晃动、摩擦和变形。试件成型及养护的试验室环境条件应达到温度 23℃±2℃、相对湿度 50%±5%的条件。每 3 个试件为一组。

试验前应先将到达龄期的试件，放到温度 23℃±2℃、相对湿度 50%±5%的环境中静置 40h，测量此时试件的长度，精确至小数点后两位。然后将试件放到石英膨胀计底部，膨胀计的内管放在试件上面，将各测定装置牢固连接在石英膨胀计上。此时需调整千分表位置，使千分表探头刚好抵住石英膨胀计内管，再将石英膨胀计小心安放到－30℃的恒温液体中，保证试件顶部低于液面 50mm。当试样温度与恒温箱液体温度平衡时，千分表指示值稳定 5～10min 后，读取千分表示值和实测温度。随后，在保证膨胀计无晃动和振动的前提下，调整恒温箱的温度，使液体温度达到 30℃，千分表读数在 5～10min 内无变化时，记录实测温度和千分表读数。最后，同样在保证膨胀计无晃动和振动的情况下，调整恒温箱温度至－30℃，千分表读数稳定 5～10min 后，读取实测温度和千分表数值。千分表的读数精确到小数点后三位，液体温度数值精确到小数点后一位。

环氧砂浆和环氧胶泥材料的线膨胀系数试验结果按下式计算。

$$\alpha=\frac{\Delta L}{L_0\Delta T} \tag{11.3-5}$$

式中 α——每摄氏度平均线膨胀系数，1/℃；

ΔL——由于加热或制冷，试件长度的变化，mm；

L_0——室温下试件的长度（ΔL 与 L_0 以同样单位测试）；

ΔT——使试件发生长度变化的温度差，℃。

如果试件在加热过程中，每升高 1℃的长度变化与制冷过程中，每降低 1℃的长度变化不一致，相差在平均值的 10%以内，则要仔细分析不一致的原因，尽可能加以限制，如果有必要可以重做试验直至达到满意效果。

在实际操作过程中，试验所需时间较长，尤其是在使液体温度下降的过程，其时间更长。因此可以通过在合适的温度下交替使用两个恒温箱的方法，来缩短试验时间。

2. 线性收缩率

当化学交联反应的放热峰值温度已过时，固化中的环氧树脂体系将在所有方向上均匀地收缩。本试验所测得的收缩量是凝胶化后的收缩量和从固化温度或放热峰值温度冷却到室温的收缩量的总和。试验中所用的模具，除敞口一面外，凡垂直于诸表面的收缩率均是一致的，并且与发生收缩的那段距离成正比。测量模具两个平行面之间试样的收缩值，即为线性收缩量，从而可以计算出该环氧材料的线性收缩率。

不同材料的线性收缩率也存在差异，而且横截面积比较大的、放热峰值温度比较高的，对其线性收缩率的测量也有影响。因此要提前通过试验并依据表 11.3-1 选择一个尺寸合适的试模，以便使试样可以正常地倾注进去。

成型试样前，应在试模内壁涂抹一层矿物油或硅油，然后衬一层聚四氟乙烯薄膜（聚四氟乙烯一般称作“不黏涂层”或“易清洁物料”，这种材料具有抗酸抗碱、抗各种有机溶剂的特点，几乎不溶于所有的溶剂，而且聚四氟乙烯摩擦系数极低。因此使用聚四氟乙烯薄膜便于试样脱模，同时也不会影响对试件收缩量的测量。薄膜厚度一般在 0.02～

表 11.3-1 线性收缩率模具尺寸对应表

试模体积/cm^3	模具半径/cm	
	R_1	R_2
65	1.90	1.27
200	2.86	2.22
1300	6.35	5.71
4650	11.40	10.80

0.025mm 为宜)。然后将试模和待成型的样品放置在相同温度下 4h 以上。

待模具温度和试样温度平衡后，则开始试件的成型工作。成型时，应使试验室环境保持在温度 23℃±2℃、相对湿度 50%±5%的条件中。然后将固化体系的各组分，按照材料的配比混合、搅拌均匀，再将混合后的样品浇注到模具中。此时，应小心避免夹入空气，必要时可以用真空装置抽除空气泡。

成型后将装有样品的模具放置在温度 23℃±2℃、相对湿度 50%±5%的试验时中 40h 以上。然后拆除模具两端挡板，取出试样，将包裹的聚四氟乙烯薄膜去除。再把模具一端的挡板按照原位置安装好，把试件按原位放回到模具中，其位置应与取出前相同。此时在确保试样紧密地接触到模具一端挡板后，以模具长度为基准，用深度千分尺（分度值不大于 0.002mm）测量试件收缩的长度差。在用深度千分尺测量时，应测量一个端面的四处不同的深度差，取其平均值为该试样的长度差。

环氧砂浆和环氧胶泥材料的线性收缩率按式（11.3-6）来进行计算，聚四氟乙烯薄膜厚度按式（11.3-7）进行计算。

$$\beta=\frac{A-2b}{C} \tag{11.3-6}$$

式中 β——线性收缩率，%；

A——长度差，cm；

b——聚四氟乙烯薄膜厚度，cm；

C——模具两端内壁的长度，cm。

$$b=\frac{B}{n} \tag{11.3-7}$$

式中 b——聚四氟乙烯薄膜厚度，cm；

B——n 层聚四氟乙烯薄膜厚度，cm；

n——聚四氟乙烯薄膜的层数，$32\leqslant n\leqslant 64$。

3. 抗冲击韧性

依据规范中的规定，冲击韧性试验有两种试验试样可供选择。鉴于水利水电工程中使用的环氧砂浆和环氧胶泥材料的特点、试验试件成型的难易程度和试验数据的准确性，建议在进行水利水电工程用环氧砂浆和环氧胶泥材料的冲击韧性试验时使用无缺口的试件。

试件的具体尺寸见表 11.3-2。

表 11.3-2　冲击韧性试验试样尺寸表　单位：mm

类　型	长度 l	宽度 b	厚度 h	缺口底部圆弧半径 r	跨距 L
Ⅰ型试样	120±1	15.0±0.2	10.0±0.2	0.25±0.05	70
Ⅱ型试样	120±1	15.0±0.2	10.0±0.2		70
Ⅰ型小试样	80±1	10.0±0.2	4.0±0.2	0.25±0.05	60
Ⅱ型小试样	80±1	10.0±0.2	4.0±0.2		60

注　试样的缺口由加工而成。

由于本试验的测量结果可能会出现较大的离散性，因此如果离散系数小于5%时，试样数量不少于5个；当离散系数大于5%时，试样数量则应不少于10个。

试验前应根据试样破坏所需的能量选择摆锤，使测量值在全量程的10%～85%范围内。检查试验机空载消耗的能量，并清零。试验开始时，抬起并锁住摆锤，将试样整个宽度面紧贴在支座上，并使冲击中心对准试样中心或缺口中心的背面，平稳释放摆锤，记录试验机上的冲击能量消耗及破坏形式。对于有缺口的试件，如果发现断在非缺口处，则该试样应予以作废处理；对于无缺口的试件，不论试验后试件有几处断口，均按一处断裂计算。如果试件未被冲断，则也应予以作废处理。如果同批试验样品的有效试样数量小于5个时，应重新做试验。

冲击强度按照下式来进行计算：

$$\sigma_K=\frac{A}{bd} \tag{11.3-8}$$

式中　σ_K——冲击强度，kJ/m^2；

A——冲断试样所消耗的功，J；

b——试样缺口下的宽度或无缺口试样中部的宽度，mm；

d——试样缺口下的厚度或无缺口试样中部的厚度，mm。

4. 断裂伸长率

断裂伸长率的试验试件尺寸、成型方法、养护条件以及检测所用的试验机均与环氧树脂材料抗拉强度试验检测的内容相同。

在抗拉强度试验的基础上，本试验需要增加一个位移传感器，传感器的精度应到达1mm。该传感器的作用是测量“哑铃状”试件中间腰部标距的伸长量。

试验计算结果按下式计算：

$$\varepsilon_t=\frac{\Delta L_b}{L_0}\times 100\% \tag{11.3-9}$$

式中　ε_t——试样断裂伸长率，%；

ΔL_b——试样断裂时标距 L_0 内的伸长量，mm；

L_0——测量标距，mm。

5. 拉拔强度

水工建筑物中一些过水的地方，会因为水流的不断冲刷，而产生对混凝土表面的破坏。尤其是泄洪洞、溢洪道、挑坎等地方，水流速度较快，破坏更为严重。因此这些地方往往会需要用环氧砂浆或环氧胶泥对混凝土表面进行保护。而拉拔强度试验就是通过仪器检测环氧材料与黏结层界面、黏结层自身、黏结层与混凝土表面上单位面积上的力。

因本试验主要以施工现场检测为主，而不同的工程，可能会因不同气候条件导致试验检测环境条件有很大差别，因此原则上该试验并不对检测环境进行具体要求。但是要注意的是，在黏结拉拔头时，应尽可能保持试验区混凝土表面干燥，以保证胶黏剂能完全黏牢拉拔头。

拉拔试验应在现场环氧材料施工完毕并达到有关规定的龄期后，方可进行试验检测工作。试验前，应先用钻机在垂直与混凝土（已经涂有环氧材料）的表面钻取直径为 5cm、深入混凝土层 2mm±1mm 的孤立圆形待测面。目的是使其与周围的环氧材料脱离开，尽可能地保证试验数据的真实性。在切割时应避免对基础面混凝土产生扰动。然后用快凝强力胶黏剂将黏结拉头黏结到孤立圆形待测面上，1d 后进行试验。测试时把黏结的拉头连接到拉拔仪上，再匀速转动手柄升压，直至拉拔头与混凝土断开，记录黏结强度检测仪的数显峰值，即为该试件的拉拔强度。进行拉拔试验操作时，保证轴向拉伸对芯样不产生扰动。

每批试验检测应取 3 个试件为一组，3 个试件的取样间距不宜小于 500mm。每 $1000m^2$ 同类材料表面应做一组试验。

试验结果按下式进行计算：

$$R_i=\frac{X_i}{S_i}\times 10^3 \tag{11.3-10}$$

式中 R_i——第 i 个试样拉拔强度，MPa，精确到 0.1MPa；

X_i——第 i 个试样拉拔力，N，精确到 0.01kN；

S_i——第 i 个试验断面面积，mm^2，精确到 $1mm^2$。

每组试验平均拉拔强度应按下式计算：

$$R_m=\frac{1}{3}\sum_{i=a}^{3}R_i \tag{11.3-11}$$

式中 R_m——试样平均拉拔强度，MPa，精确到 0.1MPa。

11.4 化学灌浆施工工艺

目前国内化学灌浆的施工普遍按照如下流程进行：

按设计图纸测量放样→钻机就位及安装→校正钻机立轴的倾角、方位角→钻孔（洗孔）→终孔验收（检测孔深、孔斜）→单孔压水试验（自下而上分段压水）→孔内物探检查→灌区压水检查→孔内制安灌浆管及阻塞→灌浆前准备工作→化学灌浆→待凝、封孔→灌后质量检查与质量评定→完工资料。

1. 按设计图纸测量放样

按工程设计图纸进行布孔，所布置的灌浆孔分为先导孔和后续灌浆孔两种。钻孔时的顺序为先钻先导孔，经压水试验和物探工序后确定后续灌浆孔是否优化，优化后下发后续灌浆孔设计参数。由测量工程师根据设计图纸上的先导孔设计参数和后续灌浆孔设计参数进行测量放样并依钻孔的孔位、倾角、方位角、孔距及孔深等放出各灌浆孔并用红油漆标记。

2. 钻机就位及安装

依据测量工程师放好的孔位将钻机就位后安装。

3. 校正钻机立轴的倾角、方位角

校正孔位时，钻孔孔斜偏差一般应不大于1/30，开孔孔位与设计位置偏差一般不大于10cm。钻机就位安装后，所有钻孔填写准开钻证，方可开始钻孔施工。

4. 钻孔

灌浆孔钻孔采用地质钻机（电动力）进行钻孔施工。灌浆孔终孔后，用合适的钢管下放到孔底，采用系统水将孔内岩粉、悬浮物冲洗干净，孔口返清水无杂物，完全澄清后冲洗结束。对于裂缝连通性差的钻孔首先采用有压单孔脉动裂缝冲洗，冲洗方法：首先用高压水连续冲洗5～10min，再将孔口压力在极短时间内突然降到零，形成反向脉动冲流，当回水由混变清后，再升到原来的冲洗压力，持续5～10min后，再次突然降到零，如此一升一降，一压一放，反复冲洗，直至回水洁净，并不少于5次循环。有压单孔冲洗压力宜控制在灌浆压力的80%。连通性强的部位优先采用群孔冲洗，群孔冲洗方法：一个孔进水，其余孔敞开，其他孔出清水后10～20min结束该孔冲洗，另换一个孔作为进水孔重复上述冲洗过程直至全部冲洗完成。当邻近有正在灌浆的孔或邻近孔灌浆结束不足24h时，不得进行裂缝冲洗。

5. 终孔验收

钻孔完成冲洗结束后实测终孔孔深，灌浆孔钻孔达到设计孔深后，质检人员与现场有关人员进行孔位、孔斜、孔深等验收，经现场相关人员验收合格签字后方可进行单孔压水工序。

6. 单孔压水试验

钻孔单孔压水试验采用单点法自下而上分段综合压水。终孔验收后，自孔底向孔口分段压水，分段长度可以依据实际工程确定（通常情况下分段长度为5m），压水压力0.5～0.8MPa。压水时间不少于30min，每5min测读一次压水流量，取最后的流量值作为计算流量，并附透水率成果。

7. 孔内物探检查

每个钻孔钻完并单孔压水试验完成后，及时通知物探测试单位，对钻孔进行孔内数字成像测试。孔内数字成像测试成果应反应孔深、裂缝孔深、可视缝宽、裂缝充填情况、打断冷却水管情况及其他异常情况。

8. 灌区压水检查

物探工序完成后，对灌区进行压水检查。具体要求为从低层的进浆孔压水，压水检查压力与灌浆压力相同即化学灌浆压力：进浆压力0.5～0.8MPa，回浆压力0.3～0.6MPa。待中间层的进浆孔返水后，再从中间层的进浆孔压水，待上层的回浆孔返水后结束。若有裂缝孔压水检查压力达到设计值仍未见上层灌浆孔返水，则视情况对灌浆孔间排距加密。在压水过程中应详细记录每层灌浆孔返水情况，发现渗漏点时应对其进行有效封闭。若压水有明显漏量但未发现渗漏点时，应延长压水时间或采取掺高锰酸钾等措施查到渗漏点并做有效封堵。若灌区压水检查过程中，与附近前期已施工完的检查孔串漏时，可利用该检查孔参与化学灌浆。

9. 孔内制安灌浆管及阻塞

灌浆一般采用孔口封闭灌浆法，灌浆孔设置一根进浆管和一根回浆管。水平及下倾孔进浆管埋至孔底段，距孔底深度不大于50cm，孔口设置排气回浆管；上倾孔排气回浆管埋至孔底段，距孔底深度不大于50cm，孔口设置进浆管。因遇短路渗漏通道或冷却水管等时其一个灌区内每个灌浆孔的阻塞及孔内制按灌浆管的方式和方法都不尽相同。根据压水及物探成果，对于即未发现裂缝或混凝土缺陷且压水检查无渗漏量的灌浆孔时，采用水灰比0.4∶1的水泥浆进行灌浆，灌浆压力0.5～0.8MPa；其他情况则采用指定的化学灌浆材料进行化灌。

灌浆孔可能出现的情况及阻塞方法的介绍。详细单孔阻塞见每个灌区单孔阻塞详图，以下为灌浆孔阻塞基本原则。

(1) 当所钻灌浆孔孔内裂缝位于钻孔偏下部位或底部时，孔内阻塞应采用深孔孔内阻塞法阻塞（图11.4-1），此法可减少孔容浆材量。

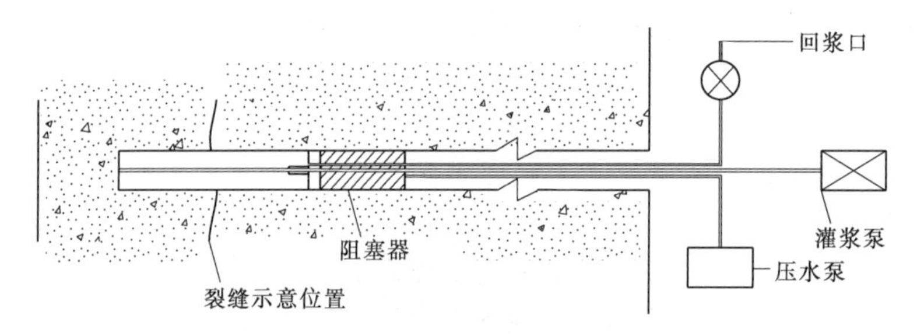

图11.4-1 深孔孔内阻塞剖视图

(2) 当所钻灌浆孔孔内裂缝两条或多条且分布较散时，采用孔口封闭法阻塞（图11.4-2），因阻塞器成本较贵，考虑阻塞器成本和用阻塞器所节省的灌浆材料总价格比较，当用阻塞器较贵时采用孔口封闭法阻塞。

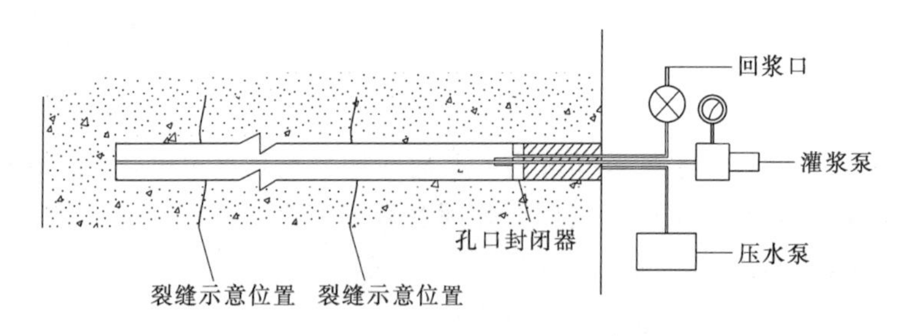

图11.4-2 孔口封闭阻塞剖视图

(3) 当所钻灌浆孔孔内裂缝位于钻孔偏下部位或底部，钻穿的盲沟管或冷却水管等位于钻孔中部或上部时，采用深孔孔内阻塞法阻塞；当钻孔中部偏穿盲沟管上还有裂缝时，采用孔内阻塞加孔口封闭法阻塞（图11.4-3）。

(4) 当所钻灌浆孔孔内裂缝位于钻孔中部，且钻孔底部钻穿廊道时，采用孔底阻塞加孔口封闭法阻塞（图11.4-4）。

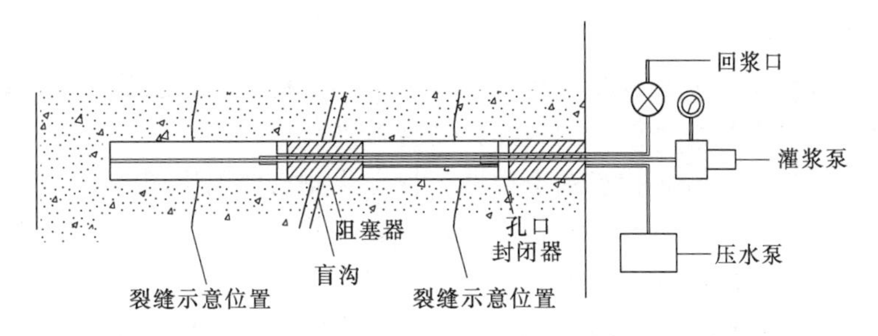

图 11.4-3　孔内阻塞加孔口封闭剖视图

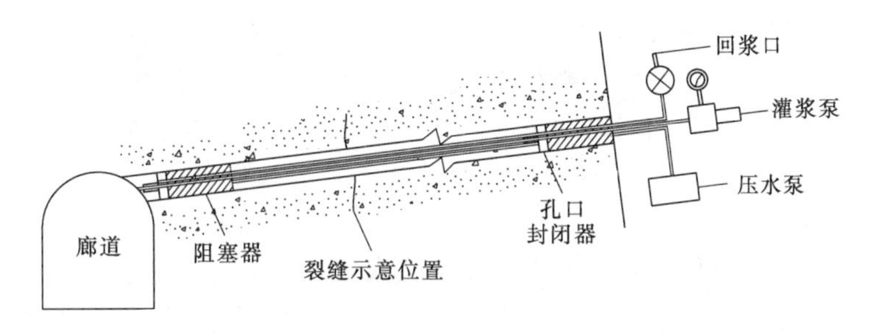

图 11.4-4　孔底阻塞加孔口封闭剖视图

（5）当所钻灌浆孔孔内裂缝位于钻孔中部或上部时，采用阻塞回填后孔口封闭法阻塞（图 11.4-5）。

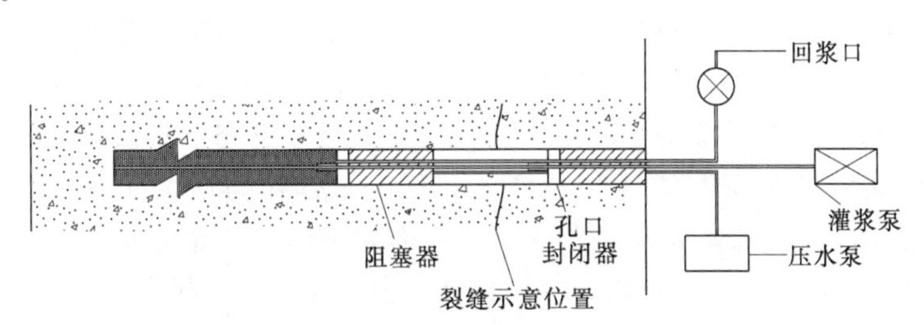

图 11.4-5　阻塞回填后孔口封闭剖视图

（6）当所钻灌浆孔为下倾孔，且孔深不大于 20m 时，若裂缝位于灌浆孔中上部或底部时，先丢卵石于孔内，此法灌浆时可将全孔的水和裂缝中的水逼出孔外且可节省 70% 左右孔容浆材和灌浆时以浆赶水的目的。此法为下倾孔卵石回填孔口封闭法阻塞（图 11.4-6）。

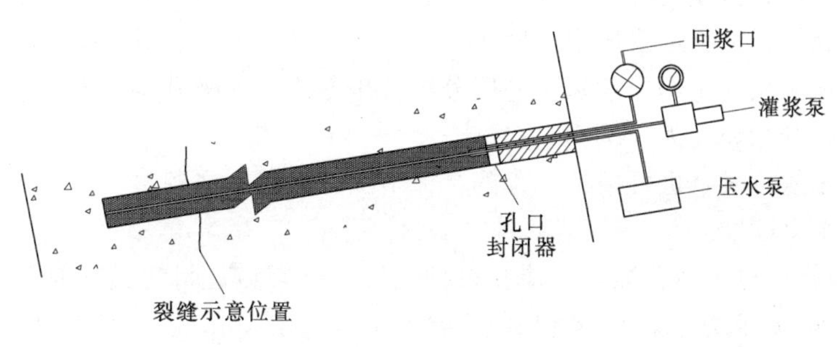

图 11.4-6　下倾孔卵石回填孔口封闭剖视图

10. 灌浆前准备工作

(1) 根据横缝压水、表观裂缝巡视、物探测试、单孔压水、裂缝压水等检查成果，整理提交裂缝分布情况和裂缝平面、剖视图，裂缝类别划分。

(2) 根据裂缝性状、分布特点及串通性，拟定化灌浆材配比和灌浆方案，并进行预灌性压水检查模拟灌浆，结合预灌成果，形成最终灌浆方案。

(3) 压水检查完成后，若无异常情况，应采用压缩空气将孔内积水吹干。孔内积水吹干具体要求：自上而下从顶层的回浆孔进气，待中间层进浆孔积水排干后，关闭中间层进浆孔的阀门，直至低层进浆孔积水排干为止，若遇上倾孔时应从进浆孔进气。风压不得超过最大灌浆压力的50%。风压排水时，先从顶层灌浆孔的回浆孔进风时，将所有中层和底层的灌浆孔全部敞开，待中层灌浆孔积水尽可能排干后，关闭中层灌浆孔，直至底层灌浆孔积水尽可能排干。未互相串通的单灌浆孔或盲孔排水方法为：从进浆管进风，风压控制不超过灌浆压力的30%，至回浆管积水尽可能排干。

11. 化学灌浆

(1) 灌浆方法：裂缝化学灌浆方法采用钻孔灌浆法，鉴于裂缝范围较大，为保证灌浆质量，应对裂缝分灌区进行灌浆。灌区水平方向一般按单个坝段划分；高程方向根据裂缝深度及灌浆孔布置综合考虑划分，若裂缝深度大于30m，灌区高差范围一般按30～50m控制。根据裂缝压水串通情况可将灌浆类别分为：单孔灌浆（发现裂缝但不与周边孔互串的灌浆孔），单排串通孔灌浆（单个灌区同高程排互串但不与上、下排互串的灌浆孔），多排串通孔灌浆（单个灌区存在两排及两排以上互串的灌浆孔），多灌区串通孔灌浆（裂缝贯穿多个坝段后，在单个灌区高程范围内，该灌区的灌浆孔与相邻坝段灌区的灌浆孔互串）。

(2) 设备及材料：主要设备分灌浆泵、制浆机、灌浆管路、计量器具等。使用的灌浆泵性能应与灌浆浆液的类型和浓度相适应，其额定工作压力应大于最大灌浆压力的1.5倍，压力波动范围宜小于灌浆压力的20%，并应有足够的排浆量和稳定的工作性能。制浆机与浆液类型及灌浆泵排浆量相适应，并应保证均匀、连续地拌制浆液。灌浆管路应保证浆液流畅，并能承受1.5倍的最大灌浆压力。所用计量器具、压力表等使用前应进行率定。

(3) 浆液配制：严格按照工程所用的环氧灌浆材料说明书进行操作，由专人负责，并作好相关记录。在满足灌浆速度的前提下，尽量采用多次少量的配浆原则，每次配制好的浆材要求在可操作时间内使用完。环氧灌浆材料浆液混合要在专用的容器内进行，同时该容器要置于阴凉的棚子内，避免太阳光的直射；在灌浆过程中对配制好的浆液进行测温，一旦发现温度有较大的变化时，应及时采取相应措施。

(4) 化学灌浆压力：进浆压力一般为0.5～0.8MPa，回浆压力一般为0.3～0.6MPa。灌浆压力通常情况从0.1MPa开始，采用分级升压方式，逐级升压至上层进浆孔或回浆孔返浆为止。分级升压速度为0.1MPa/5min。

在进行实际灌浆时，也可根据工程的具体情况，进行适当调整。

(5) 建议结束标准。

1) 单孔灌浆：对于单孔灌浆，待孔口排气管回纯浆后，封闭回浆管，在灌浆孔填充满并达到设计灌浆压力下，当浆液注入量小于0.01L/min后，则保持设计压力屏浆120min可以结束灌浆。

2）对于完全封闭的灌区：当最后一孔返纯浆起压后，在设计压力下时，当浆液注入量小于0.01L/min后，则保持设计压力再屏浆120min可以结束灌浆。

3）对于灌区顶部无法完全封闭的灌区：当顶层回浆孔出浆为纯浆后，按该孔回浆压力不大于0.05MPa控制所有进浆孔的进浆压力及注入量继续灌浆，直至最后一个进浆孔浆液注入量小于0.01L/min后，再屏浆120min可以结束该批串通孔灌浆。

（6）特殊情况处理。

1）灌浆工作应连续进行，因故中断应尽快恢复灌浆，恢复灌浆时使用流动性较好的浆液灌注，如注入率与中断前相近可改用原配比浆液灌注，如恢复灌浆后，注入较中断前减少较多，且在短时间内停止吸浆，应报告有关人员研究相应的处理措施。

2）灌浆过程中出现浆液明显外漏，应先从外部进行堵漏。若无效再采用灌浆措施，如加浓浆液、降低压力及压力及间歇灌浆法等。

3）灌浆过程中，当进浆管和备用进浆管发生堵塞，应先打开所有管口放浆，然后在缝面增开度限值内尽量提高进浆压力，疏通进浆管。若无效，可再换用回浆管进行灌注，或采取其他措施。

4）出现特殊情况时，应及时向有关部门和单位进行汇报，共同研究处理措施。特殊情况应反映在灌浆综合成果表中。

12. 待凝、封孔

灌浆结束后，应进行闭浆，即孔口阀门要保持完全关闭状态不少于14d且直至浆液完全失去流动性。

13. 灌后质量检查与质量评定

（1）检查孔布置原则应按有关部门指示布置，其钻孔位置应选在：

1）单排串通孔布置在两孔连线中点附近，多排串通孔布置在矩形孔或菱形孔中心附近。

2）串通性较好的部位。

3）灌浆情况不正常以及分析认为裂缝化学灌浆质量有问题的部位。

4）在灌浆结束后7d或在要求指示的时间内，将有关资料提交有关部门，以便拟定检查孔位置。检查孔钻孔后，孔内发现有裂缝的孔作为有效检查孔。有效检查孔按总孔数的10%～20%控制，但每个单元必须有一个有效检查孔。

（2）钻孔及芯样检查。

1）裂缝化学灌浆质量检查应以分析检查孔裂缝充填、芯样试验及压水试验检查成果为主，结合钻孔、灌浆记录等评定其质量。

2）灌浆结束28d或参考按厂家要求时间后，可进行钻孔检查。

3）全孔壁数字成像测试：检查孔要求作全孔壁数字成像，检查分析灌浆对裂缝的充填及封堵效果。

4）抗拉试验：对黏结良好的钻孔芯样进行沿裂缝面的抗拉试验，芯样龄期为60d。

5）压水试验：压水试验采用正规单点法，压水试验压力取前期化学灌浆压力最大值0.5～0.8MPa。

6）化灌检查孔应予钻取岩芯，按取芯次序统一编号，填牌装箱，并绘制钻孔柱状图和进行岩芯描述。

7）应对每盒或每箱芯样拍两张彩色照片，作好钻孔操作的详细记录，并提交给有关人员。

8）根据指示应予保存岩芯，并按指定的地点存放，防止散失和混装。

（3）质量评定。

1）对于有效检查孔，单孔合格标准为：裂缝充填良好，芯样黏结良好，芯样抗拉强度不小于1.5MPa，裂缝压水段透水率$q<0.1$Lu。

2）裂缝化学灌浆单个灌区合格标准：主要分析检查孔裂缝充填、芯样黏结、芯样试验及压水试验结果为主，结合钻孔及其冲洗、灌浆工艺控制（如浆液配比及浆液温度控制、灌浆方法、灌浆程序、灌浆压力控制、屏浆和闭浆时间等）、灌浆记录、灌浆资料整理等进行综合评定。

3）裂缝化学灌浆分部工程合格标准：裂缝充填良好的检查孔达到总有效检查孔的90%以上；芯样黏结良好的检查孔达到总有效检查孔的75%以上；芯样抗拉试验合格的检查孔达到芯样试验检查孔的75%以上；压水试验合格的检查孔达到总有效检查孔的95%以上。

4）补灌措施：发现裂缝但未充填良好或压水试验不合格的检查孔应采用化学灌浆材料补灌，灌浆压力0.8MPa；单个灌区存在较多检查孔裂缝充填不合格的情况，应综合研究钻孔补灌措施。

5）合格的检查孔或未发现裂缝的检查孔采用水灰比0.4∶1的水泥浆进行灌浆，灌浆压力不小于0.5MPa。

14. 完工资料

承包人根据相应的规定要求和规定，为钻孔和灌浆工程的完工验收提交施工记录、灌浆成果、质量检验测试等验收资料。

（1）施工记录包括如下（但不限于）：钻孔记录、钻孔测斜记录、钻孔物探记录、钻孔冲洗及裂缝冲洗记录、单孔压水试验和裂缝压水记录、室内浆液试验报告等、制浆记录、灌浆准备记录、灌浆记录。

（2）灌浆成果资料包括如下（但不限于）：灌浆区位置图、灌浆孔布置图、裂缝物探检查成果、裂缝压水检查成果、裂缝平面图、剖面图、立视图、灌浆材料和浆液性能试验结果报告、配浆表、灌浆工程量及灌浆成果的分析和评述、灌浆试验完成工程量表。

（3）质量检查测试资料包括如下（但不限于）：检查孔布置图、灌浆孔和检查孔的压水试验、灌浆成果表、检查孔物探成果、芯样实物及照片、检查孔柱状图、芯样试验结果、灌浆效果评价。

（4）灌浆施工报告。

11.5 工程应用

贵阳院与深圳市帕斯卡系统建材有限公司完成的《大体积混凝土缺陷修补的环氧树脂

灌浆施工工法》，在云南小湾水电站大坝混凝土裂缝处理工程以及四川官地水电站大坝二期渗水化学灌浆处理等工程，取得了成功应用。施工全过程处于安全、稳定、快速、优质的可控状态，其研究及应用成果为工程建设带来了巨大的经济效益和社会效益，得到了业主、设计、施工等各方的好评。

贵阳院还根据以往化学灌浆材料的检测工作经验，针对不同工程的具体情况（例如模拟高速水流对坝体环氧修复材料的真实冲刷情况、探究特殊地质条件对环氧树脂材料性能的影响），在相关规范规定的范围内，对试验方法进行不断创新和改进，以达到最大限度还原化灌材料的使用环境，使试验数据更加接近工程实际情况，为工程质量的评价提供真实、可靠、有力的数据支撑。如，锦屏一级水电站右岸泄洪洞化学灌浆加固工程以及大岗山水电站拱坝Ⅴ类辉绿岩脉及承压热水区岩体化学灌浆工程的试验检测工作。

11.5.1 云南小湾水电站

1. 工程概况

小湾水电站位于云南省西部南涧县与凤庆县交界的澜沧江中游河段，在干流河段与支流黑惠江交汇处下游1.5km处，系澜沧江中下游河段规划八个梯级中的第二级。该工程为混凝土双曲拱坝，坝高294.5m，电站装机容量4200MW。

2007年11月中旬，在1060m检查廊道巡视检查中发现数条横河向裂缝。经检查发现裂缝分布范围广、规律性强。为了满足拱坝结构运行安全要求，2008年4月22—24日，在小湾水电站工地现场召开的“拱坝高程1095m以下混凝土裂缝成因分析及处理措施专题咨询会”并形成咨询意见，意见提出“建议对环氧浆材在裂缝中的固结情况和灌浆工艺、孔距布置等进行现场试验，可优选国内应用较成熟的环氧材料和相关单位进行现场试验，如LPL、中化798、CW、HK、SK-E等多种改性材料”。考虑到小湾拱坝的重要性和裂缝化学灌浆的必须可靠，结合小湾水电站《坝体裂缝化学灌浆现场生产性试验研究技术要求》，贵阳院于2008年7月29日收到小湾水电站西北院监理及水电四局小湾项目部共同送来的4种化学灌浆材料的盲样，编号分别为A1、A2、A3、A4。在对4种盲样进行检测后，得出4种化学灌浆材料的试验检测结果从优至劣的依次顺序为：A3＞A1＞A2＞A4。贵阳院此次化学灌浆材料比选试验的数据成果，为业主单位在选择化学灌浆材料时，提供了重要的参考依据，得到了有关单位的一致好评。

2. 施工情况

小湾水电站13～31号坝段高程1100.00m以下裂缝进行了化学灌浆处理，钻孔分为先导孔和后续孔，先施工先导孔，再视先导孔揭示的裂缝情况决定是否施工后续孔及后续孔钻孔参数，灌浆孔钻孔穿过裂缝位置的间排距基本按6m（高差）×4m（间距）布置，局部裂缝串通性较差的部位在两排孔中间布置梅花形钻孔加密。

通过裂缝化学灌浆生产性试验区使用了4种环氧灌浆材料进行平行试验。试验区材料进场后，通过联合见证取样后统一外送至贵阳院进行检测，最终选择操作性能便捷且材料力学性能优越的PSI-500环氧树脂灌浆材料，利用由深圳市帕斯卡系统建材有限公司使用的“低压慢灌”施工工艺，结合材料的高渗透、高浸润性能配合德曼氏智能灌浆设备进行填充缺陷，避免大压力劈裂式灌浆对建筑物所造成的破坏，且裂缝能够充填饱满、黏结良好，最终有效地恢复了大坝的完整性，保证了大坝的安全运行。

该环氧树脂灌浆工程于2008年5月开工，2009年6月竣工。

3. 结果评价

小湾水电站坝体裂缝化学灌浆质量评价以分析检查孔裂缝充填情况（主要依据物探资料）、芯样黏结、芯样试验及压水试验结果为主，结合钻孔及其冲洗、灌浆工艺控制（如浆液配比及浆液温度控制、灌浆方法、灌浆程序、灌浆压力控制、屏浆和闭浆时间等）、灌浆记录、灌浆资料整理等进行综合评定。

小湾水电站13～31号坝段裂缝化学灌浆共计布置检查孔215个，其中有效检查孔173个，有效检查孔遇缝189点，所遇缝点（物探和芯样综合分析）均有化灌材料充填，充填率100%。从芯样方面分析：充填率为93.8%，充填良好率为89.4%，黏结良好率为77.8%；从物探方面分析：充填率为96.8%，充填良好率为92.6%；裂缝段检查压水189段，合格率100%。

贵阳院试验检测中心作为试验检测单位全程跟踪施工过程，并按相关规范要求取样并进行试验。该工程使用环氧树脂灌浆材料共计1100t。施工全过程处于安全、稳定、快速、优质的可控状态，无安全生产事故发生，得到了各方的好评。

11.5.2 四川官地水电站

1. 工程概况

官地水电站大坝位于雅砻江干流下游、四川省凉山彝族自治州西昌市和盐源县交界的打罗村境内，系雅砻江卡拉至江口河段水电规划五级开发方式的第三个梯级电站。上游与锦屏二级电站尾水衔接，下游与二滩水电站库尾衔接。电站总装机容量240MW（4×60MW），多年平均发电量约118.7亿kW·h。官地水电站大坝为碾压混凝土重力坝，坝顶高程1334m，最低建基面高程1166m，最大坝高168m，最大坝底宽153.2m，坝顶轴线长516m。

根据大坝廊道内的量水堰2014年1—7月的观测资料显示大坝坝体渗流量约30m³/h，查看了高程分别为1180m、1205m、1254m和1295m的四层坝内廊道，有少数排水孔存在滴水。后经411联营体检查发现，坝体防渗层、碾压混凝土本体、坝段横缝等缺陷是引起坝体渗水量偏大的主要原因，需要开展大坝渗水处理，将大坝坝体渗流水量至10m³/h以内。

2. 施工情况

官地水电站2～23号坝段自下而上全部进行了化学灌浆处理，灌浆孔为单排孔，分三序加密施工。Ⅰ序孔为坝体原排水孔，采用自下而上分段卡塞超细水泥灌浆。坝体横缝两侧各布置2个横缝灌浆孔，采用埋管全孔超细水泥灌注；Ⅰ序孔及横缝孔超细水泥灌浆结束后，进行Ⅱ序孔施工。Ⅱ序及Ⅲ序灌浆孔开孔孔径ϕ76mm，终孔孔径ϕ56mm，每孔均采用自上而下每5m分段钻孔并压水。若某孔段透水率大于10Lu时先超细水泥灌浆，待凝后再扫孔压水；若透水率不大于10Lu则继续钻孔至下一段，如此循环直至达到设计孔深。终孔后采用自下而上分段卡塞化学灌浆。透水率小于3.0Lu时化学灌注段长按照10.0m控制，透水率大于3.0Lu时按照5.0m一段控制。

工程项目按照坝顶、不同高程的廊道以及不同坝段布置并划分不同，单元灌浆施工完成14d后进行检查孔施工。

官地水电站大坝二期渗水处理工程2015年1月25日开工，2015年11月10日竣工。

3. 结果评价

贵阳院试验检测中心负责本次修补工程的试验检测工作。本修补工程中，使用深圳帕斯卡系统建材有限公司生产的PSI-500环氧树脂灌浆材料542t，取样59组；PSI-530环氧树脂灌浆材料1093t，取样120组；PSI-530K环氧树脂灌浆材料431t，取样51组；PSI-525环氧树脂灌浆材料28t，取样3组；PSI-530H0环氧树脂灌浆材料26.3t，取样2组。本工程中所使用的各类环氧树脂灌浆材料共计2120.3t，试验检测中心取样共计235组。

经处理后大坝各廊道、坝体下游坝面混凝土等外露表面干燥，坝体局部排水孔出口出现滴状、线状水流，单个排水孔渗水量均不大于3.0L/min，坝体渗水量近期（2015年11月1—9日）基本稳定在8.0m^3/h左右，其中最新监测数据11月9日为7.92m^3/h。

大坝二期渗水处理工程分2个分部工程、71个单元，其中合格6个单元，优良65个单元，合格率100%，优良率91.55%，工程质量等级评为优良。

11.5.3 四川锦屏一级水电站

1. 工程概况

锦屏一级水电站位于四川省凉山彝族自治州木里县、盐源县交界处的雅砻江大河湾干流河段上，是雅砻江下游卡拉—江口河段水电规划梯级开发的龙头水库，距江口358km，距西昌市直线距离75km。其下游梯级依次为锦屏二级、官地、二滩和桐子林水电站。工程主要任务是发电。水库正常蓄水位1880m，死水位1800m，正常蓄水位以下库容77.65亿m^3，调节库容49.10亿m^3，属年调节水库。电站装机容量3600MW，单机容量600MW，装机年利用小时4616h，多年平均发电量166.2亿kW·h。

锦屏一级水电站为一等大（1）型工程，枢纽主要建筑物由混凝土双曲拱坝、坝后水垫塘及二道坝、右岸泄洪洞、右岸岸塔式进水口、引水系统、地下厂房及开关站等组成。大坝坝顶高程1885m，最大坝高305m，坝体设置4个表孔、5个泄洪深孔和2个放空底孔。发电厂房采用地下厂房布置方案，安装6台600MW水轮发电机组。

2. 试验检测项目特点

该工程右岸泄洪洞采用有压隧洞转弯后接无压隧洞、洞内“龙落尾”的布置型式，有压洞直径14.5m，无压洞为圆拱直墙型，断面尺寸13.0m×17.0m（宽×高）。泄洪洞泄流能力3254/3311m^3/s（设计/校核），总长约1400m，反弧末端流速达50m/s以上，为典型的“高水头、大流量、超高流速”泄洪洞。其高速水流引起的空化空蚀问题、振动问题、强脉动压力问题都不容忽视。

为提高泄洪洞结构的整体性、耐久性，并避免高速水流的空化空蚀破坏，需对高流速段混凝土表面涂刷环氧树脂类抗冲磨涂层保护。

结合锦屏一级水电站工程特点，贵阳院试验检测中心除对抗压强度、抗拉强度、拉伸剪切强度以及材料的线膨胀系数、线性收缩率等性能指标进行试验检测外，还结合工程的实际特点，在对环氧材料的拉拔强度、抗冲磨等性能指标检测时，对检测方法做了一些改善。本工程使用环氧树脂灌浆材料共计2700t。

3. 拉拔强度、抗冲磨试验方法

(1) 拉拔强度。由于该工程的泄洪洞末端流速最高可达50m/s，在水流经过的地方会出现严重的气蚀问题，因此对材料的拉拔强度有较高要求。为进一步准确掌握环氧胶泥材料的拉拔强度与混凝土及环氧树脂浆液的影响关系，该工程在进行现场拉拔强度试验检测时，采用两种钻孔深度。即一种为钻透环氧胶泥材料并深入混凝土层2～3mm（深孔），另一种为钻透环氧胶泥材料至混凝土表层（浅孔）。

最终通过试验数据得出，浅孔的拉拔强度略大于深孔拉拔强度，但由于混凝土层的抗拉强度直接影响拉拔强度，因此该试验结果不具有代表性，仅供参考，现场检测如图11.5-1所示。

(2) 抗冲磨。该工程在进行抗冲磨试验时，为了尽可能地模拟高速水流在实际冲刷时对环氧砂浆及环氧胶泥的破坏情况，采用了高压冲毛机对环氧材料涂层进行了高压冲磨的方案。具体实施方案为：将高压冲毛机压机力值分别调至20MPa（冲毛机孔口流速约100m/s）对涂层边角及表面进行冲刷检测，且孔口距离固定为5cm、冲刷时间为5min，枪口与涂层表面呈10°。其中表面冲刷试验应位于试验块中部，边角冲刷试验应位于涂抹材料与混凝土材料分界处，方向由混凝土向涂抹试验块。

在进行第一次抗冲磨试验后，有两种环氧树脂材料未出现破坏，为进一步验证这两种材料的抗冲磨性能，相关单位进行了第二次高压水枪抗冲磨试验。为适应第二次抗冲磨试验的具体情况，此次模拟冲磨方案相对第一次进行了一些修改，即将高压冲毛机压机力值调至20MPa（冲毛机孔口流速约100m/s）对涂层边角进行冲刷检测，孔口距离固定为5cm、枪口与涂层表面呈10°；每次冲刷时间为5min，每次冲刷后检查冲刷结果，如无明显破坏则冲刷30min，如有明显破坏则试验截至。边角冲刷试验应位于涂抹材料与混凝土材料分界处，方向由混凝土向涂抹试验块，检测现场如图11.5-2所示。

图11.5-1 现场拉拔试验

图11.5-2 现场抗冲磨试验

贵阳院进行的此次锦屏一级水电站环氧树脂材料的拉拔强度、抗冲磨性能试验的试验方法得到了有关专家组的认可，试验方法可以有效模拟工程中的实际破坏情况，试验数据更加准确地反映了环氧树脂修补材料的性能。

11.5.4 四川大岗山水电站

1. 工程概况

大岗山水电站位于四川省大渡河中游上段雅安市石棉县挖角乡境内，是大渡河水电基地干流规划 3 库 22 级方案的第 14 梯级电站。上游与规划的硬梁包水电站衔接，下游与已建成的龙头石水电站衔接，电站混凝土双曲拱坝最大坝高 210m，总库容 7.42 亿 m^3，电站总装机容量 2600MW（4×650MW），最大水头 178m，最小水头 156.8m，额定水头 160m。发电引用流量 1834m^3/s（4×458.5m^3/s），保证出力 636MW，年发电量 114.3 亿 kW·h。

2. 工程试验检测特点

大岗山水电站坝基区域地质构造稳定性及坝址区水文地质条件复杂，Ⅴ类辉绿岩脉及河床承压热水区岩体自身条件也很复杂，对局部帷幕灌浆效果影响较大。尤其坝区深部的承压热水还具有一定压力、流量、并超出正常地下水温，且具有微腐蚀性。对普通水泥浆液性能有较大影响。在水工地下基础处理工程中很少遇见过类似的情况，国内可供借鉴的工程实例几乎没有。而拱坝基础的防渗帷幕灌浆效果，直接影响大坝蓄水发电和大坝的运行安全。因此，加固处理好拱坝基础的防渗帷幕，是大岗山水电站建设工程中的一项艰巨而重要的工作，而如何真实有效、及时准确的完成化学灌浆材料的检测工作，又是该工作的重中之重。

3. 试验检测工作

本工程的化学灌浆处理对象包括：

（1）基础处理：①基础防渗帷幕——可灌性差、易泥化的基岩（主要为Ⅳ、Ⅴ1 类辉绿岩脉）处理、防渗帷幕穿河床承压热水的处理；②坝基固结灌浆——透水性弱、强度低的基岩补强处理。

（2）混凝土裂缝处理。贵阳院试验检测中心根据与国电大渡河大岗山水电开发有限公司（以下简称甲方）签订的“大岗山水电站化学灌浆环氧树脂灌浆材料试验检测合同（合同编号为：DGS-QT-2012-001）”，对大岗山水电站基础处理（标准条件）和河床承压热水区域（40℃水浴温度）处理所用的环氧树脂灌浆材料品质进行检测，为甲方提供真实可靠的试验数据。

由于需要进行化学灌浆的地质环境存在承压热水，并且还具有微腐蚀性。因此贵阳院针对该工程的特点，在进行试验检测工作时，尽量模拟工程实际环境来对试验试件进行养护和试验检测。

为尽可能模拟工程承压热水区的地质条件，在进行试验试件成型、养护以及检测时均需要将试件和检测设备放入 40℃的高温水浴环境中，试验过程如图 11.5-3～图 11.5-6 所示。

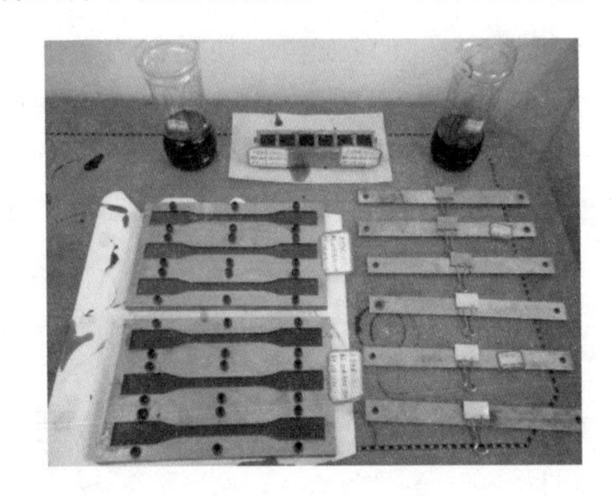

图 11.5-3　在常规条件下养护的试件

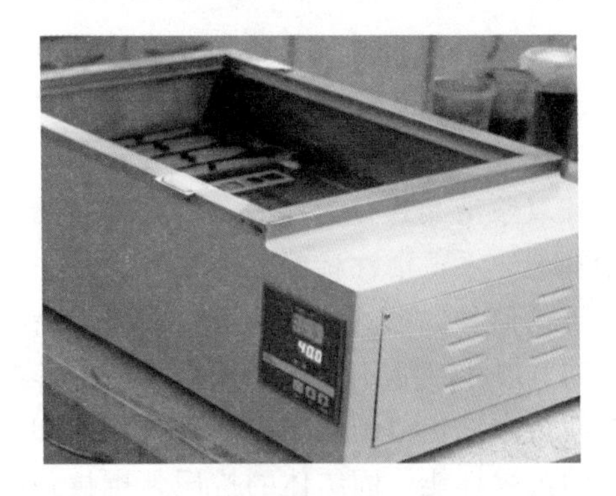

图 11.5-4　在高温水浴环境中养护的试件

图 11.5-5 高温水浴环境化学灌浆材料性能检测

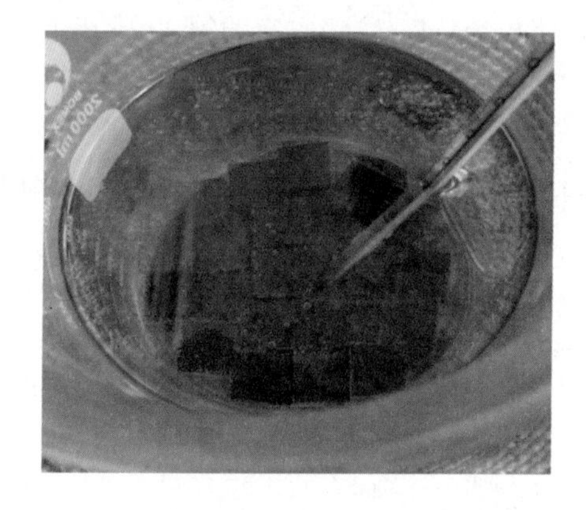

图 11.5-6 高温碱性水浴环境试验试件养护

经过试验后发现，国内某化学灌浆产品在 40℃高温加热过程中，其浆液黏度比常温环境下略小，浆液黏度增长速度相比常温环境中较快，固化反应加快，短期强度增长速度大幅提高，所检测的环氧树脂灌浆产品各项性能满足设计、施工等要求。

11.6 小结

综合以上可知，从 19 世纪 10 年代，法国用木制冲击泵注入黏土和石灰浆液加固地层开始，灌浆技术逐渐开始发展和普及。19 世纪 20 年代开始采用以水泥为主的灌浆材料，直至 20 世纪 40 年代达到鼎盛时期。从 20 世纪 60 年代以来，有机高分子化学浆材得到迅速的发展，各国大力发展和研制化学灌浆材料及其灌浆技术，从此化学灌浆材料开启了灌浆领域新的篇章。我国的科研人员紧跟时代的发展，与 20 世纪 50 年代开始进行化学灌浆材料的科研攻关，《三峡工程基岩裂隙化学灌浆研究》这一科研项目，就是在此环境下应运而生。拉开了我国化学灌浆技术高速发展的序幕。

目前在我国化学灌浆技术应用较多的领域之一就是水利水电工程。而化学灌浆材料则以环氧树脂类材料为主，本章主要通过以下几个方面阐述了目前环氧树脂材料在水工中的应用情况。

（1）环氧树脂材料的各种分类体系和特性。环氧树脂具有高强度、强黏结力、较高稳定性及可室温固化等一系列优点。灌浆用的环氧树脂一般采用双酚 A 型环氧树脂（通常称为“A 液”），用脂肪胺或改性胺如 T31 等为固化剂（通常称为“B 液”）。目前通常所用的环氧浆液大致分为糠醛、丙酮稀释体系，弹性环氧体系，丙烯酸环氧树脂体系，非活性稀释剂体系，活性稀释剂体系等。

不论何种体系的环氧浆液，其主要特性应为：浆液稳定性好，在常温/常压下存放一定时间其基本性质不变；浆液是真溶液，黏度小，流动性、可灌注性好；浆液的凝胶或固化时间可在一定范围内按需要进行调节和控制，凝胶过程可瞬间完成；凝胶体或固结体有良好的抗渗性能；固结体的抗压、抗拉强度高等特性。

（2）施工工艺技术的发展。随着灌浆材料的不断发展，灌浆施工工艺也不断进行完善，同时以环氧树脂材料为主的水工行业的化学灌浆技术也得到长足的进步。目前水工行业环氧树脂材料化学灌浆施工工艺主要为：按设计图纸测量放样→钻机就位及安装→校正钻机立轴的倾角、方位角→钻孔（洗孔）→终孔验收（检测孔深、孔斜）→单孔压水试验（自下而上分段压水）→孔内物探检查→灌区压水检查→孔内制安灌浆管及阻塞→灌浆前准备工作→化学灌浆→待凝、封孔→灌后质量检查与质量评定→完工资料。

在云南小湾水电站大坝混凝土裂缝处理工程和四川官地水电站大坝二期渗水化学灌浆处理等工程中，通过众多科研工作者和现场施工人员的共同努力，由贵阳院联合深圳市帕斯卡系统建材有限公司完成的《大体积混凝土缺陷修补的环氧树脂灌浆施工工法》，取得了成功应用。该工法可以使施工全过程处于安全、稳定、快速、优质的可控状态，其研究及应用成果为工程建设带来了巨大的经济效益和社会效益，得到了业主、设计、施工等各方的好评。

（3）试验检测。水利水电工程中使用的环氧树脂材料的检测大致可以分为3类，即环氧树脂材料检测、环氧胶泥材料检测以及环氧砂浆材料检测。

环氧树脂材料检测又可分为浆液性能检测和固化物性能检测两种。浆液性能检测一般包含浆液的密度、初始黏度和可操作时间；固化物性能检测主要为抗压强度、拉伸剪切强度、抗拉强度、黏结（干黏结、湿黏结）强度、抗渗压力、渗透压力比。

环氧胶泥材料检测和环氧砂浆材料检测项目基本一致，通常情况下仅进行抗压强度、抗拉强度、抗冲磨强度检测。也可以根据具体的工程情况进行线膨胀系数、线性收缩率、冲击韧性、断裂伸长率、拉拔强度的试验检测。

我国的化学灌浆技术应用从无到有、从小到大不断发展起来，已成为我国现代工程技术不可或缺的组成部分；化学灌浆设备的研制开发也基本能适应和满足国内工程的要求。但我国的化灌技术仍有许多方面需要不断开拓创新，例如材料的无毒、无害化，灌浆设备和试验仪器设备的标准化，施工技术的规范化等。而对于如何提高材料的耐久性和降低材料的价格也是未来研究探索的主要方向。

参 考 文 献

[1] 曾正宾，何金荣，田小岩. 高寒地区高抗冻耐久性碾压混凝土的研究与应用 [J]. 中国水利，2007 (21)：27-28，60.

[2] 杨家修. 龙首水电站碾压混凝土拱坝结构研究 [D]. 武汉：武汉大学，2004，3.

[3] 郭迎旗. 高寒地区碾压混凝土坝施工工艺研究 [D]. 西安：西安理工大学，2005，5.

[4] Zhang Xiao-fei，Li Shou-yi，Li Yan-long，Ge Yao，Li Hui. Effect of superficial insulation on roller-compacted concrete dams in cold regions [J]. Advances in Engineering Software，2011 (42)：939-943.

[5] 刘伟宝. 考虑含气经时变化的高寒地区碾压混凝土性能研究 [D]. 南京：南京水利科学研究院，2008，7.

[6] 李秀才. 大体积混凝土开裂机理与仿真研究 [D]. 武汉：武汉理工大学，2003.

[7] 李树齐. 大体积混凝土防裂技术措施的研究 [D]. 天津：天津大学，2004.

[8] 马少军. 高性能混凝土及其抗裂性能的研究 [D]. 杨凌：西北农林科技大学，2004.

[9] 肖志乔. 拱坝混凝土温控防裂研究 [D]. 南京：河海大学，2004.

[10] 李林香. 混凝土的收缩及防裂措施概述 [J]. 混凝土，2011 (4)：113-117.

[11] 刘勇军. 水工混凝土温度与防裂技术研究 [D]. 南京：河海大学，2002.

[12] 徐之青. 水工混凝土温控防裂的理论与应用研究 [D]. 南京：河海大学，2003.

[13] 刘有志. 水工混凝土温控和湿控防裂方法研究 [D]. 南京：河海大学，2006.

[14] 杨金娣. 超高粉煤灰掺量混凝土抗冻性能研究 [D]. 武汉：武汉大学，2014.

[15] 曾正宾，张细和，杨金娣，谭建军. 低热高性能水工混凝土的应用研究 [C]//大坝技术及长效性能研究进展. 北京：中国水利水电出版社，2011.

[16] 覃维祖. 用整体论科学思想引导混凝土技术可持续发展——对粉煤灰在混凝土中应用现状与前景的思考 [J]. 粉煤灰，2008 (1)：3-7.

[17] 陆建飞. 大掺量粉煤灰混凝土冻融循环作用下的力学性能研究 [D]. 杨凌：西北农林科技大学，2011.

[18] 孙海燕. 从微结构形成与劣化机理研究水工混凝土粉煤灰临界掺量 [D]. 武汉：武汉大学，2010.

[19] 汪潇，王宇斌，杨留栓，朱新锋. 高性能大掺量粉煤灰混凝土研究 [J]. 2013，32 (3)：523-527.

[20] 孙建全，张维锋，李敏. 采用聚羧酸系减水剂配制大掺量粉煤灰混凝土的试验研究 [J]. 粉煤灰，2006 (6)：14-15.

[21] Yuksel I. Hydropower for sustainable water and energy development [J]. Renewable and Sustainable Energy Reviews，2010，14 (1)：462-469.

[22] Zhang C. H. Challenges of high dam construction to computational meusefcs [J]. Frontiers of Architecture and Civil Engineering in China，2007，1 (1)：12-33.

[23] 陈胜宏，何真. 混凝土坝服役寿命仿真分析的研究现状与展望 [J]. 武汉大学学报（工学版），2011，44 (3)：273-280.

[24] 李中原，辛西阳，李修忠. 大掺量粉煤灰混凝土在大体积混凝土工程中的应用 [J]. 粉煤灰，2010 (4)：30-32.

[25] 刘跃伟，卢俊，孔德玉. 大掺量粉煤灰高性能混凝土的研究 [J]. 粉煤灰综合利用，2006 (1)：40-42.

[26] 杨太文. 大掺量粉煤灰高性能混凝土的研究进展 [J]. 混凝土，2004 (9)：22-26.

[27] 李春生，陈胜宏，何真，等. 冻融循环作用下混凝土结构寿命分析 [J]. 武汉大学学报（工学版），2010，43 (2)：203-207.

[28] 王鹏，杜应吉. 大掺量粉煤灰混凝土抗渗抗冻耐久性研究 [J]. 混凝土，2011 (12)：76-78.

[29] 陈立军. 混凝土孔径尺寸对其使用寿命的影响 [J]. 武汉理工大学学报，2007，29 (6)：50-53.

[30] 施惠生，方泽峰. 粉煤灰对水泥浆体早期水化和孔结构的影响 [J]. 硅酸盐学报，2004，32 (1)：95-98.

[31] 魏国强，詹炳根，孙道胜. 混凝土集料—浆体界面过渡区微观结构表征技术综述 [J]. 安徽建筑工业学院学报（自然科学版），2008，16 (4)：80-85.

[32] 杨平，陈毅峰，雷声军. 光照水电站大坝坝体防渗体系设计与研究 [J]. 贵州水力发电，2012 (2).

[33] 杨家修，崔进，张世杰. 龙首水电站碾压混凝土拱坝结构设计 [J]. 水力发电，2001 (10).

[34] 李定忠，顾建. 光照水电站导流洞永久堵头 130m 水头下大流量高流速封堵灌浆施工 [C]//杨晓东，夏可风. 2009 年地基基础工程与锚固注浆技术研讨会论文集. 北京：中国水利水电出版社，2009.

[35] 顾建. 董箐水电站 2 号导流洞挤压褶皱发育地质防渗封堵体灌浆施工 [J]. 水利水电施工，2011 (2)：51-55.

[36] 张旭贤，王成. 不同类型的减水剂对掺粉煤灰混凝土抗压强度的影响 [J]. 中国农村水利水电，2012 (2)：94-99.

[37] 王建华，肖佳，陈雷. 聚羧酸减水剂与水泥—粉煤灰胶凝体系的相容性研究 [J]. 粉煤灰，2008 (4)：15-18.

[38] L. Schmitz，C-J. Hacker，张量. 纤维素醚在水泥基干拌砂浆产品中的应用 [J]. 新型建筑材料，2006 (7)：45-48.

[39] Khayatkh，Yahia A. Effect of welan gum-highrange water reducer combinations on rheology of cement grout [J]. Materials Journal，1997，94 (5)：365-372.

[40] JOLICOEURC，SIMARD MA. Chemical admixture - cement interactions：phenomenology and physico-chemical concepts [J]. Cement and Concrete Composites，1998，20 (2-3)：87-101.

[41] KHAYATKH，YAHIA A. Effect of welan gum-highrange water reducer combinations on rheology of cement grout [J]. Materials Journal，1997，94 (5)：365-372.

[42] 李党义. 含气量对混凝土的影响利弊 [J]. 建筑工程，2011 (6)：213-215.

[43] 龚成志，黄维蓉，周建廷. 含气量对混凝土耐久性的影响 [J]. 公路交通技术，2011 (2)：1-3.

[44] 肖瑞敏，张雄，乐嘉麟. 胶凝材料对混凝土干缩影响的研究 [J]. 混凝土与水泥制品，2002 (5)：11-13.

[45] 杨金娣，李勇，张细和. 高碳铬铁合金炉渣性能研究 [J]. 四川水利，2015（增刊 2）：110-112.

[46] 杨双平，李三军，刘新梅. 冶金弃渣综合利用与展望 [J]. 炼钢，2008，24 (3)：59-62.

[47] 刘娟红，宋少民. 绿色高性能混凝土技术与工程应用 [M]. 北京：中国电力出版社，2010.

[48] 杨慧芬，张强. 固体废物资源化 [M]. 北京：化学工业出版社，2004.

[49] 杨景玲，朱桂林，孙树杉. 我国钢铁渣资源化利用现状及发展趋势 [J]. 中国废钢铁，2010 (1)：37-45.

[50] Lind B B，Fallman A M，Larsson L B. Environmental impact of ferrochrome slag in road construction [J]. Waste Management，2001，21：255-264.

参考文献

[51] R. Alizadeh, M. Chini, P. Ghods, M. Hoseini, Sh. et al. Utilization of Electric Arc Furnace Slag As Aggregates in Concrete - Environmental Issue [C]//6th CANMET/ACI International Conference on Recent Advances in Concrete Technology, Bucharest, Romania, June 2003, 6: 451-464.

[52] 谭建军，曾正宾，王建琦. 大花水水电站碾压混凝土配合比试验研究 [J]. 贵州水力发电，2007 (2): 71-73.

[53] 刘晓黎，闫小淇，何金荣，曾正宾. 龙首水电站碾压混凝土拱坝材料特性研究 [J]. 水力发电，2001 (10): 18-20.

[54] 何金荣，陈娟，曾正宾. 洪家渡水电站面板混凝土防裂措施研究及其应用 [J]. 水利水电技术，2005 (9): 52-54.

[55] 何金荣，何真，傅建彬，等. 二级配钢纤维混凝土的试验研究 [J]. 建筑材料学报，2004 (4): 425-431.

[56] 何金荣. 碾压混凝土筑坝材料技术的发展 [J]. 水力发电，2008 (7): 4-6.

[57] 何金荣，高家训. 普定水电站大坝碾压混凝土原材料、配合比及其性能研究 [J]. 贵州水力发电，1994 (3): 26-29.

[58] 杨泽艳，何金荣，罗光其. 洪家渡 200m 级高面板堆石坝面板混凝土防裂技术 [J]. 水力发电，2008 (7): 59-63, 70.

[59] 孙海燕，何金荣，何真. 水工抗冲磨高性能混凝土的试验研究 [J]. 粉煤灰综合利用，2009 (4): 20-23.

[60] 梁文泉，骆翔宇，何金荣，等. 大掺量引气剂混凝土在高寒干燥地区的抗冻性研究 [J]. 混凝土，2005 (1): 27-32.

[61] 高家训，何金荣，苗嘉生，等. 普定碾压混凝土拱坝材料特性研究 [J]. 水力发电，1995 (10): 10-14.

[62] 张细和，郑治. 过烧 CaO 在水工混凝土中膨胀机理研究 [J]. 贵州水力发电，2012 (3): 59-63.

[63] 刘娟，徐怡，张细和. 超高粉煤灰掺量水工混凝土徐变及预测分析 [J]. 人民黄河，2015 (8): 133-136.

[64] 谭建军，李勇. 粉煤灰、磷矿渣、锰硅渣等材料在水工混凝土中的应用评述 [J]. 贵州水力发电，2012 (2): 72-77.